Friedrich von Esmarch

# Chirurgische Technik

Friedrich von Esmarch

**Chirurgische Technik**

ISBN/EAN: 9783742869197

Hergestellt in Europa, USA, Kanada, Australien, Japan

Cover: Foto ©berggeist007 / pixelio.de

Manufactured and distributed by brebook publishing software
(www.brebook.com)

Friedrich von Esmarch

# Chirurgische Technik

# Handbuch

der

# Kriegschirurgischen Technik.

Gekrönte Preisschrift

von

**Dr. Friedrich von Esmarch,**
Professor der Chirurgie in Kiel.

---

**Vierte Auflage**
durchgehends neubearbeitet, vermehrt und verbessert

von

**Dr. Fr. von Esmarch** und **Dr. E. Kowalzig**
Professor der Chirurgie in Kiel. vorm. 1. Assistent d. chirurg. Klinik.

**Zweiter Band:**

## Operationslehre.

Kurz und bündig.

**Kiel und Leipzig.**
Verlag von Lipsius & Tischer.
1894.

# Inhalt.

# Die Narkose.

Während jeder grösseren Operation, und jeder langdauernden schmerzhaften Untersuchung, zumal wenn dabei die Erschlaffung aller Muskeln erwünscht oder nothwendig ist, sollte der Kranke durch Anwendung narkotischer Mittel unempfindlich gemacht — betäubt werden. Unter diesen sind zur Erzeugung einer

## allgemeinen Anaesthesie

vorzugsweise in Gebrauch: das Chloroform und der Aether.

Das **Chloroform** $CHCl_3$ (Simpson 1847), eine klare farblose, sehr flüchtige, schwer brennbare Flüssigkeit von eigenthümlichem, nicht unangenehmem Geruche, ist ein Gift, dessen eingeathmete Dämpfe auf die Ganglienzellen des Gehirns und Rückenmarks lähmend wirken und Stillstand der Athmung und des Herzens hervorrufen können. Die Lähmung scheint im Gehirn von vorn nach hinten vorzuschreiten, so dass zunächst die Stirnlappen (Bewusstsein) beeinflusst werden, zuletzt die Thätigkeit der Medulla oblongata (Athmungscentrum) erlischt.

Reines Chloroform soll nicht mit Aether oder Alkohol vermischt sein, keine Methylverbindungen enthalten (Schwärzung durch concentrirte Salpetersäure), kein freies Chlor (Bleichung feuchten Lakmuspapiers), keine Säuren (Röthung blauen Lakmuspapiers). Lässt man einige Tropfen Chloroform auf schwedischem Filtrirpapier verdunsten, so zeigt ein ranziger scharfer Geruch des Rückstandes an, dass das Chloroform unrein oder zersetzt ist (Geruchsprobe nach Hepp). Da sich Chloroform an Licht und Luft leicht zersetzt, so soll es in gelben oder dunkeln Flaschen aufbewahrt und möglichst wenig und dann im Dunkeln umgegossen werden. Bei Anwesenheit von Leuchtgas entstehen aus dem Chloroform stark zum Husten reizende Dämpfe (Chlorwasserstoffsäure?). Durch reichliche Lüftung und Entwicklung von Wasserdampf (im Sterilisationsapparat) wird dieser Uebelstand zum Theil beseitigt.

Bei der **Anwendung des Chloroforms** müssen verschiedene **Vorsichtsmassregeln** beobachtet werden:

Der Kranke sei nüchtern (3—4 Stunden ohne Nahrung) und liege während der Operation auf dem Rücken oder auf einer Seite mit nur mässig erhöhtem Kopfe; er darf nicht auf dem Bauche liegen, weil dies die Athmung erschwert, auch nicht aufrecht sitzen, weil dann leichter Ohnmacht eintritt. Alle die Athmungsbewegungen einengenden Kleidungsstücke (Kragen, Gürtel, Schnürleib) sind zu lösen, Hals und Brust müssen frei, der Bauch leicht zugänglich sein. Künstliche Gebisse, Kautaback u. s. w. sind aus dem Munde zu entfernen, Blase und Mastdarm vor der Operation zu entleeren.

Der Chloroformirende hat ausser dem Chloroformapparat Mundsperrer, Zungenzange, Handtuch, Stielschwamm, Eiterbecken bereit zu halten. Bei jeder Narkose sollen ausser dem Arzte eine oder mehrere Personen zugegen sein, theils als Helfer bei plötzlich eintretenden Unglücksfällen, theils als Entlastungszeugen gegen die von den Kranken bisweilen als Thatsachen hingestellten Hallucinationen.

Fig. 1.

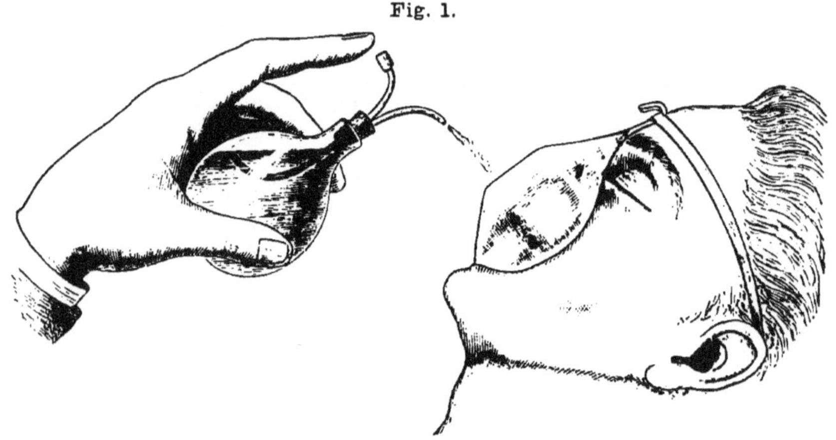

Chloroformapparat nach von Esmarch.

Concentrirte Chloroformdämpfe bewirken nach ganz kurzer Zeit Stillstand der Athmung und des Herzens. Daher ist das Aufdrücken eines mit Chloroform begossenen dichten Tuches oder Schwammes auf Mund und Nase gefährlich. Die Chloroformdämpfe, welche man einathmen lässt, müssen vielmehr reichlich mit Luft gemischt sein. Allgemein in Gebrauch ist der vom Verfasser vereinfachte Skinner'sche Apparat, bestehend aus einem mit Wollentricotstoff überzogenen Drahtgestell (Maske) und einer Tropfflasche (Fig. 1), welche nebst einer Zange zum Hervorziehen der Zunge (Fig. 8) in einem ledernen oder blechernen Futteral verpackt, leicht in der Tasche getragen werden kann (Fig. 2). Da die Maske mitunter durch Blut, Schleim, Erbrochenes beschmutzt wird, ist es zweckmässig, den Tricotüberzug vor jeder Narkose zu erneuern, was bei der „aseptischen Maske“ nach Schimmelbusch (Fig. 3) leicht ausgeführt werden kann.

Fig. 2.

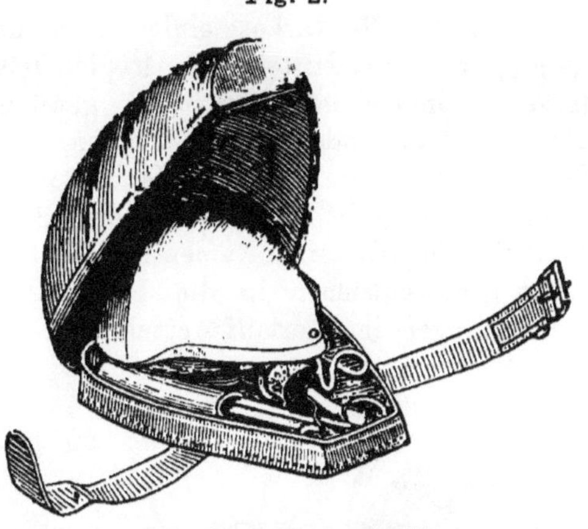

Chloroformapparat verpackt.

Durch den Tricotstoff wird bei jedem Athemzuge genügend Luft mit den Chloroformdämpfen eingesogen. Zunächst giesst man nur eine mässige Menge des Mittels (10—20 Tropfen) auf

Fig. 3.

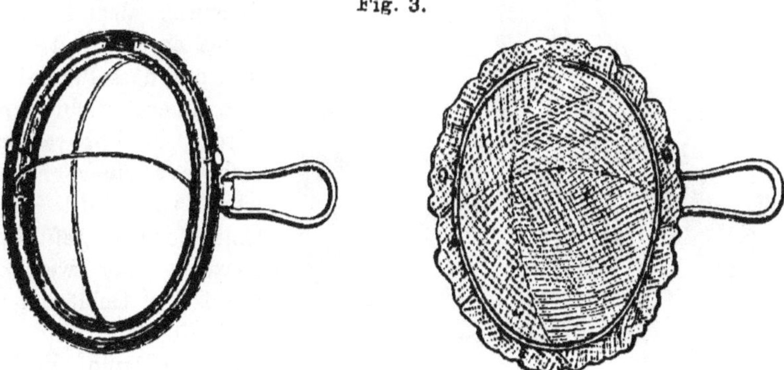

Maske nach Schimmelbusch.

die Maske, hält diese leicht vor Mund und Nase und fordert den Kranken durch beruhigenden Zuspruch auf, ruhig Luft zu holen. Ganz zu verwerfen ist es, gleich soviel Chloroform auf die Maske zu giessen, dass es von ihrer Innenfläche abtropft. Ausser dem heftigen Reiz auf die Luftwege, der sich durch Husten, Athemnoth, Unruhe anzeigt, ist die durch Chloroformbenetzung erzeugte Entzündung der Gesichtshaut und namentlich der Augenlider zu fürchten. Am leichtesten und mit recht geringem Chloroformverbrauch lässt sich aber die Narkose einleiten und unterhalten, wenn man von Anfang an das Mittel nur **tropfenweise** verabreicht **(Tröpfelnarkose)**, indem man aus einer gewöhnlichen Tropfflasche etwa alle 5—10 Sekunden einen Tropfen auf den Tricot fallen lässt. Vorausgesetzt, dass während des Chloroformirens möglichste Stille im Zimmer herrscht, ist oft schon nach 8—10 Minuten Empfindungslosigkeit eingetreten. Namentlich fehlen aber bei diesem langsamen „Einschleichen in die Narkose" fast alle unangenehmen Erscheinungen im Verlauf derselben.

Fig. 4.

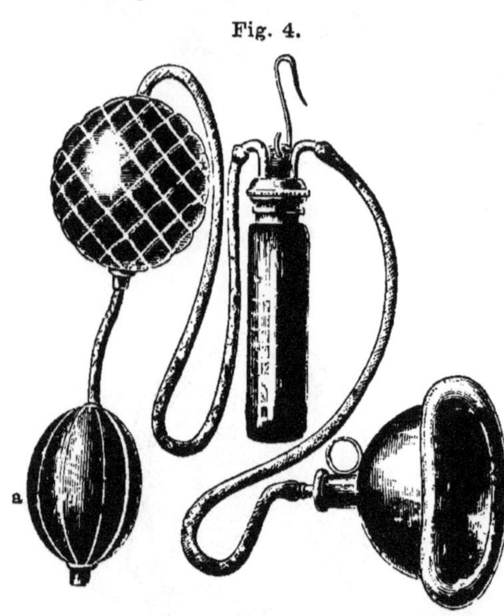


Apparat nach Junker.

Um die Chloroformdämpfe in stets gleichem Verhältnisse mit Luft vermischt einathmen zu lassen, bedient man sich auch des Apparates nach Junker (Fig. 4), zumal bei ihm die Verdunstung des Chloroforms an der Luft fortfällt und dasselbe daher sparsamer verbraucht wird. Der Apparat besteht aus einer graduirten, zur Hälfte mit Chloroform gefüllten Flasche, aus welcher durch ein Gebläse (*a*) die mit der Luft gemischten Dämpfe in das dem Kranken vor Mund und Nase gehaltene Mundstück (*b*) getrieben werden.

Nach den ersten Zügen haben die Kranken zunächst subjective Empfindungen meist angenehmer Natur, die Athmung wird etwas rascher, der Puls voller und schneller, die Augen thränen. Oft hören die Kranken auf zu athmen und müssen dazu durch Zuspruch aufgefordert werden. Das Empfindungsvermögen kann dabei so vermindert sein, dass kleine Augenblicksoperationen ohne reflectorische Erscheinungen ausführbar sind. Dieser Zeitpunkt ist bei manchen dann eingetreten, wenn der bis dahin von ihnen gerade emporgehaltene Arm langsam herabsinkt. Bei schwachen Leuten, Männern von mässiger Lebensweise, Frauen und Kindern, kann nun ohne Weiteres der eigentliche narkotische Schlaf und völlige Muskelerschlaffung eintreten. Meist geht diesem aber ein **Stadium der Excitation** voraus. Es stellen sich klonische und tonische Muskelzuckungen ein, der Kranke schreit, singt, schlägt um sich, will fortlaufen. Dieser Zustand tritt besonders ausgeprägt bei kräftigen Leuten und Säufern ein; um ihn von vornherein zu bekämpfen, ist es zweckmässig, etwa 15—20 Minuten vor Beginn der Narkose eine Injection von Morphium (0,01) zu geben, wodurch die Narkose bedeutend ruhiger verläuft und schneller vollständig wird.

Setzt man nun ununterbrochen das Chloroformiren fort, so vermindert sich allmählich dieser Erregungszustand und unter tiefen, oft schnarchenden Athemzügen tritt völlige Empfindungslosigkeit, Erschlaffung aller Muskeln, Erlöschen der Reflexe ein **(Stadium der Toleranz).** Am letzten erlischt der Reflex auf der Cornea, der Nasenschleimhaut und auf der Innenseite der Oberschenkel. Die Pupille verengt sich, die Augäpfel machen asymmetrische Bewegungen, der Puls wird kleiner und schwächer, die Körperwärme und der Blutdruck sinkt, die Athemzüge werden schleuniger und flacher, der Stoffwechsel wird verlangsamt. Wird nun noch mehr Chloroform eingeathmet, so kann die lähmende Wirkung auch auf die Medulla oblongata und auf die im Herzen selbst liegenden motorischen Ganglien übergehen und unter plötzlicher Erweiterung der Pupille dann Stillstand der Athmungs- und Herzbewegungen eintreten. Dieses gefährliche Stadium wird vermieden, wenn man den Kranken nur immer so tief narkotisirt hält, dass der Cornealreflex gerade eben erloschen ist, dann die Maske abnimmt, und erst bei Wiederkehr des Reflexes einige Tropfen neu aufgiesst. Häufige Prüfung des Cornealreflexes ist daher nothwendig: Man zieht das obere Augenlid mit dem dritten Finger in die Höhe und tippt mit dem Zeigefinger sanft auf die Hornhaut.

Bei dieser vorsichtigen und sparsamen Anwendungsweise des Chloroforms treten nur selten bedrohliche Erscheinungen während der Narkose ein. Am meisten zu fürchten sind diese bei sehr erregten Kranken (Hysterischen), Schwachen und Anämischen, Fettleibigen (Fettherz), Herzkranken, Lungenkranken, starken Rauchern und Trinkern (Alkohol, Morphium, Chloral).

**Ueble Zufälle in der Narkose** sind hauptsächlich:

1. Störungen der Athmung. Bald nach den ersten Zügen hören manche Kranken plötzlich auf zu athmen und müssen dann durch Zuspruch oder Anruf dazu aufgefordert werden. Bei andern stellt sich hartnäckiger Husten ein, der aber nach einigen recht tiefen Athemzügen meist nachlässt. Kranke mit Bronchialkatarrh oder Asthma sind hauptsächlich davon heimgesucht.

Lang anhaltendes Ausathmen (Singen), nur unterbrochen durch kurzes oberflächliches Einathmen wird besonders dadurch unangenehm, dass es den Eintritt tieferer Narkose verzögert. Man bringt den Kranken durch Anruf oder einen leichten Schlag auf die Brust oft leicht zum gewöhnlichen Athemtypus zurück.

2. Erbrechen kann bei ganz oberflächlicher, ebenso wie bei tiefer Narkose eintreten, namentlich wenn der Magen des Kranken nicht leer ist; auch kommt es vor, dass die Kranken den im Anfang der Narkose sich reichlich ergiessenden Speichel, der mit Chloroformdämpfen gemischt ist, herunterschlucken und dadurch selbst bei leerem Magen erbrechen müssen. Hierbei muss der Kopf sofort auf eine Seite gedreht werden, damit das Erbrochene nicht in die Luftwege aspirirt wird und durch tiefere Narkose die Magenschleimhaut weniger empfindlich gemacht werden. Auch hat man versucht, auf den Nervus vagus und phrenicus unmittelbar einzuwirken durch einen Fingerdruck dicht hinter dem medialen Ende des Schlüsselbeins (Joes).

Hat das Erbrechen aufgehört, so muss die Mundhöhle sorgfältig mit einem Stielschwamm oder Tuche gereinigt werden.

3. Ein plötzlicher Stillstand der Athembewegungen, der ja im Beginn der Narkose durch Anrufen meist wieder zu beseitigen ist, kann im weiteren Verlauf derselben aber lebensgefährliche Erscheinungen hervorrufen (Reflexhemmung des N. vagus durch Reizung der Trigeminuszweige auf der Mund- und Nasenschleimhaut). Nach einigen stertorösen Athemzügen und stürmischen, krampfhaften Muskelbewegungen schliesst sich die Stimmritze durch den Muskelkrampf, die Bauchwand macht noch einige inspiratorische Einziehungen, sinkt dann ein und wird bretthart, die Kiefer sind fest aufein-

andergepresst, die Zunge nach hinten und oben verzogen, so dass der Zugang zum Larynx verlegt ist. Das Gesicht wird geröthet, die Lippen bläulich, die Venen schwellen an. Der Puls wird erst langsam, dann unfühlbar. Dieser Zustand der Erstickung ist bedingt durch den Krampf der Kehlkopf- und Zungenmuskulatur (**spastische Asphyxie**). Hier gilt schnelles Handeln, um den Eingang zum Kehlkopf wieder frei zu machen. Die zusammengepressten Kiefer müssen geöffnet, die Zunge hervorgezogen werden; gelingt dies, so setzt oft die Athmung von selbst wieder ein; wo nicht, muss die künstliche Athmung eingeleitet werden (s. u.). Durch weitere Darreichung von Chloroform wird dann die Erschlaffung der gespannten Muskeln erzielt. Bei alten Leuten und Kindern kommt es auch vor, dass während des Einathmens die geschlossenen schlaffen Lippen wie Ventilklappen gegen die zahnlosen Kiefer und die dünnen Nasenflügel gegen das Septum gezogen werden und den Lufteintritt verhindern.

4. Im Stadium der tiefsten Toleranz wird nicht selten der Zugang zum Kehlkopf dadurch verlegt, dass bei völliger Erschlaffung aller Muskeln auch die Zunge, der Schwere folgend, nach hinten sinkt, und der hinteren Rachenwand anliegend den Kehlkopfeingang verlegt (**paralytische Asphyxie**). Diese Zufälle sind um so gefährlicher, als die Erstickungserscheinungen nicht so stürmisch eintreten, in kurzer Zeit aber das Blut mit Kohlensäure überladen wird. Die Athmung ist hierbei schwer und schnarchend, oder es treten gar respiratorische Einziehungen auf, das Gesicht wird bläulich, das Blut dunkelfarbig, der Puls unregelmässig und schwach. — Bei genügender Aufmerksamkeit lassen sich diese Erscheinungen durch „Lüftung" des Unterkiefers und Hervorziehen der Zunge ziemlich leicht beseitigen.

5. Störungen des Kreislaufs. Der gefährlichste Zufall, der in allen Stadien der Chloroformwirkung eintreten und den Tod zur Folge haben kann, ist die plötzliche Erlahmung der Herzthätigkeit (**Syncope**). Ganz plötzlich wird das Gesicht todtenblass, die Pupille weit und starr, der Cornealreflex ist erloschen, der Unterkiefer sinkt wie an der Leiche herab, der Puls wird rasch unfühlbar, die Herztöne sind nicht mehr zu hören, die Blutung aus der Operationswunde versiegt; dabei kann die Athmung noch eine Zeitlang, wenn auch flach und unregelmässig, fortdauern, bis auch sie nach einigen schnappenden Zügen, wie bei Sterbenden, erlischt. Dieser be-

ängstigende Zustand tritt glücklicherweise sehr selten ein, am meisten wohl bei Anämischen und Herzleidenden; aber auch ganz gesunde und kräftige Menschen, zumal wenn sie grosse Furcht und Aufregung vor der Operation zeigen, können davon befallen werden. Gelingt es nicht durch die künstliche Athmung die Herzthätigkeit wieder zu beleben, so tritt der Tod ein. Der **Chloroformtod** kommt unter 30000 Narkosen etwa einmal vor, unzweifelhaft ist er jetzt noch seltener. Die bisher veröffentlichten Fälle ereigneten sich hauptsächlich bei kleineren Operationen, die mit weniger Vorsicht und ungenügender Vorbereitung schnell ausgeführt werden sollten. Auch alle diejenigen Fälle tödtlichen Shoks bei Operationen, die vor der Entdeckung des Chloroforms beobachtet wurden, werden wohl hierbei zu berücksichtigen sein. Zweifellos kann dieses verhängnissvolle Ereigniss aber jedem Arzt bei jedem Kranken zustossen, ohne dass man desshalb jenem irgend eine Schuld daran beimessen darf, vorausgesetzt, dass er alle Vorsichtsmassregeln kennt und befolgt hat.*)

Das **Verhalten des Arztes bei üblen Zufällen** dieser Art ist daher von allergrösster, ja lebensrettender Bedeutung. Er muss darauf achten, dass die Luft ungehindert zutreten kann, und dass die Athmung nicht erlischt, sondern — nöthigenfalls künstlich — im Gange bleibt. Der Chloroformapparat ist natürlich bei jedem bedrohlichen Zufall sofort zu entfernen.

**Sorge für unbehinderte Athmung.** Verlegung des Kehlkopfeingangs kommt am häufigsten bei völliger Narkose dadurch zu Stande, dass durch Erschlaffung der Muskulatur die Zunge der Schwere folgend abwärts gegen die hintere Rachenwand sinkt. Dieser Zustand ist leicht zu beseitigen durch

die **Hebung (Lüftung) des Unterkiefers:** Hinter dem Kranken stehend legt man beide Hände flach so an den Hals, dass die Zeigefinger hinter den aufsteigenden Unterkieferästen liegen, und schiebt nun den ganzen Unterkiefer nach vorne, bis die untere Zahnreihe vor die obere tritt (Subluxation, Fig. 5).

*) Nach der von Gurlt gesammelten und auf dem letzten Chirurgenkongress mitgetheilten Narkotisirungsstatistik kamen bei 157815 Narkosen 53 Todesfälle vor (1:2900). Von den einzelnen Mitteln entfielen auf Chloroform 1:2899, Chloroform mit Aether 1:4118, Bromaethyl 1:4538, Pental 1:199. Bei reinem Aether erfolgte kein Todesfall bei 14506 Narkosen, ebensowenig bei der von Billroth angegebenen Mischung von Chloroform, Aether und Alkohol.

Durch diesen Handgriff wird die am Unterkiefer sich ansetzende Muskulatur der Zungenwurzel sammt Epiglottis und Zungenbein so nach vorn gezogen, dass der Kehlkopfeingang frei wird. Dieselbe Wirkung erzielt man, wenn man vor dem Kranken stehend die vier Finger beider Hände hakenförmig hinter den Unterkieferwinkel setzt und diesen vorzieht (Kappeler). Der Mund soll bei diesen Handgriffen nicht zu weit geöffnet werden, weil sonst der Zungengrund nicht nach vorne, sondern nur nach oben gehebelt wird.

Fig. 5.

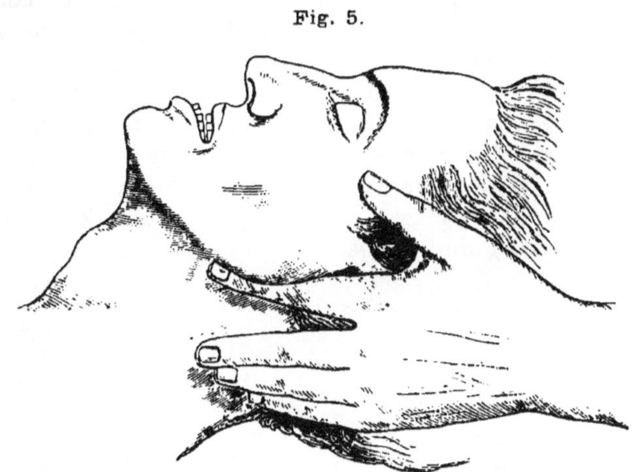

Hebung des Unterkiefers.

Zu beachten ist, dass man beim Lüften des Unterkiefers recht schonend vorgehe, namentlich wenn es längere Zeit hindurch nothwendig wird: es stellen sich sonst leicht in den folgenden Tagen heftigere Schmerzen im Unterkiefergelenk und Schwellung dieser Gegend, namentlich der Parotis ein, welche dem Kranken mehr Unannehmlichkeiten verursachen, als die Operation selbst. Gutsch hat daher einen **Unterkieferhalter** angegeben, mit dem man den Unterkiefer dauernd und leicht nach vorn ziehen kann (Fig. 6). Das Gummipolster wird hinter die untere Zahnreihe, der Drahtring unter das Kinn geschoben, der Schieber geschlossen und nun an dem Ringe der Unterkiefer vorgezogen.

Tritt aber eine Verlegung der Athmungswege durch spastische Zusammenziehung der Kehlkopfmuskulatur ein, während auch die übrigen Körpermuskeln stark contrahirt sind, so gelingt es nicht, den Unterkiefer nach vorn zu schieben; dann muss man gewaltsam die Zahnreihen auseinander drängen (Mundspiegel nach Heister oder Roser, s. Bd. III, Fig. 235, 236), die Zunge mit den Fingern oder mit einer **Zungenzange** (Fig. 8) ergreifen und sie so weit als möglich aus dem Munde herausziehen (Fig. 7). Da bei längerer Anwendung der Zange manchmal erhebliche Quetschungen der Zunge eintreten können, so ist für solche Fälle die Anwendung einer Hakenzange (Fig. 9) schonender; auch könnte man im Nothfall eine starke Fadenschlinge durch die Zunge stechen. Kappeler empfiehlt bei starker Kieferklemme das Zungenbein mit einem kleinen scharfen Häkchen von aussen anzuhaken und nach vorn zu ziehen, wobei der Zungengrund und Kehldeckel dem Zuge folgen.

Fig. 6.

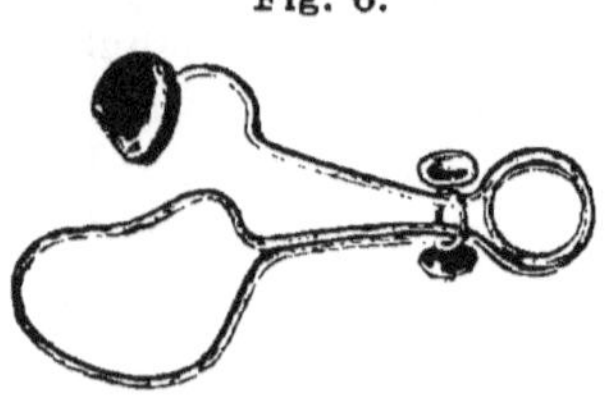

Unterkieferhalter nach Gutsch.

Fig. 7.

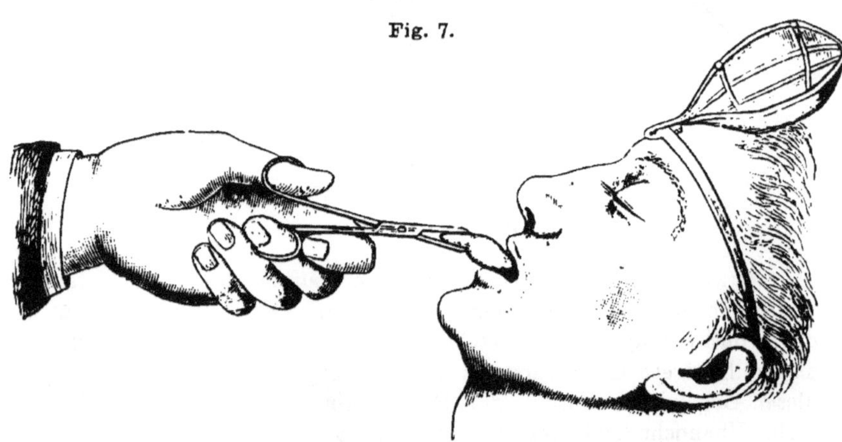

Hervorziehen der Zunge mit der Zange.

Bleibt trotzdem die Athmung erschwert und rasselnd, so kann das davon abhängen, dass Schleim oder Blut auf der Stimmritze liegt. Man entfernt diese mit einem Schwämmchen, das an einer gebogenen Kornzange oder einem Schwammhalter (Fig. 10) bis zum Kehlkopf geführt wird. Erfolgt trotz all dieser Massnahmen dennoch keine bedeutende Erleichterung der Athmung, so käme als letzte Zuflucht die schnell auszuführende Tracheotomie in Betracht.

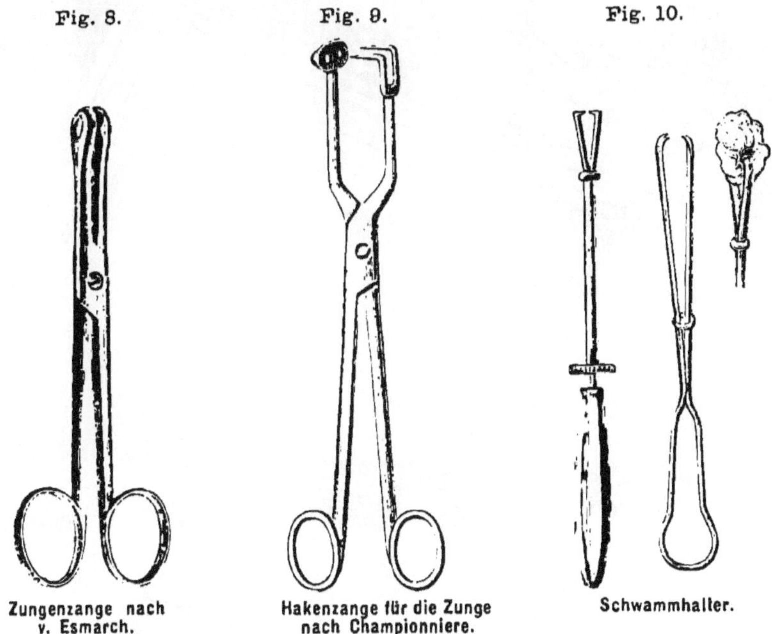

Fig. 8. Zungenzange nach v. Esmarch.

Fig. 9. Hakenzange für die Zunge nach Championniere.

Fig. 10. Schwammhalter.

Stocken die Athembewegungen ganz, so muss sofort die **künstliche Athmung** eingeleitet werden. Hauptbedingung für ihre Wirksamkeit ist der völlig freie Luftzutritt zu den Athmungswegen. Entweder muss also der Unterkiefer von einem Gehülfen vorgeschoben gehalten werden, oder die Zunge wird möglichst weit hervorgezogen und festgehalten (Unterkieferhalter) oder mit einem Tuche, Zeugstreifen, Gummiband u. a. auf dem Kinne festgebunden. Die wirksamsten Methoden der künstlichen Athmung sind:

a. **Die Methode nach Silvester:** Zu Häupten des liegenden Kranken stehend umfasst man dessen beide Arme dicht unter dem Ellenbogen, zieht sie langsam, aber kräftig aufwärts bis über den Kopf des Kranken hinauf, hält sie so gestreckt etwa zwei Sekunden lang (Fig. 11), führt sie dann wieder abwärts und drückt die gebeugten Ellenbogen, sanft aber fest, zwei Sekunden lang vorn auf den Brustkasten, den linken mehr medianwärts gegen

Fig. 11.

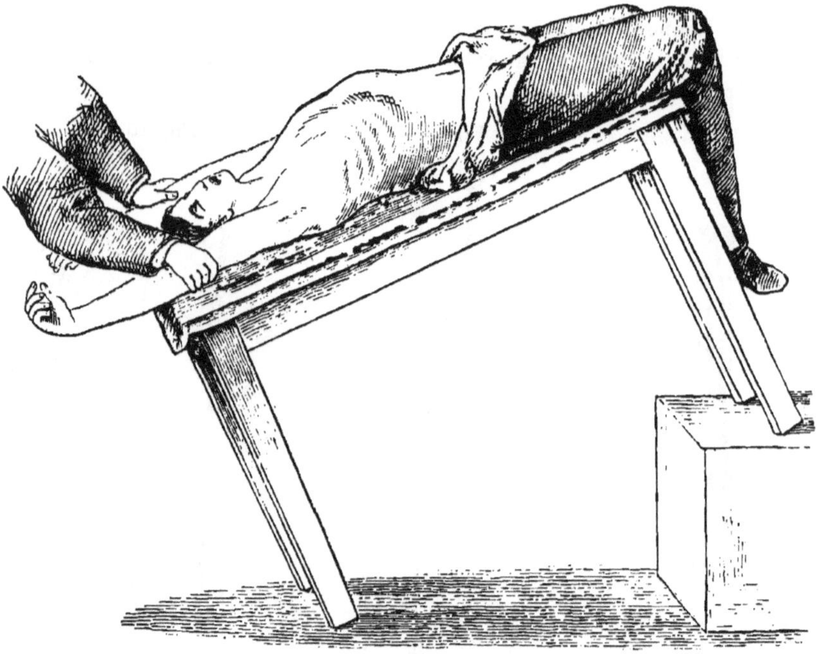

Fig. 12.

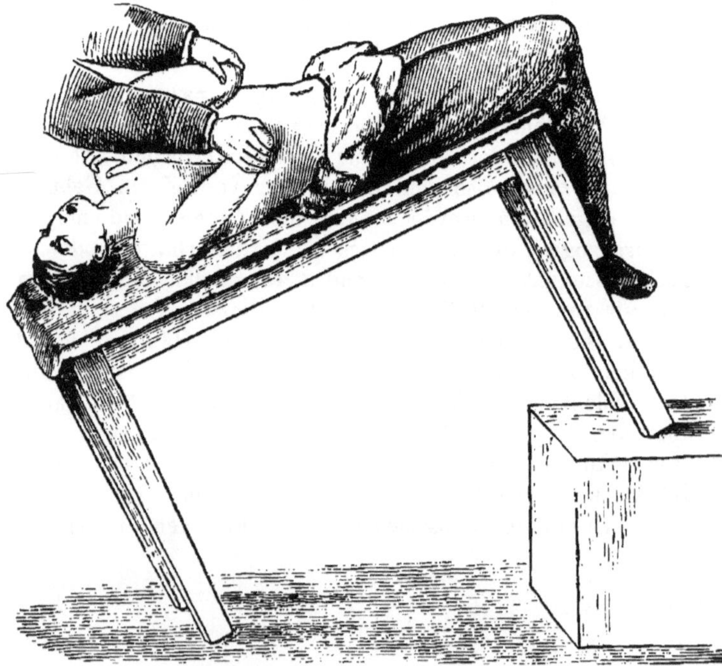

die Herzgegend (Fig. 12). Dieses Auf- und Abwärtsbewegen der Arme wiederholt man etwa 15 mal (der Zahl der normalen Athemzüge entsprechend) in der Minute ruhig und taktmässig (1, 2, 3, 4 zählend) so lange, bis sich die Athembewegungen wieder von selbst einstellen, was unter Umständen erst nach Stunden geschieht. Wenn die Athmungen richtig gemacht werden, hört man bei jeder Einathmung die Luft mit zischendem oder schlürfendem Geräusch in die Lunge einströmen.

b. **Die Methode nach Schüller.** Bei völlig erschlafften, nicht zu fetten Bauchdecken greift man von oben her mit beiden Händen unter die Rippenbögen, zieht sie kräftig nach aussen und drückt sie wie einen Blasebalg wieder zusammen, womit man sehr kräftige Athemzüge erzielt.

Flashar drückt den Brustkorb durch zwei um ihn herumgelegte und beiderseits gleichzeitig angezogene Zügel (Handtücher, Gurte) zusammen; bei Nachlassen des Zuges dehnt sich der elastische Brustkorb wieder aus.

Die Methoden von Marshall Hall (nach welcher der Kranke abwechselnd aus der Bauchlage [Ausathmung] in die Seitenlage [Einathmung] gerollt wird) und von Howard, wobei man rittlings über dem Kranken knieend, mit seinem ganzen Körpergewicht sich auf den Brustkasten stützt (Ausathmung), sind für den Chirurgen von wenig Werth.

c. Die rhythmische **Faradisation des N. phrenicus** (Duchenne, v. Ziemssen) ist nur ausführbar, wenn alles zur Hand und in Bereitschaft ist, aber dann recht wirksam: Man setzt die Electroden zu beiden Seiten des Halses über dem Schlüsselbeim am äusseren Rande des Kopfnickers an.

Auch durch gewisse **Reizmittel** können reflectorisch die erlöschenden Athembewegungen wieder angefacht oder neu hervorgerufen werden. Zu den wirksamsten gehören: Das Anspritzen des Gesichts mit kaltem Wasser, das Schlagen von Brust (und Rücken) mit einem in kaltes oder heisses Wasser getauchten Handtuch, die Reizung der Nasenschleimhaut durch Einspritzen von kaltem Wasser (Wutzer) oder durch den electrischen Strom; das Reiben der Magengegend oder des Nackens mit kaltem Wasser, Eis, Schnee, das Einschieben eines Eiszapfens in den After oder ein Klysma von Cognac und Wasser (1 : 2); endlich das kräftige Reiben mit heissen Tüchern, Bürsten der Hand- und Fussflächen, Einathmungen von Amylnitrit.

Bei plötzlicher Herzlähmung (**Syncope**) ist als Hauptmittel die **Inversion** nach Nélaton (1861) zunächst zu versuchen. Man lagert den Kranken so, dass der Kopf niedriger als der Körper liegt, am einfachsten, indem man das Fussende des Tisches höher stellt (Fig. 11), oder man nimmt den Kranken an den Knieen über die Schultern, so dass der Körper senkrecht herabhängt (s. a. Bd. III. Fig. 466). Es wird dadurch dem in der Narkose anämisch werdenden Herzen möglichst viel Blut zugeführt und zugleich auch der Zufluss zum Gehirn befördert. Aus demselben Grunde muss man während der künstlichen Athmung fast stets zugleich dieses Stürzen des Kranken anwenden und bei der Compression des Brustkastens den linken Ellbogen jedesmal kräftig gegen die Herzgegend andrücken.

Sehr wirksam ist auch die **Methode nach König**. An der linken Seite des Kranken stehend drückt man mit dem Daumenballen der rechten Hand den Brustkorb zwischen der Stelle des Spitzenstosses und dem linken Sternalrand mit möglichst kräftigen, raschen Bewegungen (120 in der Minute) tief ein, bis man an dem künstlichen Carotidenpuls und der Pupillenverengerung die Wirksamkeit der Bemühungen erkennt.

## Aether.

Der Aethylaether, Schwefelaether $C_4H_{10}O$ wurde zuerst 1846 von Jackson und Morton zur Anaesthesie angewendet. Absoluter Aether soll frei sein von Weingeist, Wasser, Essigsäure, Schwefelsäure, Fuselölen.

Die eingeathmeten Aetherdämpfe wirken auf den Menschen fast ebenso wie Chloroform; man gebraucht aber zur Narkose weit grössere Mengen, daher auch eine längere Zeit vergeht, ehe durch Aether allein völlige Unempfindlichkeit eintritt.

Man reicht den Aether am einfachsten in einer grossen das ganze Gesicht fest bedeckenden Maske, welche aussen mit einem undurchlässigen luftdichten Stoff überzogen und innen mit einer dünnen Watteschicht belegt ist; in diese werden etwa 20 gr. Aether zur Zeit gegossen und dann die Maske fest auf das Gesicht gedrückt, so dass fast gar keine Luft zugleich eingeathmet werden kann.

Im Beginn der Narkose zeigt der Kranke sich aufgeregt, oft heiter gestimmt, das Gesicht wird rothblau wie bei Erstickten, es tritt starker Hustenreiz, Speichelfluss und Schweissabsonderung auf, der Blutdruck steigt, die Pulszahl bleibt wesentlich normal. Das stark ausgeprägte Excitationsstadium währt sehr lange und geht schliesslich in die völlige Narkose über mit regelmässigen schnarchenden langsamen Athemzügen. Das Verhalten der Pupillen ist beim Aether weniger bedeutungsvoll als beim Chloroform; meist sind sie im Anfang erweitert und verengern sich später, aber nicht immer.

Der Aether wirkt weniger nachhaltig als das Chloroform, die zur völligen Narkose nothwendige Dosis ist viel grösser, die beim Chloroform so beängstigenden Erscheinungen treten erst nach viel längerer Dauer der Inhalationen auf: er ist daher ein weniger rasch wirkendes, aber dafür auch weniger gefährliches Gift.

Seine Vorzüge bestehen vor allem in der geringen Beeinflussung der Herzthätigkeit und in der Steigerung des Blutdrucks, im Gegensatz zum Chloroform, welches das Herz und die Athmung weit mehr gefährdet.

Seine Nachtheile sind: die starke Reizung der Schleimhäute, und seine ausserordentliche Brennbarkeit und Explosionsfähigkeit, welche Operationen bei künstlicher Beleuchtung und die Anwendung des Glüheisens, namentlich im Gesicht, für den Arzt und Patienten gefährlich macht.

Die während der Narkose auftretenden üblen Zufälle sind nach den oben angegebenen Regeln zu beseitigen oder zu lindern.

Obgleich der Aether wegen seiner geringeren Gefährlichkeit in der letzten Zeit wieder häufiger, ja, von Einigen fast ausschliesslich in Anwendung gezogen ist, so will man trotzdem die grossen Vortheile des Chloroforms nicht entbehren, und hat daher beide Mittel mit einander verabfolgt: **Chloroform-Aethernarkose.** Der Kranke wird zunächst mit Chloroform narkotisirt und dann unter Wechseln der Masken durch Aufgiessen von kleinen Aethermengen in der Narkose erhalten. Man kann dabei bemerken, wie sich der Blutdruck unter dem Aether hebt. Die Narkose kann lange Zeit, 1—3 Stunden, unterhalten werden, ohne dass man die nachtheiligen Folgen langdauernder Chloroformeinathmungen zu fürchten hat. Dieses Verfahren empfiehlt sich besonders für langdauernde grosse (namentlich Bauch-) Operationen und bei Störungen des Circulationssystems. —

Auch Gemische von Chloroform und Aether, Chloroform, Aether und Alkohol (Billroth) hat man angewandt, anscheinend mit dem günstigsten Erfolge, da bei ihrer Anwendung kein Todesfall vorgekommen sein soll.

Die **Morphium-Chloroformnarkose** ermöglicht ebenfalls, geringere Mengen Chloroform bis zur Empfindungslosigkeit zu verbrauchen, indem man etwa 15—20 Minuten vor Beginn der Chloroformirung dem Kranken 0,01—0,03 Morphium einspritzt. Macht man diese Injection unmittelbar vorher, so können durch die Doppelwirkung beider Mittel, welche den Blutdruck sinken lassen, noch leichter Kreislaufsstörungen auftreten. Diese Art der Narkose ist von besonderem Nutzen bei sehr aufgeregten, ängstlichen Kranken, bei Potatoren, welche dadurch weit geringere Aufregung zeigen, und bei allen Operationen im Gesicht oder am Halse, während deren Blut in die Athmungswege gelangen kann, weil der Kranke doch noch auf Anrufen gehorcht und das herabfliessende Blut aushustet, ohne aber wesentliche Schmerzen zu empfinden (z. B. bei Resection des Oberkiefers, der Amputation der Zunge u. s. w.). Es wird dadurch also nur Schmerzlosigkeit (Analgesie) bei theilweise noch erhaltenem Bewusstsein erzeugt. Statt des Morphiums kann man dem Kranken auch 2—3 g. Chloralhydrat geben.

---

Für kurz dauernde Narkosen bei rasch auszuführenden Operationen wird in neuerer Zeit namentlich das **Bromaethyl** angewandt. 20 g. zur Zeit auf eine undurchlässige Maske gegossen und unter möglichstem Luftabschluss eingeathmet, bewirken Gefühllosigkeit, aber keine Muskelerschlaffung. In derselben Weise wird auch das **Pental** gebraucht.

Die übrigen zahlreichen Anaesthestica: Stickstoffoxydul, Methylenbichlorid, Dimethylacetal u. a. kommen für chirurgische Zwecke wenig in Betracht.

## Lokale Anaesthesie.

Um nur eine bestimmte Stelle des Körpers möglichst empfindungslos zu machen, und dadurch die Schmerzen einer Operation zu lindern oder zu beseitigen, bediente man sich schon seit alter Zeit eines starken **Druckes** entweder auf den Hauptnerven oder auf den ganzen Umfang des Gliedes, wobei neben der theilweisen Aufhebung der Nervenleitung zugleich auch der Blutstrom ins Stocken geräth und dadurch die Blutung verringert wurde. In dieser Weise wirkt auch der Schnürgurt bei der künstlichen Blutleere nach einiger Zeit etwas schmerzlindernd.

Auf der Thatsache fussend, dass erfrorene Theile ohne Empfindung sind, suchte man ferner die **Kälte** als Anästhetikum zu verwenden. Der betreffende Theil wurde mit Kältemischungen behandelt, mit einem Eisstück oder Eisblasen belegt. Richardson benutzte den rasch verdunstenden **Aether** zur Erzeugung hoher Kältegrade, indem er ihn aus einem Spray gegen die zu behandelnde Stelle zerstäubte. In ganz kurzer Zeit gelingt es hierdurch die Hautdecke völlig empfindungslos zu machen. Nach vorübergehender Röthung wird die von dem zerstäubten Aether getroffene Hautstelle weisslich, bei längerer Einwirkung fast pergamentartig runzelig. Kleinere und rasch auszuführende Operationen, die sich hauptsächlich auf Hautschnitte beschränken, können dann schmerzlos ausgeführt werden. Bei dem Aufthauen der erfrorenen Stelle entstehen meist recht heftige prickelnde Schmerzen, die man durch Eintauchen des Theiles in warmes Wasser etwas lindern kann. (Kocher).

Noch wirksamer als der Aether ist das **Chlormethyl** und **Chloraethyl** (Bengué); ersteres wird am einfachsten in Tampons auf die Haut gebracht (Bailly), letzteres geräth schon durch die Wärme der Hand ins Sieden (Siedepunkt bei 11 ° C.); man lässt es aus einer Glasröhre, die man in die Hand nimmt, in feinem Strahle gegen die betreffende Stelle sprühen, wodurch sehr rasch Anästhesie eintritt (Fig. 13).

Fig. 13.

Röhre mit Chloraethyl.

Am meisten gebräuchlich zur Erzeugung von Schmerzlosigkeit ist aber das **Cocain**. Das salzsaure Salz desselben hat die Eigenschaft, auf Schleimhäute oder Wunden gepinselt, oberflächlich zu anästhesiren. Man benutzt hierzu 2—10 % Lösungen. Die Gefühllosigkeit tritt nach einigen Minuten ein und hält etwa

5—10 Minuten an, so dass sich kleinere Operationen, schmerzhafte Untersuchungen u. s. w. gut ausführen lassen.

Auf die unversehrte Haut aufgepinselt ist das Mittel unwirksam. Hier wendet man daher Einspritzungen in und unter die Haut an, in der Weise, dass man absatzweise je einige Theilstriche der mit 5—10 % Lösung gefüllten Pravaz'schen Spritze an den Rändern des zu anästhesirenden Gebietes einspritzt. Doch muss vor zu grossen Mengen gewarnt werden, da nicht selten Vergiftungserscheinungen (Blässe, Schwindel, Ohnmacht, Kopfschmerz, Delirien) eintreten (Gegengift: Amylnitrit). Auch ist zu bedenken, ob ein schneller Schnitt bei manchen kleinen Operationen nicht leichter zu ertragen ist, als eine Injection z. B. in eine entzündete Fingerkuppe.

Da die lokalen Anästhetika hauptsächlich die Vasoconstrictoren beeinflussen und die hierdurch erzeugte Ischämie die sensiblen Nerven lähmt, so ist auch theoretisch die praktisch erwiesene Thatsache erklärlich, dass sowohl Aether als Cocain bedeutend rascher und nachhaltiger Anästhesie hervorrufen bei gleichzeitiger künstlicher Ischämie durch Anlegung einer elastischen Schnürbinde oder bei künstlicher Blutleere (s. u.)

---

Nur kurz sei hier erwähnt, dass der Arzt auch durch seelische Beeinflussung bewirken kann, dass ein zu erwartender Schmerz dem Kranken weniger zum Bewusstsein kommt, wenn er diesem bestimmt versichert, „dass es nicht weh thue". Die **Suggestion** besonders in der Hypnose liefert hierfür die trefflichsten Beispiele. Aber auch ohne die methodisch eingeleitete Hypnose gelingt es mitunter, einen hierfür geeigneten Kranken z. B. zu „chloroformiren", wenn man ihm nur eine Maske, trocken oder mit irgend einer ätherischen Flüssigkeit beträufelt vor die Nase hält. Bei diesen mitunter als Nothbehelf zu wagenden Versuchen kommt es natürlich sehr viel auf die Persönlichkeit, sowohl des Arztes, als des Kranken an.

---

# Einfache Operationen.

Die **Operationswunde** wird in den weitaus meisten Fällen durch den

Schnitt, **Incision**,

mit dem chirurgischen Messer (Scalpell) angelegt. Wie man dieses hält und handhabt, hängt von der persönlichen Uebung und Geschicklichkeit ab, gewöhnlich unterscheidet man aber folgende Messerhaltungen: Handelt es sich um feine, leichte Schnitte, oder will man gewissermassen anatomisch präparirend vorgehen, so hält man das Messer wie ein Schreibinstrument, wobei sich der kleine Finger auf die Unterlage stützt (Fig. 14, 15).

Fig. 14. Fig. 15.

Schreibfederhaltung

beim Präpariren — beim Schneiden von innen nach aussen.

Fig. 16.

Geigenbogenhaltung.

Fig. 17.

Tischmesserhaltung.

Will man mehr Kraft anwenden und lange flache Schnitte machen, so fasst man das Messer wie einen Geigenbogen (Fig. 16), wobei weniger seine Spitze, als die volle Schneide in Wirksamkeit tritt.

Zu noch grösserer Kraftentfaltung bei Durchtrennung derberer Gewebe führt man das Scalpell wie ein Tischmesser, der Zeigefinger ruht dabei auf dem Messerrücken (Fig. 17). Um endlich alle Weichtheile in festem Zuge bis auf den Knochen zu durchtrennen, nimmt man das Messer, wie ein Schwert, in die volle Faust.

Auf die Gestaltung der Messerklinge (Fig. 18), ob stark bauchig oder gerade und auf die stets kunstgerechte „vorschriftsmässige" Haltung derselben kommt, wie gesagt, für den, der geschickt, zierlich und leicht ein Messer zu führen weiss, wenig an, wenn nur die damit gemachte Wunde eine reine glatte Schnitt-

Fig. 18.

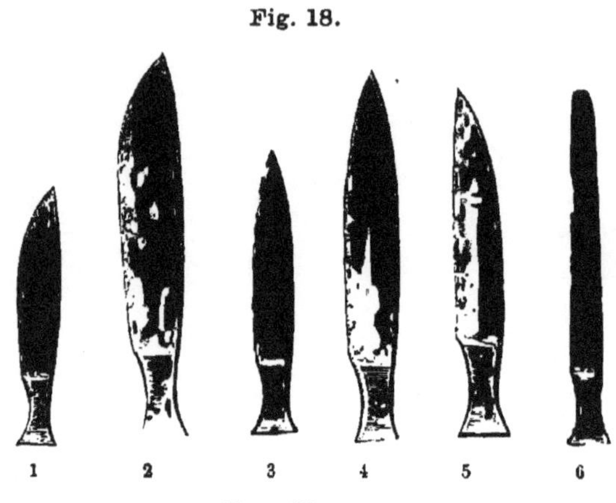


Messerklingen.

1. 2 bauchig, 3. 4 spitz, 5 gerade, 6 stumpfendig.

wunde wird, die überall eine gleichmässige Tiefe und keine gerissenen, gequetschten, zerfetzten Ränder hat. Unschön sind auch namentlich die „Schwänze" an Hautschnitten, d. h. wenn die Wundwinkel nur seicht in die Haut geritzt sind. Von grosser Wichtigkeit zur Erzielung glatter Schnitte ist es, die Haut möglichst gespannt zu halten, bei kleineren Schnitten spannt man sie durch Spreizen zweier neben die Wundränder aufgesetzter Finger (Fig. 19), bei grösseren durch Aufsetzen der Hände. Beim Vordringen in die Tiefe ist in den meisten Fällen ebenfalls der glatte Schnitt des Messers das geeignetste Verfahren. Stösst man auf Muskelinterstitien und sonstige Bindegewebsschichten, so kann man schneller auch auf stumpfem Wege vorwärts kommen, indem man sie mit dem Messerstiel oder Finger auseinanderzerrt. Sind deut-

Fig. 19.

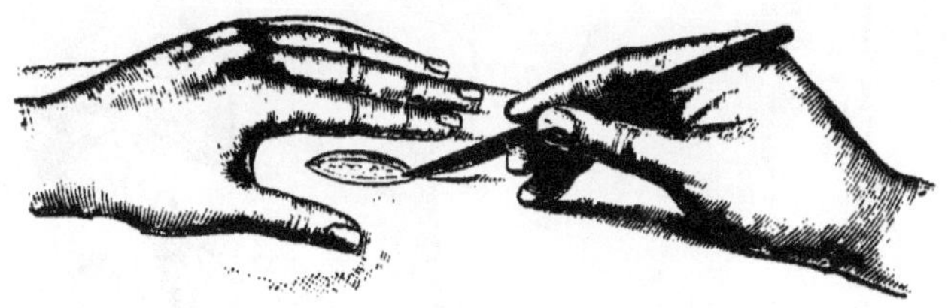

Spannung der Ränder beim Hautschnitt.

liche Schichten vorhanden, so lässt sich die Hohlsonde (Fig. 20) anwenden; diese wird unter eine solche Schicht eingeschoben

Fig. 20.

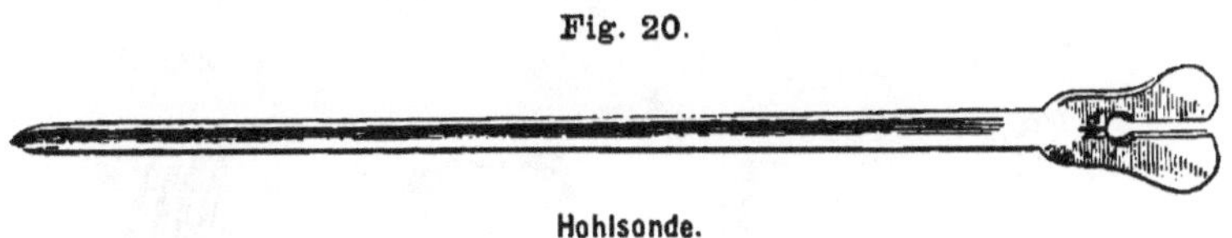

Hohlsonde.

und das Messer in ihrer Rinne entlang geführt (Fig. 21). Schonender und namentlich bei feiner Präparation dünner mehrfacher Schichten zu empfehlen, ist der Schnitt unter Erhebung einer Gewebsfalte (Fig. 22, 23). Zur Durchtrennung der Haut hebt man diese zu beiden Seiten der beabsichtigten Schnittlinie mit je zwei Fingern empor. Dann erfasst man eine Stelle der darunter liegenden Gewebsschicht mit einer Pincette, der Gehülfe fasst mit einer andern dicht daneben, die erhobene Falte wird zwischen den beiden Pincetten leicht durchtrennt und dies wiederholt sich Schicht für Schicht, bis man zur gewünschten Tiefe gelangt ist. In solcher Weise verfährt man am häufigsten bei Freilegung einer Arterie und eines Bruchsacks.

Fig. 21.

Trennung auf der Hohlsonde.

Fig. 22. Fig. 23.

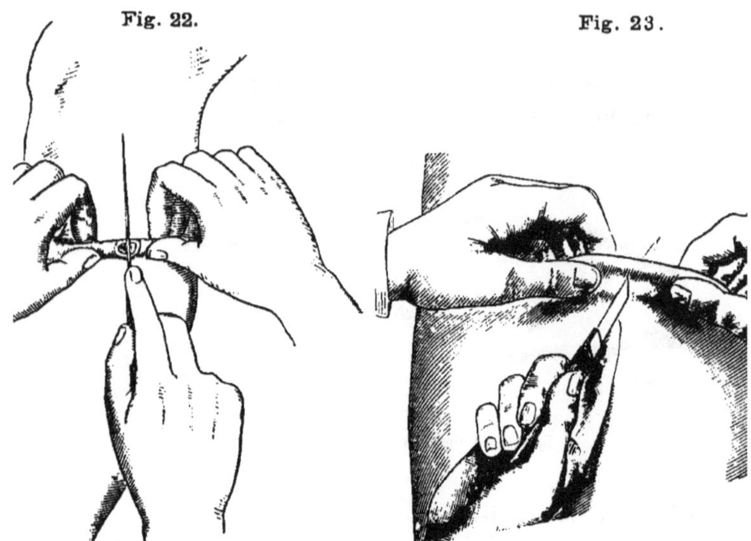

Hautschnitt mit Erhebung einer Gewebsfalte.

Fig. 24. Fig. 25. Fig. 26.

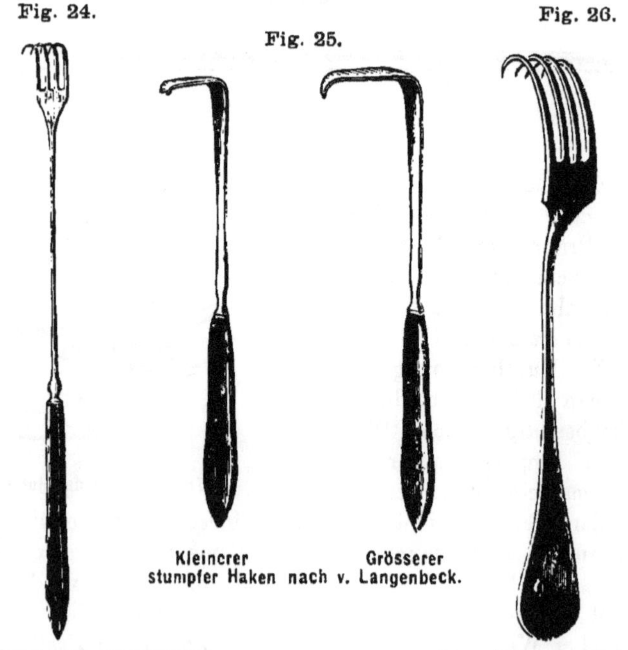

Scharfer Haken nach von Volkmann.

Kleinerer Grösserer stumpfer Haken nach v. Langenbeck.

Improvisirter Wundhaken.

Die Wundhaken (Fig. 24—26) müssen immer schonend gehandhabt werden; nehmen sie in kleineren Wunden zu viel Raum und Licht fort, so ersetzt man sie zweckmässig durch Fadenschlingen, mit denen die Wundränder zum Klaffen gebracht werden. Die Fäden benutzt man schliesslich zur Vereinigung der Wunde.

Mit der Scheere (Fig. 27, 28, 29) kann man ebenfalls rasch und leicht eine Wunde vertiefen, doch liefert die Scheere, die ja quetschend wirkt, weniger scharfe Schnittränder; immerhin lässt es sich recht bequem und sicher mit ihr arbeiten, z. B. bei der Auslösung mancher Geschwülste. Neben der geraden Scheere hat man zum Schneiden in der Tiefe auch die winklig zur Kante gebogene Kniescheere. Die sanft zur Fläche gebogene Cooper'sche Scheere dient hauptsächlich zu flächenhaften Schnitten.

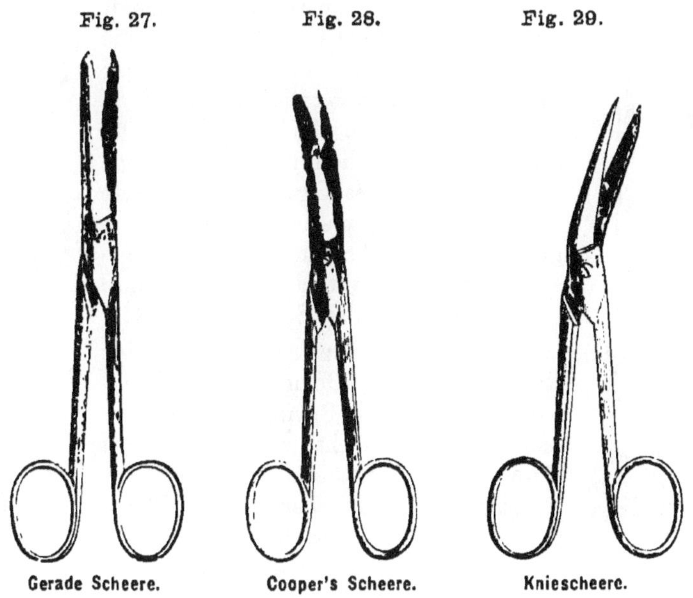

Fig. 27. Gerade Scheere. Fig. 28. Cooper's Scheere. Fig. 29. Kniescheere.

## Der Stich, **Punktion,**

dient zur Entleerung von Flüssigkeiten aus den Körperhöhlen, zur Erkennung pathologischer Veränderungen in den tieferen Schichten oder endlich zur Einverleibung flüssiger Arzneien.

Grössere Stichöffnungen kann man mit schmalem spitzigem Messer anlegen, welches man in steiler Haltung in die Haut einsenkt. Will man aber die Blutung aus grösseren Gefässen vermeiden, so benutzt man runde Röhren, die nur an der Spitze zugeschärft sind. Der T r o i c a r t (Fig. 30) besteht aus einer Metallröhre, deren Lichtung durch einen ausziehbaren vorn dreikantig zugespitzten Stachel ausgefüllt wird. Das Instrument wird mit kräftigem Ruck eingestossen und der Stachel ausgezogen, so dass die Flüssigkeit aus der Röhre ablaufen kann. Will man die Stichöffnung sehr klein machen, so dass sie sich nach Entfernung des Instruments von selbst schliesst und ohne weitere Behandlung heilt, dann wählt man feine schreibfederförmig zugespitzte Hohlnadeln, durch welche mit einer genau passenden Spritze die Flüssigkeit angesaugt oder eingespritzt wird.

Fig. 30.

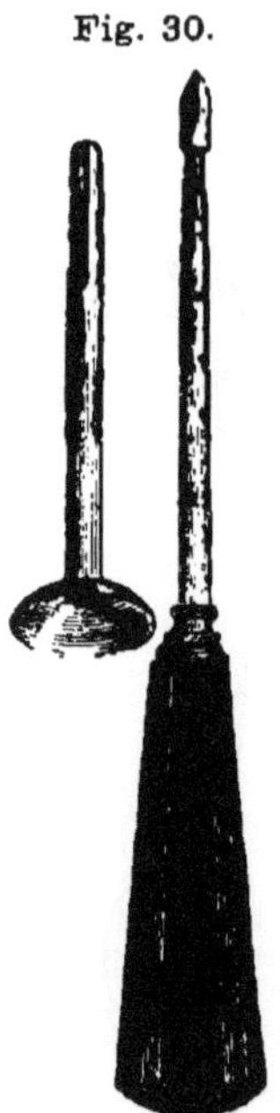

Troicart.

Zu diagnostischen Zwecken (**Acidopeirastik**, M i d d e l d o r p f 1856) benutzt man troicartähnliche Instrumente, die hinter der Spitze des Stachels eine kleine ringförmige Vertiefung haben, in welcher sich beim Auf- und Abwärtsschieben des Stachels in der Röhre geringe Mengen des Gewebes festsetzen, die zur mikroskopischen Untersuchung genügen. Auch hat man solche mit gespaltener und bei zurückgezogener Röhre auseinanderfedernder Spitze (Fig. 31).

Fig. 31.

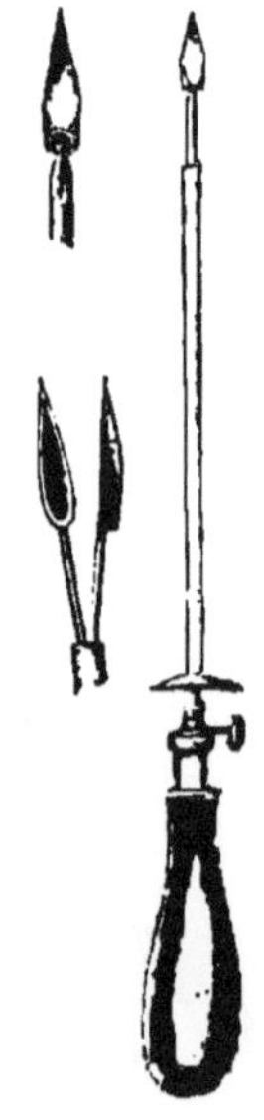

Troicart zur Akidopeirastik nach v. Esmarch.

Zur E i n s p r i t z u n g von Arzneien (**Injection**) dienen die mit feiner Hohlnadel versehenen Spritzen. Die bekannte viel gebrauchte S p r i t z e n a c h P r a v a z (Fig. 32) enthält genau 1 gr. Flüssigkeit; ihr Cylinder ist in 10 Theile getheilt, so dass eine bestimmt zu bemessende Menge durch das Vorschieben des Kolbens in den Körper gebracht werden kann. Man verfährt hierbei folgendermassen:

Nachdem man die bestimmte Menge der Lösung in die Spritze eingesogen und die etwa mit eingedrungene Luft durch Vorschieben des Stempels bei erhobener Spitze ausgetrieben, erhebt man eine

Hautfalte irgendwo am Körper, stösst die spitze Canüle rasch durch die Basis der Falte bis in das Unterhautgewebe ein, überzeugt sich durch einige Seitenbewegungen, dass die Spitze nicht etwa nur in das Corium oder gar in eine Vene eingedrungen ist, und entleert den Inhalt durch langsames Vorschieben des Stempels (Fig. 33).

Darauf zieht man die Canüle wieder heraus und setzt den Zeigefinger einige Augenblicke auf die Stichöffnung, um das Ausfliessen der injicirten Flüssigkeit zu verhindern. Ein gleichzeitig mit dem Mittel- und Ringfinger ausgeübter leichter Druck und gelindes Reiben befördert die Vertheilung und Resorption der Lösung.

Es ist nothwendig, auch bei dieser kleinen Operation nicht nur die Spritze und die eigenen Finger, sondern auch die zur Einspritzung gewählte Hautstelle vorher sorgfältig zu reinigen und zu desinficiren. Sonst entstehen darnach leicht subcutane Abscesse.

Fig. 32.

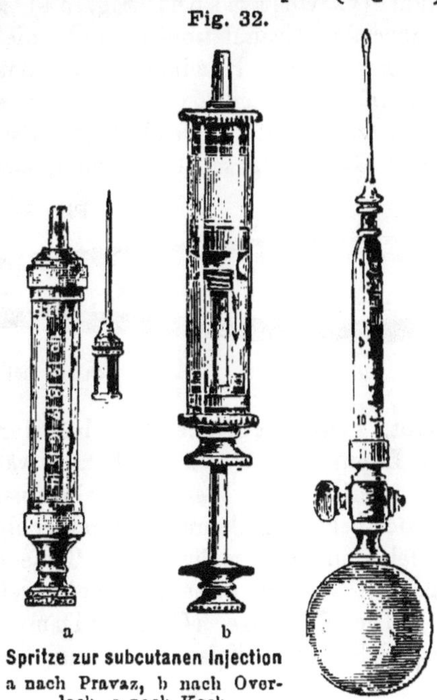


Spritze zur subcutanen Injection a nach Pravaz, b nach Overlach, c nach Koch.

Fig. 33.

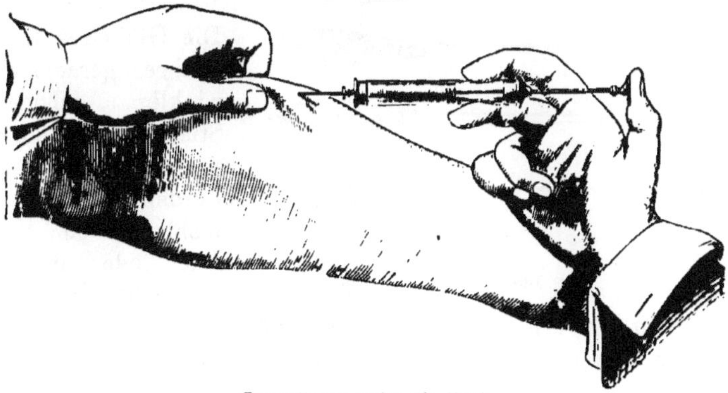

Einspritzung unter die Haut.

**Das Zerstören von Geweben** kann auf mechanische Weise oder durch die Glühhitze oder durch Aetzung mit chemischen Stoffen ausgeführt werden.

Weiche Gewebe lassen sich sehr gut mit dem **scharfen Löffel** (v. Volkmann, Fig. 34) abschaben, namentlich Lupus, wuchernde Granulationen und die weichen Geschwülste und Knochenherde. Handhabt man das Instrument richtig, indem man in kräftigem Zuge über die erkrankte Stelle hinwegfährt, so leistet es auch zugleich diagnostische Dienste, indem nur krankhaftes Gewebe geschabt werden kann, gesundes dagegen stehen

Fig. 34.

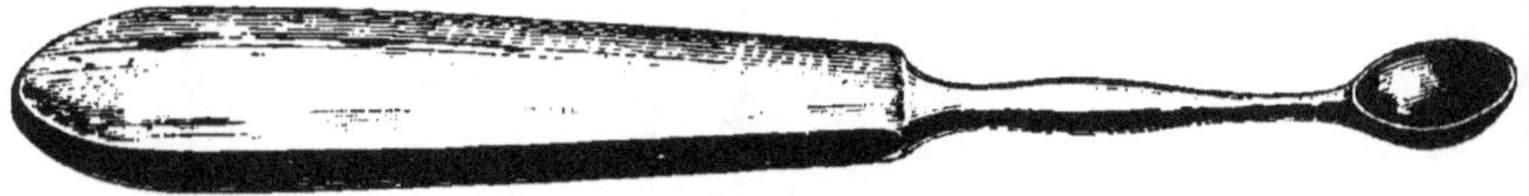

Scharfer Löffel.

bleibt. Dies ist namentlich bei der häufig geübten Auslöffelung des Lupus von Werth, weil man während der Operation an der characteristischen Weichheit einzelner Stellen diese noch als neue Herde erkennen kann. Durch bohrende Bewegungen mit dem Löffel sind auch mehr in die Tiefe dringende Gänge und Herde, namentlich tuberkulöse Knochenerweichungen zu beseitigen.

Die **Glühhitze** (Cauterium actuale) wurde früher in ausgedehntester Weise nicht nur zur Gowebszerstörung, sondern auch zur Blutstillung und als Ersatz des Messers angewendet. Die Glüheisen tragen an ihrem geraden oder winklig gebogenen Stiel verschieden gestaltete Kolben und werden in einem Kohlenbecken, Herdfeuer oder dgl. bis zur hellen Rothgluth oder Weissgluth erhitzt. In manchen Fällen ist das alte **Glüheisen** (Fig. 35) oft das beste Zerstörungsmittel und kann nament-

Fig. 35.

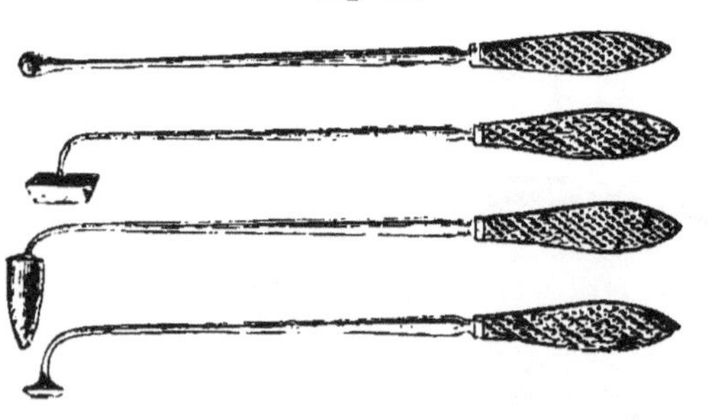

Glüheisen.

lich von Landärzten nicht leicht entbehrt werden, da es sich auch leicht improvisiren lässt, z. B. aus irgend einem für den bestimmten Zweck passend geformten Stück Eisen, oder indem man ein Stück dicken Draht (Telegraphendraht im Kriege) an einem Ende kegelförmig oder glatt aufrollt und das andere spitzgefeilte Ende in einen Holzstab steckt (Brandis, Fig. 36). Im allgemeinen aber ist das Glüheisen wenig mehr in Gebrauch, seit Paquelin den **Thermokauter** (Fig. 37) ersann, der bequemer zu handhaben, aber leider ziemlich theuer ist. Seine Wirkung besteht darin, dass eine verschiedengeformte Hülse aus Platinblech,

Fig. 36.

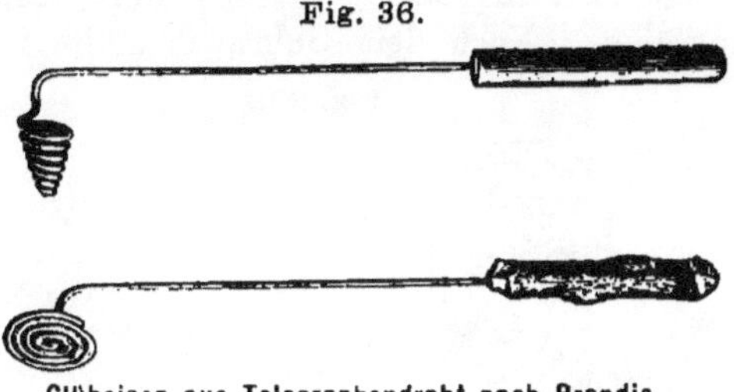

Glüheisen aus Telegraphendraht nach Brandis.

Fig. 37.

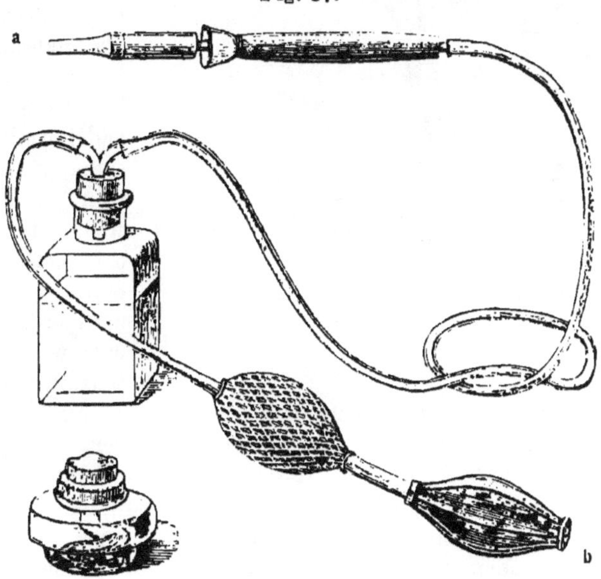


Thermokauter nach Paquelin.

in deren Innern sich Platinschwamm befindet, durch zuströmende Dämpfe von Benzin oder Petroläther zum Glühen gebracht wird.

Die Platinhülse a wird zunächst über einer Spiritusflamme einige Minuten angehitzt (Fig. 38), darauf das Gebläse b erst sanft, allmählig stärker in Bewegung gesetzt, bis die Platinspitze hellglühend wird. Versagt ein Thermokauter, so ist es gut, ihn einige Zeit in starker Flamme ohne Zuleitung von Dämpfen auszuglühen. Nach dem Gebrauch sollte man es vermeiden, ihn zur schnelleren Abkühlung in kaltes Wasser zu tauchen. Durch den Thermokauter, der so zierlich aussieht und so leicht zu handhaben ist, hat das Feuer in der Chirurgie an Schrecken verloren, an vielfacher Anwendung aber gewonnen. Je nachdem man kugelige, messerartige, nadelförmige Ansätze wählt, kann man mit dem Instrument flächenhaft zerstören, oder blutlose Schnitte brennen und damit, wo es nöthig scheint, theilweise das Messer ersetzen, oder die feinsten Stichelungen ausführen. Die Weissgluth zerstört zwar die Gewebe schneller, vermag aber nicht, Blutung zu verhüten, die Rothgluth verkohlt die Gewebe langsamer, wirkt aber auch blutstillend. Bei zu langem Verweilen in den Wunden beeinträchtigen die sich an das rothglühende Metall ansetzenden verkohlten Gewebsfetzen oft seine Wirkung. Dann müssen diese ausserhalb der Wunde durch Steigerung der Gluth zum Abstossen gebracht werden. Die durch den Thermokauter erzeugten Brandschorfe heilen meist ohne Eiterung, zumal wenn sie nur oberflächlich sind; daher man auch selbst in der

Fig. 38.

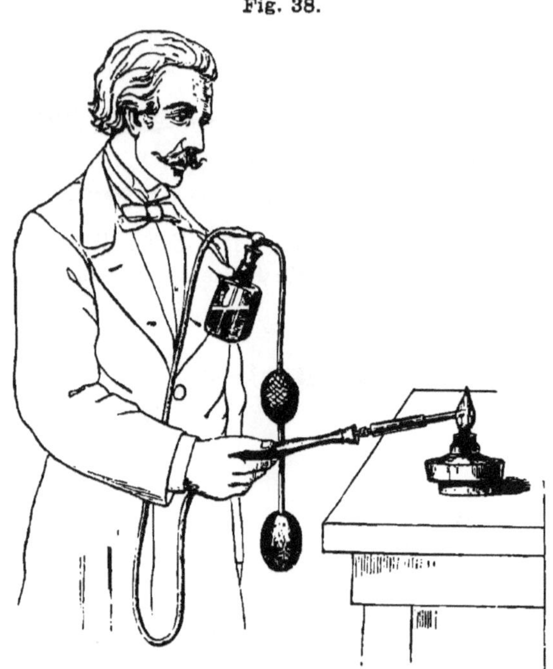

Anglühen des Thermokauters.

Bauchhöhle zur Trennung von Adhäsionen, Blutstillung in Stümpfen u. s. w. den schwachrothglühenden Thermokauter anwendet.

Die **Galvanokaustik** (M i d d e l d o r p f) bezweckt, ein Stück Platindraht mit Hülfe einer elektrischen Batterie glühend zu machen. Hat man die dazu nöthigen Vorrichtungen, so ist ihre Anwendung verhältnissmässig einfach. Da dieselben aber ziemlich kostspielig sind, so wird diese Kunst wohl mehr in Hospitälern und von Specialisten, als vom praktischen Arzte geübt. Man benutzt jetzt hauptsächlich T a u c h - B a t t e r i e n, z. B. die von Voltolini, und den von B r u n s und B ö c k e r angegebenen H a n d g r i f f (Fig. 39), in welchen die verschiedenen Ansätze gesteckt werden; während diese

Fig. 39.

Galvanokaustische Schneideschlinge und Tauchbatterie.

Fig. 40.

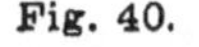

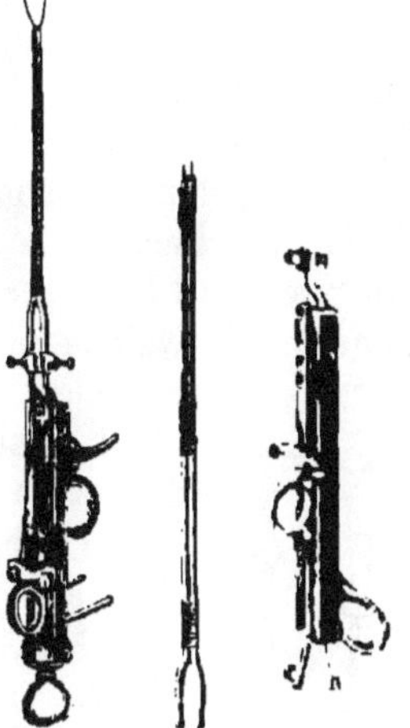

Galvanokaustische Apparate.

aber für chirurgische Zwecke fast überall durch den Thermokauter sich ersetzen lassen, hat die galvanokaustische S c h n e i d e s c h l i n g e (Fig. 40) vor diesem den grossen Vortheil, dass der Draht k a l t in das Gewebe eingeführt werden kann (z. B. in eine Fistel oder um einen Stiel oder einen Strang in der Tiefe der Wunde) und erst dann, wenn man sich von seiner richtigen Lage überzeugt hat, augenblicklich durch den Schluss der Kette zum Glühen kommt. In dieser Art lassen sich die Gewebe in feinem Schnitt blutlos durchtrennen; am häufigsten wird die Galvanokaustik wohl noch für die feinen Operationen in der Nasenhöhle, im Kehlkopf und im Ohr angewandt.

Die **Galvanopunktur** bewirkt eine langsame Zerstörung von Geweben dadurch, dass zwei Nadeln aus Platin in den kranken Theil eingestochen werden, welche mit der elektrischen Batterie verbunden sind; der Strom geht dann durch das Gewebe von einer Nadel zur andern und bewirkt eine Zersetzung desselben. Man kann auf diese Art kleine Warzen, Haarwurzeln u. dergl. zerstören, aber auch selbst grössere Geschwülste, wenigstens theilweise, zum Schwinden bringen **(Elektrolyse).**

Zum Zerstören von Geweben wendet man ferner chemische Mittel an, welche verschorfend und ätzend wirken **(Aetzmittel,** Caustika, Cauterium potentiale).

**Kali causticum,** Aetzkali, weisse, etwa federkieldick gegossene, an der Luft zerfliessliche Stangen, die bei der Berührung mit dem Gewebe auch die Umgebung der zu behandelnden Stelle durch Zerfliessen zu einem weissen Schorfe verätzen.

**Argentum nitricum** fusum, Lapis infernalis, Höllenstein in Form und Farbe wie der vorige, wirkt nur auf die berührte Stelle ein, und wird hauptsächlich zum Bestreichen schlechter Granulationen angewandt, welche es mit einem weissen Schorf von Silberalbuminat bedeckt. Die Vermischung von Höllenstein und Salpeter (1 : 1 oder 1 : 2) ist härter und milder wirkend als der reine Höllenstein (Lapis mitigatus).

Fig. 41.

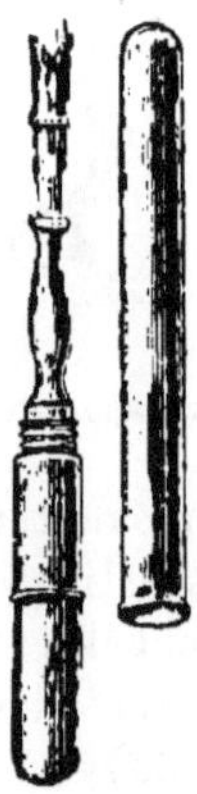

Aetzmittelträger.

**Cuprum sulfuricum,** Kupfersulfat in Stangen (Blaustift) wirkt nur schwach ätzend.

Man nimmt die Aetzstifte entweder in die freie Hand, nachdem man sie zuvor mit etwas Gaze oder Watte an einem Ende bewickelt hat, oder benutzt zum Halten reissfeder- oder pincettenähnliche Instrumente, **Aetzmittelträger** (Fig. 41), bei denen man aber darauf zu achten hat, dass der Aetzstift festsitzt, damit er nicht etwa während des Gebrauchs in die Wunde falle. Die mit dem Stift bestrichenen Stellen schmerzen nur wenig, namentlich wenn man sich hütet, den zarten, weisslichen Epithelsaum einer heilenden Wunde zu berühren.

Grössere Flächen, geschwürig zerfallene, nicht mehr durch das Messer zu entfernende Geschwülste zerstört man mit den weichen **Aetzpasten.**

**Wiener Aetzpaste** (Pasta viennensis): 6 Theile Aetzkalk und 5 Theile Aetzkali werden mit Weingeist zu einem Teig angerührt und dieser etwa 5 mm dick mit einem Holzspan aufgetragen; nach 6—10 Minuten hat die leicht zerfliessliche Masse einen grauen festen Schorf erzeugt, der auch in der Umgebung sich als graue Linie zeigt. Nun wird die Paste entfernt und die geätzte Stelle mit angesäuertem Wasser neutralisirt. Der Schorf stösst sich nach heftiger Entzündung in etwa 8 Tagen ab.

**Chlorzinkpaste** (Canquoin) Pulverisirtes Chlorzink und Roggenmehl werden in verschiedenem Verhältniss (je nach der beabsichtigten Stärke der Wirkung 1 : 2, 1 : 3, 1 : 4) mit wenig Wasser zu einem Teig geknetet und in $^1/_2$—1 cm dicken Platten aufgelegt, welche erst nach 12—24 Stunden abgenommen werden. Die Oberhaut muss an der Aetzstelle durch einen heissen Hammer entfernt sein, da das Chlorzink die Epidermis nicht angreift. Die Aetzung ist scharf begrenzt und erzeugt einen lederartigen Schorf, ist aber mit heftigen Schmerzen verbunden, die man durch Zusatz von Opium oder Morphium etwas lindern kann. Nach 8—10 Tagen lösst sich der Schorf, die Wunde zeigt gute Granulationen. Nöthigenfalls muss die Aetzung durch Auflegen frisch bereiteter Paste wiederholt werden.

**Arsenikpaste** (Pasta arsenicalis Frère Côsme). Das Côsme-Pulver (ursprünglich: Arsenici albi 3,5, Sanguinis draconis 0,7, Cinnabaris 8,0, Cineris solearum antiquarum combustarum 0,5) wird mit etwas Wasser zu einem Teig gemischt, einfacher aber vermengt man 1 Theil Arsenik mit etwa 15 Theilen Stärke und Wasser. Wird nur messerrückendick und in nicht zu grossem Umfange (Vergiftung) aufgetragen, und erzeugt unter den heftigsten Schmerzen einen lederartigen Schorf, der nach 12—20 Tagen abfällt und eine gut granulirende, bald vernarbende Geschwürsfläche hinterlässt. Vergiftung durch rasche Resorption ist namentlich bei Theilen, welche nicht mit Epidermis überzogen sind, zu fürchten.

Wenig giftig und schmerzloser ist, namentlich zur Zerstörung jauchender Geschwülste, das Aufstreuen eines **Arsenikätzpulvers** aus Acid. arsenicos., Morph. muriat aa 0,25, Calomel 2,0, Gi arab. 12,0 (v. Esmarch).

Die **Pockensalbe** (1 Th. Tartarus stibiat. 4 Th. Adeps) ist zu oberflächlicher Aetzung und Ableitung manchmal noch in Gebrauch.

**Schwefelsäure** verätzt die Gewebe zu einem grauen oder braunen Schorfe. Rauchende **Salpetersäure** erzeugt gelblich-grünlichen Schorf (Xanthoprotein), ebenso **Chromsäure.** Reine **Carbolsäure** ätzt schmerzlos mit weisslichem Schorf. **Sublimat** (1:10 Collodium) ist nur für sehr kleine Stellen (Warzen) anwendbar wegen seiner Giftigkeit. **Milchsäure** verätzt Neubildungen zu einem schwärzlichen Brei, lässt aber normales Gewebe unversehrt (v. Mosetig-Moorhof). Die Milchsäurepaste, aus gleichen Theilen des Mittels und Kieselsäure bestehend, wird messerrückendick auf Gummipapier gestrichen dem kranken Theil aufgelegt und bleibt 12 Stunden liegen.

Bei Anwendung aller flüssigen und weichen Aetzmittel ist es nöthig, die Umgebung durch Bekleben mit Heftpflaster oder dickes Bestreichen mit Fetten, Collodium u. dergl., vor unbeabsichtigten Nebenwirkungen zu schützen.

## Die Vereinigung der Wundränder

bewirkt man bei reinen frischen Wunden und bei denjenigen Operationswunden, welche sich nicht durch Granulationsbildung schliessen sollen, durch

### die Wundnaht.

Fig. 42.

Chirurgische Nadeln.

Diese wird angelegt mit geraden oder zur Fläche gekrümmten, an ihrer Spitze glatt zweischneidigen **Nadeln** (Fig. 42). Grosse Nadeln führt man aus freier Hand, kleinere fasst man mit einem **Nadelhalter,** wodurch eine bequemere und sichere Führung ermöglicht wird. Am einfachsten und überall brauchbar ist der zangenartige Nadelhalter nach Dieffenbach (Fig. 43). Für Nähte in tiefen Wunden und in Höhlen eignen sich besonders der von Hegar (Fig. 44) und der „Schwan" nach Küster (Fig. 45). Der Nadelhalter nach Roux (Fig. 46), dessen auseinanderfedernde Enden durch eine verschiebbare Hülse geschlossen werden, ist jetzt zwar weniger allgemein im Gebrauch, aber doch recht praktisch.

Hagedorn empfahl statt der zur Fläche gebogenen Nadeln solche, die zur Kante gebogen und geschliffen sind (wie krumme

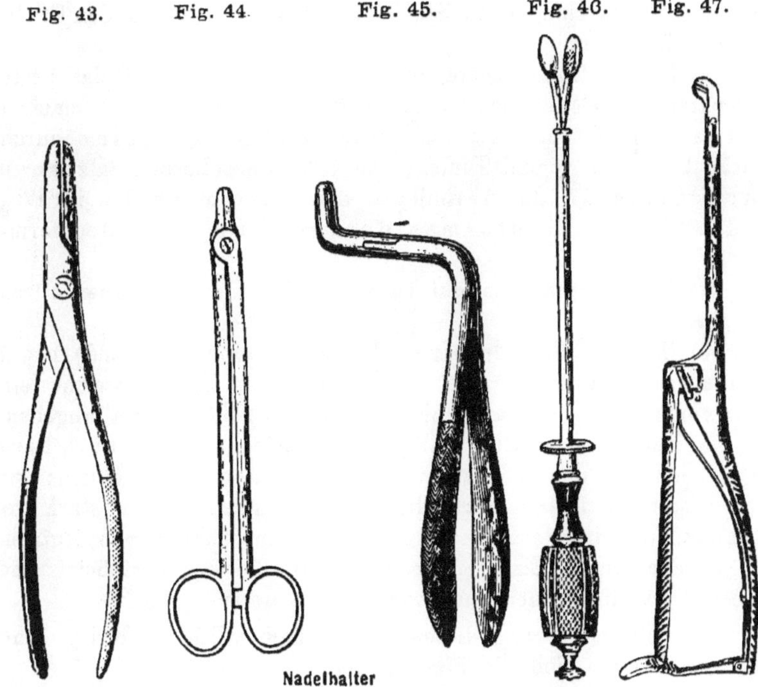


Nadelhalter

nach Dieffenbach. nach Hegar. nach Küster. nach Roux. nach Hagedorn.

Säbel, Fig. 48), zu benutzen, weil diese Form Stichkanäle erzeugt, die beim Anziehen des Fadens nicht klaffen, sondern schlitzförmig bleiben und weil es sich sehr leicht und bequem mit ihnen nähen lässt, wenn man sich des dazu passenden Nadelhalters (Fig. 47) bedient, der übrigens völlig zerlegt und sterilisirt werden kann.

Fig. 48.

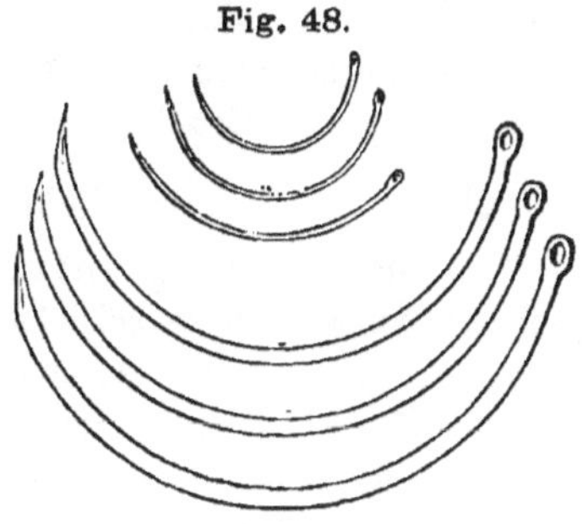

Nadeln nach Hagedorn.

Zum Nähen verwendet man:

1) **Catgut**, fabrikmässig zubereitete Darmsaiten (Violinsaiten) von verschiedener Dicke, die in den Körpergeweben aufquellen und allmählig aufgesogen werden. Man macht es keimfrei und aseptisch nach den Bd. I, S. 12 angegebenen Regeln, da sonst gerade bei An-

wendung dieses thierischen Stoffes leicht Eiterungen in den Stichkanälen auftreten.

2) **Seide:** Ungebleichte, rohe chinesische Seide ist das beste Nähmaterial, welches sich durch Auskochen leicht keimfrei machen lässt; auch tränkt man sie mit Antisepticis: Carbolseide durch Auskochen in 5 % und Einlegen in 3 % Carbollösung (Czerny), Sublimatseide durch Einlegen der gekochten Fäden in 1 % Sublimatlösung, Jodoformseide durch Einlegen in Jodoformäther.

3) **Zwirn** ist ebenso gut zu verwenden als Seide, aber etwas billiger.

4) **Seegras, Silkworm** (von der Seidenraupe stammend) nennt man etwa $1/2$ m lange glatte, weissglänzende Fäden, welche ein ganz vorzügliches (und auch nicht zu theures) Nähmaterial abgeben, da sie selbst lange Zeit völlig reaktionslos, ohne resorbirt zu werden, in den Körpergeweben belassen werden können; sie sind ausserdem fast unzerreisslich, daher namentlich bei stark gespannten Wundrändern und zu Entspannungsnähten von Nutzen. Sie werden durch Einlegen in 3 % Carbollösung desinficirt und trocken verwahrt, oder kurz vor dem Gebrauch gekocht.

Ein billiger Ersatz dieser Fäden, namentlich im Kriege und auf dem Lande, sind die **Pferdehaare.**

5) **Metallfäden:** Silberdraht und Eisendraht lässt sich durch Auskochen oder Ausglühen in einer Spiritusflamme leicht keimfrei machen und dient hauptsächlich zu Entspannungsnähten und Vereinigung leicht wieder auseinander weichender Wundränder (Laparotomieen, Bruchpforten) und zur Knochennaht.

Man näht in verschiedener Weise:

1) **Die Knopfnaht,** unterbrochene Naht (Fig. 49), ist die gebräuchlichste und zweckmässigste, weil sie eine sehr genaue Vereinigung der Wundränder ermöglicht. Nachdem der Faden durch beide Seiten hindurch geführt ist, wird er geknotet und etwa 1 cm vor dem Knoten abgeschnitten. Der Knoten wird immer seitlich von der Wundlinie angelegt, gerade über der Wunde würde er diese leicht drücken und ihre genaue Verklebung beeinträchtigen.

Fig. 49.

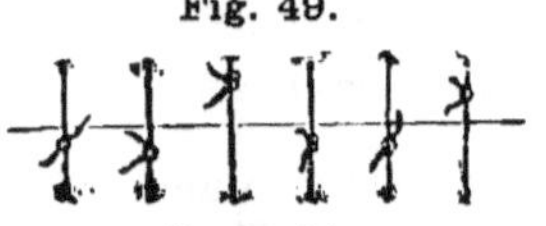

Knopfnaht.

Von Wichtigkeit ist es auch, den Faden mit einem sicheren Doppelknoten zu knüpfen, der sich nicht von selbst löst. Dazu dient der **Schifferknoten** (Fig. 50), bei dem beide Fadenenden in derselben Richtung durch beide Schlingen treten, während bei dem falschen oder **Weiberknoten** (Fig. 51), der nicht sicher hält, die beiden Fäden in entgegengesetzter Richtung durch die Schlingen laufen.

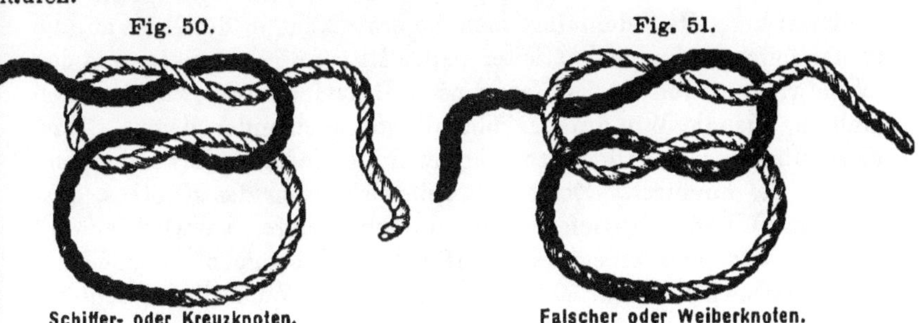

Fig. 50. Schiffer- oder Kreuzknoten.

Fig. 51. Falscher oder Weiberknoten.

Einen Schifferknoten macht man so, dass man beim Schürzen des ersten und zweiten Knotens den gleichen Faden zu oberst (oder zu unterst) legt. Dies erreicht man am leichtesten auf folgende Weise: Man schlingt das rechte Ende von unten her über das linke und die linke Zeigefingerspitze so hinweg, dass die rechte Hand nach links oben, die linke nach rechts unten zu liegen kommt, wenn der erste Knoten geschürzt ist (Stellung „über der Hand"). Dann führt man die rechte Hand auf demselben Wege zu ihrer Ausgangsstellung zurück, d. h. das rechte Ende wird über das linke gebracht und unter ihm hindurch nach rechts oben herausgezogen. In anderer Weise lässt sich der Knoten unter Wechseln der Fadenenden in den Händen schürzen: Von den herabhängenden Enden der Schlinge wird das linke mit der rechten Hand über das mit der linken Hand gefasste rechte Ende hinweg geschlungen und nach rechts herausgezogen und darauf unter Wechseln der Hände über das rechte hinweg nach links geführt, so dass sich nun in jeder Hand das ursprüngliche Ende befindet.

Wenn die Wundränder sehr gespannt sind, so ist es zweckmässig, beim ersten Knoten die Fäden zweimal um einander zu schlingen (**Chirurgischer Knoten**, Fig. 52) und darauf den zweiten Knoten, wie beim Schifferknoten zu schürzen. Dieser Knoten hält schon beim ersten Knoten die Wundränder fest zusammen,

Fig. 52. Chirurgischer Knoten.

während man beim Schiffer- und Weiberknoten die Enden fest

angezogen halten muss, indem man den zweiten Knoten knüpft, da sie sonst auseinanderweichen.

Will man eine grössere Wunde durch die Knopfnaht schliessen, so verfährt man dabei folgendermassen: Zunächst werden die Wundränder möglichst so aneinander geschoben und gehalten, wie sie vernäht werden sollen, dann legt man die erste Naht in der Mitte an, die beiden folgenden zu beiden Seiten in der Mitte zwischen dieser und den Wundwinkeln und die weiteren nach Bedarf immer zwischen zwei Nähten, bis die Wundränder überall gut aneinander liegen. Sind diese überall gleich dick, so führt man die Nadel beiderseits gleichmässig tief hindurch. Zeigt sich beim Schliessen des Knotens, dass der eine Wundrand tiefer liegt als der andere, so wird er mit der Pincette oder einem feinen Häkchen etwas gehoben, oder der andere etwas niedergedrückt (Fig. 53). Sind die Wundränder ungleich

Fig. 53. Fig. 54. Fig. 55.

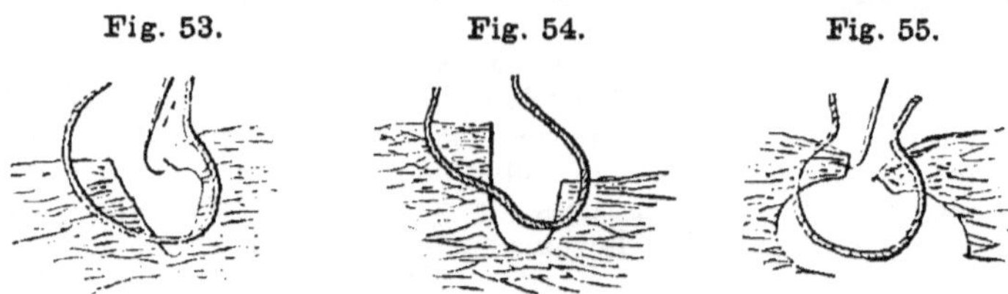

hoch, so durchsticht man den dickeren flach, den dünneren tiefer, aber dichter am Rand (Fig. 54); krempen sich dünne Wundränder nach innen um, so führt man die Nadel dicht am Rande ein (Fig. 55), und hebt die Ränder beim Knoten des Fadens beiderseits mit Häkchen empor, oder, wenn es geht, drückt man mit zwei Fingern beide Wundränder zu einer kleinen Falte zusammen und vernäht sie in dieser Lage. Ist der eine Wundrand ein wenig länger, als der andere, so macht man die Zwischenräume auf dem längeren etwas grösser als auf dem kürzeren — bei gleicher Zahl der Stichöffnungen. Während des Knotens wird dann der längere Rand im Ganzen etwas zusammengeschoben mit dem andern vereinigt (verhalten nähen). Nahe am Wundrand und nur oberflächlich sticht man die Nadel durch, wenn man eine recht genaue Vereinigung erzielen will, weiter vom Wundrand ab und tiefer eingestochen dient die Naht mehr zur Entspannung der oberflächlichen Nahtlinie und zur Vereinigung tiefer gelegener Theile. Meist wendet man beide Arten zusammen an, derart, dass man zunächst einige tiefe Haltenähte anlegt, dann die Ränder durch oberflächliche Nähte genau vereinigt und je nach Bedarf zum Schlusse noch die nöthigen Entspannungsnähte hinzufügt (Fig. 56).

Fig. 56.

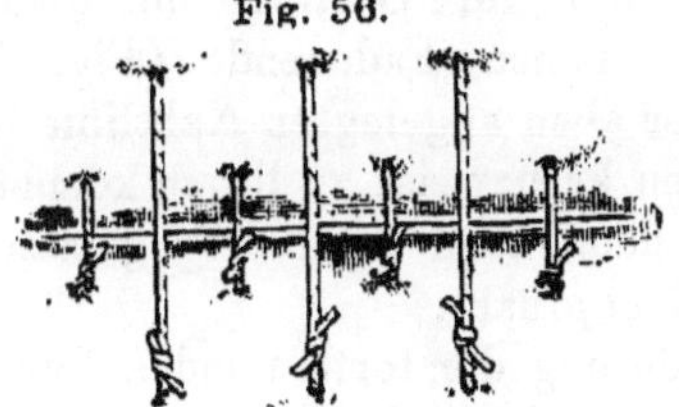

Combinirte Nähte.

Fig. 57.

Entfernung des Fadens.

Nach Heilung der Wunde ist die *Entfernung der Fäden* leicht, wenn man mit gutem Catgut genäht hat: das in der Wunde liegende Stück der Nahtschlinge ist resorbirt, das auf der Haut liegende mit dem Knoten ist an dem ausgetrockneten Verband festgeklebt und wird bei dessen Abnahme gleich mit entfernt. Ist keine Resorption eingetreten oder hat man mit anderen Stoffen genäht, so erfasst man ein Fadenende des Knotens mit einer Pinzette, hebt ihn sanft auf, schneidet mit einer Scheere zwischen Knoten und Haut den Faden durch und zieht ihn *nach der abgeschnittenen Seite hin* (Fig. 57) seitlich heraus: die frisch verklebten Wundränder werden dadurch nicht auseinander gezerrt, sondern gegen einander gedrückt.

Fig. 58.

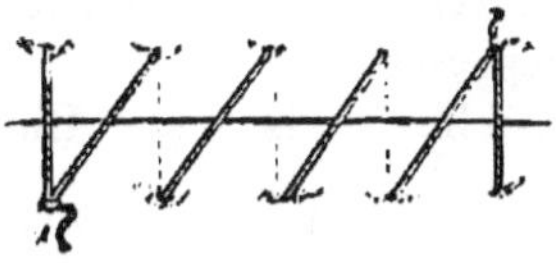

Fortlaufende oder Kürschnernaht.

Fig. 59.

Knotung der fortlaufenden Naht.

2) Die **fortlaufende** *oder* **Kürschnernaht** (Fig. 58) lässt sich viel rascher anlegen, als die Knopfnaht und vereinigt die Wundränder sehr innig mit einander: Man beginnt an einem Wundwinkel mit einer Knopfnaht, schneidet aber den Faden nach der Knotung nicht ab, sondern sticht die Nadel in einiger Entfernung senkrecht zur Wundlinie wieder durch beide Ränder hindurch, zieht den Faden, der dann schräg über die Wunde zu liegen kommt,

etwas an und näht nun „fortlaufend“ bis zum andern Wundwinkel weiter. Um den Faden schliesslich zu knoten, zieht man die letzte Naht nicht an, sondern verknüpft ihre Schlinge mit dem an dem andern Wundrand durchgestochenen Fadenende (Fig. 59), oder man geht fortlaufend über der eben angelegten Nahtlinie zum Anfang zurück (wobei nun die Fäden kreuzweise zu liegen kommen), und verknotet das Fadenende mit dem einen noch lang gelassenen Ende der zu Anfang angelegten Knopfnaht.

3) Eine oft brauchbare Abänderung der fortlaufenden Naht ist die **Languettennaht** (Fig. 60), bei welcher die Spitze der Nadel, ehe man sie hervorzieht, jedesmal unter die Fadenschlinge des vorhergehenden Stiches durchgeschoben wird.

Fig. 60.

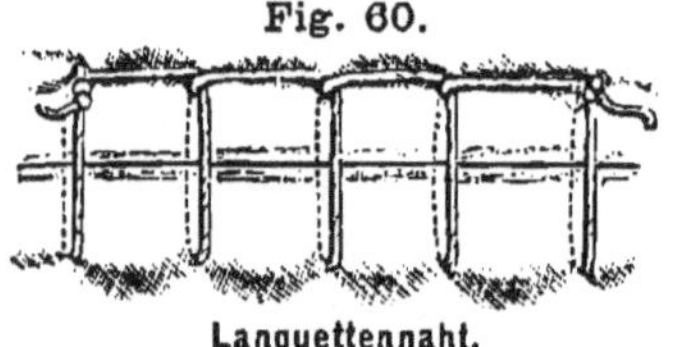

Languettennaht.

**Tiefe Nähte**, welche die Wundflächen auch in der Tiefe an einanderpressen, wendet man bei Hohlräumen (todten Winkeln) im Grunde der Wunde an. Sind diese sehr unregelmässig gestaltet und ist die Tiefe der Wunde beträchtlich, so legt man **versenkte** oder **verlorene Nähte** (mit Catgut) an, welche die einzelnen Gewebsschichten mit einander vereinigen und über einander zu liegen kommen (**Etagennaht**). Man kann sie als fortlaufende oder Knopfnaht anlegen. Aber auch zugleich mit der Haut lassen sich die tieferen Schichten in einfach gestalteten Wunden durch tiefgreifende Knopfnähte vereinigen, wenn man nur die Nadel richtig führt und in genügender Entfernung vom Wundrand alle Schichten nach einander durchsticht, sie werden dann bei der Knotung fest an einander gepresst.

Folgende Nähte werden hauptsächlich als tiefe Hautnähte verwendet:

Fig. 61. Fig. 62.

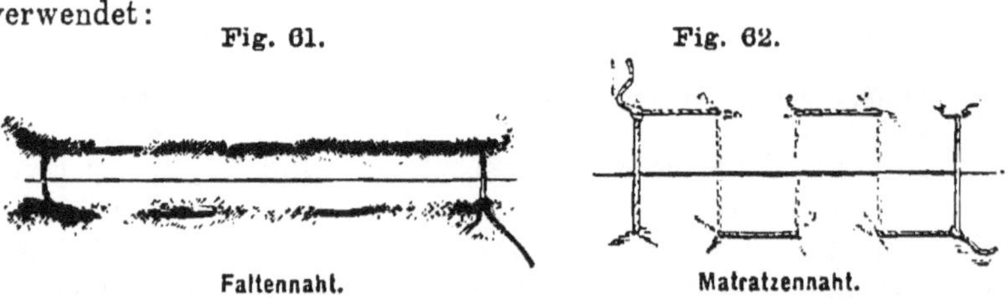

Faltennaht. Matratzennaht.

4) Die **Faltennaht** (Fig. 61) dient vorzugsweise zur Vereinigung sehr dünner und schlaffer Hautränder (z. B. an den Augenlidern), diese werden zu einer Falte erhoben, so dass sich die Berührungsflächen vergrössern.

5) Die **Matratzennaht** (Fig. 62) ist dieselbe, nur dass die Nadel viel tiefer durchgeführt wird. Sie wird manchmal zu Entspannungsnähten benutzt.

6) Die **Balken-** oder **Zapfennaht** (Fig. 63) wird mit runden Stäbchen (Sondenstücke, Catheterstücke) angelegt, welche man durch Seiden- oder Metallfäden fest zusammenzieht.

Fig. 63.

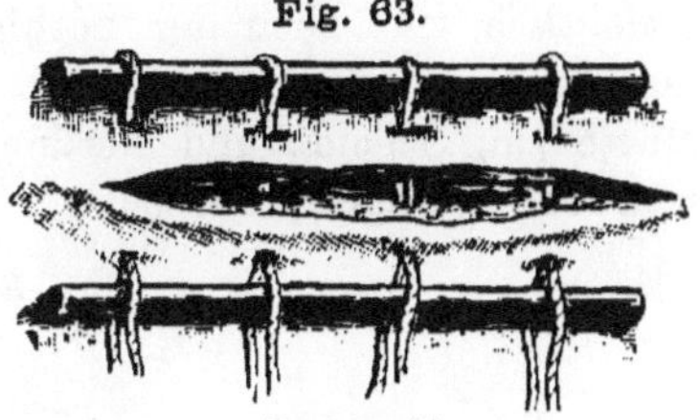

Zapfennaht.

7) Die **Bleiplattennaht** (Lister, Fig. 64) wird mit Silberdrähten ausgeführt, deren Enden durch ovale, in der Mitte durchbohrte Bleiplatten gezogen und an deren aufgeklappten Seitenflügeln in Achtertouren festgewickelt werden.

Fig. 64.

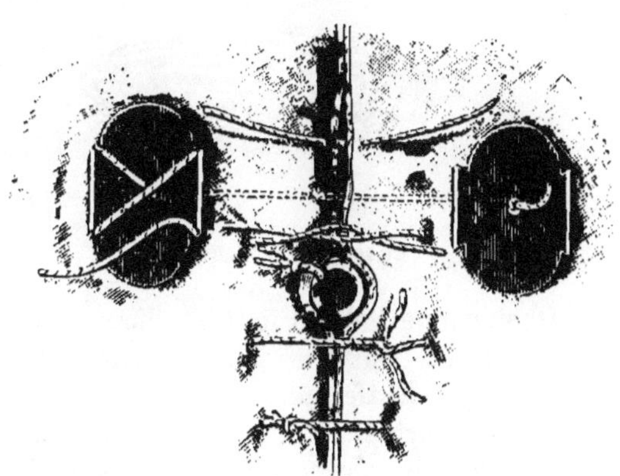

Bleiplattennaht.

8) Bei der **Perlennaht** (Thiersch, Fig. 65) werden die Silberdrähte zuerst durch Bleiplatten, dann durch Glasperlen gezogen und durch Aufwickeln um ein Stäbchen (Zündholzstückchen) befestigt.

9) Die **Schrotkugelnaht** ist ähnlich, aber einfacher; die Fadenenden (Seide, Silberdraht) werden in durchlochte Schrotkugeln gesteckt und

Fig. 65.

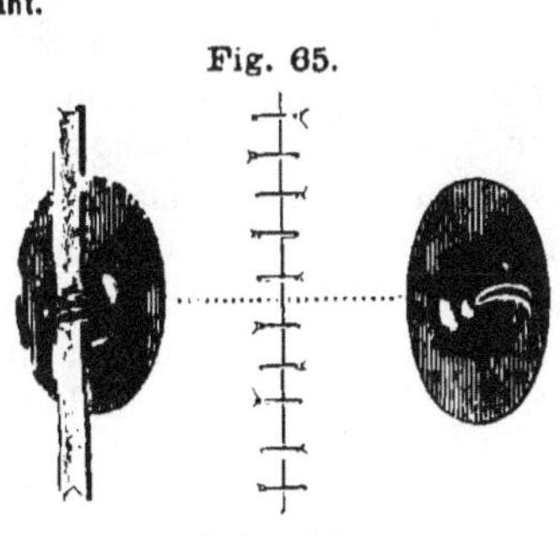

Perlennaht.

diese dicht über der Haut mittelst einer Zange um den Faden zusammengepresst.

Diese letzteren Nähte sind, wie schon aus ihrem Zubehör ersichtlich, nur nach den nöthigen Vorbereitungen ausführbar, sie dienten für bestimmte Zwecke, namentlich zu Nähten an Damm, Mastdarm, Scheide und werden jetzt wohl nur noch selten in Anwendung gezogen; ebenso

Fig. 66.

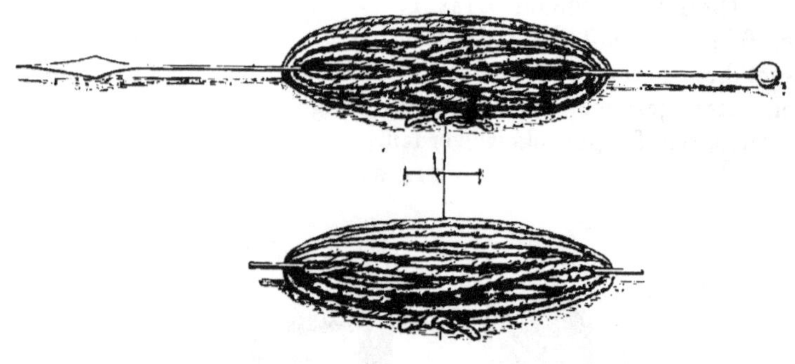

Umschlungene Naht.

10) die **umschlungene Naht** (Fig. 66): diese wird mit Insektennadeln angelegt, deren Spitzen lanzenförmig geschliffen sind. Nachdem sie in einiger Entfernung von den Wundrändern durch die Haut hindurch geführt sind, umwickelt man sie mit sterilen dicken Baumwollenfäden in abwechselnden Kreis- und Achtertouren der Art, dass die Hautränder fest gegen einander gedrängt werden. Auch kann man kleine Gummiringe über die Nadeln streifen. Dann kneift man die Enden der Nadel mit einer Beisszange ab. Zur genaueren Vereinigung der Wundränder legt man in den Zwischenräumen zwischen den Nadeln einige feinere Knopfnähte an. Man kann die Nadelstümpfe am zweiten Tage durch drehende Bewegungen mittelst einer Zange herausziehen, die Fadenwülste aber, welche durch Blut meist mit der Haut verklebt sind, noch einige Tage liegen lassen.

Ganz kleine oberflächliche Wunden, deren Ränder nicht klaffen, können auch ohne Naht vereinigt werden durch feine

Watteflöckchen oder Gazestückchen, die mit **Jodoformcollodium** bestrichen werden (s. a. Bd. I. S. 41). Auch das **englische Pflaster** und **Heftpflaster** sind nur bei kleinsten Wunden verwendbar, vorausgesetzt, dass die Blutung vollständig gestillt und die Wunde nicht inficirt ist, denn durch die Verklebung mit Pflastern ist den Secreten der Abfluss versperrt und es können Entzündung, Eiterung u. s. w. eintreten. „Ein Arzt, welcher eine frische Wunde ohne antiseptische Vorsichtsmassregeln mit Heftpflaster zusammenklebt, setzt sich der Gefahr aus, vom Staatsanwalt zur Rechenschaft gezogen zu werden.“ (v. Nussbaum.)

---

## Die Entfernung von Fremdkörpern.

Sitzt ein von aussen eingedrungener Fremdkörper in einer Körperhöhle oder in einer Wunde nur oberflächlich und so, dass er leicht zu erreichen und zu fassen ist, so ist es nicht schwer ihn zu entfernen. Man sollte dies möglichst bald thun, da andernfalls leicht Entzündungserscheinungen eintreten können,

Fig. 67.

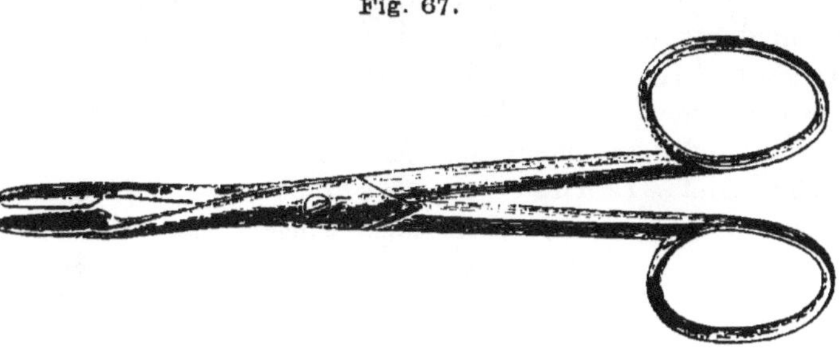

Kornzange.

Fig. 68.

Anatomische Pinzette.

aber auch möglichst schonend, um keine unbeabsichtigten Nebenverletzungen zu machen. Man fasst den Körper mit einer **Kornzange** (Fig. 67), kleinere auch mit einer guten anatomischen **Pinzette** (Fig. 68). Manchmal gelingt es in engen Höhlungen besser, den Körper mit einer Drahtschlinge (z. B. aus einer Haarnadel) zu umgehen und von hinten her herauszuwerfen. Ueber die Fremdkörper in den Körperhöhlen und Gängen siehe Genaueres Bd. III.

Scharfe spitzige Gegenstände, die unter die Haut eingedrungen sind, verursachen oft Schwierigkeiten und machen mitunter auch eine Erweiterung der meist kleinen Hautwunde nöthig, so namentlich Glassplitter, die mit ihren scharfen Kanten die Wunde zerfleischen. Abgebrochene Messerklingen u. dgl. lassen sich wegen ihrer Glätte schlecht fest fassen. Man umwickelt daher das Ende der Zange oder Pinzette mit Heftpflaster oder nimmt einen Nadelhalter mit weicher Bleieinlage. Nadeln kann man, wenn sie unter der Haut fühlbar sind, zwischen zwei Fingern so gegen die Haut drücken, dass sie diese von innen her durchstechen. Häkelnadeln lassen sich mit kräftigem Ruck ohne Weiteres herausreissen. Angelhaken, Pfeilspitzen und ähnliche mit stärkeren Widerhaken versehene Fremdkörper müssen in der Richtung des Einstichs weiter geschoben oder aber durch einen Schnitt freigelegt werden. Will man einen kleinen Gegenstand, Splitter, Nadeln u. ä. in den Geweben durch einen Einschnitt herausbefördern, so ist die Anwendung der künstlichen Blutleere von sehr grossem Vortheil, da sonst in der blutenden Wunde der Fremdkörper nur schwer zu finden ist oder gar übersehen wird.

Die Entfernung von Metallringen (Fingerringen, Schlüssel u. ä.), welche über einen Finger oder den Penis geschoben wurden, kann mitunter sehr erhebliche Schwierigkeiten bereiten, da das Glied schon nach kurzer Zeit anschwillt, so dass man oft den einklemmenden Ring nicht zu Gesicht bekommt. In den allerleichtesten Fällen gelingt es wohl, nachdem man das Glied mit Seife oder Fett schlüpfrig gemacht hat, den Ring durch drehende Bewegungen abzustreifen; auch kann das Oedem durch elastische Einwicklung mit schmaler Gummibinde zurückgedrängt werden. Oder man umwickelt das Glied von

Fig. 69. Fig. 70.

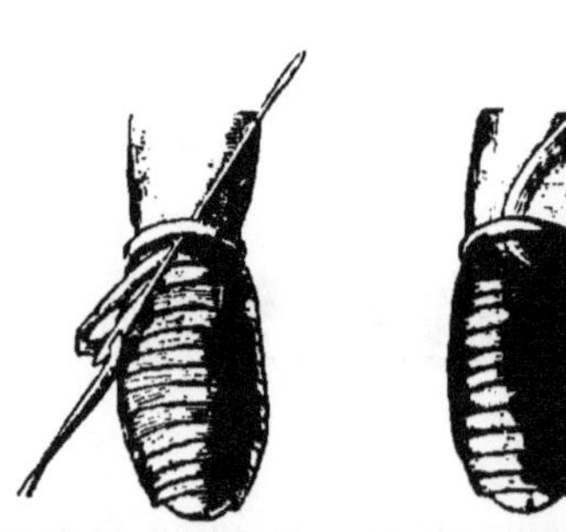

Entfernung eines Ringes durch Abwickeln eines Bandes.

der Spitze her bis zu dem Ringe dicht mit einem Faden oder schmalen Bande, führt dessen Ende unter dem Ringe hindurch und wickelt dieses nun nach unten ab, wodurch der Ring allmählich heruntergezogen wird (Fig. 69, 70). Gelingt es aber auf diese Weise nicht mehr, den Fremdkörper zu entfernen, so muss man ihn mit einer starken Beisszange durchkneifen, oder mit einer feinen Säge durchtrennen und auseinanderbiegen.

---

Für den Krieg ist die

## Entfernung von Geschossen aus Wunden

von besonderer Wichtigkeit.

Wenn eine Kugel den Körpertheil nicht ganz durchbohrt hat, sondern in ihm stecken geblieben ist, dann wünscht der Verwundete meist dringend von ihr befreit zu werden, hält sich für gerettet, wenn dies gelungen ist und zollt seinem Arzte die grösste Dankbarkeit und Anerkennung. So einfach nun auch diese Operation meist ist, so sehr sich der junge Arzt über ihr Gelingen und über die Dankbarkeit des Verwundeten freut, so unverantwortlich ist es doch, diese Operation vorzunehmen, wenn man nicht in der Lage ist, sie aseptisch auszuführen, und das ist auf dem Schlachtfelde und den Truppenverbandplätzen in der Regel schwierig und meist auch unnöthig, denn die Erfahrung lehrt ja, dass Geschosse lange Zeit im Körper ohne Schaden verweilen und dass Schusswunden, selbst mit ausgedehnteren Zersplitterungen von Knochen, unter dem einfachen antiseptischen Deckverbande heilen können, vorausgesetzt, dass die Wunde nicht voreilig mit unreinen oder nur scheinbar desinficirten Fingern, Sonden oder Zangen untersucht worden ist. Der grosse Unterschied, welcher zwischen derartig „befingerten" und unberührt gelassenen Wunden besteht, die traurigen Folgen, welche eine solche unbesonnene Untersuchung für die Heilung oder gar für das Leben des Verwundeten haben kann, sollten jedem Arzte (und ganz besonders im Kriege) den ersten Grundsatz alles ärztlichen Handelns: „Nur nicht schaden" stets vor Augen halten.

Das Herausnehmen einer Kugel, welche unter der Hautdecke fühlbar ist, ist eine keineswegs schwierige Operation.

Man schneidet mit einem scharfen Messer kräftig auf die mit den Fingern der linken Hand fixirte Kugel ein, bis sie in der

Wunde sichtbar wird und zieht sie dann mit einer Korn- oder Kugelzange heraus.

Ist sie sehr deformirt, mit Fortsätzen und Zacken versehen, so muss man oft nach mehreren Richtungen hin das Zellgewebe und die Fascie spalten, um sie ohne Anwendung von Gewalt herausbefördern zu können.

Auch das Herausziehen tiefsitzender Geschosse bereitet unter dem Schutze der Asepsis keine besonderen Schwierigkeiten, da man sich nicht zu scheuen braucht, die Weichtheile in solcher Ausdehnung zu spalten, wie es zum Auffinden des Fremdkörpers nöthig ist. In frischen Fällen werden bei der Ausräumung von Blutgerinnseln die eingedrungenen Geschosse gleich mit entfernt, und es bedarf dazu keiner anderen Instrumente, als der gewöhnlichen Kornzange oder der amerikanischen Kugelzange (Fig. 74), mit welcher man ganz vorzüglich die Geschosse fassen kann, da sich die scharfen Haken derselben fest in das Blei eindrücken.

Wenn es sich aber um die Entfernung von Geschossen handelt, welche in der Tiefe granulirender Wunden sich befinden, die definitive Vernarbung derselben verhindern, langdauernde Fisteln unterhalten oder durch Druck auf Nervenstämme oder andere wichtige Organe Beschwerden machen, dann kann die Extraction doch recht schwierig sein, namentlich wenn die Geschosse in ihrer Gestalt sehr verändert sind, an gefährlichen Stellen sitzen oder fest in den Knochen eingekeilt sind.

Fig. 71.

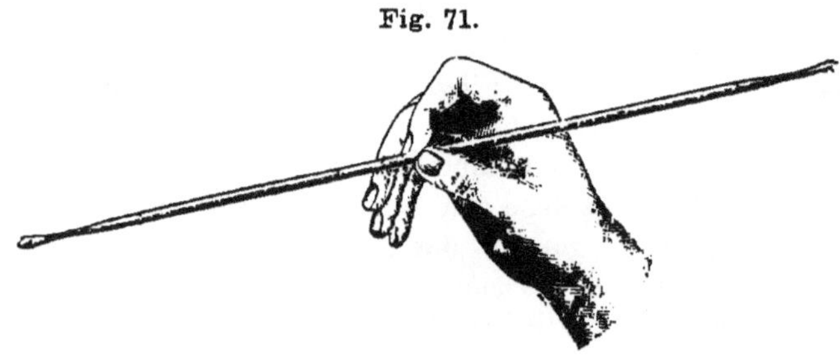

Kriegssonde.

Bisweilen ist zunächst die Frage zu entscheiden, ob in der Tiefe überhaupt ein Fremdkörper steckt und von welcher Beschaffenheit derselbe sei.

Wenn der Finger nicht das Ende des Wundkanals zu erreichen vermag, dann muss man mit Sonden den fremden Körper zu fühlen suchen. Dazu gebrauche man aber nicht die gewöhnlichen dünnen, silbernen Sonden, mit denen sich nichts genau fühlen lässt, und deren feine Spitzen leicht auf falsche Wege führen, sondern bediene sich fusslanger, biegsamer Zinnsonden (Fig. 71), von der Dicke eines Gänsekiels oder Bleistifts, mit denen man bei leichter Führung keinen Schaden anrichtet.

Fig. 72. Fig. 73. Fig. 74. Fig. 75. Fig. 76.

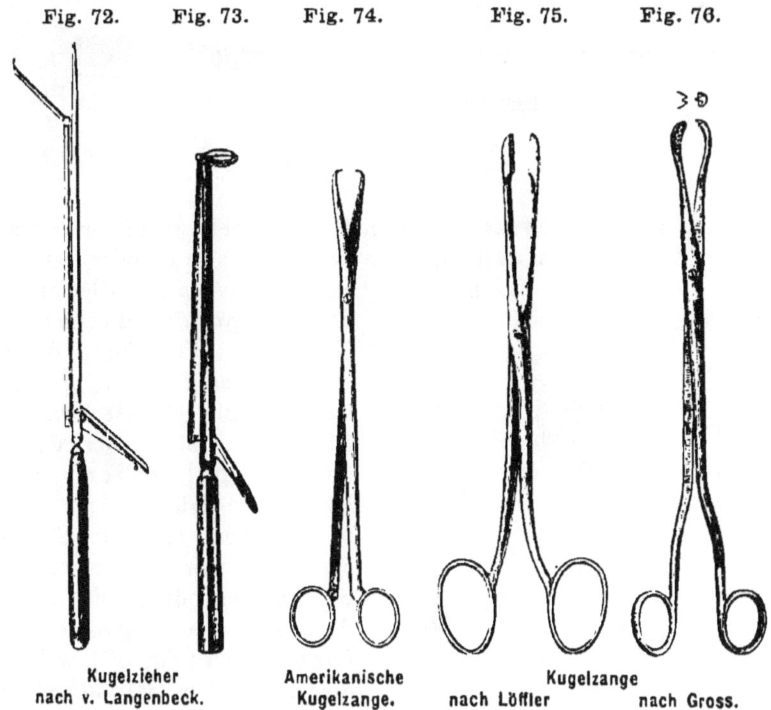

Kugelzieher nach v. Langenbeck. Amerikanische Kugelzange. Kugelzange nach Löffler nach Gross.

Fühlt man die Kugel, so sucht man sie mit einer der verschiedenen **Kugelzangen** (Fig. 72—76) zu fassen und zieht sie vorsichtig heraus.

Steckt dieselbe in einem Knochen, so kann man sie mit Hülfe einer **Kugelschraube** (Fig. 77) anbohren und entfernen. Findet man sie aber sehr fest im Knochen eingekeilt, so darf man nicht zu viel Gewalt anwenden, weil dadurch leicht sehr gefährliche Knochenentzündungen hervorgerufen werden. Besser ist es, entweder ruhig abzuwarten, bis das Geschoss sich durch die entzündliche Resorption des Knochengewebes von selbst löst, oder aber, nach hinreichender Spaltung der Weichtheile, mit Meissel und Hammer soviel von dem umgebenden Knochen wegzunehmen, dass man die Kugel ohne Gewalt mit der Zange herausziehen kann.

Fig. 77.

Kugelschraube nach Baudens.

Ist man im Zweifel, ob ein in der Tiefe gefühlter harter Körper die Kugel sei oder nicht, so kann man sich darüber Gewissheit verschaffen entweder durch die Kugelsonde nach Nélaton (Fig. 78), deren Porzellanknopf durch Berührung mit Blei einen schwarzen Fleck bekommt*) oder durch den Kugelsucher von Lecomte-Lüer (Fig. 79), mit welchem man ein Stückchen Blei von der Kugel abbeissen kann, oder endlich durch die elektrische Kugelsonde Liebreich's (Fig. 80), welche die Nadel eines Galvanometers in Bewegung setzt, sobald die beiden isolirten Spitzen der Sonde (a) oder der Zange (c) einen metallischen Körper berühren.

Fig. 78. Fig. 79.

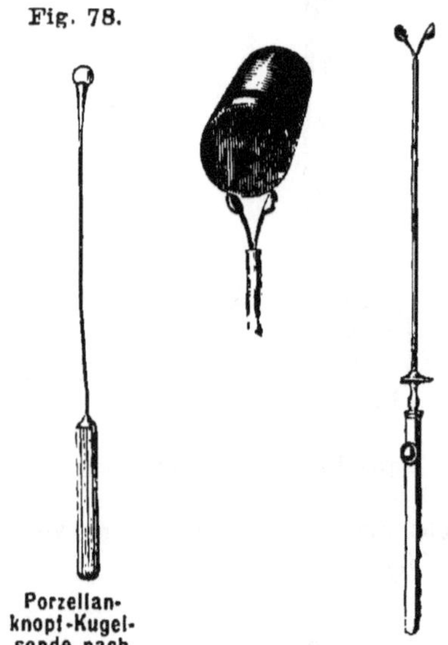

Porzellanknopf-Kugelsonde nach Nélaton.

Kugelsucher nach Lecomte-Lüer.

Ist die Kugel nicht von

*) Im Nothfalle kann man zu diesem Zweck auch den Stiel einer Kalkpfeife benutzen. (von Nussbaum.)

Fig. 80.

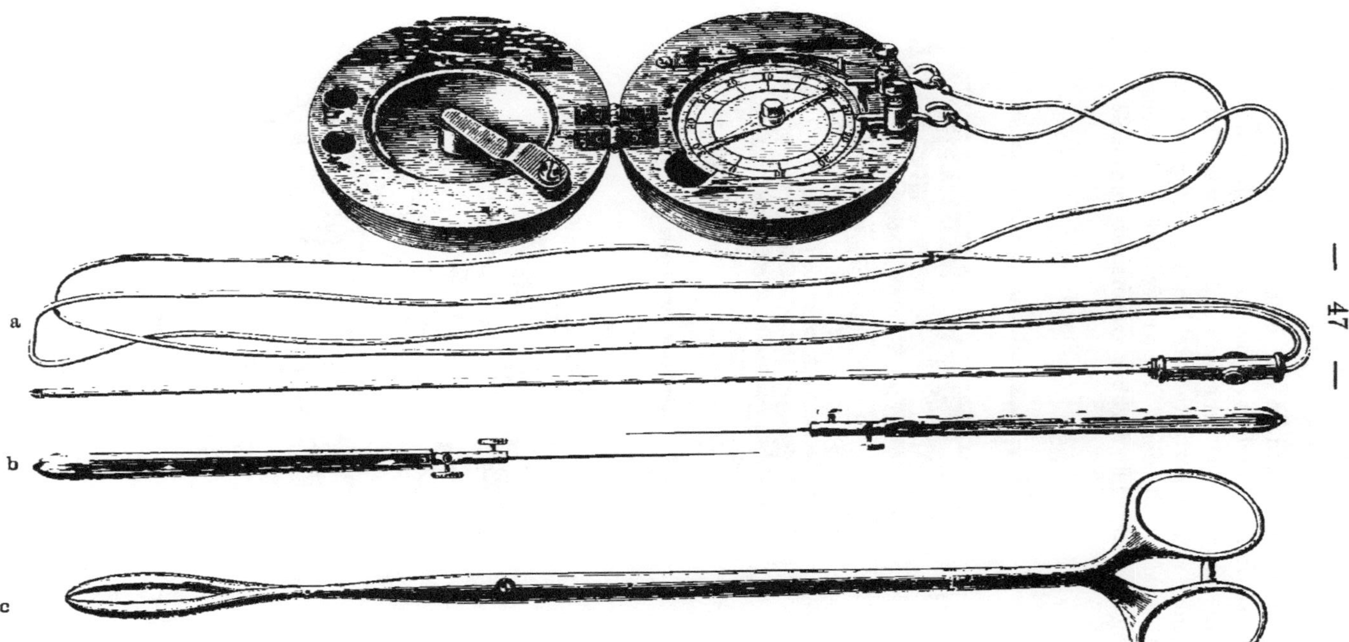


Kugelsucher nach Liebreich.

der Wunde aus, sondern an einer anderen Stelle unter der Haut zu fühlen, und ist man im Zweifel, ob man eine Kugel oder ein Knochenstück vor sich hat, so kann man sich durch das Einstechen zweier gestielter Stahlnadeln (Acupuncturnadeln, s. Fig. 80 b), welche mit dem Liebreich'schen Kugelsucher in Verbindung gesetzt sind, darüber Gewissheit verschaffen.

Fig. 81.

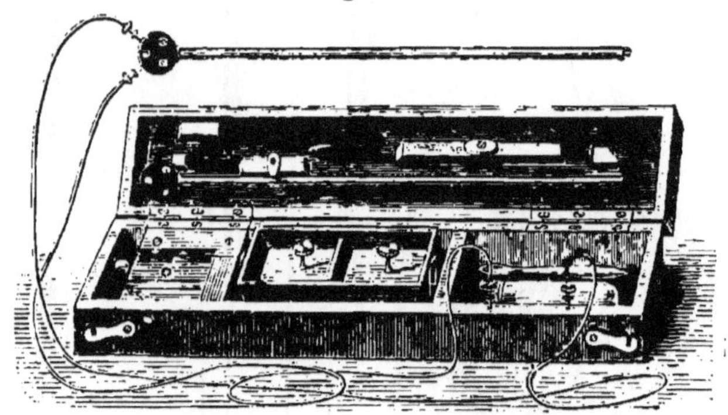

Kugelsucher nach Liebreich.

Fig. 82.

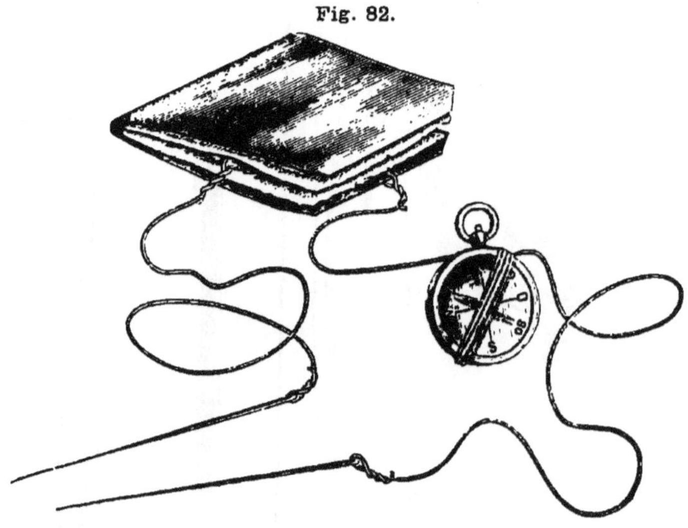

Kugelsucher nach Longmore.

Hat man einen Liebreich'schen Apparat nicht zur Hand, so lässt sich ein solcher (nach Longmore) improvisiren aus einer Kupfermünze und einem zusammengebogenen Stück Zinkblech, welche man durch ein in verdünnte Säure getauchtes Stück Flanell von einander trennt. Von den beiden umsponnenen Kupferdrähten, welche in Acupuncturnadeln enden, wird der eine mehrmals um einen Taschenkompass gewunden, dessen Nadel sich bewegt, sobald die Kette durch Berührung der Kugel geschlossen ist (Fig. 82).

Sind Geschosse zu entfernen, welche seit Jahren in Knochen eingebettet gewesen sind, oder abgestorbene Knochenstücke, welche in sogenannten Todtenladen liegen (nach Osteomyelitis in Folge von Schuss-Contusionen der Knochen etwas sehr Häufiges), dann muss die breite Eröffnung der Knochenhöhle **(Nekrotomie)** vorgenommen werden.

---

# Operationen zur Verhinderung und Stillung von Blutungen und deren Folgen.

## Blutsparung.

Fig. 83.

Ecraseur nach Chassaignac.

Von jeher haben die Chirurgen sich bemüht, bei Operationen und bei Verletzungen den Blutverlust auf das geringste Maass zu beschränken. In alten Zeiten umschnürte man vor Amputationen das Glied mit Stricken und wendete nachher zur Stillung der Blutung das Glüheisen oder das Eintauchen der Stümpfe in siedendes Pech an. Bis vor zwanzig Jahren beschränkte man sich darauf, **bei Amputationen** den Blutverlust zu vermindern durch Verhinderung des arteriellen Zuflusses zur Wunde, indem man den Arterienstamm entweder durch die Finger oder durch die Pelotte des Tourniquets zusammen drückte. Mit denselben Mitteln suchte man bei zufälligen Verletzungen die arteriellen Blutungen zu bekämpfen. Die Versuche, auf unblutigem Wege grössere Körpertheile zu entfernen durch Abschnüren (Ligatur, von Gräfe) und Abquetschen (Ecrasement, Chassaignac, Fig. 83) haben nur vorübergehenden Beifall gefunden. Erst die Erfindung der künstlichen Blutleere hat uns in den Stand gesetzt, **bei allen Operationen** an den Extremitäten den Blutverlust zu vermeiden, den störenden Zufluss des Blutes während der Operation fernzuhalten und so am Lebenden wie an der Leiche zu operiren.

**Die künstliche Blutleere** (von Esmarch 1873) bezweckt zweierlei:

a) Das in den Gefässen des zu operirenden Körpertheils vorhandene Blut herauszutreiben.

b) Den Zufluss des Blutes durch die Arterien zu verhindern.

Man verfährt folgendermassen:

1) Das Glied wird von den Fingerspitzen oder Zehen an aufwärts bis über das Operationsfeld hinaus mit einer **elastischen Binde,** am besten aus reinem Kautschuk fest eingewickelt. Die einzelnen Bindengänge decken sich etwa zur Hälfte, Kreuzgänge und Umschläge werden dabei nicht ausgeführt, ebenso ist es unnöthig, die einzelnen Finger und die Hacke kunstgerecht einzuwickeln. Solche Theile, welche Eiter, Jauche, oder weiche Geschwulstmassen enthalten, dürfen nicht fest eingewickelt werden, weil man dadurch infectiöse Stoffe in das Zellgewebe und die Lymphbahnen pressen könnte. In solchen Fällen muss man sich damit begnügen, das Glied einige Minuten senkrecht empor zu halten, bis es deutlich blass geworden ist. Leichte oberflächliche Streichungen mit der Hand befördern dabei den rascheren Blutabfluss aus den Venen. Die austreibende Binde wird bis zu der Stelle hinaufgeführt, wo der Schnürgurt angelegt werden soll und hier zunächst durch Unterschieben des Bindenkopfes unter die letzte Tour befestigt. Aus praktischen Gründen empfiehlt es sich, die Einwicklung immer bis zum Oberarm oder Oberschenkel heraufzuführen (Fig. 86, 87).

2) Dort, wo die Einwicklung endet, wird nun die **Umschnürung** angelegt. Hierzu gebraucht man am besten einen etwa 140 cm langen, 5 cm breiten **elastischen Gurt** mit eingewebten Kautschukfäden (gewebte Gummibinde), welcher **unter steter Dehnung** in **Kreistouren** um das Glied gelegt wird, so dass die einzelnen Gänge sich vollständig deckend über einander zu liegen kommen. Dabei verstärkt jede Tour die Wirkung der vorherigen und es ist daher garnicht immer nöthig, namentlich bei neuen sehr elastischen Binden, diese bis zur Grenze der Elasticität zu dehnen. Das richtige Maass der anzuwendenden Kraft erlernt man durch

Uebung. Beim Anlegen des Gurts wird sein Anfang mit dem Daumen am Gliede festgedrückt und durch die folgende Tour, welche über ihn hinweggeht, festgehalten. Der aufgerollte Bindenkopf läuft nicht wie beim Anlegen einer gewöhnlichen Binde dicht auf den Touren am Gliede ab, sondern wird, um die Dehnung zu ermöglichen, etwa in der Entfernung einer Spanne um das Glied herumgeführt (Fig. 103). Die Befestigung des Endes geschieht am besten durch eine **Klemmschnalle**, welche dem am Ende der Binde befestigten Haken entgegengeschoben wird (Fig. 85). Zweckmässig ist auch die Vorrichtung von Nicaise, ein Haken und eine Reihe von Ringen, die an einem Ende des Gurts hintereinander festgenäht sind (Fig. 89, 90). Im Nothfalle kann man das Ende der Schnürbinde auch mit einer Sicherheitsnadel feststecken (Fig. 88).

Fig. 84. Fig. 85.

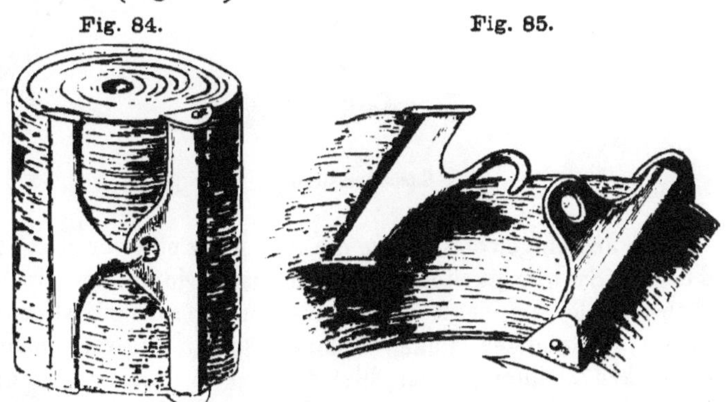

Elastischer Umschnürungsgurt nach von Esmarch (zur Verpackung aufgerollt).

Klemmschnalle.

3) Wird nun die elastische Einwicklung unterhalb der Schnürbinde abgenommen, so zeigt das Glied eine **vollkommen blasse Leichenfarbe:** man kann an ihm jede Operation ohne Blutverlust, ohne durch das Blut am Sehen und am Erkennen des Krankhaften gehindert zu werden, ohne viel wischen und tupfen zu müssen, daher auch mit weniger Assistenz, also ganz wie an der Leiche ausführen, auch wenn der Eingriff sehr lange dauern sollte. Die Erfahrung hat gelehrt, dass man den Blutstrom in dieser Weise **mehrere Stunden** hindurch ohne wesentlichen Schaden unterbrechen darf. Sind doch Fälle bekannt, in denen die Schnürbinde 7—10, ja 12 Stunden lang liegen blieb, ohne dass das Glied brandig wurde oder dass eine Lähmung eintrat.

Elastische Binde und Schnürschlauch.

Fig. 87.

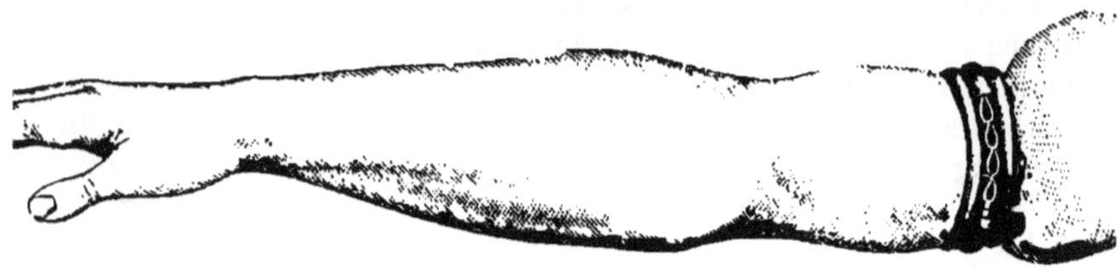

Künstliche Blutleere nach Entfernung der elastischen Binde.

Fig. 88.

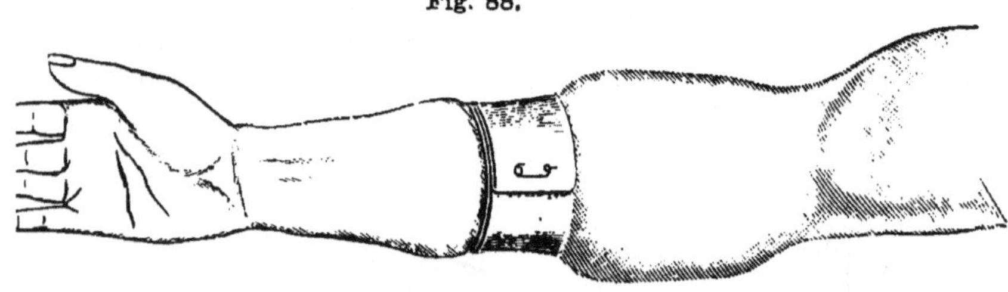

Gummischnürbinde.

4) An denjenigen Stellen, wo die Anlegung einer breiten Schnürbinde mit Schwierigkeiten verbunden ist, wie in der Hüftbeuge und Achselhöhle, empfiehlt es sich, den ursprünglich zur Umschnürung verwendeten **dicken Gummischlauch** zu verwenden, der unter starker Dehnung zwei bis dreimal in Kreistouren um die Körpergegend herumgeführt wird und dessen Enden einfach geknotet oder mit Haken und Kette befestigt werden (Fig. 91). Auch kann man sich zur Fixirung der Schlauchenden einer Klemme bedienen, z. B.

eines metallenen der Länge nach gespaltenen Ringes von dem Durchmesser des Schlauches (Fig. 92), in dessen Spalt sich die beiden gedehnten Enden leicht hineindrängen lassen. Lässt man aber mit der Dehnung nach, so klemmen sie sich gegenseitig fest (Fig. 93).

Zu beachten ist, dass bei Anwendung des Schnürgurts an **ödematos** geschwollenen Gliedern die Wirkung auf die Gefässe oft nachlässt, sobald an der Schnürstelle das Serum aus den Geweben verdrängt ist. In solchen Fällen muss man, sobald das Glied sich wieder röthet, rasch den Gurt entfernen und in der von ihm erzeugten tiefen Furche sofort von Neuem anlegen.

Fig. 89. Fig. 90.

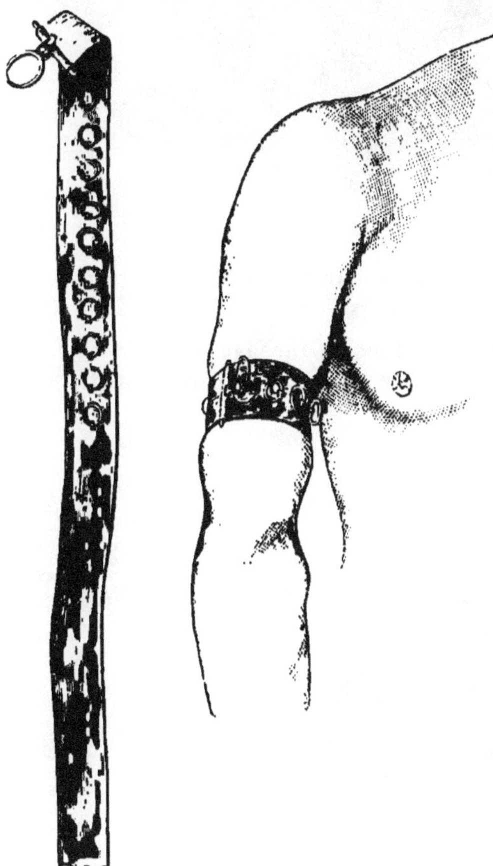

Compressionsgurt nach Nicalse.

Bei Operationen im und am **Schultergelenk** muss ein fingerdicker Schlauch, nachdem er unter starker Dehnung unter der Achsel durchgeführt ist, auf der Schulter durch eine kräftige Hand oder durch eine Schlauchklemme festgehalten werden (Fig. 96, 97). Durch Anziehen der Enden gegen den Hals hin wird das Abgleiten verhindert. Auch muss man Acht geben, dass man nicht etwa den Schlauch durchschneidet, oder dass er (nach

Fig. 91.

Apparat für künstliche Blutleere nach von Esmarch.

sehr hoher Amputation oder Exarticulation des Oberarms) nicht plötzlich über die Wunde hinwegschnellt.

Zur Abschnürung eines **Fingers** genügt ein gänsekieldicker Kautschukschlauch, den man, wie in Fig. 98 dargestellt, anlegt.

Fig. 92. Fig. 93.

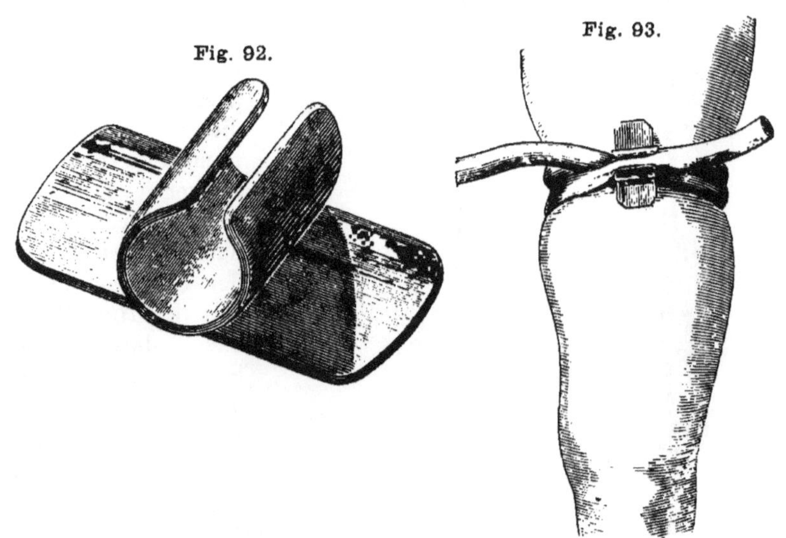

Schlauchklemme (offener Ring) nach von Esmarch.

94. Fig. 95.

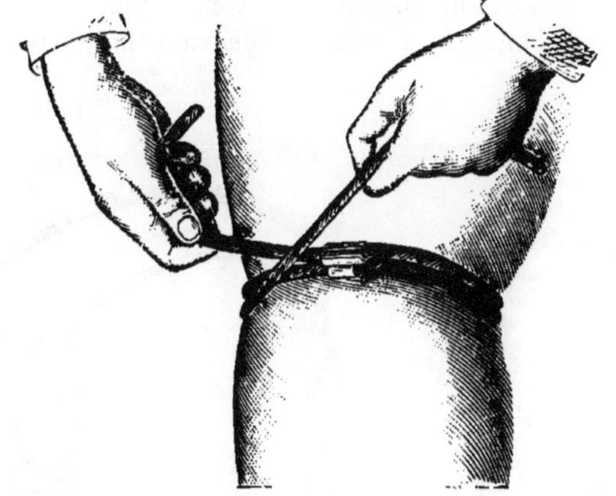

Schlussapparat für den Kautschukstrang nach Foulis.

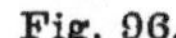

Fig. 96. Fig. 97.

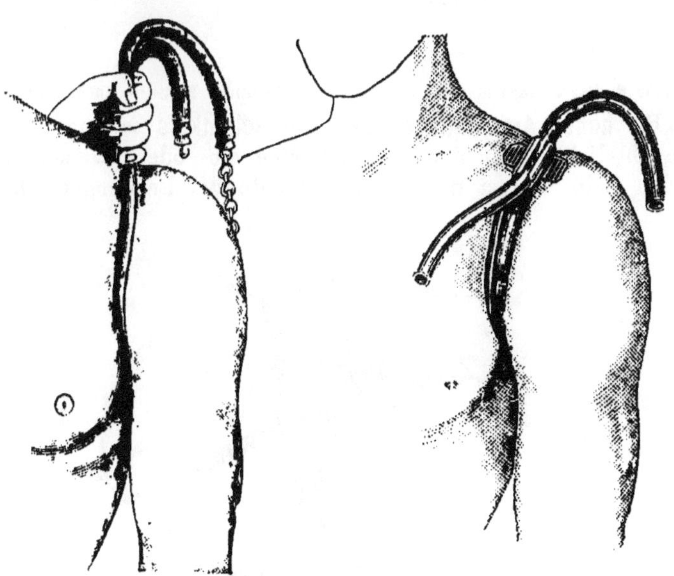

Künstliche Blutleere für Exarticulation im Schultergelenk.

Mit einem ähnlichen Schlauche kann man die Wurzel des Penis und des Scrotum umschnüren, wenn man an den **männlichen Genitalien** ohne Blutverlust Operationen ausführen will (Fig. 99).

Fig. 98.

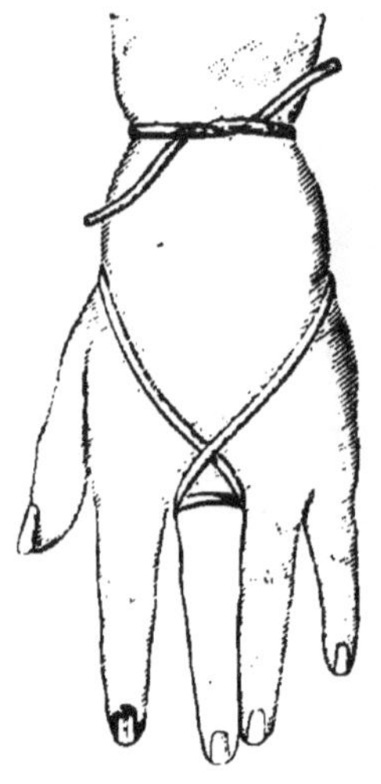

Künstliche Blutleere eines Fingers.

Fig. 99.

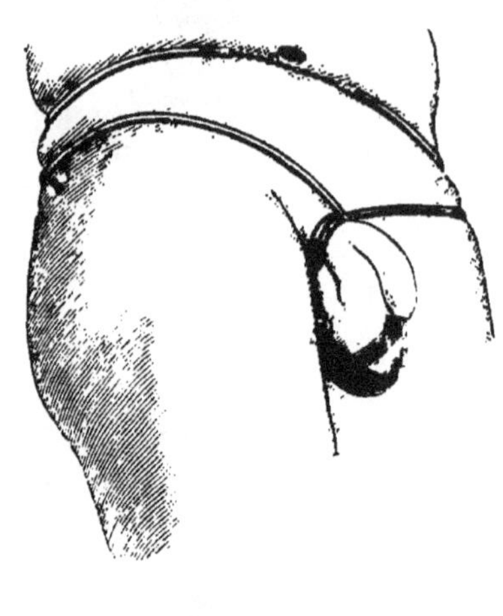

Künstliche Blutleere an den Genitalien.

Bei **hohen Amputationen des Oberschenkels** schlingt man den Schlauch dicht unter der Schenkelbeuge ein- oder zweimal kräftig um das Bein, kreuzt die Enden oberhalb der Leistengegend, führt

Fig. 100.

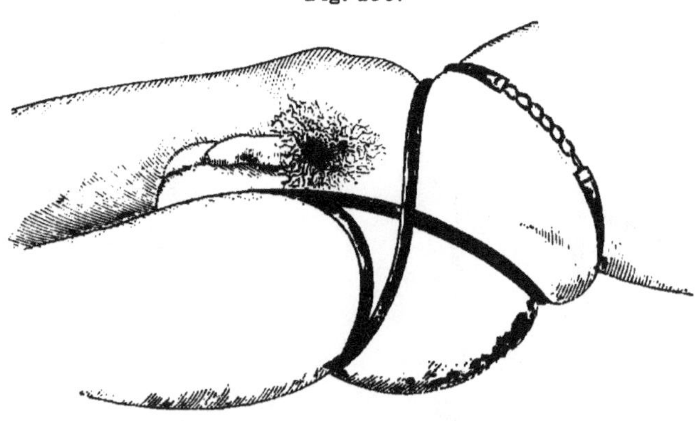

Künstliche Blutleere für hohe Amputation des Oberschenkels mit dem Kautschukschlauch.

sie um die hintere Fläche des Beckens und hakt sie schliesslich auf der Unterbauchgegend mittelst der Kette zusammen (Fig. 100).

Bei **Exarticulationen** und **Resectionen** im **Hüftgelenk** lässt sich, unter der Voraussetzung, dass die Gedärme vorher gehörig entleert sind, der arterielle Zufluss am sichersten durch Compression der Aorta in der Nabelgegend beherrschen (s. S. 67).

Natürlich kann man den Schnürschlauch auch an jeder anderen Stelle statt des Schnürgurtes anlegen, doch empfiehlt sich letzterer weit mehr, da seine Dehnbarkeit begrenzter, seine Wirkung mithin nie so kräftig ist, als die des unter stärkster Dehnung angelegten Schlauches. Ausserdem ist der Druck des breiteren Gurtes angenehmer und ohne nachtheilige Folgen zu ertragen, da er sich weniger auf eine Stelle beschränkt. In der That kann die durch den übermässig gedehnten Schlauch erzeugte Schnürung langdauernde Lähmungen erzeugen, welche bei Verwendung der Schnürbinde nur äusserst selten, bei vorsichtigem massvollem Gebrauch wohl niemals vorkommen.

Fig. 101.

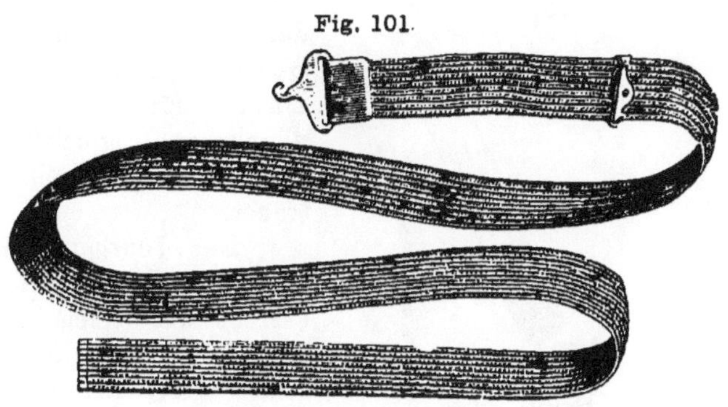

Spiralfederschnürbinde nach von Esmarch.

Leider werden aber die Kautschukbinden und Gewebe bei längerer Aufbewahrung, namentlich in sehr heissem oder kaltem Klima, brüchig und untauglich. Daher ist es zweckmässiger, für diese Fälle (Expeditionen, Schiffsreisen in den Tropen und Polargegenden, Aufbewahrung in Militärmagazinen u. s. w.) die Schnürbinden aus feinen nebeneinandergelegten **Messingspiralen** herstellen zu lassen, die mit Handschuhleder überzogen und mit einer Klemmschnalle versehen sind (Fig. 101). Diese Schnürbinde ist nicht dem Verderben ausgesetzt und hat eine vollkommen genügende Dehnbarkeit.

Es ist zu hoffen, dass ebenso wie in verschiedenen Armeen des Auslandes nun auch in Deutschland der Schnürgurt in dieser einfachen und dauerhaften Form eingeführt werden und das altmodische in seiner Wirkung lange nicht so sichere Tourniquet verdrängen wird. Denn die Vortheile der elastischen Umschnürung liegen auf der Hand. Sie bestehen vor Allem darin, dass es ganz unnöthig, ja schädlich ist, eine Pelotte wie beim Tourniquet auf den Hauptstamm der Arterie zu legen. Eine solche Pelotte ist der „künstlichen Blutleere“ durchaus fremd. Denn durch die elastische Umschnürung will man nicht allein auf die Arterie, sondern gleichmässig auf alle Gefässe wirken, sie unterbricht den ganzen Säftestrom und lässt sich daher ebenso gut zu grossen Operationen, wie bei heftigen arteriellen und venösen Blutungen aus Wunden, ja auch bei vergifteten Wunden zur Verhütung der Resorption des Giftes anwenden, ohne dass irgend eine genaue anatomische Kenntniss nöthig wäre.

Fig. 102.

Tourniquet-Hosenträger.

Diese Erwägungen legten den Gedanken nahe, den Schnürgurt auch den Laien für die Hülfe bei plötzlichen Unglücksfällen in die Hand zu geben: als Hosenträger.

Der **Tourniquet-Hosenträger** (v. Esmarch 1881) besteht aus einem 150 cm langen, 4 cm breiten, elastischen Gurt, der an beiden Enden mit Haken und Löchern versehen ist und durch Aufziehen von drei Schlaufen zu einem sehr leichten, bequemen Tragband wird (Fig. 102). Seine Dehnbarkeit genügt, um den Oberschenkel eines kräftigen Mannes erfolgreich zu umschnüren (Fig. 103). Wenn dieses billige Kleidungsstück von jedem Arbeiter und Soldaten getragen würde, so könnten bei richtig gelehrter Anwendung viele

Unglücksfälle gemildert und namentlich Verblutungen verhütet werden. In der That sind schon eine ungemein grosse Zahl derartiger Fälle sowohl durch Aerzte als durch Laien bekannt geworden.

Im Nothfalle kann man in Ermangelung von elastischen Binden eine leinene Binde in Cirkeltouren möglichst fest um das Glied legen und dann mit Wasser begiessen, wodurch sie

Fig. 103.

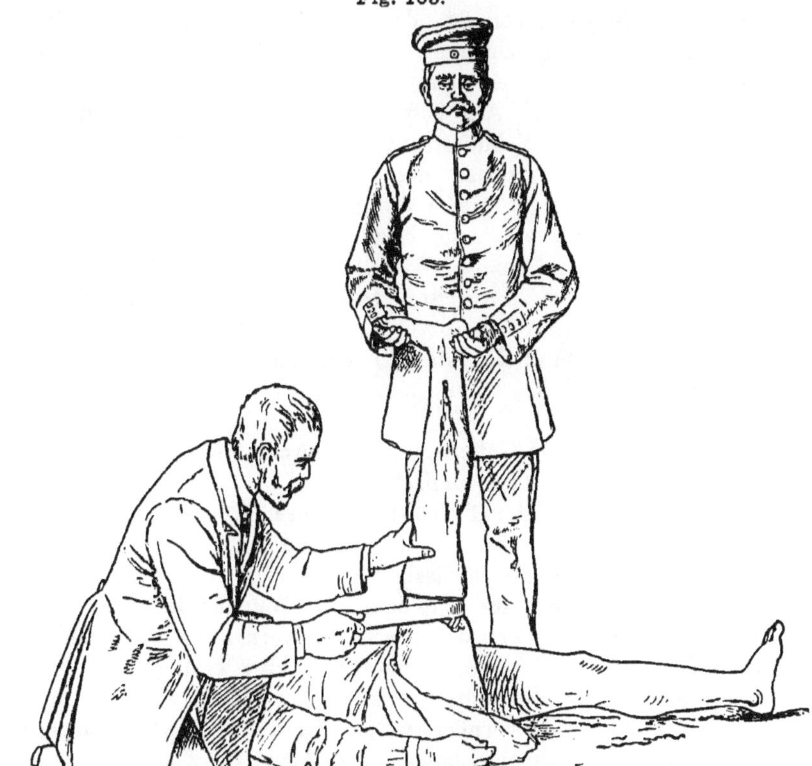

Anlegung eines Tourniquet-Hosenträgers.

sich noch fester zusammenzieht. Ebenso lässt sich die aufsteigende Einwicklung des Gliedes mit einer nachher durchnässten Stoffbinde erfolgreich anlegen. Auch das Fig. 121 dargestellte

Knebeltourniquet lässt sich ohne Pelotte zur circulären Umschnürung wohl verwenden.

Wenn man nach Beendigung der Operation den Schnürstrang löst, so wird das bisher leichenblasse Glied krebsroth und in der Wunde tritt eine **sehr beträchtliche Blutung** auf, weil durch den anhaltenden Druck auf die vasomotorischen Nerven die Wandungen der Blutgefässe gelähmt und schlaff geworden sind, also mehr Blut hindurchlassen, als bei ihrem gewöhnlichen Tonus. Die Folge davon ist, dass das Blut aus der Operationsfläche wie aus einem Schwamm hervorquillt, die Arterien spritzen stark und selbst die feinsten Capillaren bluten fast doppelt so stark als gewöhnlich. Am heftigsten ist die Blutung natürlich dann, wenn man den Schnürstrang langsam löst, weil das Blut zwar sofort in die Arterien des abgeschnürt gewesenen Theiles hineindringt, aber nicht gleich durch die von den letzten Touren des Schnürgurts wie von einer Aderlassbinde noch zugedrückten Venen abfliessen kann, und also zu der Lähmung des Gefässsystems noch venöse Stauung hinzutritt. Daher ist es nothwendig, den Schnürgurt nicht langsam, sondern **schnell** abzuwickeln.

Dieser Uebelstand der starken parenchymatösen **Nachblutung** lässt sich **vermeiden**, wenn man **vor** der Abnahme der Schnürbinde

1) alle sichtbaren Gefässe, welche durchschnitten sind, sorgfältigst unterbindet; danach

2) die Wunde in der Tiefe und an ihren Rändern vernäht, sodass nirgends Hohlräume bleiben, und endlich

3) einen überall gleichmässig fest anliegenden Druckverband auf die genähte Wunde legt. Wundhöhlen, die durch Granulation heilen oder erst secundär vernäht werden sollen, werden fest tamponirt. Der Schnürgurt wird erst gelöst, wenn der Verband vollständig angelegt ist, daher ist es rathsam, dass die Schnürbinde von vornherein möglichst hoch oberhalb des Operationsfeldes zu liegen kommt, um keine Schwierigkeiten bei der schnellen Lösung der Binde zu machen.

4) Das Glied wird nach Abnahme des Schnürgurts mehrere Stunden lang senkrecht erhoben gelagert, auch kann man daneben in geeigneten Fällen den Druckverband noch durch eine elastische Binde unter mässiger Dehnung verstärken.

Bei Befolgung dieser Massregeln hat man eine Nachblutung nicht zu befürchten.

Wagt man aber *nicht*, aus unüberwindlicher Furcht vor Nachblutung, oder weil man nicht sicher und geübt genug in der Auffindung kleinerer durchschnittener Gefässe zu sein glaubt, die Wunde vor Lösung der Umschnürung zu vereinigen und zu verbinden, dann muss man nach Abnahme des Gurts bei emporgehaltenem Gliede auf die Wundfläche eine grosse Compresse oder einen Schwamm *einige Minuten lang* fest aufdrücken, und danach die noch blutenden oder spritzenden Gefässe aufsuchen. Bleibt die Blutung aber stark parenchymatös, so stillt man sie durch *Ueberrieselung* der Wunde mit eiskalter steriler oder antiseptischer Flüssigkeit. Man gebraucht dazu eine *Eisdusche*, d. h. einen Glasirrigator, in dessen Mitte eine mit einer Kältemischung (gestossenes Eis und Salz) gefüllte Glasröhre eingesenkt ist (Fig. 104). Auch die Digitalcompression des Arterienstammes kann die parenchymatöse Nachblutung etwas beschränken.

Fig. 104.

Eisdusche.

Die **Vortheile der elastischen Umschnürung** vor den früheren Methoden, namentlich der Anwendung des *Tourniquets*, sind allgemein bekannt; sie bestehen vor Allem darin, dass

1) Die Bluthemmung *sicher* ist und lange Zeit in bequemer Weise unterhalten werden kann.

2) Eine Verschiebung während des Transportes, wie bei der Pelotte des Tourniquets nicht zu befürchten ist.

3) Der Schnürgurt an jeder beliebigen Stelle des Gliedes angelegt werden kann.

4) Zur Anlegung des Schnürgurts keine anatomischen Kenntnisse nothwendig sind.

Demgegenüber ist es kaum nöthig, die von einigen Seiten immer wieder auftauchenden Behauptungen zu widerlegen, dass das Verfahren folgende **Nachtheile** hätte:

1) Die parenchymatöse Nachblutung.

2) Das Brandigwerden der Wundränder oder gar des ganzen abgeschnürten Gliedes.

3) Die Lähmungen der Nerven durch den Druck der Schnürbinde.

4) Die Gefahr einer Infection durch Eiter oder Geschwulstmassen beim Einwickeln des Gliedes.

Alle diese Nachtheile sind nicht vorhanden, wenn man sich an die oben gegebenen, so einfachen Vorschriften bei Anlegung der Binden hält.

---

Nur kurz sei hier erwähnt, dass man schon früher sich erfolgreich bemüht hat, den Blutstrom im engsten Gebiet des Operationsfeldes durch Druck während der Operation zu unterbrechen. Desmarres erfand seine Klemme für Operationen an den Augenlidern, welche auf der Platte von dem Ring festgeklemmt werden (Fig. 105); Dieffenbach gebrauchte eine in zwei Ringen endigende Zange, zwischen die er die Backe, die Zunge oder Lippe einklemmte, um so blutlos Angiome u. ä. zu entfernen. Bei der Operation der Hasenscharte oder der Keilexcision des Lippenkrebses kann man zu beiden Seiten des Operationsfeldes mit zwei langen Schieberpinzetten den Blutzufluss aus den Arteriae coronariae hemmen.

Fig. 105. Fig. 106.

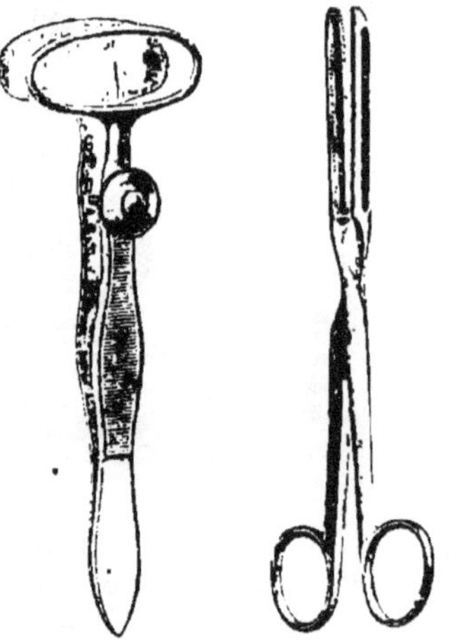

Augenlidklemme nach Desmarres. Zange zur Operation der Phimose nach Ricord.

Hierher gehören auch: die Zange von Ricord (Fig. 106) zur Operation der Phimose, die Balkenzangen und die Parallelzangen zur Compression der gestielten Basis mancher Geschwülste, von zu vernähenden Magen- und Darmenden u. s. w. Schliesslich sei noch die Anwendung des Gummischlauches aus der neuesten Zeit erwähnt bei der Amputation des Mastdarms, bei der supravaginalen Amputation des Uterus und bei dem Kaiserschnitt.

---

Gegenüber der künstlichen Blutleere kommen die übrigen blutsparenden Methoden früherer Zeiten nur noch ganz ausnahmsweise in Anwendung, da dieselben entweder beschwerlich auszuführen sind, oder eine unsichere Wirkung entfalten. — Sie bezwecken alle

## die Compression des Hauptarterienstammes

oberhalb der Wunde.

1. **Durch Fingerdruck, Digitalcompression,** lässt sich die Schlagader nur an solchen Stellen wirksam zusammendrücken, wo eine harte Unterlage durch den Knochen gegeben ist und das Gefäss nicht zu tief in den Weichtheilen versteckt liegt. Die geeignetsten Stellen zur Digitalcompression sind:

Für die **Art. carotis communis** die vordere seitliche Halsgegend, zwischen dem Kehlkopf und dem medialen Rand des Kopfnickers, wo der Finger die Arterie gegen die Wirbelsäule drückt (Fig. 107).

Für die **Art. subclavia** die fossa supraclavicularis, wo am lateralen Rande des Kopfnickers die hinter dem M. scalenus hervortretende Arterie gegen die erste Rippe gedrückt wird. Durch Vorwärtsdrängen der Schulter und der Clavicula wird dem Finger der Zugang erleichtert (Fig. 108).

Für die **Art. axillaris** der vordere Rand der Achselgrube, wo man die Arterie bei erhobenem Arm gegen den Oberarmkopf comprimiren kann.

Für die **Art. brachialis** die innere Seite des Oberarmes in seiner ganzen Länge, wo die Arterie am inneren Rande des M. biceps überall leicht gegen den Oberarmknochen zu comprimiren ist (Fig. 109).

Die **Aorta abdominalis** kann bei erschlafften Bauchdecken und leeren Gedärmen in der Höhe des Nabels gegen die Wirbelsäule comprimirt werden. Doch wird der Druck ohne Anwendung eines Betäubungsmittels meist nicht lange ertragen.

Fig. 107.

Digitalcompression der Art. carotis.

Fig. 108.

Digitalcompression der Art. subclavia.

Dasselbe gilt von der **Art. iliaca externa** in ihrem oberen Theile, wo sie gegen den seitlichen Rand des Beckeneinganges comprimirt werden kann. Leichter und länger lässt sie sich kurz vor ihrem Austritt aus dem Becken oberhalb der Mitte des Poupart'schen Bandes gegen den oberen Rand des horizontalen Schambeinastes zusammendrücken.

Die **Art. femoralis** wird am sichersten dicht unterhalb des lig. Poupartii gegen die Eminentia ileo-pectinaea comprimirt (Fig. 110). Man findet sie in der Mitte einer Linie, welche man von der spina anterior superior ossis ilei zur Symphysis ossis pubis zieht. In ihrem weiteren Verlaufe bis zum unteren Drittel des Schenkels kann sie gegen den Oberschenkelknochen gedrückt werden, doch ist die Digitalcompression wegen der Dicke der dazwischenliegenden Weichtheile schwierig und unsicher, namentlich bei fetten oder muskelstarken Leuten.

Fig. 109.

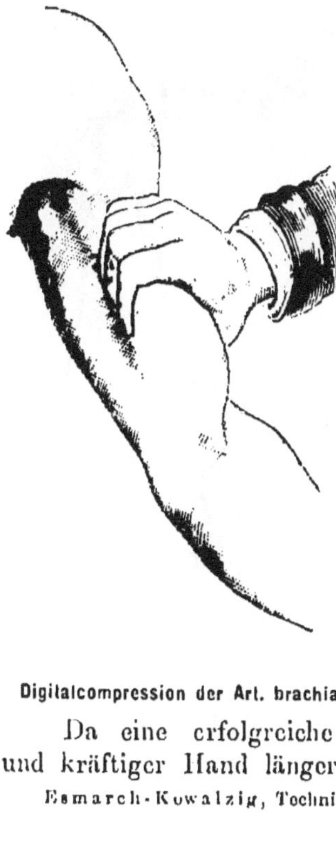

Digitalcompression der Art. brachialis.

Fig. 110.

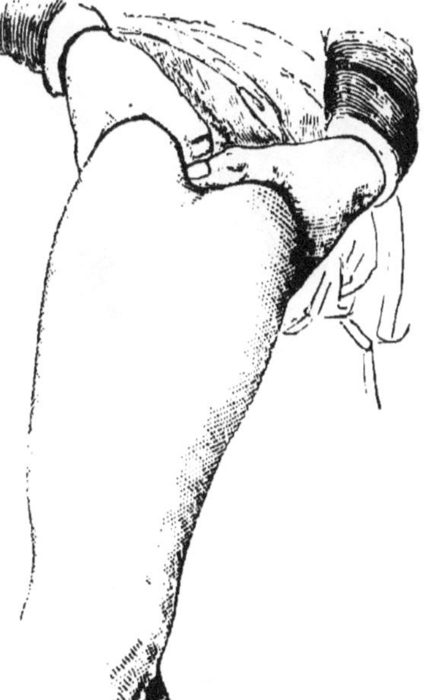

Digitalcompression der Art. femoralis.

Da eine erfolgreiche Digitalcompression nur von kundiger und kräftiger Hand längere Zeit hindurch — während des Transportes Schwerverletzter aber überhaupt nicht — ausgeführt werden kann, so hat man dieselbe durch verschiedene Vorrichtungen zu ersetzen gesucht:

2. **Durch Aderpressen** oder **Tourniquets**; diese bestehen im Wesentlichen aus einem Gurt, durch welchen ein hartes Polsterkissen (Pelotte) oder Bindenrolle gegen den Arterienstamm fest angedrückt wird. Die Aderpresse kann nur von dem mit den anatomischen Verhältnissen Vertrauten richtig angelegt und muss auch stets überwacht werden, denn wenn sie bei unvorsichtigen Bewegungen und während des Transportes sich etwas verschiebt, so wirkt sie nicht mehr, und kann sogar schädlich werden, indem sie durch Druck auf die stets in unmittelbarer Nähe der Arterie verlaufenden Venen eine Stauung erzeugt.

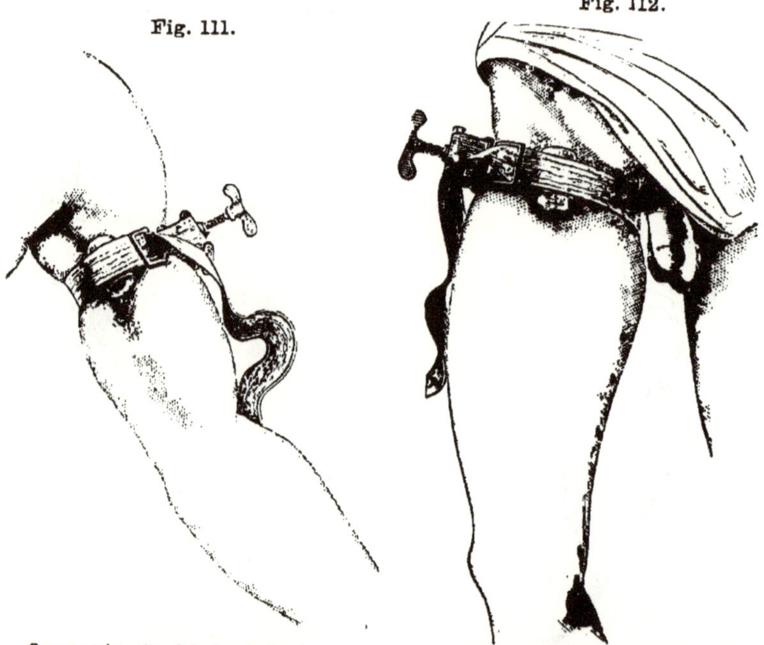

Fig. 111.

Compression der Art. femoralis durch ein Tourniquet.

Fig. 112.

Compression der Art. brachialis durch ein Tourniquet.

Zur Anlegung der Aderpresse wählt man an den Gliedern die für den Fingerdruck oben angegebenen Stellen und von diesen wieder vorzugsweise den oberen Abschnitt des Oberarms und des Oberschenkels, weil sich hier die Arterie ziemlich leicht finden und zusammenpressen lässt (Fig. 111, 112).

Am gebräuchlichsten war das **Schraubentourniquet** nach Petit (Fig. 113), bei dem der Gurt durch eine starke Schraube verkürzt und damit der von der Pelotte auf die Ader ausgeübte Druck beliebig verstärkt werden kann.

Das **Knebeltourniquet** (Fig. 114) besteht aus einem Schnallengurt, an dem eine harte Pelotte befestigt ist, einer Platte und einem Knebel. Nachdem die Pelotte auf den Arterienstamm gelegt ist, wird der Gurt lose um das Glied geschnallt und dann durch Drehungen des Knebels über der Platte fest angezogen.

Fig. 113. Fig. 114.

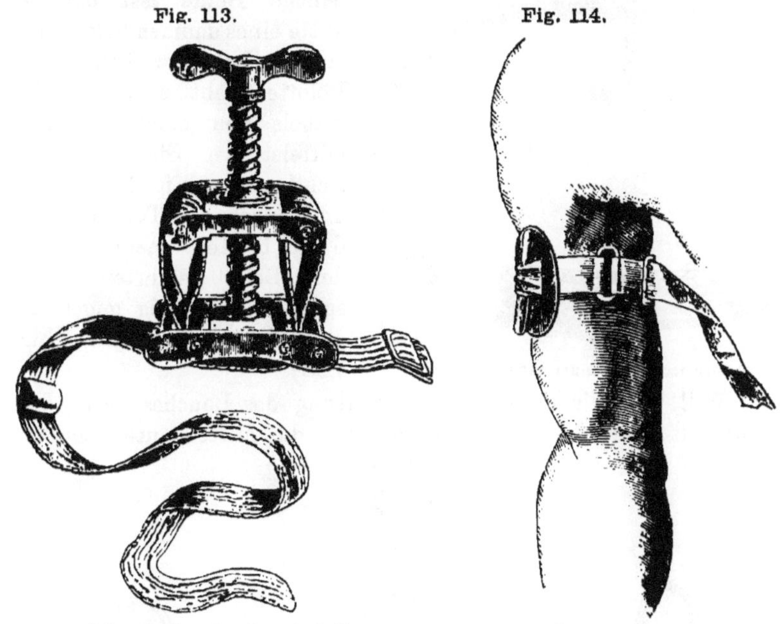

Schraubentourniquet nach Petit. Knebeltourniquet.

Das **Aortencompressorium** nach Pancoast (Fig. 115) wirkt durch eine lange Schraube, welche eine breite Pelotte gegen das Rückenpolster hin bewegt. Aehnlich ist

das **Aortencompressorium** nach v. Esmarch (Fig. 116, 117) dessen gestielte Pelotte gegen die Wirbelsäule gedrückt wird mittelst elastischer Binden, welche zwischen den stellbaren Haken des Rückenpolsters ausgespannt werden. Der stählerne Stiel der Pelotte ist mit einem Schlitz versehen, durch welchen sich die Touren der Kautschukbinden einschieben lassen, und mit zwei

Polstern von verschiedener Grösse; das nach oben gerichtete Polster wird durch die Hand eines Gehülfen in seiner Lage gehalten, damit das untere nicht von der Aorta abgleitet.

Fig. 115.

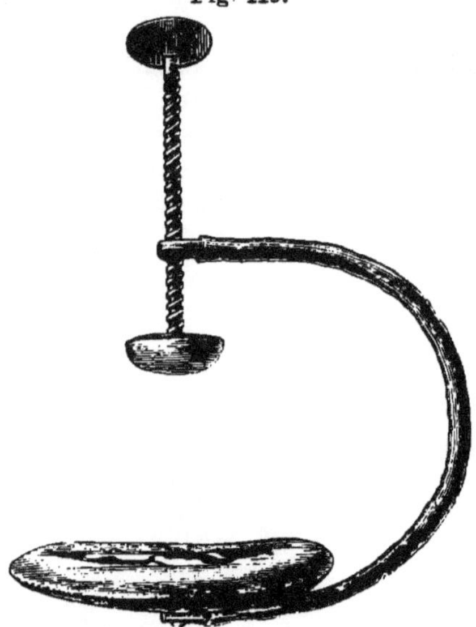

Aortencompressorium nach Pancoast.

## Improvisation der Aderpressen.

Die **Compression der Aorta** gelingt auch, wenn man eine 8 m lange und 6 cm breite leinene Binde fest um die Mitte eines daumendicken fusslangen Stabes wickelt, diese Pelotte dicht unterhalb des Nabels von einem Gehülfen mittelst des Stabes in der richtigen Lage festhalten lässt und durch die Touren einer 6 cm breiten, mehrmals um den Leib geführten Kautschukbinde kräftig gegen die Wirbelsäule andrückt (Fig. 118).

Will man die circuläre Umschnürung des Bauches vermeiden, so wickelt man die leinene Binde auf die Mitte eines längeren

Fig. 116.

Aortencompressorium nach von Esmarch.

Stockes und drückt dessen Enden durch die Touren der Kautschukbinde, welche unter der Platte des Operationstisches durchgeführt werden, nach unten (Brandis, Fig. 119).

Fig. 117.

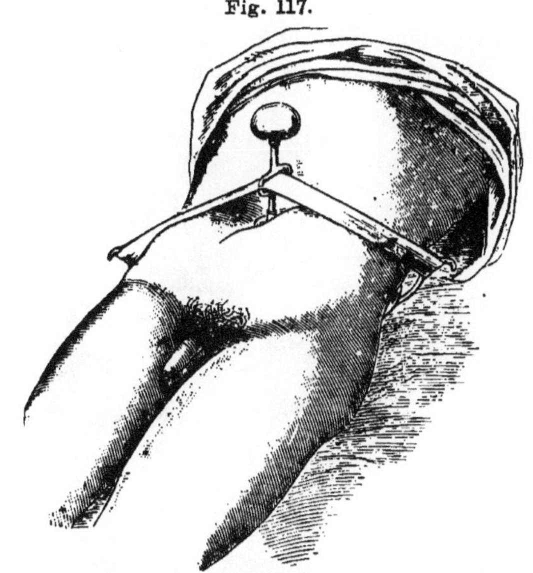

Aortencompressorium nach von Esmarch.

Fig. 118.

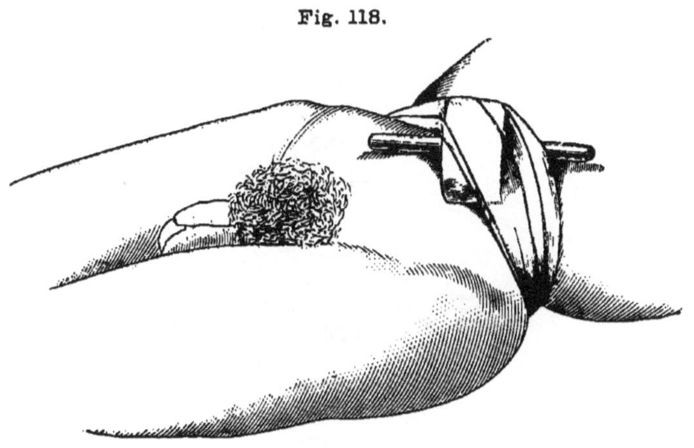

Compression der Aorta mit Binden-Pelotte und elastischer Binde.

In ähnlicher Weise lässt sich eine Aderpresse herstellen für die **Arteria iliaca externa** dicht oberhalb des Lig. Pouparti, durch eine Bindenpelotte, welche mit einer starken in Kreuztouren angelegten Kautschukbinde fest auf die Arterie gedrückt wird (Fig. 120, für hohe Amputationen des Oberschenkels).

Fig. 119.

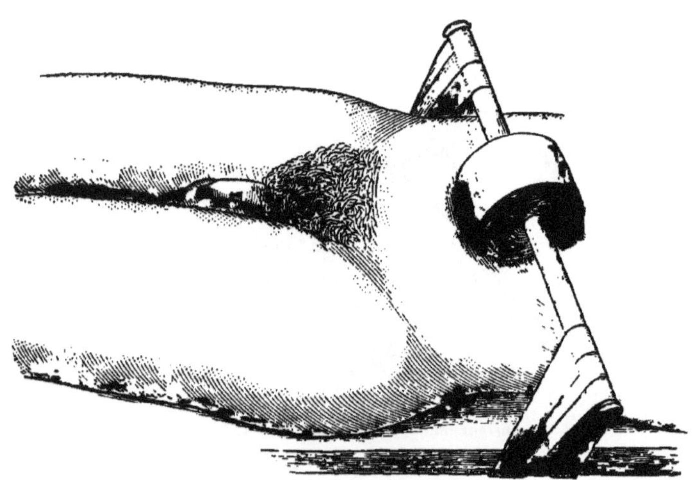

Compression der Aorta nach Brandis.

Fig. 120.

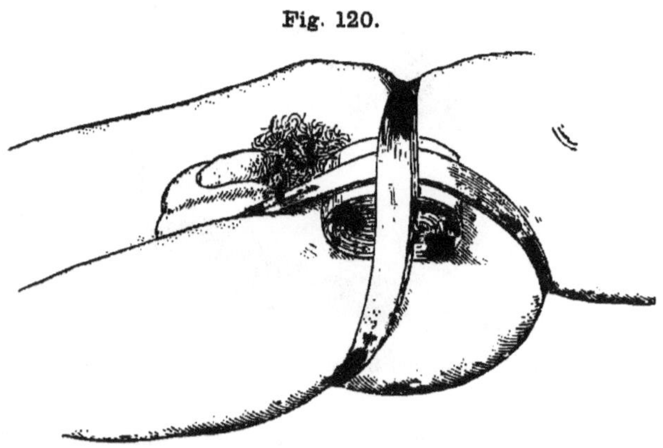

Compression der Art. iliaca externa.

Fig. 121.

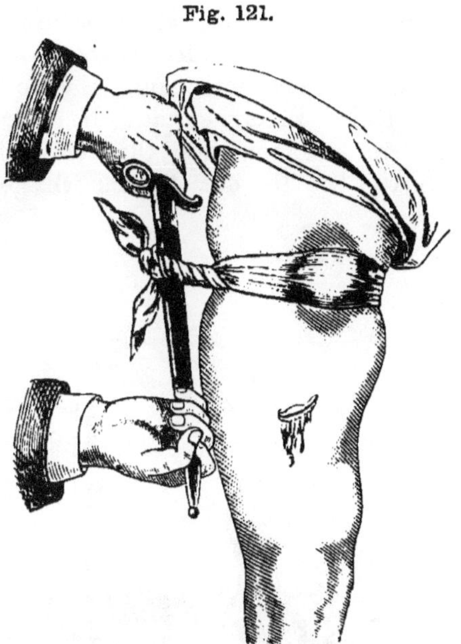

Improvisirtes Knebeltourniquet.

Ein **Knebeltourniquet** lässt sich dadurch extemporiren, dass man ein Taschentuch oder ein dreieckiges Tuch, in welches man einen festen Knoten geschlagen, oder in das man einen Stein eingewickelt hat, um das Glied wickelt und dieses durch Umdrehungen eines Stockes oder irgend eines stabartigen Körpers (Degen, Ladestock, Schlüssel), den man unter das Tuch schiebt, fest zusammen knebelt (Fig. 121).

Zur Compression der **Art. brachialis** genügt ein verhältnissmässig leichter Druck mittelst eines dicken Stabes gegen die Innenfläche des Oberarmes (Fig. 122), welcher die Muskelbäuche nach vorne und hinten auseinanderdrängt und die Arterie gegen den Knochen plattdrückt. Der Arm wird dabei durch ein Tuch oder eine Binde fest gegen den Körper gedrückt. Ebenso gut lässt sich der Oberarm zwischen zwei beiderseits zusammengebundenen Stäben wirksam zusammenpressen (**Knüppeltourniquet** nach Völckers, Fig. 123).

Fig. 122.

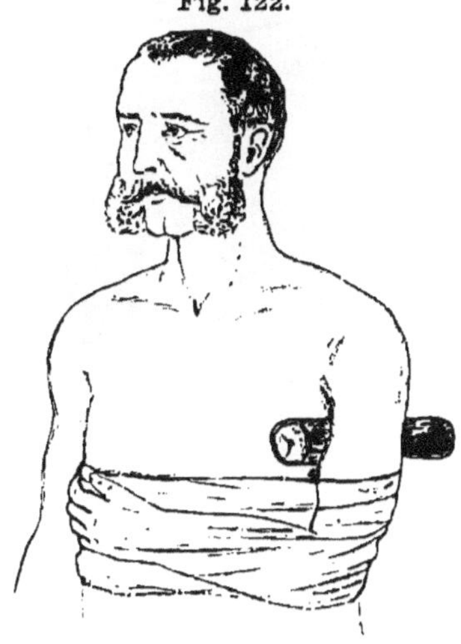

Compression der Art. brachialis durch einen Stab.

3. Durch **Lagerung.** Adelmann empfahl als ein Mittel zur Beherrschung arterieller Blutungen die übermässige **Beugung** der Glieder, wodurch die Arterien so abgeknickt werden, dass sie kein Blut mehr hindurchlassen. Wenn man z. B. bei arteriellen Blutungen aus dem Vorderarm oder der Hand den

supinirten Vorderarm stark flectirt und mittelst einer Binde oder Cravatte fest gegen den Oberarm schnürt, so hört der Puls in der Art. radialis sofort auf. Ebenso können durch forcirte Beugung des Knies Blutungen aus dem Unterschenkel und Fuss, durch forcirte Beugung des Oberschenkels Blutungen aus der Art. femoralis für den Augenblick gestillt werden. In Fällen, wo

Fig. 123. Fig. 124.

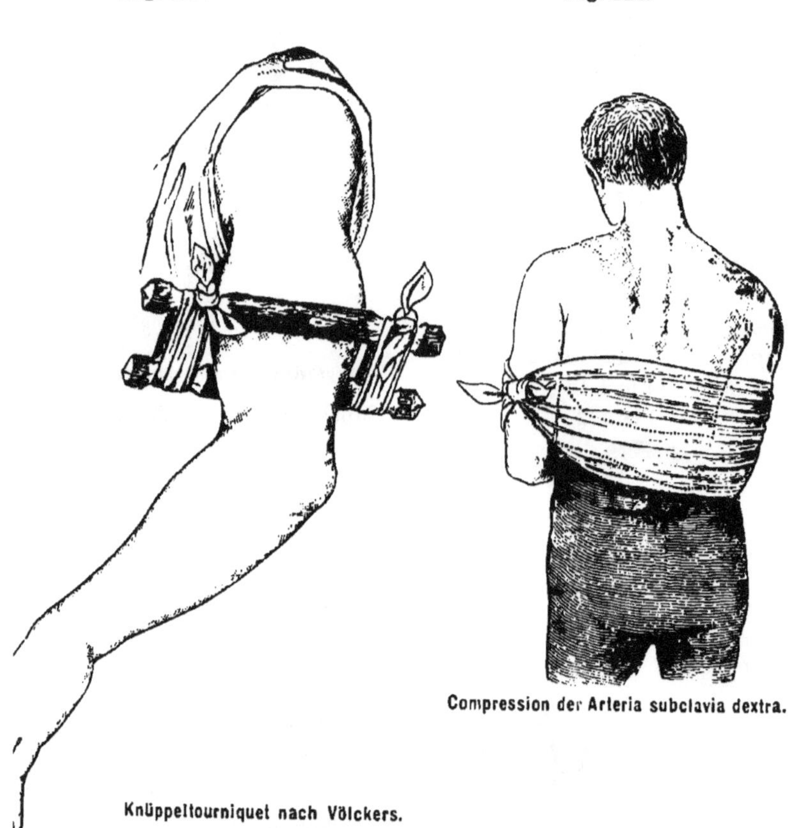

Compression der Arteria subclavia dextra.

Knüppeltourniquet nach Völckers.

andere Mittel zur Blutstillung nicht zur Hand sind, kann man mit Erfolg davon Gebrauch machen. Doch ist zu bemerken, dass eine so starke Flectionsstellung, wie sie zur sichern Blutstillung nöthig ist, meist nicht lange ertragen wird und wenn zugleich die Knochen gebrochen sind, überhaupt nicht anwendbar ist.

Die **Art. subclavia** lässt sich durch starkes Zurückziehen der Schulter nach hinten und mit Hülfe des anderen Armes zwischen Schlüsselbein und erster Rippe (wie in einem Quetschhahn) plattdrücken. Man lässt die Hand von hinten her die Ellbogenbeuge des gesunden Armes umgreifen, drängt letzteren nach vorne und befestigt beide Arme in dieser Stellung durch Tücher oder Binden (Fig. 124).

4. Die Blutzufuhr wird endlich ganz beträchtlich vermindert durch **senkrechte Erhebung** des Gliedes; venöse Blutungen lassen sich hierdurch sogar manchmal zum Stehen bringen.

## Blutstillung in der Wunde.

Heftige Blutungen aus verletzten Gefässen bedrohen unmittelbar das Leben und müssen möglichst schnell gestillt werden; am einfachsten beherrscht man, wenigstens vorläufig, die Blutung durch

### die Compression der Wunde

1. **durch den Finger** oder die Hand, welche natürlich rein sein müssen. Bei grösseren Verletzungen kann in manchen Fällen der Verletzte selbst seine Wunde mit den Fingern zupressen. Da sich jedoch der Fingerdruck für längere Zeit nicht wohl fortsetzen lässt, so muss derselbe, z. B. während des Transportes und wenn die im vorigen Abschnitt besprochenen Mittel zur Blutstillung ausserhalb der Wunde nicht zur Hand oder nicht anwendbar sind, ersetzt werden

2. **durch einen Verband**, der einen ausreichenden Druck auf die Wunde ausübt. Vor Anlegung eines solchen Druckverbandes muss man aber das verwundete Glied von unten auf sorgfältig ganz und gar mit Binden einwickeln, um die gefährliche Anfüllung der Zellgewebsmaschen mit Blut (diffuse blutige Infiltration) zu verhindern. Dann legt man auf die Wunde ein festes Verbandpolster und befestigt dieses mit einer kräftig angezogenen Binde, am besten aus elastischem Gewebe. Bei tiefen Wunden erreicht man die Blutstillung noch sicherer

3. **durch die Tamponade.** Die Wundhöhle wird fest ausgestopft, indem man mit dem Finger die Mitte eines Stückes antiseptischer Gaze (Jodoformmull) möglichst tief in die Wunde hineindrängt und dann, nachdem man den Finger zurückgezogen

hat, die entstandene Höhlung mit sterilem Mull fest ausfüllt. Auch kann man bei Röhrenwunden erst kleinere, dann grössere Tupfer (Tampons) in die mit Gaze ausgekleidete Höhlung ein-

Fig. 125.

Tamponade mit Tupfern.

führen, bis die letzten die Hautoberfläche weit überragen (Fig. 125). Die Tamponade wird durch eine, wenn möglich elastische, Binde fest angedrückt und kann, wenn sie mit aseptischen Stoffen ausgeführt ist, viele Tage lang liegen bleiben, bis das oder die blutenden Gefässe durch Thrombose verschlossen sind. So verfährt man namentlich bei Blutungen in den Körperhöhlen, z. B. aus der Nase, der Vagina, dem Uterus, dem Mastdarm. Zweckmässig ist es dann, die einzelnen Tampons oder Gazestücke mit einem langen Faden zu versehen, an dem man sie in schonendster Weise wieder entfernen kann.

Das Aufblähen einer in schlaffem Zustande eingeführten Kautschukblase mit Luft oder Eiswasser (Rhineurynter, Colpeurynter, s. Bd. III, Fig. 459) ist auch recht wirksam, aber nicht so einfach, als die gewöhnliche Tamponade.

## Blutstillungsmittel, Styptica,

welche theils die Gerinnung des Blutes und die Zusammenziehung der Gefässwandungen befördern, theils einen fest anhaftenden Schorf erzeugen, sollte man nur im äussersten Nothfalle anwenden, wenn durch die Tamponade allein die Blutung nicht zu beherrschen ist: denn frische Wunden werden durch alle diese Mittel mehr oder weniger gereizt und selbst stark angeätzt, so dass die erste Verklebung unmöglich ist. Zu den ältesten derartigen Mitteln zählt der F e u e r s c h w a m m, das G l ü h e i s e n (S. 26) und der L i q u o r f e r r i s e s q u i c h l o r a t i, letzterer auch jetzt noch in Form der trocknen gelben styptischen Watte gebraucht, ebenso wie das Penghawar Yambi. Ferner der Essig, Alaun-, Creosotlösung (1 : 100 = Aqua Binelli), das Terpentinöl (Baum, Billroth), das Chlorzink in gesättigter Lösung, das Tannin (Graf) als Pulver, das Wasserstoffsuperoxyd (v. Nussbaum). In neuerer Zeit endlich wurden noch empfohlen das Antipyrin in 20% Lösung oder als Pulver (Bosworth), 20%ige Cocainlösung, Fibrinfermentlösung (Wright), Cornutin, Sclerotinsäure. Auch die Berieselung mit eiskaltem oder siedendheissem (antiseptischem) Wasser mag hier erwähnt sein.

Das beste und sicherste Mittel, um dauernd die Blutung zu stillen, besteht in der

## Unterbindung der Gefässe (Ligatur).

Alle in einer Wunde (nach Operationen oder Verletzungen) blutenden Gefässlichtungen von Arterien und Venen werden gefasst und zugeklemmt, entweder mit pinzettenartigen Instrumenten, die durch Vorschieben eines Stachels oder Einklemmen einer Feder geschlossen werden können (Fig. 126, 127), oder mit kleinen

Fig. 126.

Fig. 127.

Arterienpinzetten.

Fig. 128.

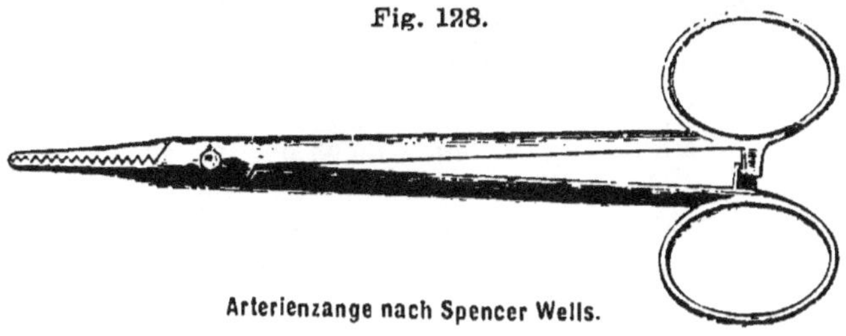

Arterienzange nach Spencer Wells.

Zangen, die einen Haken- oder Zahnverschluss besitzen (Fig. 128). Bei grossen Operationen, z. B. Amputationen, zieht man ganz grosse Gefässe mit der Pinzette zunächst etwas aus dem Gewebe hervor und verschliesst sie dann sicher durch einen quer angesetzten Schieber, worauf der erste abgenommen wird. Ziehen grössere Gefässe über das Operationsfeld hinweg, so fasst man sie quer mit zwei Schieberpinzetten und durchschneidet sie zwischen denselben (Fig. 129, 130). Nach und nach setzt man so viele

Fig. 129. Fig. 130.

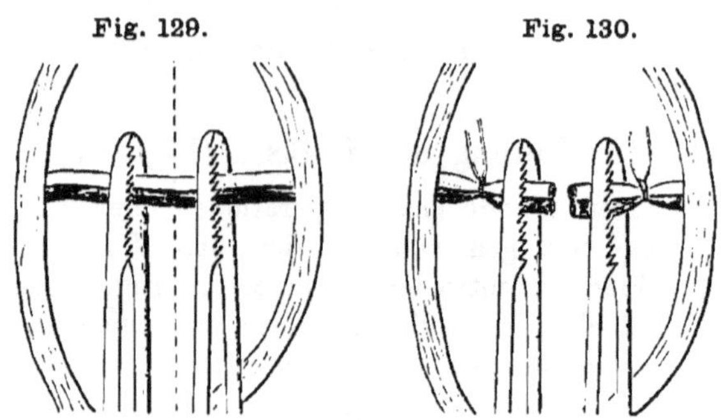

Unterbindung zwischen zwei Pinzetten.

Schieberpinzetten an, als man gerade zur Hand hat und lässt sie hängen. Erst, wenn die zur Verfügung stehende Anzahl gebraucht ist, beginnt die Unterbindung mit Catgutfäden (Fig. 131). Hierbei drängt man die das Gefäss zuklemmende Spitze des Instrumentes etwas hervor, schlingt um dasselbe einen einfachen Knoten, schiebt diesen mit den Zeigefingerspitzen über das Gefäss herüber (Fig. 132), zieht ihn fest und setzt einen zweiten Knoten (Schifferknoten) darauf, schneidet den Faden kurz davor mit einer gebogenen Scheere ab und entfernt dann die Pincette. Es ist rathsam, zur Unterbindung grosser Gefässe nicht gar zu dickes Catgut zu nehmen, weil dessen Knoten sich leichter lösen, zumal wenn sie sehr kurz abgeschnitten sind. Von manchen Chirurgen wird die Anwendung der Seide zu der Ligatur vorgezogen.

Wenn sich ein blutendes Gefäss nicht gut aus seiner Umgebung hervorziehen und fassen lässt, z. B. an der Kopfschwarte oder in schwieligen, narbigen Geweben, so kann man es **umstechen**, d. h. man führt mit einer stark gekrümmten runden Nadel den Faden durch die Weichtheile, welche die blutende Stelle umgeben

Fig. 131.

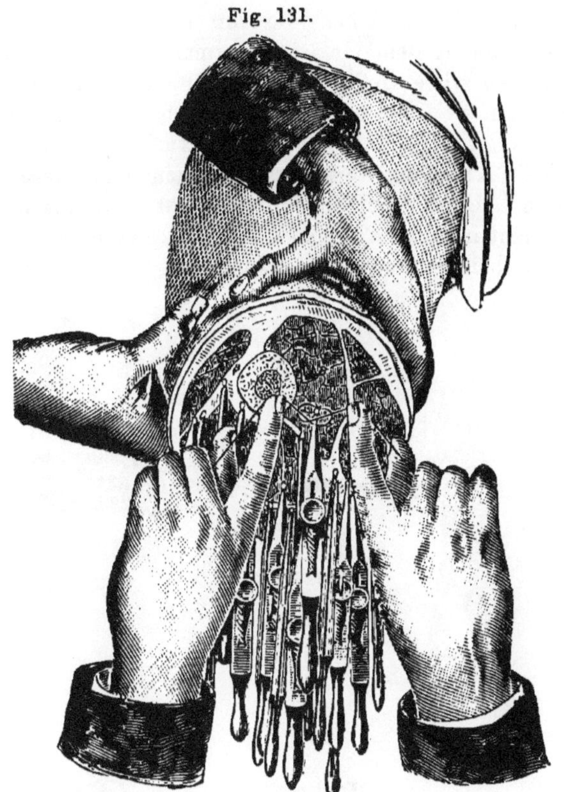

Amputationsstumpf mit vielen Schieberpinzetten.

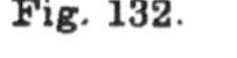

Fig. 132.

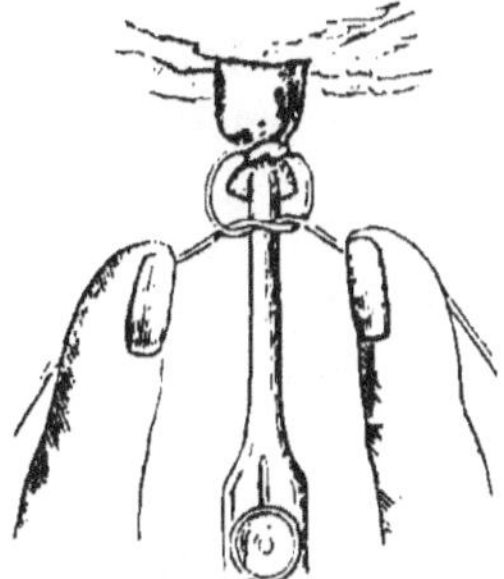

Ligatur eines Gefässes.

Fig. 133.

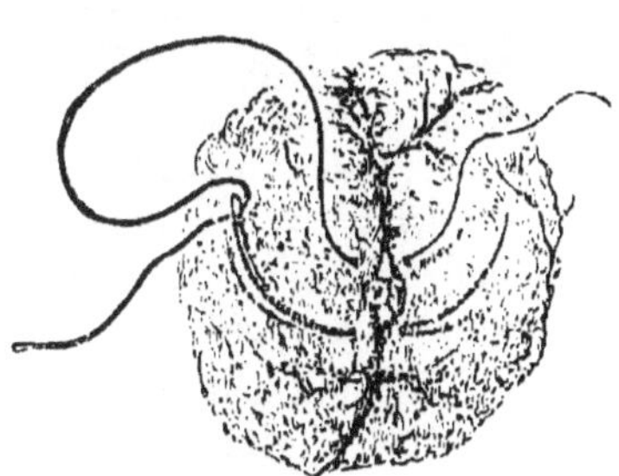

Umstechung einer Arterie.

und schnürt mit demselben die von dem Faden durchstochenen Weichtheile sammt dem Gefässe zusammen (Fig. 133).

Verlaufen viele Gefässe in derben, breiten Gewebssträngen, so kann man sie mit einiger Mühe und Zeit wohl auch einzeln fassen, schneller aber und ebenso zweckmässig ist es, den Strang in einzelnen Abschnitten zu durchstechen und diese für sich zu umschnüren. Dünnere Stränge durchsticht man mit der Schieberpinzette, zieht mit dieser einen doppelten Faden durch und unterbindet nach beiden Seiten hin **(Massenligatur).**

Fig. 134.

Torsion einer Arterie.

Hat man nur wenige oder gar keine Unterbindungsfäden zur Hand, so kann man kleinere Arterien auch durch die **Torsion** schliessen: Man fasst die Arterie mit einer Schieberpinzette, zieht sie etwas hervor und dreht sie, je nach ihrer Dicke, sechs bis acht Male um ihre Achse, während man das centrale Ende des hervorgezogenen Stückes mit den Fingern oder besser mit einer anderen Pinzette (Balkenpinzette nach Amussat) festhält (Fig. 134). Durch dieses Verfahren wird die innere Arterienhaut (tunica intima) eingerissen und rollt sich nach oben ein, wodurch sich ein recht sicherer Klappenverschluss bildet.

Dieselbe Wirkung hat ein auf die Arterie ausgeübter sehr starker Druck. Koeberlé und Péan haben zu diesem Zwecke Klemmzangen (Fig. 135) angegeben, welche einer kleinen

Kornzange ähnlich sind, durch Feststellung ihrer zusammengepressten Enden aber das gefasste Gewebe stark quetschen. Es kann dann schon nach einer Viertelstunde die Zange ohne vorherige Ligatur abgenommen werden, da die zerquetschte Intima sich nach innen aufrollt und die Gewebe durch den starken Druck so ausgetrocknet sind, als ob sie gebrannt wären **(Forcipressur).** Man gebraucht die Klemmzangen vorzugsweise an Stellen, wo sich schwer eine Ligatur anlegen lässt und als Ersatz der Massenligatur. Da das gequetschte Gewebe nicht nekrotisch wird, so hat die Forcipressur vor der Ligatur den Vorzug, keine fremden Stoffe in die Wunde hineinzubringen. An grossen Adern müssen die Zangen 12—24 Stunden liegen bleiben.

Fig. 135.

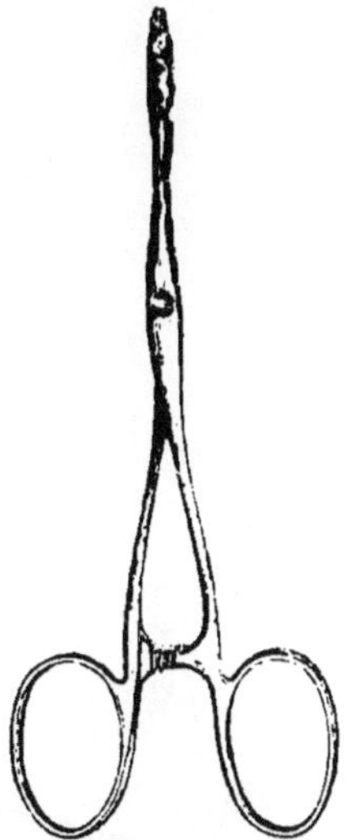

Klemmzange nach Koeberlé-Péan.

**Blutungen aus Stich- und Schusswunden.** Handelt es sich um Blutung aus einem grösseren Gefäss, welche in der Tiefe einer Stich- oder Schusswunde sich sogleich oder erst nach einiger Zeit durch fortdauerndes Aussickern von Blut durch den Verband bemerkbar macht, oder welche auch im späteren Wundverlauf durch Arrosion der Gefässwand oder Thrombose der Venen (phlebostatische Blutung, Stromeyer) entstehen kann, so darf man nicht säumen, sofort am Orte der Verletzung das blutende Gefäss freizulegen und in der Wunde selbst zu unterbinden **(directe Unterbindung).**

Bevor man sich an diese oft recht schwierige Aufgabe macht. sollte man sich stets erst die anatomische Lage der Gefässstämme ins Gedächtniss zurückrufen. Diesen Zweck mögen Fig. 136—140 erleichtern.

Das Hauptmittel, um solche Operationen leicht, schnell und gründlich auszuführen, ist ein grosser Hautschnitt, welcher von der Wunde aus nach oben und unten in der Längsrichtung des Gliedes so angelegt wird, dass er dem Verlauf des verletzten Gefässes entspricht. Wo es das Leben gilt, ist es gleichgültig, ob der Schnitt einen Zoll oder einen Fuss lang ist; gelingt die Stillung der Blutung und bleibt die Wunde aseptisch, so heilt der grosse Einschnitt ebenso gut und schnell ohne Eiterung als ein kleiner.

Fig. 136.

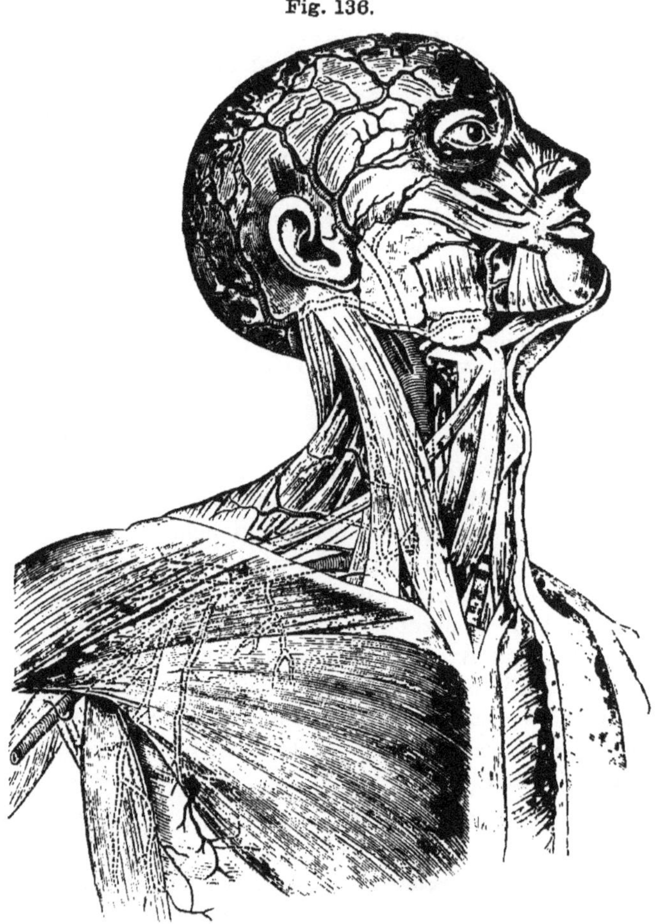

Arterien des Kopfes, Halses und der Achselgegend.

Im Uebrigen ist das Verfahren hier ganz dasselbe, wie es bei der secundären Antiseptik geschildert ist (Bd. I, S. 66). Nach ausgiebiger Spaltung der Haut dringt man mit dem linken Zeigefinger in die Tiefe der Wunde ein, spaltet auf demselben mit dem Knopfmesser die tieferen Schichten, das Zellgewebe, die Fascien und Muskeln ebenso ausgiebig und lässt mit grossen scharfen oder stumpfen Haken die gespaltenen Theile auseinanderziehen.

Darauf räumt man mit den Fingern, mit Tupfern und Schwämmen rasch und energisch das Blutgerinnsel, welches die

Fig. 137.

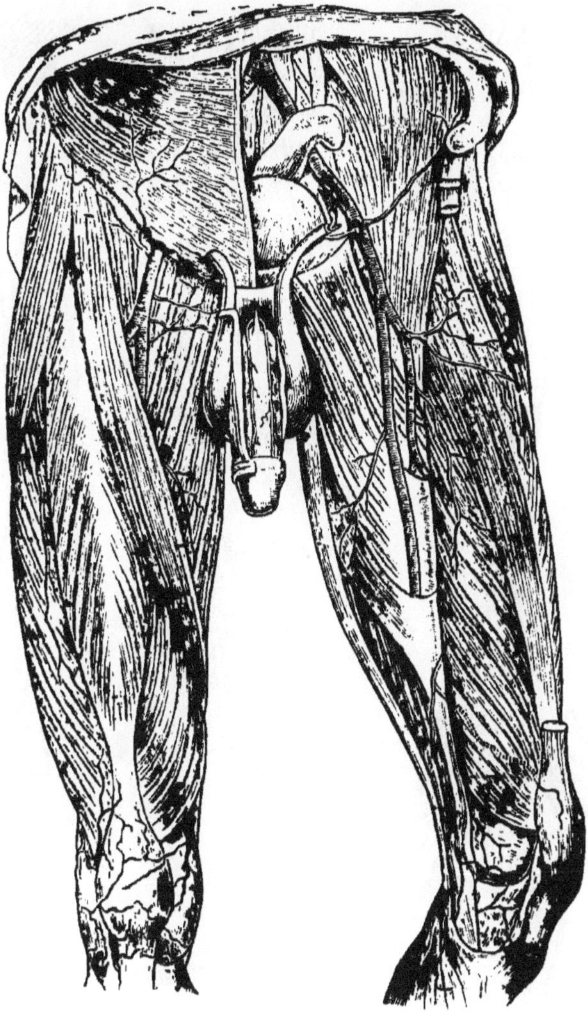

Arterien des Oberschenkels.

ganze Wundhöhle ausfüllt (das sogenannte Aneurysma traumaticum diffusum) aus und findet dann meistens in der Tiefe der Wunde das verletzte Gefäss oder wenigstens einen blutig infiltrirten Strang, in welchem Arterie, Venen und Nerven zusammenliegen. Dann

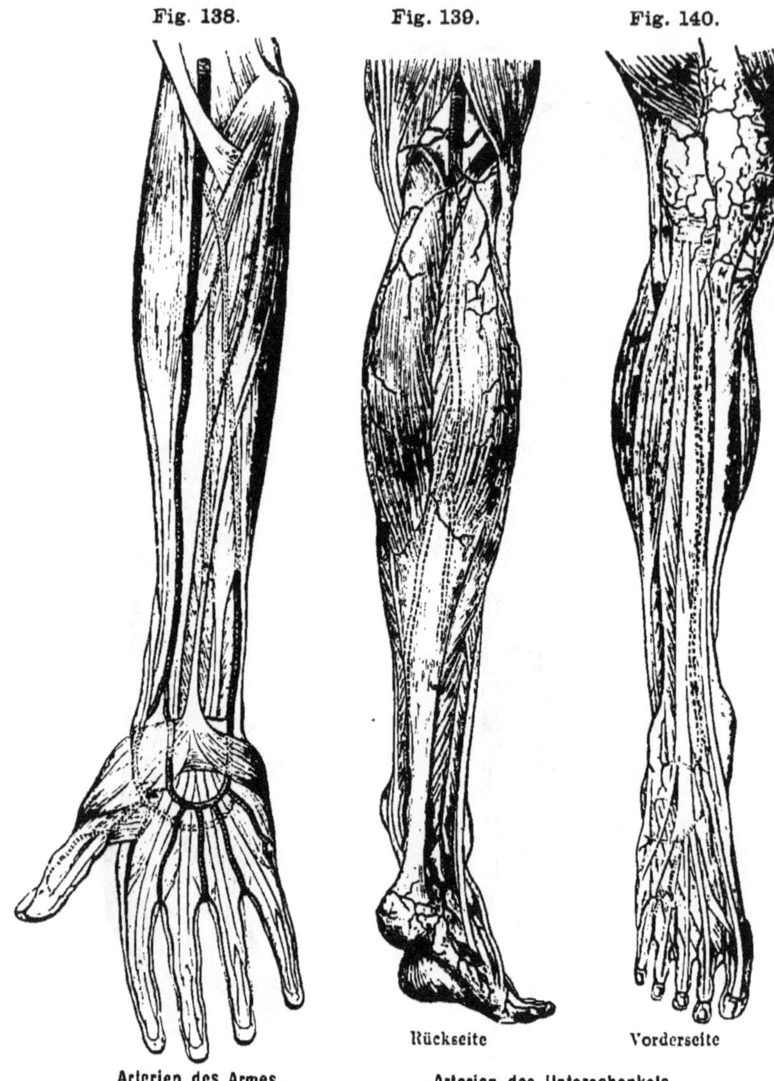

Fig. 138. Arterien des Armes.

Fig. 139. Rückseite

Fig. 140. Vorderseite

Arterien des Unterschenkels.

muss man durch vorsichtiges Präpariren diese einzelnen Theile von einander zu trennen suchen.

Durch Anwendung der künstlichen Blutleere wird das Auffinden der verletzten Gefässe wesentlich erleichtert. Wenn aber die Venenstämme ganz blutleer und zusammengefallen sind, so kann es schwer sein, sie von Zellgewebssträngen zu unterscheiden. Deshalb ist es rathsam, unterhalb der Wunde ein Blutreservoir anzulegen, indem man z. B. vor elastischer Einwickelung des verletzten Armes eine Schnürbinde um das Handgelenk legt. Löst man dann später diese Binde und erhebt den Arm, so füllt das in der Hand eingesperrt gewesene Blut die Venen und dringt, falls eine derselben verletzt ist, aus der verletzten Stelle hervor.

Wenn die verletzte Stelle der Arterie oder Vene gefunden und soweit freigelegt ist, dass die ganze Ausdehnung der Verletzung übersehen werden kann, muss das Gefäss isolirt und oberhalb und unterhalb der Stelle im Gesunden mit Catgut oder Seide fest und sicher unterbunden werden (Schifferknoten!). Darauf durchschneidet man, falls die Continuität des Gefässes nicht schon durch die Verletzung aufgehoben ist, dasselbe in der Mitte zwischen beiden Ligaturen und überzeugt sich, dass nicht etwa zwischen den beiden Ligaturstellen noch Aeste von dem Gefäss in die Tiefe oder nach den Seiten hin abgehen. Findet man solche abgehende Aeste, so müssen auch diese gut isolirt, unterbunden und von dem Gefässstamme abgetrennt werden. Um ganz sicher zu gehen, kann man das zwischen den beiden Ligaturen liegende verletzte Stück des Gefässes herausschneiden.

Nun löst man den Schnürschlauch (Binde) und unterbindet sorgfältig alle Gefässe, aus denen noch Blut hervordringt, wobei man das Glied emporheben lässt, um die parenchymatöse Blutung zu beschränken.

---

# Die Unterbindung der Arterien am Orte der Wahl

**(indirecte Unterbindung nach Hunter).**

Die Ligatur des Arterienstammes oberhalb der Wunde wird in jetziger Zeit kaum noch angewendet, um Blutungen zu stillen, ist aber zur Uebung der Technik und zur Prüfung der Kenntnisse in der topographischen Anatomie sehr zu empfehlen. Dagegen wird die Arterienligatur mehrfach ausgeführt, um die Blutzufuhr zu gewissen Körpertheilen dauernd zu verhindern bei grossen blutigen Operationen oder um krankhafte Zustände zu heilen. So unterbindet man die Carotis bei der Oberkieferresection, die Lingualis bei Zungenoperationen, die Thyreoideae bei Struma vasculosa, die Subclavia bei Oberarmexarticulation, die Iliaca communis bei Oberschenkelexarticulation, die Hypogastrica bei Beckentumoren und Prostatahypertrophie.

Folgende Regeln gelten für das Aufsuchen und die Unterbindung der Hauptarterienstämme:

1. Der Arzt muss vor Beginn der Operation sich die anatomischen Verhältnisse der Unterbindungsstelle ganz genau ins Gedächtniss zurückrufen. Darnach wird die Richtung und die Länge des Hautschnittes bestimmt. Nützlich ist es, denselben durch einen Strich vorzuzeichnen.

2. Der Körpertheil wird in die für die Operation vortheilhafteste Lage und in das beste Licht gebracht.

3. Wenn die Operation an einer Extremität stattfindet, so ist es vortheilhaft, diese vorher blutleer zu machen, mit der Aenderung, welche oben bei der directen Unterbindung angegeben wurde. Sobald es darauf ankommt, das Pulsiren der Arterie zu fühlen, löst man die obere Schnürbinde.

4. Der **Hautschnitt** wird gemacht entweder aus freier Hand, indem die Finger der linken Hand die umgebende Haut gut spannen und das Messer überall die ganze Dicke der Haut durchdringt (Fig. 19), oder, wenn die Arterie oder andere wichtige Theile unmittelbar unter der Haut liegen, durch Erhebung einer queren Hautfalte, welche mit einem Messerzuge durchschnitten wird (Fig. 22).

5. Um mit Vorsicht in die Tiefe zu dringen, erfassen Operateur und Assistent mit zwei guten Pinzetten die oberste Zellgewebsschicht

zu beiden Seiten der Schnittachse und heben das Zellgewebe gleichzeitig empor, so dass die Luft in dessen Maschen eindringt (Emphysem) Ein Messerzug trennt das aufgehobene Zellgewebe (Fig. 141).

Fig. 141.

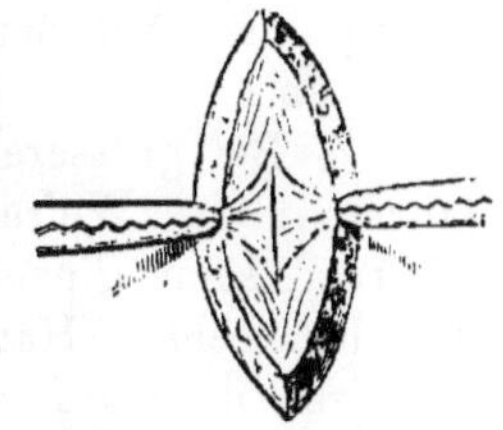

Trennung des Zellgewebes zwischen zwei Pinzetten.

Sofort lassen beide Pinzetten los, fassen bald oberhalb, bald unterhalb des so entstandenen Schlitzes aufs Neue die Zellgewebsschicht und heben sie dem Messer entgegen, welches die Fasern trennt, bis die Schicht von einem Wundwinkel bis zum anderen durchschnitten ist. Dies Verfahren wird mit den folgenden Schichten so lange wiederholt, bis man auf die Arterienscheide gelangt. Was an Venen, kleinen Arterien, Nerven und Muskeln in den Weg kommt, wird gelöst und durch stumpfe Haken zur Seite gezogen.

6. Sobald die **Arterienscheide** freigelegt ist, fasst man mit der Pinzette auf die Mitte der Arterienwand, hebt von ihr die Zellscheide in einem kleinen Kegel ab, senkt den Griff des Messers so weit seitwärts nach aussen, dass die Seitenfläche der Klinge

Fig. 142.

Eröffnung der Arterienscheide.

sich gegen die Arterie wendet, die Spitze aber in einem rechten Winkel zur Spitze der Pinzette und unter ihr in den gefassten Kegel eindringt (Fig. 142).

Fig. 144.

Ein kleiner Schnitt öffnet die Scheide und indem die Pinzette den so entstehenden dreieckigen Zipfel hebt, trennt die Messerspitze vorsichtig die Arterienscheide von der Arterienwand ab.

7. Bei grösseren Arterien wird dieses Verfahren in der Weise fortgesetzt, dass der Arzt, während seine Pinzette den Zipfel noch festhält, mit der rechten Hand eine zweite Pinzette geschlossen in das Loch an der Basis des Zipfels zwischen Arterie und Zellscheide einführt, hier die Innenwand der Zellscheide fasst und sie hervorzieht. Dadurch wird die Arterie sanft um ihre Axe gerollt, und es kommen die Zellgewebs-

Fig. 143. Fig. 145.

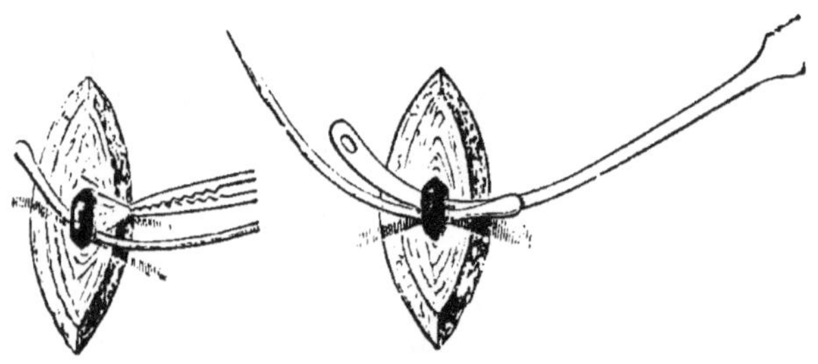

Einführung der Knopfsonde. Einführung der Aneurysmanadel.

fasern, durch welche die Scheide an die seitliche und hintere Wand der Arterie angeheftet ist, zum Vorschein und werden auf dieselbe vorsichtige Weise und nur in der Breite der zuerst gemachten Oeffnung abgelöst. Wird die Arterienscheide zu weit abgelöst, so kann die Arterie nekrotisch werden und dann erfolgen Nachblutungen aus der Unterbindungsstelle.

Bei den grössten Arterien muss das Verfahren, wenn die eine Hälfte des Umfanges gelöst ist, auch auf der anderen Seite wiederholt werden.

8. Sobald die Arterie ringsum gelöst ist, wird eine g e k r ü m m t e K n o p f s o n d e (oder ein Schielhaken) vorsichtig und i m m e r v o n d e r

Aneurysmanadel nach Syme.

Seite her, an welcher die Hauptvene liegt, um das Gefäss herumgeführt, während eine Pinzette den Schnittrand der Zellscheide ausspannt (Fig. 143).

9. Mittelst der Sonde wird die Arterie so weit emporgehoben, dass eine schmale, an der Spitze geöhrte **Aneurysmanadel** (nach Cooper oder Syme, Fig. 144) in entgegengesetzter Richtung unter derselben durchgeführt werden kann (Fig. 145).

10. Die Sonde wird entfernt, durch das Oehr der Nadel ein starker Catgutfaden geschoben und die Nadel zurückgezogen; die Mitte des Fadens bleibt unter der Arterie liegen.

11. Der Faden wird um die Arterie zusammengeknotet mit einem **Schifferknoten** (s. Fig. 50) [**nicht** mit einem Weiberknoten (s. Fig. 151)] und ohne die Arterie zu zerren; die Knoten müssen mit den Spitzen beider Zeigefinger in der Tiefe der Wunde zusammengezogen werden (Fig. 146).

Fig. 146.

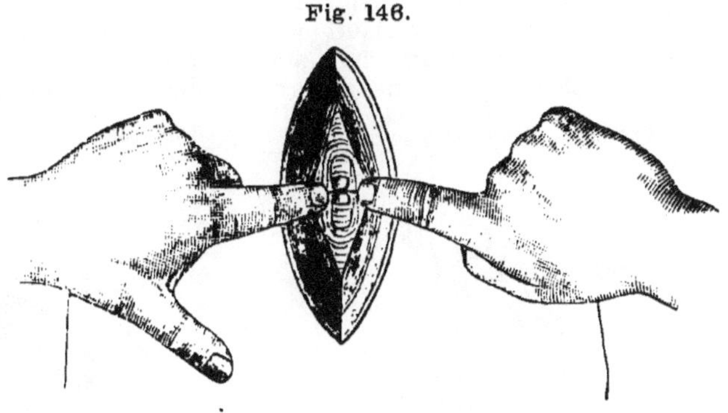

Knotung der Ligatur.

12. Es ist zu rathen, die Arterie doppelt zu unterbinden und zwischen beiden Ligaturen das Gefäss zu durchschneiden, damit beide Enden sich in die Zellgewebsscheide zurückziehen können.

## Die Unterbindung der einzelnen Arterienstämme.

### Arteria carotis.

Die Carotis communis verläuft vom Sternoclaviculargelenk hinter dem Kopfnicker senkrecht aufwärts und wird gegenüber dem unteren Rande des Ringknorpels vom M. omohyoideus in der Höhe des 6. Halswirbels (tuberculum caroticum, Chassaignac) gekreuzt. Unterhalb des M. omohyoideus liegt sie hinter Platysma, Fascie, M. sternomastoideus, sternohyoideus, sternothyreoideus ,und Vena jugularis anterior, vor Art. thyreoidea inferior und Nervus laryngeus recurrens. Oberhalb des M. omohyoideus liegt sie nur hinter Platysma, Halsfascie und innerem Kopfnickerrande. — Die kräftige Arterienscheide enthält: medianwärts die Carotis, lateralwärts die Vena jugularis interna und zwischen beiden hinten den Nervus vagus; auf ihr verläuft der Ramus descendens n. hypoglossi, dicht hinter ihr der Symphaticus. In der Höhe des 3. Halswirbels gegenüber dem oberen Schildknorpelrande theilt sich die Carotis communis in Carotis externa und interna.

Die Carotis externa, an ihrem Ursprunge aus der Carotis communis in der Höhe des oberen Schildknorpelrandes nur von Haut, Platysma, Halsfascie, Kopfnicker und Vena facialis bedeckt, steigt leicht gewunden bis zur Höhe des collum mandibulae empor und wird in ihrem Verlaufe gekreuzt in der Höhe des Zungenbeins vom M. biventer und N. hypoglossus, weiter oben vom M. stylohyoideus. Auf ihrem äusseren Rande verläuft der Ramus descendens nervi hypoglossi, an ihrer Hinterfläche kreuzt sie der N. laryngeus sup., ein Ast der Art. lingualis und der N. glossopharyngeus oberhalb des M. biventer. Sie wird am leichtesten zwischen dem Abgang der Art. thyreidea sup. und Art. lingualis unterbunden.

Die Carotis interna verläuft von der Gabelung der Carotis communis als deren Fortsetzung zum Canalis caroticus des Felsenbeins und liegt etwas nach binten und aussen von der Carotis externa.

Fig. 147. Fig. 148.

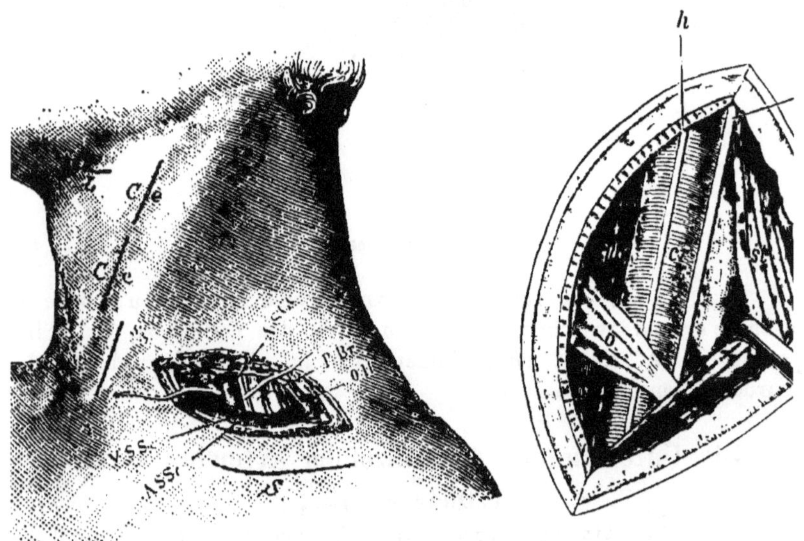


Unterbindung der Carotis communis.

Hautschnitte. Wunde.

*Cc* Carotis communis, *Ce* — Carotis externa,
*L* Lingualis, *S* — Subclavia.

## Unterbindung der Carotis communis

**a) in der Höhe des Ligam. cricothyreoideum (Fig. 148).**

1. Der Kopf wird hintenübergebeugt, unter die Schultern ein Kissen gelegt.

2. Hautschnitt, 6 cm lang, am inneren Rande des Kopfnickers entlang, in der Höhe des oberen Randes des Schildknorpels beginnend (Fig. 147 *Cc*).

3. Spaltung des Platysma und des Zellgewebes (mit Vermeidung der oberflächlichen Venen).

4. Der M. sternocleidomastoideus (*st*) wird nach aussen, der Omohyoideus (*o*) wird nach unten gezogen.

5. Der ramus descendens nervi hypoglossi (*h*), der auf der Arterie abwärts läuft, wird nach aussen gezogen.

6. Eröffnung der gemeinschaftlichen Zellscheide auf der Mitte der Arterie. Dieselbe (*c*) liegt innen, die Vena jugularis interna (*j*) nach aussen und etwas oberflächlicher, der nervus vagus (*v*) zwischen beiden in der Tiefe.

7. Die Nadel ist von aussen her herumzuführen.

**b) zwischen beiden Köpfen des M. sternocleidomastoideus (Fig. 149).**

Fig. 149.

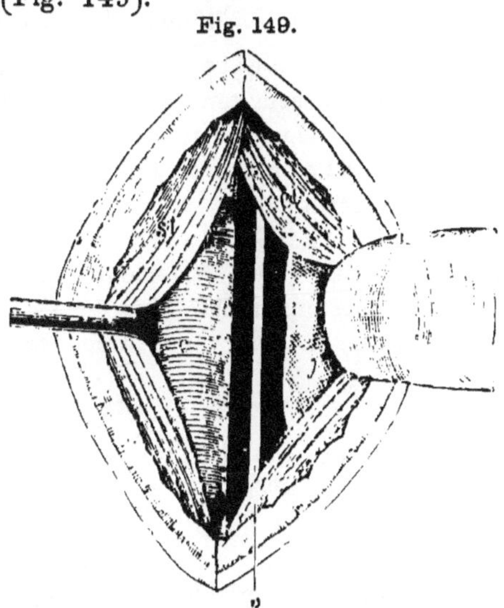

Unterbindung der Carotis communis zwischen beiden Kopfnickeransätzen.

1. Hautschnitt, 6 cm lang, zwischen beiden Köpfen des Kopfnickers abwärts bis auf das Schlüsselbein, 2 cm nach aussen vom Sternalgelenk (Fig. 147).

2. Spaltung des Platysma; der Schlitz zwischen Sternal- und Clavicularportion des Kopfnickers wird mit den Fingern auseinander gedrängt, bis die Vena jugularis interna (Fig. 149 *j*) sichtbar wird.

3. Die Vene wird mit der Clavicularportion (*cl*) durch den Finger eines Assistenten

vorsichtig nach aussen, die Sternalportion (*st*) sammt den Mm. sternohyoid. und sternothyreoid. nach innen gezogen.

4. An der Innenseite der Vene erscheint der nervus vagus (*v*), etwas weiter nach innen und tiefer liegt die Arterie (*c*).

## Unterbindung der Carotis externa.

1. Lagerung, wie oben.
2. Hautschnitt, 6—7 cm lang, am inneren Kopfnickerrande von der Höhe des Schildknorpels gegen den Unterkieferwinkel (Fig. 147 *Cc*).
3. Trennung des Platysma und der Fascia superficialis.
4. Der M. biventer und N. hypoglossus werden im oberen Wundwinkel nach oben, Vena thyreoidea superior und facialis im unteren Winkel nach unten, Carotis interna und Vena jugularis nach aussen gezogen.
5. Nach Freilegung der Arterie wird der Arterienhaken von aussen nach innen herumgeführt unter sorgfältiger Schonung des N. laryngeus superior.

## Unterbindung der Carotis interna.

1. Hautschnitt, 6 cm lang, parallel dem Kopfnickerrande (etwas nach aussen von dem vorigen Schnitt).
2. Nach Durchtrennung der einzelnen Schichten wird die Carotis externa freigelegt und nach innen, der M. biventer nach oben gezogen.
3. Eröffnung der Scheide über der nun vorliegenden Carotis interna. Der Arterienhaken wird von aussen nach innen vorsichtig herumgeführt, da Vena jugularis interna, N. vagus, Sympathicus, A. pharyngea ascendens dem Gefäss dicht anliegen.

## Arteria lingualis.

Die Arteria lingualis, als zweiter Ast aus der Carotis externa (2 cm oberhalb ihrer Gabelung) in der Höhe des grossen Zungenbeinhornes entspringend, steigt gekreuzt vom M. biventer und stylohyoideus etwas aufwärts, zieht quer auf dem M. mylohyoideus unter den hinteren Rand des M. hyoglossus, hinter dem sie parallel dem über ihr und auf dem M. hyoglossus verlaufenden N. hypoglossus am oberen Rande des grossen Zungenbeinhornes entlang zieht, um nach aufwärts gehend sich im unteren Theil der Zunge (A. ranina) zu verzweigen.

## Unterbindung der Arteria lingualis.

1. Hautschnitt, 4 cm am oberen Rande des grossen Hornes des Zungenbeins entlang (Fig. 150).

2. Spaltung des Platysma; die vena facialis posterior wird nach aussen gezogen.

Fig. 150.

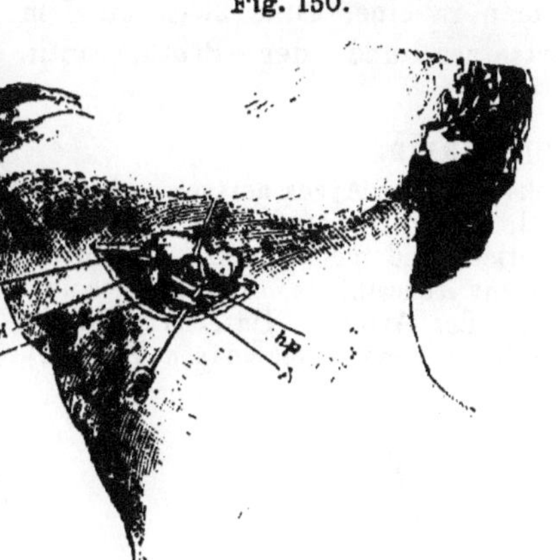


Fig. 151.

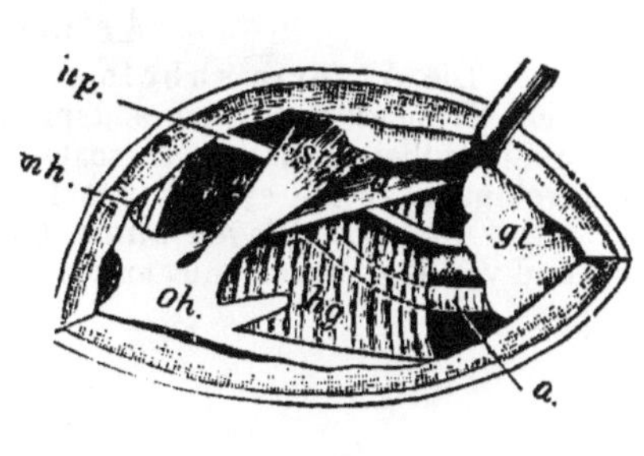


Unterbindung der Art. lingualis

Hautschnitt. Wunde.

3. Freilegung des äusseren Bauches des M. digastricus (Fig. 151 *d*), hinter und unter welchem der nervus hypoglossus (*hp*) erscheint; die gland. submaxillaris (*gl*) wird nach oben gezogen.

4. Der N. hypoglossus läuft vor dem M. hyoglossus (*hg*) herüber, begleitet von der vena lingualis; unterhalb des Nerven tritt die Arteria lingualis (*a*) hinter den M. hyoglossus.

5. Zwischen N. hypoglossus und grossem Horn des Zungenbeins (*oh*) werden die Fasern des M. hyoglossus vorsichtig gespalten; unmittelbar dahinter liegt die Arteria lingualis, begleitet von einer Vene.

Auch im Trigonum linguale, zwischen äusserem Bauch des M. digastricus und seitlichem Rand des M. mylohyoideus (*mh*) kann die Arterie nach Spaltung des M. hyoglossus unterbunden werden (Hueter).

Die **Arteria maxillaris externa** findet man am unteren Rande des Unterkiefers dicht am vorderen Rande des Masseters unter der Haut liegend.

Die **Arteria temporalis** wird auf dem Jochbogen zwischen Tragus und Unterkieferköpfchen durch einen 2 cm langen senkrechten Schnitt freigelegt.

Die **Arteria occipitalis** trifft man in einer Linie zwischen dem hinteren Rande des Warzenfortsatzes und der Protuberantia occipitalis externa.

## Arteria subclavia.

Die Arteria subclavia, links aus dem Arcus aortae, rechts aus dem Truncus anonymus entspringend, verläuft bogenförmig hinter dem Schlüsselbein zwischen M. scalenus anticus und medius schräg hindurchtretend über die erste Rippe hinweg zur Achselhöhle. Die Mm. scaleni med. und post. liegen hinter und über der Arterie. Unterhalb vor ihr und vor dem M. scalenus anticus verläuft die Vena subclavia (s. a. Fig. 152).

Fig. 152.

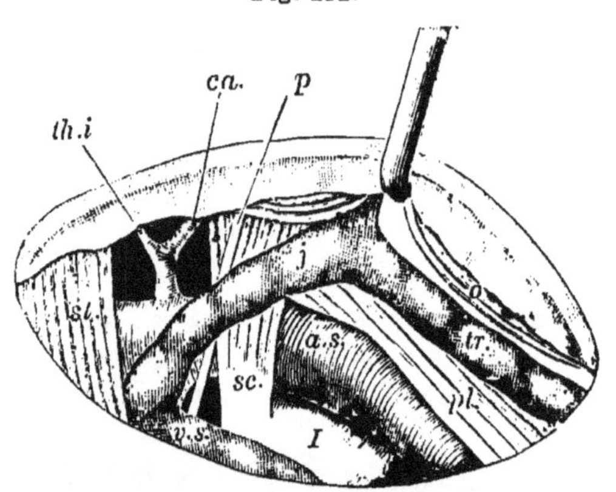


Unterbindung der Art. subclavia in der fossa supraclavicularis.

## Unterbindung der Arteria subclavia

### a) in der fossa supraclavicularis.

1. Der Arm wird abwärts, der Kopf nach der gesunden Seite gezogen, unter den Rücken ein Kissen gelegt.

2. Hautschnitt, 6—8 cm lang, bogenförmig, vom äusseren Rand des Kopfnickers zum äusseren Dritttheil des Schlüsselbeins, schräg über die fossa supraclavicularis (Fig. 147, 152).

3. Das Platysma wird durchschnitten, der Rand des Kopfnickers (*st*) freigelegt; die vena jugularis externa (*j*) darf nicht verletzt werden!

4. Spaltung des oberflächlichen Blattes der fascia colli und des Fettzellgewebes in der fossa supraclavicularis.

5. Der Omohyoideus (*o*) wird losgelöst und nach oben gezogen.

6. Durch Fett und Zellgewebe (mit Venen!) zum M. scalenus (*sc*), dessen Sehne neben dem tuberculum der ersten Rippe fühlbar ist.

7. Es erscheint der innere Rand des plexus brachialis (*pl*), welcher nach oben und aussen gezogen wird.

8. Zwischen M. scalenus und plexus brachialis, aber etwas tiefer, als letzterer, liegt die Arterie; sie wird sichtbar nach Spaltung des tiefen Blattes der fascia colli.

9. Die vena subclavia (*v. s*) liegt vor und unterhalb der Sehne des M. scalenus und dicht hinter dem Schlüsselbein.

Zu vermeiden ist die Verletzung der vena jugularis externa (am äusseren Rande des Kopfnickers), der Art. transversa scapulae (nahe der Clavicula), der Art. transversa colli (auf dem plex. brachialis), des n. phrenicus (*p*) (der auf dem scalenus herabläuft).

Fig. 153. Fig. 154.

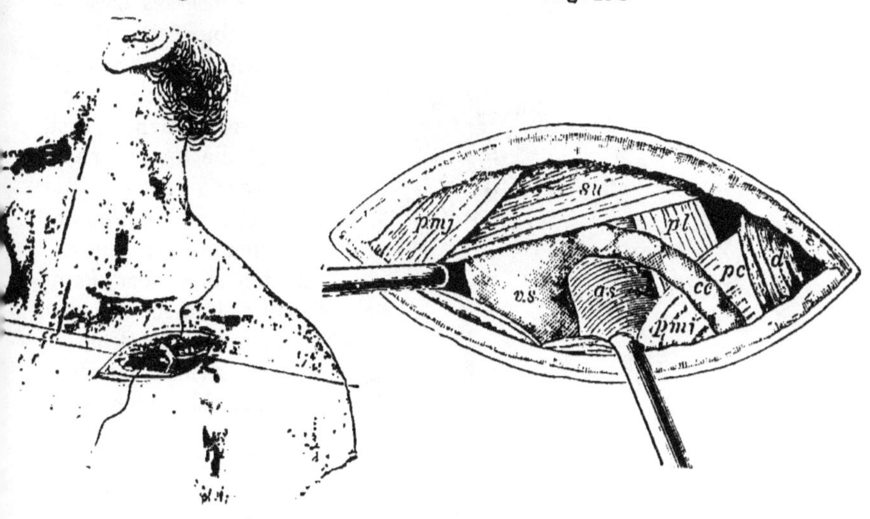


Unterbindung der Art. subclavia in der fossa infraclavicularis. Hautschnitte.

b) in der fossa infraclavicularis.

1. Die Schulter wird aufwärts gedrängt.

2. Hautschnitt, 6—8 cm lang, vom processus coracoideus beginnend, parallel mit der äusseren Hälfte der Clavicula (Fig. 152), legt die dreieckige Furche zwischen M. deltoideus und M. pectoralis (trigonum Mohrenheimii) frei, durch welche die vena cephalica zur vena subclavia tritt.

3. Die vena cephalica (*ce*) wird mit dem Rande des M. deltoideus (*d*) nach aussen, der Rand des M. pectoralis major (*pmj*) (den man im Nothfall vom Schlüsselbein etwas abtrennt) nach innen gezogen.

4. Nach Spaltung des Fettzellgewebes erscheint in der Tiefe die fascia coraco-clavicularis, welche vorsichtig getrennt wird. Die Arteria thoracica externa muss meistens unterbunden werden.

5. Man sieht den M. pectoralis minor (*pmi*), dessen innerer (oberer) Rand mit dem M. subclavius einen nach innen zu offenen Winkel bildet. In diesem Winkel liegt die Arterie (*as*) tief zwischen dem plexus brachialis (*pl*) und der vena subclavia (*vs*), die Vene nach innen, der Nerv nach aussen.

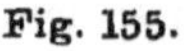
Fig. 155.

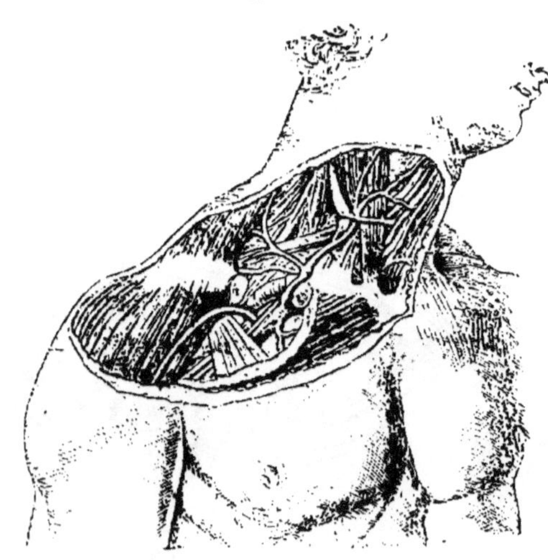

Im Nothfalle kann der M. pectoralis minor vom processus coracoideus abgelöst und die Arterie weiter nach der Achselhöhle zu unterbunden werden. Auch durch die temporäre Resection der Clavicula und Auseinanderziehen des durchsägten Knochens kann man sich in schwierigen Fällen die Operation erleichtern und das Operationsfeld vergrössern (Fig. 155, v. Langenbeck). Namentlich ist dieses bei Stichverletzungen der Arterie hinter dem Schlüsselbein von grossem Nutzen (Rotter).

## Arteria vertebralis.

Die Arteria vertebralis, aus dem oberen und hinteren Umfang der Subclavia gegenüber der Art. mammaria externa entspringend, verläuft in dem Spalt zwischen innerem Rand des M. scalenus anticus und M. longus colli aufwärts, um in die Oeffnung des Canalis intertransversarius im Processus transversus des 6. Halswirbels einzutreten; dicht hinter ihr liegt vor ihrem Eintritt der Sympathicus und der Querfortsatz des 7. Halswirbels (tuberculum caroticum). Vor ihr verlaufen Vena jugularis interna, vertebralis und Art. thyreoidea inferior.

### Unterbindung der Arteria vertebralis.

Der Körper liegt mit erhöhtem Brustkorb, der Kopf nach der entgegengesetzten Seite gewendet, der Arm nach unten gezogen.

1. Hautschnitt 5 cm lang, vom Schlüsselbein aufwärts am hinteren Kopfnickerrande.

2. Nach Spaltung der Fascie (Vena jugularis externa!) wird der Kopfnicker und die Gefässscheide der Carotis nach innen, die Vena jugularis externa nach aussen gezogen.

3. Man sucht am M. scalenus anticus aufwärts tastend das Tuberculum caroticum und dringt unterhalb desselben in den Zwischenraum zwischen Scalenus anticus und M. longus colli.

4. Die Arterie liegt hier hinter der Vena vertebralis, welche zur Seite gezogen wird; die Nadel wird von aussen nach innen herumgeführt.

Fig. 156.

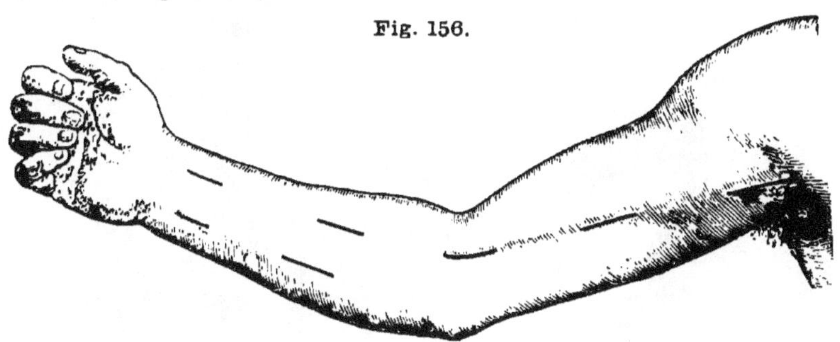

Hautschnitte für die Arterienunterbindung am Arme.

## Arteria axillaris.

Die Art. axillaris liegt dem obersten Theil des Brustkastens seitlich an und zieht von da schräg durch die Achselhöhle, deren vordere Falte den M. pectoralis major, deren hintere den M. latissimus dorsi und Teres maior enthält. In der Achselhöhle liegt die Arterie am unteren medialen Rande des M. coracobrachialis unter der Haut und Achselfascie, z. Th. bedeckt von dem sie gabelartig umschliessenden N. medianus. Medianwärts liegt vor ihr der N. cutaneus medius, unter ihr der N. ulnaris; medianwärts von diesen verläuft ganz oberflächlich die grosse Vena axillaris.

Fig. 157.

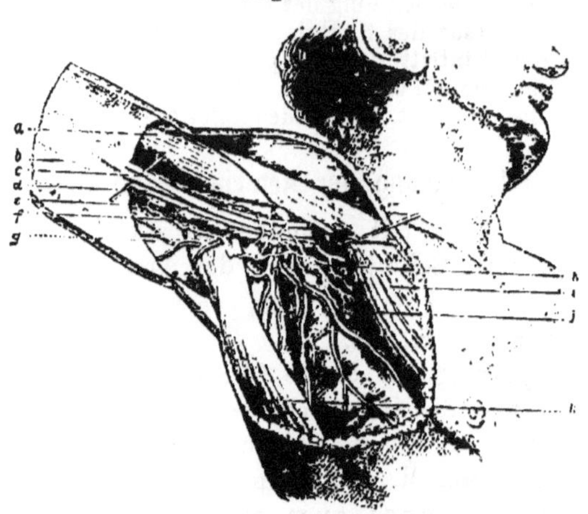


Topographie der Achselgrube.

## Unterbindung der Arteria axillaris.

1. Hautschnitt, 5 cm lang, bei hoch erhobenem Arm, am inneren Rande des m. coracobrachialis entlang, beginnt

Fig. 158. Fig. 159.

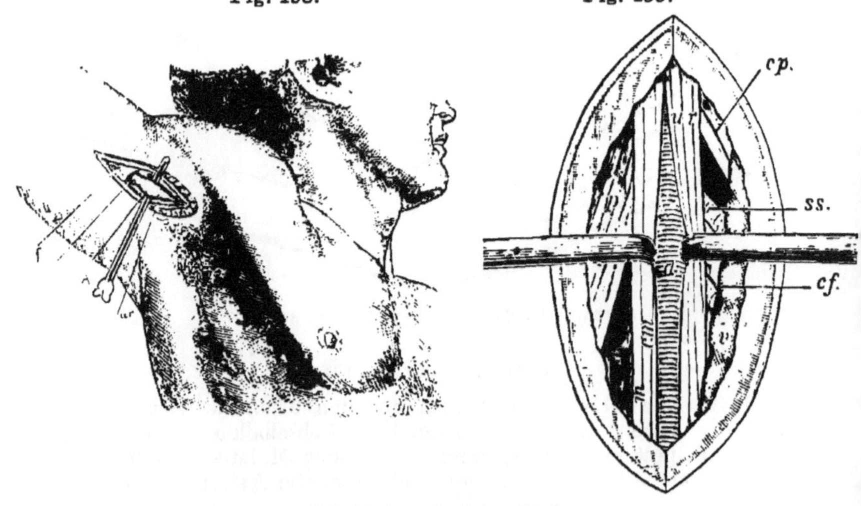


Unterbindung der Art. axillaris.

dort, wo sich dieser Muskel mit dem Rande des m. pectoralis major stumpfwinklig kreuzt (Fig. 156, 158).

2. Nach Spaltung der Fascie erscheint ein Nervenbündel, welches die Arterie einschliesst (Fig. 159).

Die vena axillaris (*v*) liegt am hinteren Rande des plexus und etwas oberflächlicher.

3. Man spaltet die Nervenbündelscheide, zieht die vorderen Stränge (N. medianus und cutaneus medius) nach vorne, die hinteren (N. ulnaris und radialis) nach hinten und öffnet die Arterienscheide.

In der Mitte der Achselgrube gehen von der Art. subclavia die Arteriae subscapularis (*ss*) und circumflexa humeri (*cf*) nach hinten ab.

## Arteria brachialis.

Die Arteria brachialis liegt von zwei Venen begleitet an der Innenseite des Oberarms am Innenrande des M. biceps hinter dem N. medianus und N. cutaneus medius. Medianwärts von ihr liegt der N. ulnaris. In der Ellbogenbeuge tritt sie auf dem M. brachialis internus unter den Lacertus fibrosus. Die Sehne des Biceps liegt an ihrer äusseren, der N. medianus an ihrer inneren Seite.

Fig. 160.

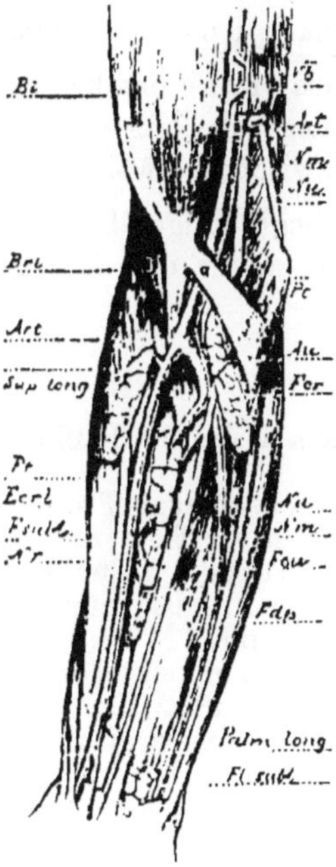

Topographie der Arterien des Vorderarms.

Fig. 161.

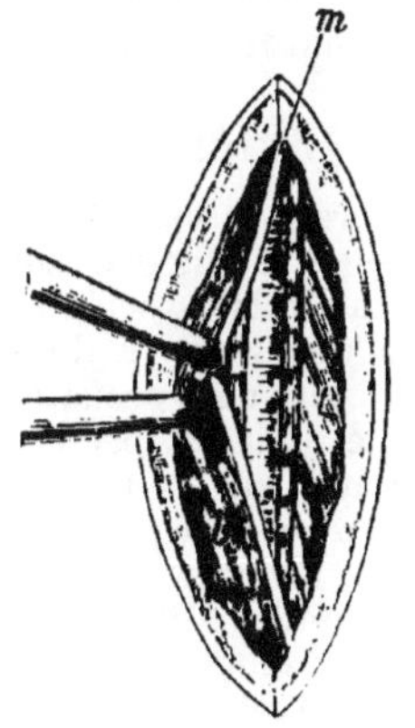


Unterbindung der Art. brachialis.

## Unterbindung der Arteria brachialis

### a) in der Mitte des Oberarmes.

1. Hautschnitt, 4 cm lang, am inneren Rande des M. biceps (Fig. 156, 161).

2. Der biceps (*b*) wird mit stumpfen Haken nach aussen gezogen. Es erscheint der N. medianus (*m*), welcher unmittelbar auf der Arterie liegt.

3. Der N. medianus wird gelöst, mit einem Schielhaken nach aussen gezogen, die Scheide der Arterie geöffnet; sie liegt zwischen zwei Venen (v. brachiales).

Bisweilen theilt sich die Art. brachialis schon im oberen Dritttheil des Oberarmes in die ulnaris und radialis; letztere verläuft dann gewöhnlich mehr oberflächlich und lateralwärts (auf dem biceps) und erstere erscheint dann auffallend dünn.

Fig. 162.

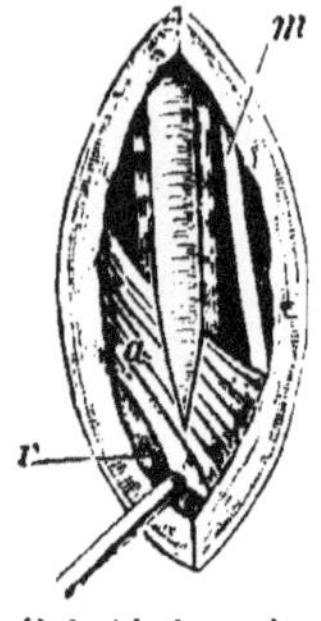

Unterbindung der Art. anconea.

### b) in der Ellbogenbeuge (Art. anconea).

1. Hautschnitt, 3 cm lang, 5 mm einwärts vom inneren Rande des tendo bicipitis (Fig. 156, 162). Vorsichtig, damit nicht die vena mediana (*v*) verletzt werde. Sie wird nach unten gezogen.

2. Spaltung der Aponeurose des biceps (*a*). Unmittelbar darunter liegt die Arterie auf dem M. brachialis internus zwischen zwei Venen.

Der N. medianus (*m*) liegt einige Millimeter weiter nach innen und tritt unter den M. pronator teres.

## Arteria radialis und ulnaris.

Die Art. brachialis theilt sich gegenüber dem Halse des Radius in der Ellbogenbeuge in die A. radialis und ulnaris.

Die A. radialis verläuft von hier fast gerade zum Processus styloideus radii und liegt in ihrer oberen Hälfte in der Tiefe zwischen M. supinator longus und pronator teres, in der unteren Hälfte dicht unter der Fascie. Sie ist beiderseits von Venae comites begleitet; der N. radialis verläuft nur in der Mitte des Armes mit ihr.

Die A. ulnaris liegt in ihrer oberen Hälfte unter den oberflächlichen Flexoren, Pronator teres, Flexor carpi radialis, Palmaris longus, Flexor sublimis, in der Mitte des Armes unter dem Flexor carpi ulnaris; dicht über dem Handgelenk zwischen Flexor carpi ulnaris und flexor sublimis auf dem flexor profundus dicht unter der Fascie, an der ulnaren Seite vom N. ulnaris begleitet.

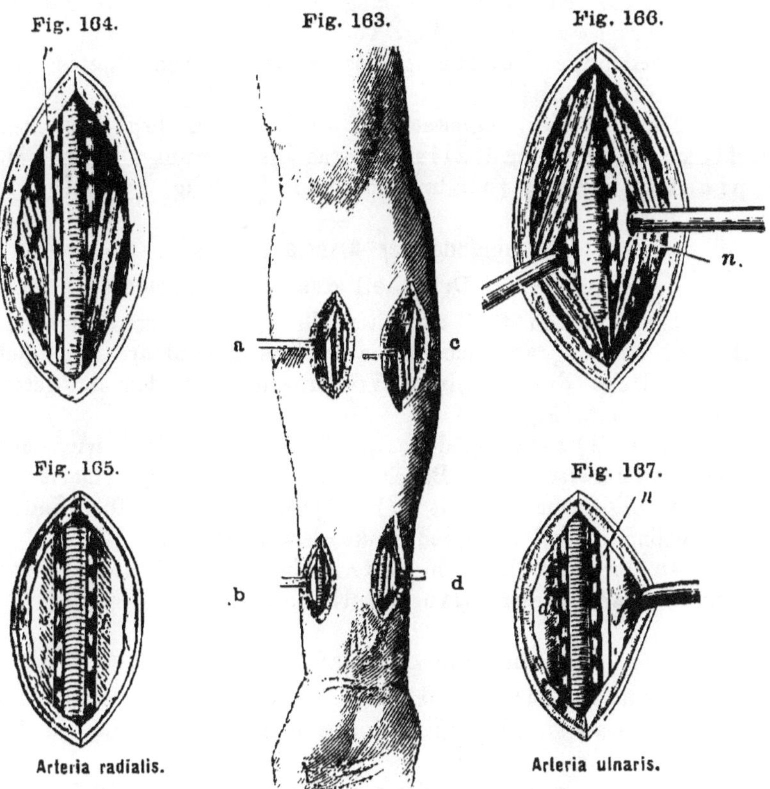


Unterbindung der Arterien am Vorderarm.

## Unterbindung der Arteria radialis

### a) im oberen Dritttheil des Vorderarmes.

1. Hautschnitt, 3 cm unterhalb der Armbeuge beginnend, verläuft 4 cm lang auf einer Linie, welche das radiale Dritttheil der Volarfläche des supinirten Vorderarmes von dem mittleren Dritttheil trennt (Fig. 163 *a*).

2. Nach Spaltung der fascia antibrachii wird der Zwischenraum zwischen den Bäuchen des M. supinator longus (*s*) und flexor carpi radialis (*f*) aufgesucht und mit der Spitze des Zeigefingers erweitert (Fig. 164).

3. In der Tiefe liegt die Arterie, begleitet von zwei Venen; an ihrer Radialseite der ramus superficialis des nervus radialis (*r*).

### b) oberhalb des Handgelenkes.

1. Hautschnitt, 3 cm lang, an der Radialseite des M. flexor carpi radialis (Fig. 163 *b*).

2. Vorsichtige Spaltung des oberflächlichen Blattes der fascia antibrachii.

3. Die Arterie, begleitet von zwei Venen, liegt zwischen M. flexor carpi radialis (od. radialis internus (*f*) und M. supinator longus (od. brachioradialis (*s*) (Fig. 165).

## Unterbindung der Arteria ulnaris

### a) im oberen Drittheil des Vorderarmes.

1. Hautschnitt, 3 cm unterhalb der Armbeuge beginnend, verläuft 4 cm lang auf einer Linie, welche das ulnare Drittheil der Volarfläche des supinirten Vorderarmes von dem mittleren Drittheil trennt (Fig. 163 *c*).

2. Nach Spaltung der fascia antibrachii wird der Zwischenraum zwischen den Bäuchen des M. flexor carpi ulnaris (*c*) und flexor digitorum sublimis (*d*) aufgesucht und mit der Spitze des Zeigefingers und stumpfen Haken erweitert (Fig. 166).

3. In der Tiefe liegt die Arterie, begleitet von zwei Venen; an ihrer Ulnarseite der nervus ulnaris (*n*).

### b) oberhalb des Handgelenkes.

1. Hautschnitt, 3 cm lang, am sehnigen Radialrande des M. flexor carpi ulnaris (ulnaris internus), der sich an das os pisiforme setzt (Fig. 163 *d*).

2. Vorsichtige Spaltung des oberflächlichen Blattes der fascia antibrachii.

3. Die Arterie, begleitet von zwei Venen, liegt zwischen der Sehne des flexor carpi ulnaris (*f*) und der am meisten ulnarwärts gelegenen Sehne des M. flexor digitorum sublimis (*d*). An ihrer Ulnarseite liegt der nervus ulnaris volaris (*n*).

---

## Aorta, Arteriae iliacae und femoralis.

Die Aorta abdominalis, welche an der vorderen Fläche der Wirbelsäule und etwas mehr an der linken Seite neben der Vena cava herabsteigt, theilt sich in der Höhe des unteren Randes des 4. Lendenwirbels in die Arteriae iliacae communes, welche zu beiden

Fig. 168.

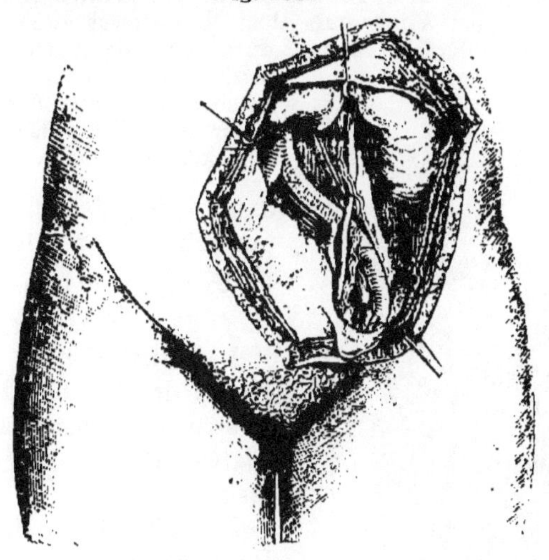

Topographie der Arteriae iliacae.

Seiten des 5. Lendenwirbels am inneren Rande des M. psoas, bedeckt von dem mit ihnen nur locker verbundenen Peritoneum zur Symphysis sacroiliaca ziehen, wo sie sich in die Art. hypogastrica und Art. iliaca externa theilen. Die Vena iliaca communis liegt links an der Innenseite, rechts hinter der Arterie (Fig. 169). Der Ureter zieht schräg von aussen nach innen über die Theilungsstelle hinweg.

Fig. 169.

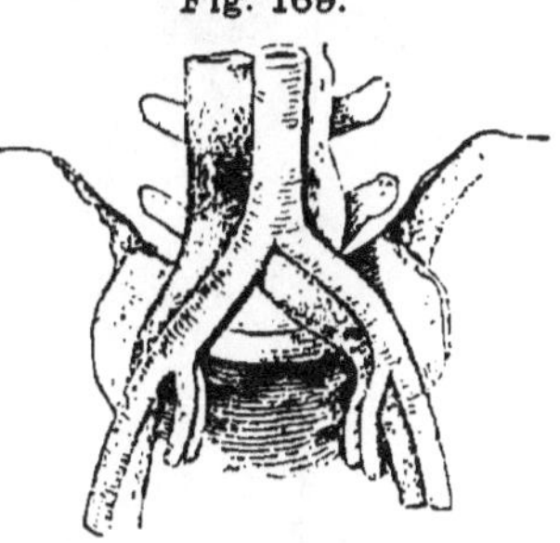

Arteriae et Venae iliacae.

Die A. iliaca interna, deren Stamm nur 2 bis 4 cm lang ist, verläuft schräg nach vorn unten vor der Symphysis sacroiliaca abwärts in das kleine Becken hinab.

Die A. iliaca externa zieht schräg nach aussen auf der den Psoas bedeckenden Fascia iliaca zur Schenkelbeuge, an ihrer vorderen und inneren Seite vom Bauchfell überzogen und gekreuzt von den Vasa spermatica. Die Lumbalnerven verlaufen lateralwärts.

Die Arteria femoralis tritt unter der Mitte des Poupart'schen Bandes hervor und verläuft bis zum unteren Ende des mittleren Drittels des Oberschenkels an dessen vorderer und innerer Seite in einer fast geraden Linie, welche von der Mitte des Poupart'schen Bandes zum Epicondylus internus femoris gezogen wird; im oberen Drittel des Oberschenkels liegt die Arterie nach aussen von der gleichnamigen Vene verlaufend im Trigonum subinguinale (Scarpa), welches vom M. sartorius an der Aussenseite, vom M. adductor longus an der Innenseite begrenzt wird. Am unteren Winkel des Dreiecks giebt sie die starke Art. profunda femoris ab. In der Mitte des Oberschenkels liegt die Art. femoralis auf der Vene unter dem M. sartorius zwischen M. vastus internus und M. adductor magnus, durchbohrt dann den Ansatz dieses Muskels (Adductorencanal), in welchem sie hinter dem N. saphenus maior zur Hinterfläche des Oberschenkels und zur Kniekehle tritt.

Fig. 170.

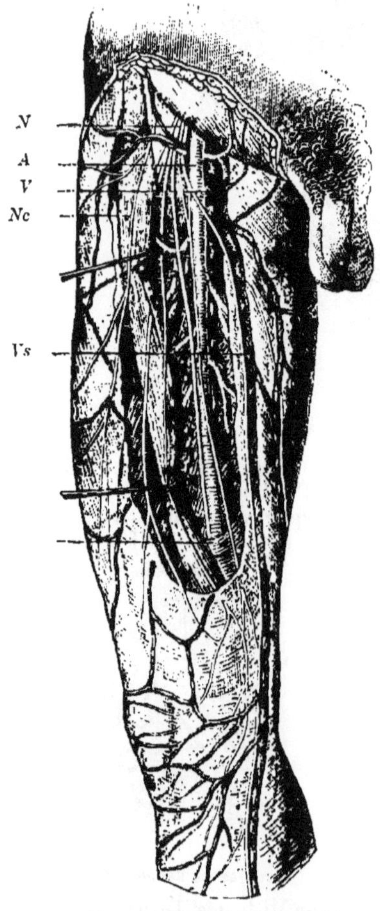


Topographie der Art. femoralis.

## Unterbindung der Aorta abdominalis unterhalb der Nierenarterien

### 1) extraperitoneal (Maas, Murray)

1. Hautschnitt am vorderen Rande des linken M. quadratus lumborum entlang von den letzten Rippen bis zur Crista ossis ilei.

2. Nach Durchschneidung der Bauchmuskeln und der fascia transversa kann die Wunde mit stumpfen Haken so weit auseinander gezogen werden, dass man den Retroperitonealraum vom unteren Nierenende an übersehen und die Aorta freilegen kann.

### 2) transperitoneal (Cooper, v. Nussbaum)

1. Hautschnitt, 15—20 cm lang, in der Linea alba, wie bei der Laparotomie.

2. Nach Eröffnung der Bauchhöhle werden die Därme nach rechts verschoben, das hintere Bauchfellblatt über der leicht zu erreichenden Ader gespalten und darauf die Aorta unterbunden.

Fig. 171.

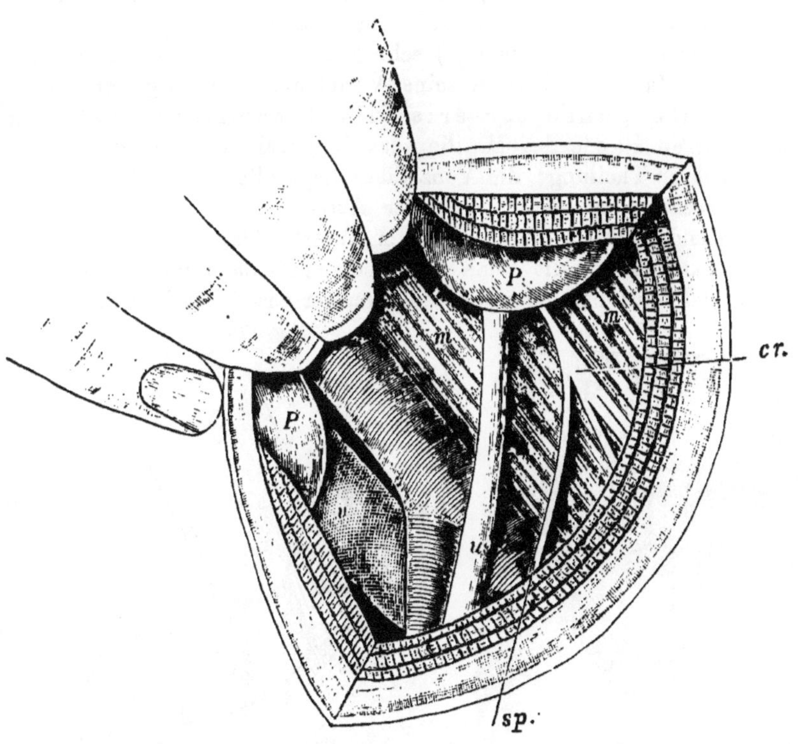


Unterbindung der Art. iliaca communis und interna.

## Unterbindung der Arteria iliaca communis und interna.

1. Hautschnitt, 10—12 cm lang, beginnt 3 cm nach innen und unten von der Spina anterior superior ossis ilei und steigt, leicht nach innen concav gebogen, vertical bis nahe an den letzten Rippenbogen hinauf (Fig. 172 *Jc*).

2. Spaltung der Fettschicht, der dünnen fascia superficialis, der Muskelschicht des obliquus externus, des obliquus internus, des transversus und der dünnen fascia transversalis, bis das Peritoneum blossliegt.

3. Das Peritoneum (*p*) wird vorsichtig nach innen, gegen den Nabel hin, gedrängt und mit den Fingern gegen den inneren Wundrand gezogen (Fig. 171).

4. Der Ureter (*u*) bleibt meistens mit dem Bauchfell im Zusammenhang; wo nicht, so sieht man ihn zusammen mit dem N. spermaticus externus (*sp*) schräg über die Theilungsstelle der iliaca weglaufen und muss seine Verletzung sorgfältig vermeiden.

5. Die ganze Arteria iliaca communis liegt nun am inneren Rande des M. iliopsoas (*m*) frei vor, von der Aorta bis zu ihrer Theilung; die Vena iliaca liegt (links) an ihrer Innenseite, rechts liegt sie hinter der Arterie.

Um die **Arteria iliaca interna** zu unterbinden, zieht man die Art. iliaca externa und die Vena iliaca communis nach innen und führt die Nadel von innen her um den Stamm der Art. iliaca interna herum.

Fig. 172. Fig. 173.

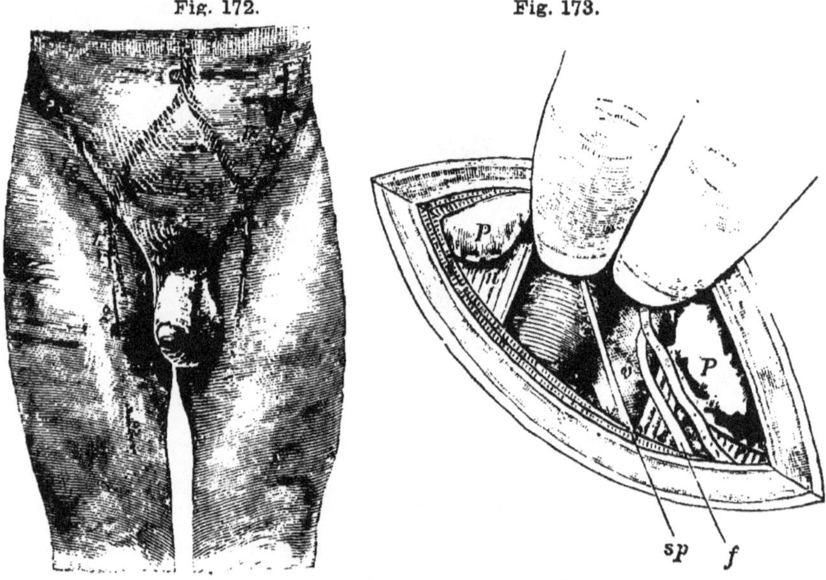


**Unterbindung der Arteria iliaca externa.**
Hautschnitte: *Jc* = Iliaca communis, *Je* = Iliaca externa, *1, 2, 3* = Femoralis.

## Unterbindung der Arteria iliaca externa.

1. Hautschnitt, 1 cm oberhalb des lig. Poupartii und demselben parallel, 8—10 cm lang, flachconvex, beginnt 3 cm nach innen von der spina anterior superior, endet in der Gegend des inneren Leistenrings (ohne ihn und den funiculus spermaticus freizulegen) (Fig. 172 *Je*).

2. Spaltung der Fettschicht, der dünnen fascia superficialis, der starken sehnigen Aponeurose des M.

obliquus externus, der Muskelfasern des obliquus internus; dann der horizontalen Muskelfasern des transversus abdominis im äusseren Wundwinkel (Fig. 173).

3. Vorsichtige Trennung der nun folgenden dünnen fascia transversalis. (Bei Fetten noch eine dünne Fettschicht.)

4. Das Peritoneum (*p*) ist mit hakenförmig gebogenen Fingern vorsichtig gegen den Nabel zu drängen (ohne die fascia iliaca sammt den grossen Gefässen von der Beckenwand abzustreifen!).

5. Die Arterie liegt an dem inneren Rande des M. ilio-psoas; an ihrer Innenseite die Vene (*v*); nach aussen der N. femoralis (*n*), von der fascia iliaca bedeckt; der nervus spermaticus externus (*sp*) läuft schräg über die Arterie hinweg.

## Unterbindung der Arteria glutaea superior.

1. Hautschnitt, schräg über das Gesäss in einer Linie zwischen Spina ilium posterior superior und Trochanter maior (Fig. 174).

2. Nach Durchtrennung der Fascie und der Fasern des M. glutaeus maximus wird der untere Rand des M. glutaeus medius freigelegt und nach oben gezogen.

3. Am oberen Rande der Incisura ischiadica maior über dem M. pyriformis findet man die Arterie neben dem N. glutaeus superior.

Fig. 174.

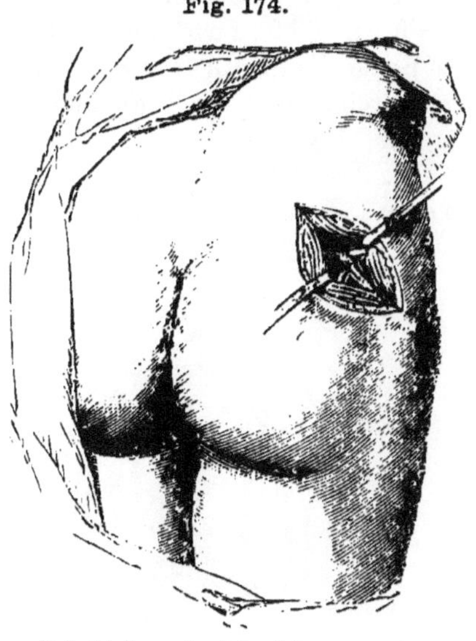

Unterbindung der Art. glutaea superior.

## Unterbindung der Arteria ischiadica.

1. Hautschnitt, 8—10 cm lang, in der Richtung von der Spina ilium posterior inferior zum Aussenrand des Tuber ischii.

2. Nach Durchtrennung der Fascie und der Faserung des M. glutaeus maximus wird der M. pyriformis und das Lig. tuberoso-sacrum freigelegt.

3. Die Arterie findet man am inneren Rande des M. pyriformis über dem unteren Rand der Incisura ischiadica hervortretend.

## Unterbindung der Arteria femoralis

### a) unter dem ligamentum Poupartii.

1. Hautschnitt beginnt in der Mitte zwischen spina anterior superior und Symphyse, 2 mm oberhalb des lig. Poupartii und wird 5 cm abwärts geführt (Fig. 172 *1*).

2. Spaltung der fascia superficialis.

3. Spaltung des Fettes, Beseitigung der Lymphdrüsen durch Seitwärtsziehen oder Exstirpation.

4. Spaltung der fascia lata.

5. Eröffnung der Gefässscheide, 1 cm unterhalb des ligam. Poupartii (*l*) (weil unmittelbar unter demselben die Art. circumflexa ilei (*ac*) und epigastrica inferior profunda (*ae*) abgehen, Fig. 175).

6. Die Vena femoralis (*v*) liegt an der Innenseite, der nervus femoralis (*n*) an der Aussenseite der Arterie.

Fig. 175. Fig. 176.

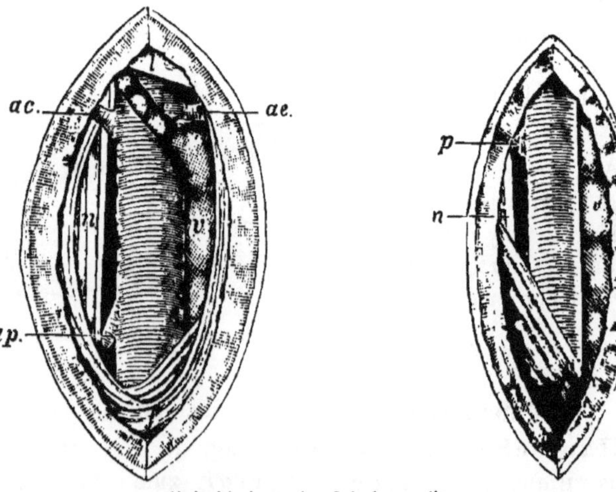


Unterbindung der Art. femoralis.
unter dem Lig. Poupartii — unterhalb des Abganges der Art. profunda.

**b) unterhalb des Abganges der Art. profunda**

(an der unteren Spitze des trigonum ileo-femorale).

1. Hautschnitt, 5 cm lang, am inneren Rande des M. sartorius, beginnt sechs Querfingerbreit (8—10 cm) unterhalb des ligam. Poupartii (Fig. 172 2).

2. Der Rand des M. sartorius (*s*) wird freigelegt und nach aussen gezogen.

3. Eröffnung der Gefässscheide. Die Vena femoralis (*v*) liegt nach innen und etwas hinter der Arterie; der Nervus femoralis (*n*) nach aussen (Fig. 176).

**c) in der Mitte des Oberschenkels**

(hinter dem m. sartorius).

1. Hautschnitt, 8—10 cm lang, bis auf den M. sartorius, in der Mitte einer Linie, welche man sich von der spina anterior superior bis zum condylus internus femoris gezogen denkt (Fig. 177 *3*).

2. Die Scheide des Sartorius wird gespalten, der Muskel (*s*) gelöst und nach aussen gezogen, bis die hintere Wand der Muskelscheide erscheint, welche den Gefässstrang bedeckt.

3. Nach Spaltung der Scheide wird die Arterie freigelegt. Auf ihr verläuft der Nervus saphenus (*n*), hinter ihr die vena femoralis (*vc*). Die Vena saphena (*vs*) liegt oberflächlich und mehr nach innen (Fig. 178).

Fig. 177. Fig. 178.

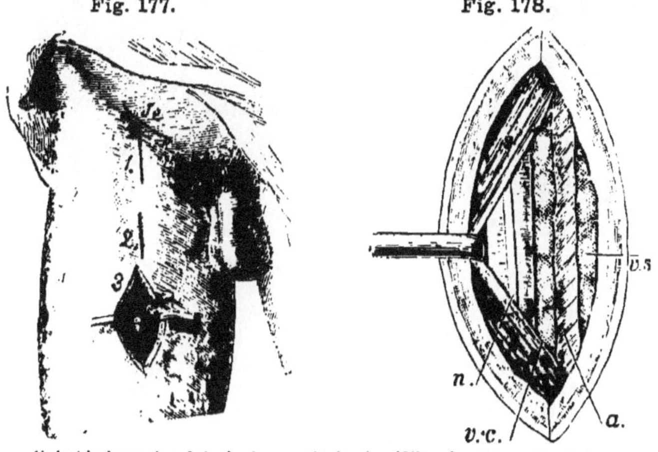


Unterbindung der Arteria femoralis in der Mitte des Oberschenkels.

## Arteria poplitea.

Die Art. poplitea verläuft in der Mitte der von Fett ausgefüllten Kniekehle am meisten medianwärts, Vena poplitea und Nerv. tibialis liegen nach aussen von ihr. Am oberen Rande des M. soleus, oft auch schon in der Kniekehle theilt sich die Ader in Art. tibialis antica und postica. Die erstere verläuft vom M soleus bedeckt auf dem Lig. interosseum in einer zwischen Condylus externus tibiae und Spatium intermetatarseum I gezogenen Linie an der Vorderseite des Unterschenkels abwärts zwischen M. tibialis anticus und flexor digitorum communis. Am Fussgelenke ist sie zwischen den Sehnen des M. tibialis anticus und Extensor hallucis zu finden. Sie verläuft dann als Art. dorsalis pedis auf dem Fussrücken zwischen den Sehnen des Extensor hallucis longus und brevis schräg im Zwischenraum der beiden ersten Metatarsalknochen (Fig. 181 *b*).

Fig. 179.

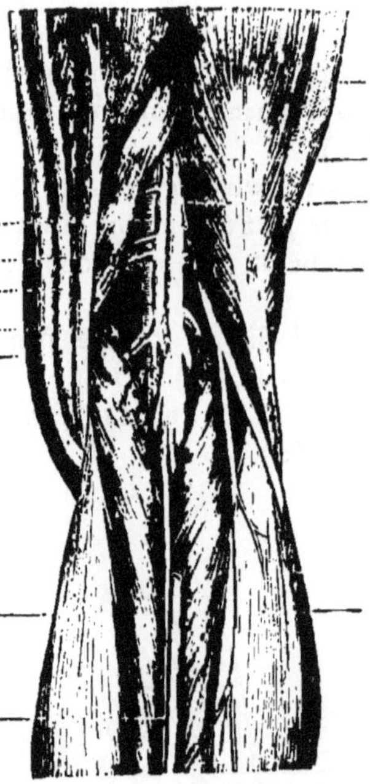

Fig. 180.

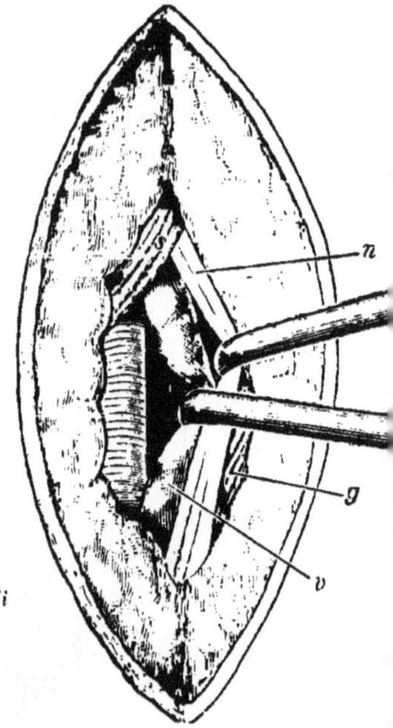

**Unterbindung der Art. poplitea**

Topographie der Kniekehle. Wunde.

Die stärkere Art. tibialis postica verläuft an der Innenseite des Unterschenkels, von den Wadenmuskeln bedeckt, zwischen M. tibialis posticus und flexor digitorum longus. Sie ist von zwei Venen begleitet, der N. tibialis verläuft an ihrer äusseren Seite. Hinter dem Malleolus internus liegt die Ader oberflächlich unter der Haut und Fascie, zwischen den begleitenden Venen und unter dem N. plantaris.

## Unterbindung der Arteria poplitea.

1. Hautschnitt, 8 cm lang, am äusseren Rande des M. semimembranosus herab durch die ganze Kniekehle.

2. Spaltung der dicken Fettschicht, bis der nervus tibialis sichtbar wird (Fig. 180).

3. Der n. tibialis (*n*) wird lateralwärts gezogen; hinter ihm und etwas medianwärts liegt die vena poplitaea (*v*), welche gelöst und etwas lateralwärts gezogen wird; hinter der Vene und etwas medianwärts liegt die Arterie.

## Unterbindung der Arteria tibialis antica

### a) oberhalb der Mitte des Unterschenkels.

1. Hautschnitt, 6—8 cm lang, 3 cm nach aussen von der Crista tibiae (in der Mitte zwischen tibia und fibula Fig. 181 *a*).

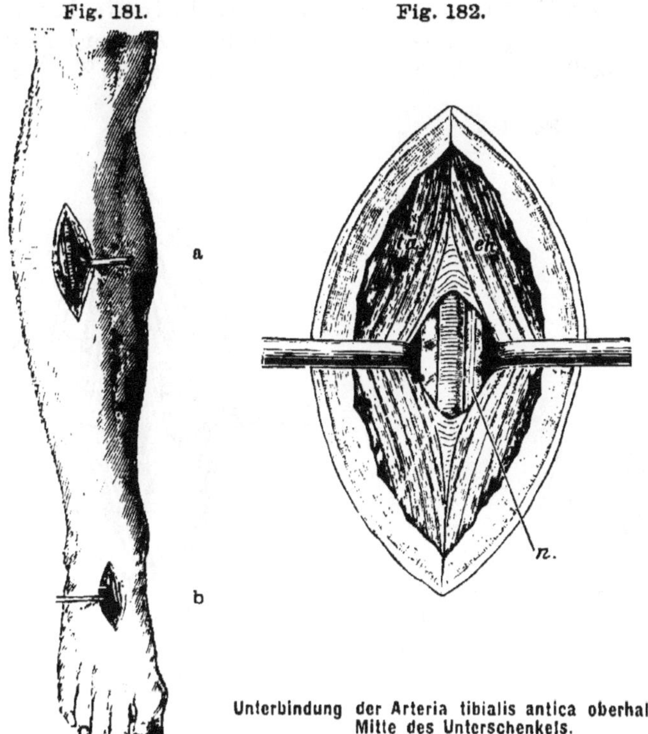


Unterbindung der Arteria tibialis antica oberhalb der Mitte des Unterschenkels.

2. Spaltung der Fascie in der Richtung einer sehnigen weissen Linie, welche den Raum zwischen M. tibialis anticus (*ta*) und extensor hallucis longus (*eh*) kenntlich macht; dieser intermuskuläre Raum wird aufgesucht und mit der Spitze des Zeigefingers erweitert, bis die tiefe Fascie zum Vorschein kommt (Fig. 182).

3. Nach vorsichtiger Spaltung der tiefen Fascie erscheint die Arterie zwischen zwei Venen; an ihrer Aussenseite liegt der Nervus peronaeus profundus (*n*).

## b) im unteren Drittheil des Unterschenkels.

1. Hautschnitt, 5—6 cm lang, senkrecht, einen Fingerbreit nach aussen von der crista tibiae (Fig. 183, 184).

2. Spaltung der Fascie. In den Raum zwischen m. tibialis anticus (*ta*) und extensor halucis longus (*eh*) dringt der Zeigefinger und trennt durch Auf- und Abstreichen die Muskelbäuche bis zur membrana interossea (2—3 cm tief).

Fig. 183. Fig. 184.

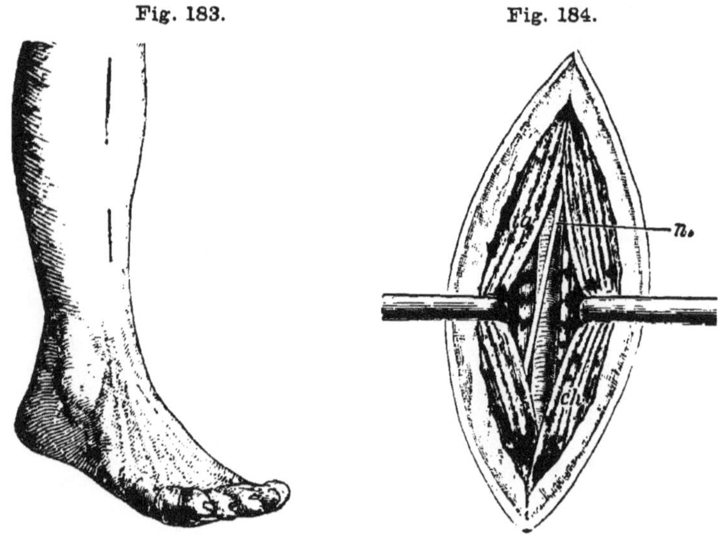


Unterbindung der Arteria tibialis antica im unteren Drittheil des Unterschenkels.

3. Auf dieser liegt die Arterie zwischen zwei Venen, begleitet vorne und innen vom ramus profundus nervi peronei (*n*).

## Unterbindung der Arteria tibialis postica

### a) oberhalb der Mitte des Unterschenkels.

1. Hautschnitt, 8—10 cm lang, 1 cm nach innen vom inneren Rande der tibia entfernt (Fig. 185 *a*).

2. Nach Spaltung der Fascie wird der Rand des gastrocnemius (*g*) nach hinten gezogen, der M. soleus vom flexor digitorum longus getrennt, und der Raum

Fig. 185. Fig. 186.

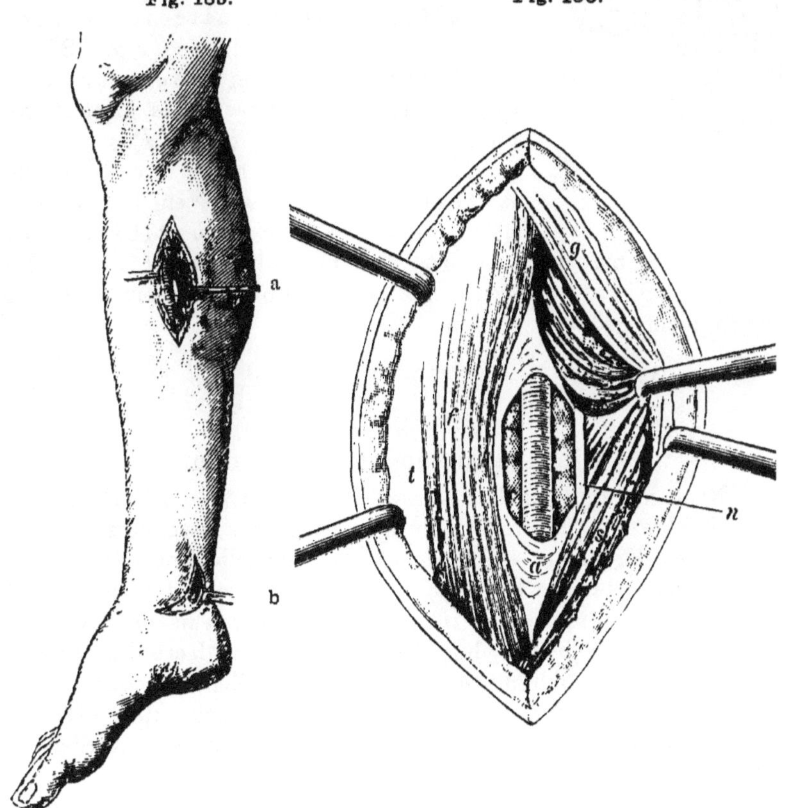


Unterbindung der Art. tibialis postica oberhalb der Mitte des Unterschenkels.

zwischen diesen Muskeln mit der Spitze des Fingers erweitert, bis die starke tiefe Aponeurose erscheint, welche aus Sehnenfasern des soleus und der fascia cruris besteht.

3. Nach Spaltung dieser Apoueurose erscheint die Arterie zwischen zwei Venen; etwas mehr nach hinten liegt der nervus tibialis (*n*).

Fig. 187.

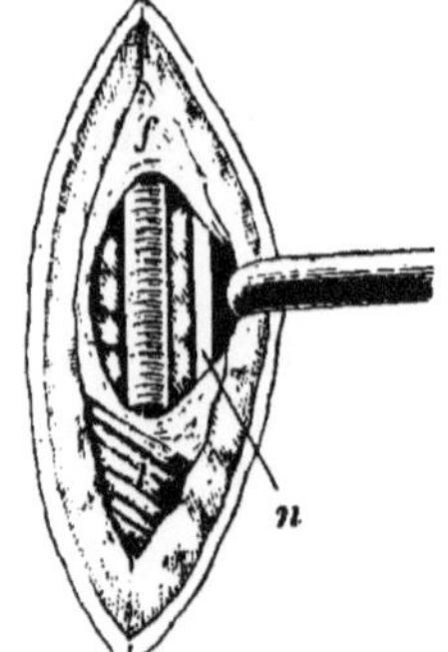


b) hinter dem malleolus internus.

1. Hautschnitt, 3—4 cm lang, in der Mitte zwischen malleolus internus und tendo Achillis (Fig. 185 *b*).

2. Spaltung der fascia suralis (*f*) verstärkt durch Fasern des ligamentum laciniatum (Fig. 187 *l*).

3. Unmittelbar darunter liegt die Arterie zwischen zwei Venen; an ihrer hinteren Seite der nervus tibialis (*n*). Die Sehnenscheiden des tibialis posticus, des flexor digitor. longus und des flexor halucis longus dürfen nicht geöffnet werden.

---

## Blutersatz.

### Die Transfusion und Infusion.

Nach einem plötzlichen starken Blutverlust durch Verletzungen oder infolge langdauernder blutiger Eingriffe, besonders bei geschwächten Kranken, sinkt wegen der mangelhaften Füllung der Gefässe der arterielle Blutdruck bald so tief, dass das Herz nicht mehr im Stande ist, den Inhalt des Gefässsystems in Bewegung zu halten. Es arbeitet ohne Wirkung wie eine leere Pumpe nnd so erfolgt der **Verblutungstod** schon zu einer Zeit, wo sich in den Adern noch eine für das Leben genügende Menge Blut befindet.

Es kommt hierbei darauf an, das Gefässsystem stärker zu füllen, damit das Herz wieder wirksam schlagen kann.

Die **directe Ueberführung des Blutes** aus der Arterie eines gesunden Menschen in die Vene des Verblutenden würde die Adern wieder füllen und das Leben erhalten können. Aber leider kann man nicht sicher verhüten, dass sich in der überleitenden Canüle Blutgerinnsel bilden, welche die Gefässe des Blutempfängers in gefährlicher Weise verstopfen. Auch ist es nur selten möglich, ganz gesunde Menschen zu finden, welche ihr Blut zur Rettung eines anderen Menschen in dieser Weise herzugeben bereit sind.

Die directe Ueberführung des Blutes von einem Thiere in die Vene eines Menschen ist durchaus zu verwerfen, weil durch die Mischung verschiedener Blutarten ein Gift entsteht, welches die weissen und rothen Blutkörperchen rasch auflöst und nicht nur Gerinnungen, sondern auch die meist tödtlich werdende Haemoglobinämie und -urie hervorruft.

Da ferner nach neueren Untersuchungen (Köhler u. a.) die Transfusion von **defibrinirtem Blute**, auch von Menschen, ebenso gefährlich ist, weil durch das Schlagen des Blutes das Fibrinferment frei wird, im kreisenden Blute Gerinnungen hervorruft und die Blutkörperchen auflöst (Fermentintoxication, Köhler), so ist nach unseren jetzigen Anschauungen **jede Transfusion von Blut zu verwerfen.**

Dagegen genügt die

**intravenöse Infusion alkalischer Kochsalzlösung,**

um den Blutdruck in den Adern so weit zu erhöhen, dass das Herz die Blutsäule wieder in Bewegung setzen und das Ernährungsmaterial den Organen zuführen kann (Kronecker). Die Kochsalzlösung stellt man her durch Auflösen von 7 gr. reinem Kochsalz in 1 Liter sterilen Wassers unter Zusatz von 3 Tropfen Natronlauge oder 1 g Natr. carbon. Landerer fügt noch 3—5 % Zucker hinzu, weil dadurch die Blutkörperchen am besten erhalten werden, der Blutdruck rasch steigt durch starke Endosmose und ausserdem der Zucker als Nährstoff dient.

Zur Ausführung der Operation wird zunächst bei dem Kranken eine subcutane **Vene** (z. B. die vena mediana basilica in der Ellenbeuge, oder die Vena saphena magna vor dem malleolus internus) durch Einschneiden einer Hautfalte freigelegt und soweit isolirt, dass man zwei Catgutfäden darunter durchziehen kann.

Mit dem einen Faden wird das peripherische Ende des Venenstückes unterbunden; der andere Faden wird unter das centrale Ende geschoben.

Die freigelegte Vene wird eröffnet, indem man mit einer feinen Hakenpinzette die obere Wand emporhebt und mit einer Scheere einen schrägen Einschnitt macht, so dass eine kleine Lappenwunde entsteht (Fig. 183).

Indem man dieselbe durch Erheben des Lappens zum Klaffen bringt, schiebt man in das centrale Ende der Vene eine an der

Spitze abgerundete Canüle (aus Glas, Hartkautschuk oder Silber) ein und bindet dieselbe mit dem zweiten Catgutfaden fest (Fig. 188).

Die Canüle und ein daran befestigtes Kautschukröhrchen nebst Ansatz von Hartkautschuk wird vorher vollständig mit Kochsalzlösung gefüllt und mittelst eines Quetschhahns geschlossen.

Fig. 188.

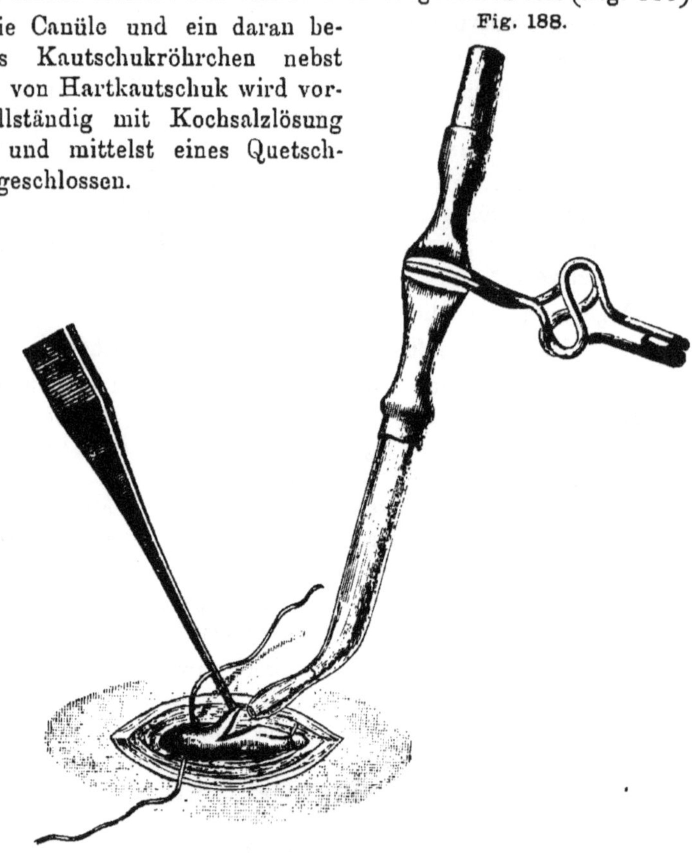

Einführung der Canüle.

Zum Eingiessen der Salzlösung verwendet man entweder eine Glasdusche oder einen graduirten Glascylinder (Fig. 189), der 300—400 gr. Flüssigkeit fasst und unten in eine knopfförmige durchbohrte Spitze endigt, über welche ein 40 cm langer Kautschukschlauch geschoben ist. In dem unteren Ende des letzteren steckt ein kleiner durchbohrter Ansatz von Hartkautschuk oder Glas, der genau in das Ansatzstück der Canüle passt.

Nachdem das Gefäss auf das sorgfältigste gereinigt und sterilisirt worden ist, füllt man es mit der auf 40 ° C. erwärmten

Kochsalzlösung, senkt das Endstück des Schlauches, bis das Wasser herausspritzt und steckt dasselbe in das Ansatzstück der gefüllten Canüle fest hinein.

Nachdem man durch Drücken und Streichen nach aufwärts alle Luftblasen aus dem Schlauche entfernt hat, erhebt man den Glascylinder mit der einen Hand etwa einen halben Meter hoch (dem Blutdruck in den Venen entsprechend) und lockert mit der andern den Quetschhahn so weit, dass man die Wassersäule g a n z l a n g s a m (höchstens 10 ccm in der Secunde) in dem Glascylinder herabsinken sieht.

Fig. 189.

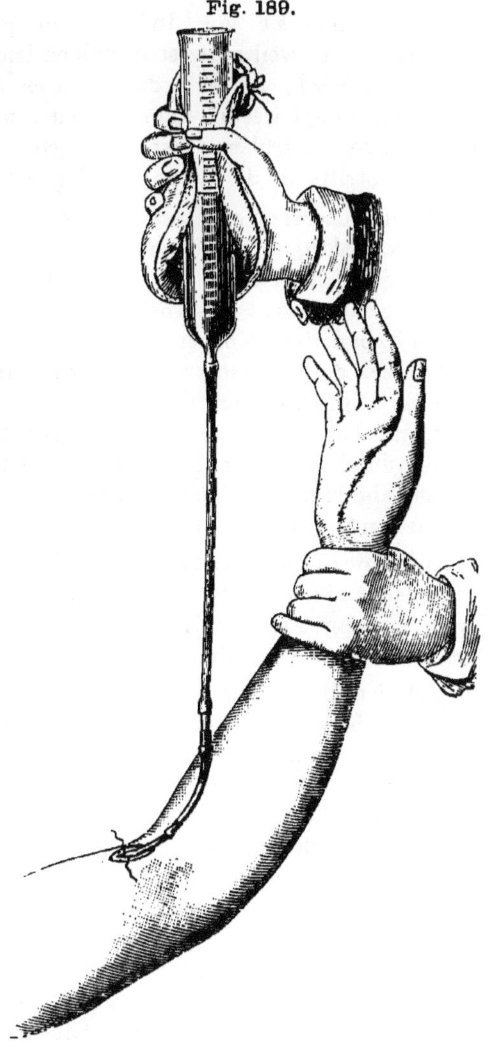

Infusion mit graduirtem Glascylinder.

Man kann auch den Quetschhahn ganz entfernen und die Schnelligkeit des Einlaufens durch Heben und Senken des Glascylinders regeln.

Um die Abkühlung der Flüssigkeit während des Einlaufens zu verhindern, kann die Hand, welche den Glascylinder hält, einen mit heissem Wasser gefüllten Eisbeutel an die Aussenwand desselben andrücken (Fig. 189).

Sobald der Cylinder fast leer ist, wird der Schlauch durch einen Fingerdruck geschlossen und von dem Canülenstück gelöst.

Dann zieht man auch die Canüle aus der Vene, unterbindet das centrale Ende der letzteren, reinigt und desinficirt die Wunde sorgfältig und legt einen antiseptischen Verband an.

Eine Spritze zur Infusion zu gebrauchen, ist weniger zweckmässig, 1) weil mittelst derselben leicht ein zu starker Druck angewendet wird, 2) weil durch ihren Stempel die Flüssigkeit leicht verunreinigt werden kann (durch ranziges Oel, eingetrocknete Flüssigkeiten von früherer Benutzung etc.) und 3) weil die Gefahr des Lufteintritts in die Vene dabei grösser ist.

In einfacherer Weise lässt sich die **subcutane Kochsalzinfusion** ausführen. Man verbindet den Schlauch des die Kochsalzlösung enthaltenden Glasgefässes mit einer Aspirationsnadel oder einem feinen Troicart, stösst das Instrument unter Erhebung einer Hautfalte an irgend einer Körperstelle, z. B. auf der Brust, ein und lässt unter Heben des Gefässes ganz langsam die Flüssigkeit aussickern, durch kräftiges Kneten (Effleurage) wird sie weiter vertheilt. Cantani hat diese Methode als **Hypodermoklysma** mit Erfolg bei der durch Eindickung des Blutes bedingten Austrocknung im Stadium algidum der Cholera angewandt, besser aber wirkt auch hier die Infusion in die Vene.

Während der Transfusion stellen sich oft Cyanose, Dyspnoe und Syncope ein, so dass die Operation abgebrochen werden muss. Nach ihr zeigen sich meist Fieber, Frost, Kreuzschmerzen, ferner Blut und Eiweiss im Urin.

Ist der Blutverlust nicht so stark gewesen, dass unmittelbar das Leben bedroht ist, sondern besteht nur grosse Schwäche und Ohnmacht, so kann man zunächst versuchen, durch Tieflagerung des Kopfes der Hirnanämie vorzubeugen und durch Analeptica (Riechmittel, Campher, Aether, Spirituosen) die Herzthätigkeit anzuregen, durch starke Erwärmung (Decken, Wärmflaschen) das Sinken der Körperwärme zu verhindern und durch Darreichung grosser Flüssigkeitsmengen, welche sehr schnell aufgesaugt werden, den Inhalt des Gefässsystems zu vermehren. Letzteres erreicht man auch durch Anwendung der künstlichen Blutleere, indem man ein oder mehrere Glieder emporhebt oder mit elastischen Binden einwickelt. Das in den Gliedern noch vorhandene Blut wird dadurch in den übrigen Theil des Gefässsystems gedrängt und hebt den Blutdruck so weit, dass das Herz mit Erfolg arbeiten kann (**Autotransfusion**, Fig. 190).

Fig. 190.

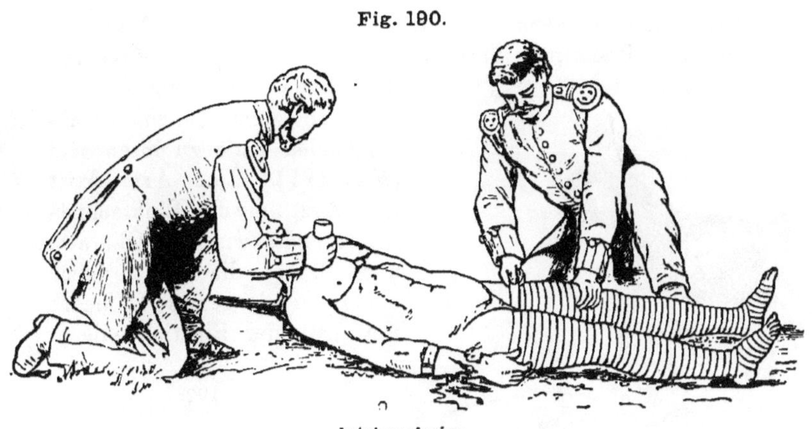

Autotransfusion.

Bisweilen wird durch dieses Verfahren die Transfusion entbehrlich, bisweilen lässt sich wenigstens dadurch das entfliehende Leben so lange aufhalten, bis man die Transfusion ausführen kann.

## Blutentziehung

wurde in früherer Zeit bei den verschiedensten Erkrankungen sehr häufig angewandt, namentlich um Entzündungen zu bekämpfen und die Blutfülle in einzelnen Körpertheilen herabzusetzen. Hierzu diente ausser den Stichelungen, Scarificationen, Blutegeln und Schröpfköpfen hauptsächlich

**Der Aderlass** (Phlebotomie, Venaesectio), welcher heutzutage nur noch äusserst selten in Anwendung kommt. Man macht ihn ausschliesslich **am Arm** an derjenigen Vene, welche am deutlichsten unter der Haut hervortritt. Dies ist meist die **vena mediana basilica.** Da sich diese aber in der Regel mit der arteria brachialis kreuzt und nur durch die dünne Aponeurose des M. biceps von ihr getrennt wird, so ist es rathsam, vor der Operation nach der Pulsation der Arterie zu fühlen und die Eröffnung der Vene entweder oberhalb oder unterhalb der Kreuzungsstelle vorzunehmen.

1. Der Patient liege und lasse den Arm hängen, damit die Venen sich füllen.

2. Eine Binde (oder ein zusammengelegtes Tuch) wird um die Mitte des Oberarmes geschlungen, so fest, dass der Rückfluss

des venösen Blutes gehemmt ist, aber nicht der Zufluss des arteriellen (der Radialpuls darf nicht verschwinden). Der Knoten der Binde muss durch einen Zug an dem einen herabhängenden Ende zu lösen sein (Fig. 191). Den Arm fixirt der Arzt durch Einklemmen der Hand zwischen Oberarm und Brust, die Vene durch einen Druck seines Daumens unterhalb der Einstichstelle.

Fig. 191.

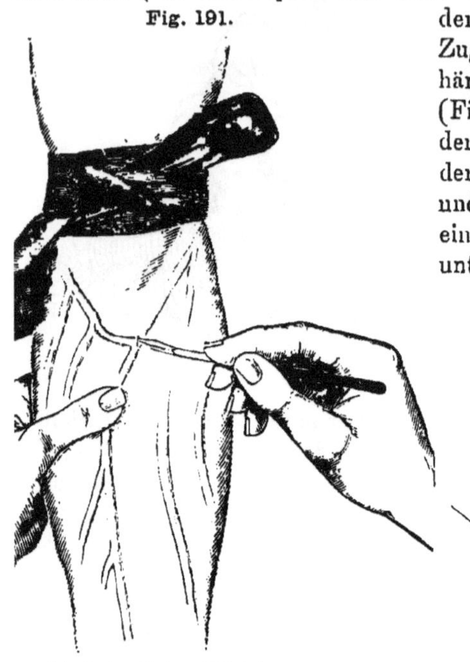

Aderlass mit dem Phlebotom.

Fig. 192.

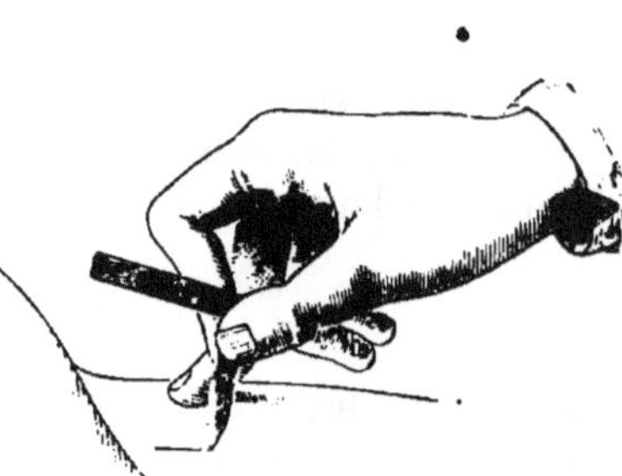

Aderlass mit der Lanzette.

Fig. 193

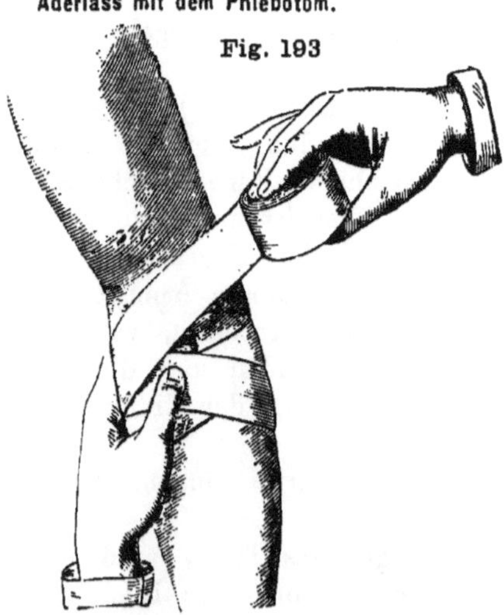

Verband nach dem Aderlass.

3. Mit einer Lanzette (Fig. 192) oder besser mit dem Phlebotom nach Lorinser (Fig. 191) wird ein Einstich durch die Haut in die Vene gemacht, den man durch Heben der Spitze in der Art erweitert, dass die vordere Venenwand in schräger Richtung etwa 5 mm weit gespalten wird.

4. Das Blut muss in kräftigem Strahl hervorspringen; stockt der Ausfluss, so kann er

durch wechselndes Oeffnen und Schliessen der Hand befördert werden.

5. Ist eine genügende Menge Blut entleert, so löst man die Schnürbinde, verschiebt mit dem Daumen die Hautwunde etwas über die Vene, legt eine kleine antiseptische Compresse darauf und befestigt sie bei leicht gebeugtem Vorderarm durch eine Achterbinde (Fig. 193).

---

## Operation der Aneurysmen.

Spindelförmige oder sackartige Erweiterungen der Arterienwand kommen nach Verletzungen der Gefässe oder bei Erkrankungen der Arterien zu Stande. Sie können in einigen wenigen Fällen ohne Kunsthilfe von selbst heilen, indem sich im Innern des Balges schichtweise Blutgerinnsel ansetzen und diesen schliesslich in einen festen Tumor umwandeln, der dann allmählich schrumpft. Dieses Ziel suchen auch alle Methoden zu erreichen, welche eine **Gerinnung des Blutes** in dem Aneurysma erstreben:

1. Durch **vorübergehende Abschwächung der arteriellen Zufuhr.**

a. Durch Fingerdruck auf den centralen Theil der betreffenden Arterie (s. S. 63).

b. Durch Aderpressen, welche eigens für diesen Zweck angegeben sind (s. a. Fig. 113).

Da die fortdauernde Compression mit dem Finger, wobei sich mehrere Personen in bestimmten Zwischenräumen Tag und Nacht ablösen müssen, sehr umständlich und für den Kranken beschwerlich ist, und da die Tourniquets auch meist nicht gut vertragen werden, so ersetzt man die Compression, namentlich an der Art. femoralis bei dem so häufigen Aneurysma popliteum, zweckmässiger

c. durch Stangendruck (von Esmarch).

Eine lange Stange, Krücke, Besenstiel, die gegen die Zimmerdecke oder einen Bettgalgen gestemmt ist (Fig. 194, 195), wird mit ihrem weich umwickelten Ende auf den Arterienstamm des nach aussen rotirten und mit einer Binde umwickelten Beines gesetzt. Wird der Druck an einer Stelle schlecht vertragen, so wechselt man mit einer andern ab. Meist lernen die Kranken in kurzer Zeit selbst diesen Druck richtig ausführen, zumal wenn die betreffenden Stellen mit Tusche kenntlich gemacht werden. Mit dieser einfachen

Fig. 194.

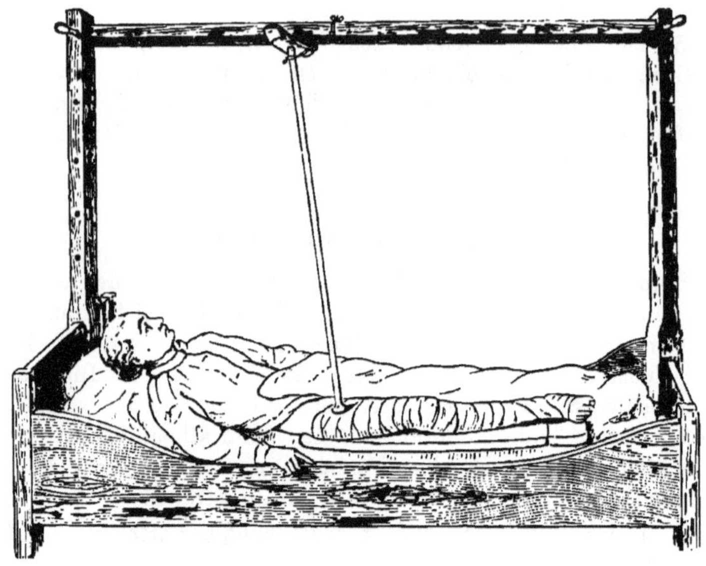

Fig. 195.

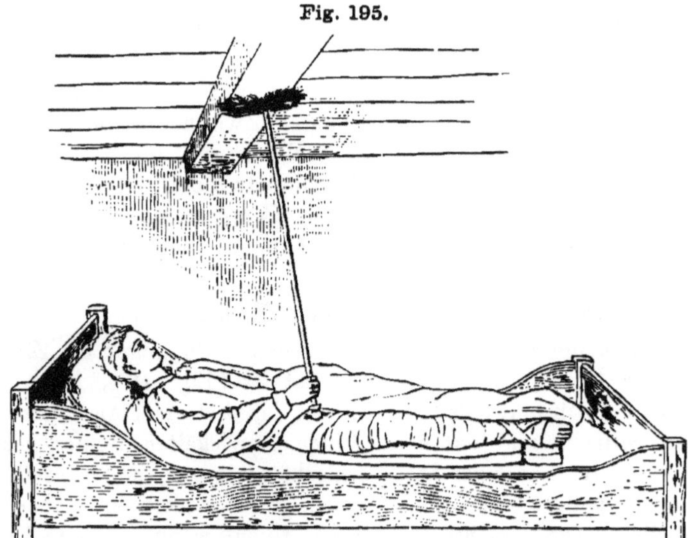

Stangendruck zur Compression der Art. femoralis bei Aneurysma popliteum.

Methode ist eine ganze Reihe selbst grösserer Kniekehlenaneurysmen zur Heilung gebracht worden.

2. Durch **Aufhebung des Kreislaufs** (Reid).

Mit einer elastischen Binde wird das Glied bis dicht an die Geschwulst heran eingewickelt, diese freigelassen und die Umwicklung oberhalb derselben fortgesetzt. Noch einfacher ist die künstliche Blutleere des Gliedes unter Anwendung des Schnürgurts oberhalb des Aneurysma. Diese Binden sollen möglichst oft am Tage angelegt werden; man kann sie fast eine Stunde ununterbrochen liegen lassen. Bevor man den Schnürgurt entfernt, muss das Glied neuerdings lose mit einer elastischen Binde eingewickelt werden, um die nachfolgende Hyperämie nach Aufhebung der Umschnürung zu verhüten (Billroth).

3. Die **Unterbindung der Arterie** ist in der Neuzeit das sicherste und am häufigsten benutzte Verfahren.

a. nach Antyllus (Fig. 196).

Derselbe legte das Aneurysma in ganzer Ausdehnung durch einen Längsschnitt frei, unterband die Ader dicht **oberhalb und unterhalb** im Gesunden, spaltete den Sack, räumte den Inhalt aus

Fig. 196. Fig. 197. Fig. 198. Fig. 199.

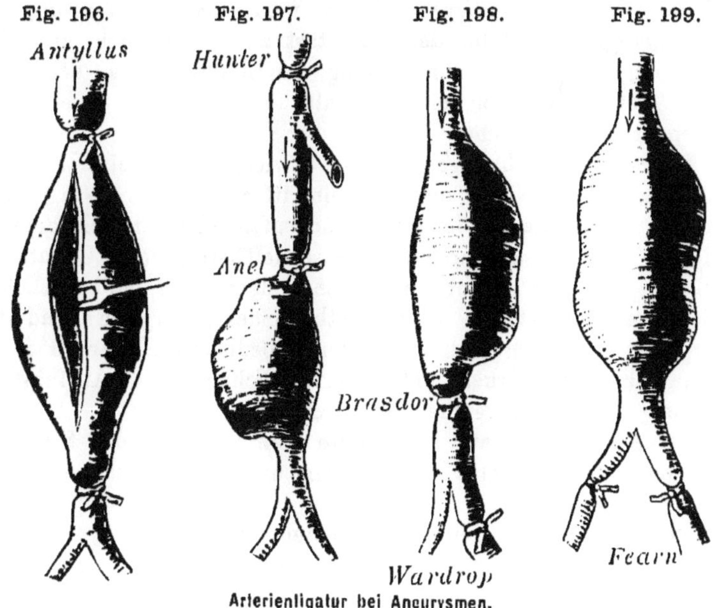


Arterienligatur bei Aneurysmen.

und tampouirtc die Wunde. Sein Zeitgenosse Philagrius ging noch weiter, indem er nach doppelter Ligatur das Aneurysma **herausschnitt.**

b. nach Anel und Hunter (Fig. 197).

Das **zuführende,** centrale Ende der Arterie wird unterbunden, entweder dicht oberhalb des Sackes (Anel) oder weiter oberhalb an einer leicht zugänglichen Stelle (am Orte der Wahl, Hunter), letzteres aus Furcht, dass der stark angezogene Seidenfaden die erkrankte Arterienwand in der Nähe des Aneurysma durchschneiden und dadurch eine heftige Nachblutung erzeugen könne. Da wir aber bei der jetzt üblichen Unterbindung mit dem elastischeren Catgut diese Gefahr nicht mehr zu fürchten haben, so bliebe die Ligatur möglichst dicht oberhalb des Sackes vorzuziehen wegen der grösseren Wahrscheinlichkeit, dass sich die Circulation durch Collateralen in dem Aneurysma nicht wieder herstellt.

Ist es nicht möglich, den centralen Theil zu unterbinden, z. B. bei Aneurysmen der Aorta, Anonyma, Subclavia u. s. w., so kann man

c. nach Brasdor und Wardrop (Fig. 198)

das **abführende,** periphere Arterienstück unterbinden. Jener suchte möglichst dicht am Aneurysma den Abfluss zu unterbrechen. Dieser begnügte sich in weiterer Entfernung an leicht zugänglicher Stelle den Hauptast zu unterbinden und dadurch wenigstens eine Verlangsamung des Blutstromes zu erzeugen. Fearn unterband nach einander alle unterhalb des Aneurysma abgehenden Zweigstämme.

Zahlreiche Erfahrungen haben bewiesen, dass eine Heilung durch Unterbindung sicher nur dann eintritt, wenn alle ab- und zuführenden Aeste unterbunden sind. Andernfalls bleibt das Aneurysma fast immer noch wegsam durch den sich schnell herstellenden Collateralkreislauf. Demnach ist unter aseptischen Massregeln und künstlicher Blutleere ausgeführt die uralte Methode des Antyllus und die **Exstirpation des Aneurysma** wegen der unbedingten Sicherheit ihrer Wirkung, der Leichtigkeit und Uebersichtlichkeit ihrer Ausführung das einzig empfehlenswerthe Verfahren.

Bei Aneurysmen am Bein sollte man zunächst den Stangendruck anwenden und erst wenn dieser erfolglos bleibt, zur Ausschälung schreiten.

Die früheren, zahlreichen Methoden, welche eine **directe Blutgerinnung** im Aneurysma erstrebten (Injection von Eisenchlorid, Fibrinferment, Ergotin, Alkohol, Tannin, Bleiessig, Wachs, Einführung von Nadeln, Uhrfedern, Magnesiumdraht, Silkworm, Rosshaaren, Catgutfäden) sind lebensgefährlich und mit Recht verlassen. Die **Acupunctur** und **Electropunctur** dagegen werden von Mehreren als erfolgreich gelobt. Nach Aufhebung des Kreislaufs durch Anlegen des Schnürgurts stiess Mac Ewen eine Acupuncturnadel (Fig. 80 *b*) in das Aneurysma und bewegte sie in ihm hin und her, wobei allmählich Gerinnung eintrat. Verbindet man die Nadel mit einer electrischen Batterie, so gerinnt durch den galvanischen Strom der Inhalt des Sackes ebenfalls nach mehrmaliger Anwendung.

## Operation der Varicen.

Ausgedehnte Erweiterungen der Venenwandungen (Varicen), welche hauptsächlich am Beine im Verlauf der Vena saphena magna vorkommen, machen dem Kranken viele Beschwerden (Muskelkrämpfe, Eczeme, Phlebitis, Beingeschwüre) und können durch plötzliches Bersten ihrer oft sehr dünnen Wand starke Blutungen verursachen.

In leichteren Fällen erzielt man durch Einwicklung des Beines mit einer flanellenen oder elastischen Binde (Gummistrumpf) etwas Besserung oder wenigstens Linderung der Beschwerden. Auch die Krampfaderbandage von Landerer, eine Pelotte, die an der Innenseite des Unterschenkels dicht unterhalb des Kniegelenks auf der Vene befestigt wird und gewissermassen eine künstliche Venenklappe bildet, leistet mitunter gute Dienste.

Bei grösserer Ausdehnung der Varicen und in denjenigen Fällen, wo ein Druck auf den Stamm der Vena saphena das durch hohe Lage entleerte Blut verhindert, sofort die Varicen wieder anzufüllen, ist die beste Methode zu ihrer Heilung:

### Die Unterbindung der Vena saphena magna (Trendelenburg).

1. Hautschnitt, 3 cm lang, an der Innenseite des Oberschenkels, etwa auf der Grenze seines mittleren und unteren Drittels; die Vene wird dicht unter der Haut freigelegt (s. a. Fig. 170).

2. Auf stumpfem Wege, mit dem Messerstiel oder Schielhaken wird die Vene ringsum auf etwa 2 cm Länge freigemacht und mit der Aneurysmanadel ein doppelter Catgutfaden um sie herumgeführt.

3. Nun wird das Bein senkrecht erhoben, um das Blut möglichst abfliessen zu lassen, darauf die Vene doppelt unterbunden und zwischen den Ligaturen durchgeschnitten.

4. Die kleine Hautwunde wird in ganzer Ausdehnung vernäht.

Nach der Unterbindung thrombosirt der ganze periphere Venenabschnitt und schrumpft mit der Zeit zu dünnen Strängen zusammen.

Die **Verödung** der kranken Venen durch multiple Durchschneidung, bezw. Ausschneidung zahlreicher kleinerer Stücke und doppelter Unterbindung, durch percutane Umstechung und Compression der Wandungen durch kleine aufgebundene Gummischlauchstücke (Schede) liefert keinen sicheren Erfolg und wird nicht mehr angewendet. Statt dessen macht man, wenn die so leicht auszuführende Unterbindung der Vena saphena erfolglos bleibt, als Radicaloperation

**die Exstirpation der Varicen**

(von Langenbeck, Madelung).

1. Um die Vene recht stark hervortreten zu lassen, wird dem stehenden Kranken der Schnürgurt am Oberschenkel fest, aber langsam angelegt.

2. Durch einen bogenförmigen Schnitt am ganzen Bein entlang wird ein Lappen gebildet, nach dessen sorgfältiger Abpräparirung sämmtliche Venen freiliegen. Dies ist meist recht schwierig, da die dünne Venenwandung leicht angeschnitten wird und durch das Ausfliessen des Inhaltes die Venen zusammenfallen. Man richte daher die Messerklinge beim Präpariren etwas gegen die Haut und fasse jedes in die Wandung geschnittene Loch sofort mit einer Pinzette.

3. Nachdem die Stämme im oberen Theil der Wunde doppelt unterbunden sind, werden die varicösen Venen von oben her theils stumpf, theils mit dem Messer von ihrer Unterlage abgeschält und nach Unterbindung der unteren Enden und sämmtlicher Seitenäste ausgeschnitten.

4. Die grosse Hautwunde wird ganz vernäht.

## Verletzungen der Gefässwandungen.

Ist ein Gefäss in seinem ganzen Umgang oder in grösserer querer Ausdehnung durchtrennt, so muss es zu beiden Seiten der verletzten Stelle mit Schiebern gefasst und unterbunden werden.

Betrifft die Verletzung aber nur eine Seite der Gefässwand, so kann das Loch geschlossen werden, ohne die Durchgängigkeit des Gefässes aufzuheben. Kleinere Löcher der Venenwand werden mit der Schieberpinzette gefasst und um diese herum eine Ligatur gelegt, welche den kleinen gefassten Zipfel der Gefässwand zusammenschnürt **(seitliche Venenligatur).** Da diese aber immer nur für kleinere Verletzungen anwendbar ist und auch die Gefahr des Abgleitens besteht, so ist es besser, derartige Löcher in den Gefässen durch die **fortlaufende Naht** (Fig. 200) zu schliessen. Bei schwierigen Geschwulstexstirpationen am Halse, in der Achselhöhle u. s. w. ist eine Verletzung der grossen Vene oft nicht zu umgehen und sogar nothwendig, wenn die Geschwulst mit der Gefässwand verwachsen ist. Während man oberhalb und unterhalb der verletzten Stelle die Vene durch Fingerdruck oder Schieber zusammengedrückt hält, wird der entstandene längliche Schlitz mit Catgut in fortlaufender Naht vereinigt. Der Verschluss ist sicher; Blutung aus den Stichkanälen findet infolge des raschen Aufquellens des Catgut nicht statt und die Venenlichtung bleibt durchgängig. In dieser Weise ist schon oft die Vena jugularis interna, die Vena subclavia, neuerdings sogar die Vena cava inferior (Schede) mit bestem Erfolge vernäht worden. Löcher in grösseren Arterien lassen sich ebenfalls durch die Naht schliessen.

Fig. 200.

Seitliche Ligatur und Gefässnaht.

# Operationen an den Sehnen.

## Sehnendurchtrennung, Tenotomie.

Verkürzte Sehnen können durch quere Durchschneidung verlängert werden, indem sich das zwischen die beiden zurückgezogenen Enden ergiessende Blut im Verlaufe der Heilung zu derbfaserigem Bindegewebe umwandelt.

Die Gefahren offener Sehnenwunden, welche in früherer Zeit sehr gefürchtet waren, wurden beseitigt durch die **subcutane Tenotomie**, welche Stromeyer im Jahre 1833 einführte. Er benutzte dazu kleine, schmale, spitz- oder stumpfendige Messerchen, **Tenotome** (Fig. 201, 202), welche entweder unterhalb oder oberhalb der zu durchtrennenden Sehne mit flach liegender Klinge in die Haut eingestochen und soweit vorgeschoben wurden, das die Spitze am anderen Rande der Sehne fühlbar war. Während der Assistent die Sehne in möglichst **starke Spannung** brachte, wurde die Messerklinge senkrecht zur Sehne aufgerichtet und diese in leicht sägenden Zügen oder durch einfachen Druck mit dem Messerchen durchtrennt (Fig. 203).

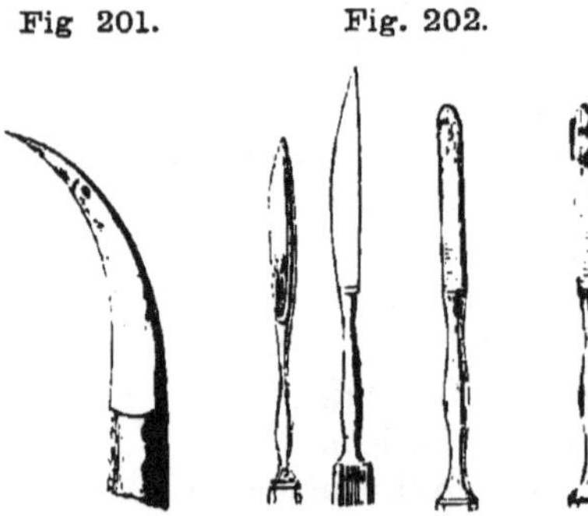

Fig 201. Fig. 202.

Tenotome nach Dieffenbach nach Stromeyer.

Da indessen bei diesem „Operiren im Dunkeln" mitunter die Sehne nur unvollständig durchtrennt wird und einzelne Fasern stehen bleiben, welche die beabsichtigte Verlängerung der Sehne beeinträchtigen, da ferner durch unbeabsichtigte Verletzung grösserer

Fig. 203.

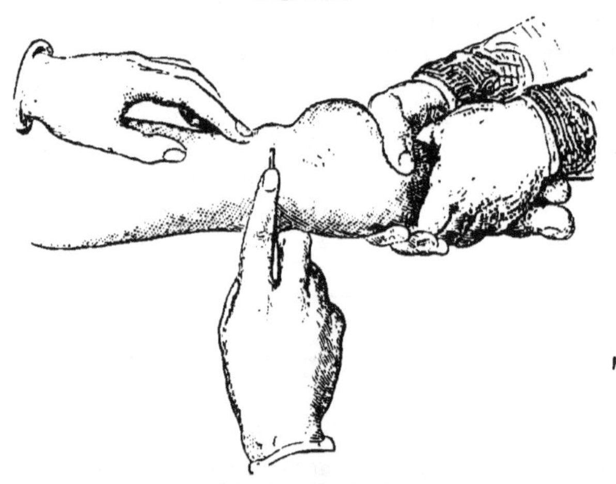

Subcutane Tenotomie.

in unmittelbarer Nähe liegender Gefässe eine erhebliche Blutung eintreten kann, so ist es, bei aller Bequemlichkeit und Schnelligkeit der subcutanen Tenotomie, jetzt unter dem Schutze der Asepsis doch zweckmässiger, die **offene Tenotomie** mit **Spaltung der Haut** auszuführen.

Man verfährt daher folgendermassen bei der

**Tenotomie der Achillessehne**

wegen Klumpfuss:

1. Während der Fuss stark dorsal flectirt gehalten wird, macht man einen etwa 2 cm langen Hautschnitt an der hinteren Seite der Sehne entlang und vertieft ihn bis auf das weissglänzende Sehnengewebe.

2. Mit einem Schielhaken oder einer gekrümmten Sonde dringt man von einer Seite her quer unter die Sehne, führt das Instrument möglichst dicht unter ihr durch, bis es auf der andern Seite zum Vorschein kommt und durchschneidet nun alles auf der Sonde liegende Gewebe in langsam sägenden Zügen, wonach die Sehnenenden ganz bedeutend auseinander weichen und der Fuss stärker flectirt werden kann (Fig. 204).

Fig. 204.

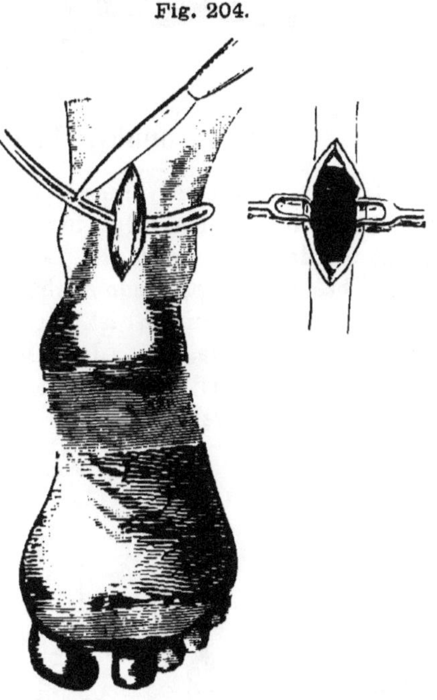

Offene Tenotomie der Achillessehne.

3. Die kleine Wunde wird durch Knopfnaht geschlossen. — Beim Verband hat man vor Allem darauf zu achten, dass an der Operationsstelle keine Einschnürung, z. B. durch den Rand einer fest angelegten schmalen Binde, stattfindet, weil die Entstehung des Blutgerinnsels dadurch beeinträchtigt würde. Der Fuss muss mit breiter Binde eingewickelt werden. Nach Heilung der Wunde kann allmählig mit methodisch vorzunehmenden Streckbewegungen begonnen werden. Ueber die **Tenotomie des Kopfnickers** s. Bd. III, S. 185.

In gleicher Weise verfährt man bei der Durchschneidung verkürzter Fascien (**Fasciotomie**), z. B. der fascia plantaris an der Innenseite der Fusssohle oder der fascia palmaris (Fingerverkrümmung nach Dupuytren, Fig. 205). Da bei letzterer

Fig. 205.

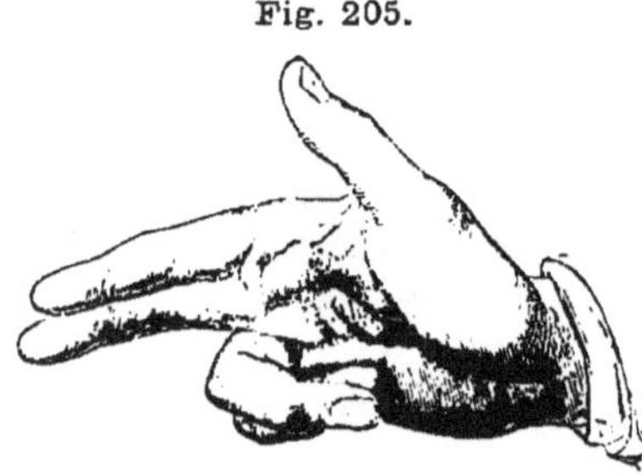

nach einfacher Durchschneidung das lästige Leiden sich meist wieder einstellt, so ist es besser, die ganze Strecke durch einen Längsschnitt freizulegen und die geschrumpfte Fascie mit allen Ausläufern sorgfältig von der Haut und dem unterliegenden Gewebe zu trennen und zu exstirpiren (Kocher).

## Sehnennaht, Tendinorrhaphie.

Ist eine Sehne bei einer Verletzung quer durchtrennt worden, so müssen ihre Enden möglichst bald wieder zur Vereinigung gebracht werden, da sonst die Leistung des zugehörigen Muskels schwer beeinträchtigt, wenn nicht gar völlig aufgehoben wird.

In frischen Wunden ist das periphere Sehnenende leicht zu finden, das centrale, mit dem Muskelbauch zusammenhängende, hat sich aber meist in seine Scheide zurückgezogen. Es kann aus dieser hervorgeholt werden, indem man es mit einer Haken-

Fig. 206.

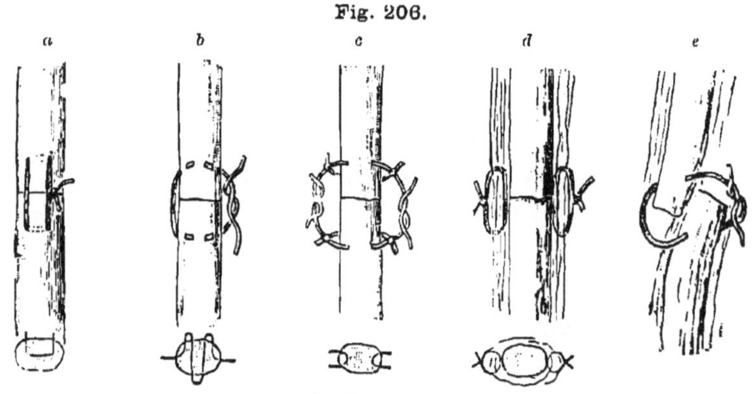


Tendinorrhaphie.
*a* Matratzennaht, *b c* nach Wölfler, *d e* paratendinös nach Hueter.

pinzette oder mit einem feinen Häkchen in der Scheide zu fassen sucht; gelingt dies nicht nach längerem Bemühen, so muss man die Scheide vorsichtig, und nicht weiter als dringend nothwendig ist, der Länge nach spalten. Auch nützt es mitunter, den zusammengezogenen Muskel durch kräftiges Streichen nach der Peripherie oder durch Einwickeln mit einer elastischen Binde von oben her zu verlängern. Gelingt aber auch dieses nicht, so kann man die Spaltung der Sehnenscheide noch dadurch umgehen, dass man an der Stelle, wo der Sehnenstumpf in ihr zu fühlen ist, ein Knopfloch schneidet, hier die Sehne herauszieht, mit einem Faden versieht und ihn nach der Querwunde der Scheide hin durch eine von dieser aus eingeführten Oehrsonde, Aneurysmanadel u. ä. herunterzieht (Madelung, Fig. 207 *a*). Hat man so die beiden Enden gefasst, so müssen sie durch geeignete Stellung des Gliedes (Dorsalbeugung bei Wunden auf der Streckseite, Volarbeugung bei solchen auf der Beugeseite) möglichst nahe an einander gebracht und in dieser Lage vereinigt werden.

Lassen sich die Sehnenenden leicht an einander vorbeischieben, so ist es zweckmässig, sie mit ihren Seitenflächen (welche gefässreicher sind, als die Schnittflächen) an einander zu befestigen (**paratendinöse Naht**). Meist muss man sich aber damit begnügen, die Schnittflächen in Berührung zu bringen durch einige Nähte, welche die Sehne selbst fassen.

Man näht am besten mit stark gekrümmten runden oder zur Kante gebogenen platten Nadeln (nach Wolberg und Hagedorn), welche in der Längsrichtung der Sehne, parallel zu ihrer Achse und den Fasern, durchgeführt werden, um möglichst wenig Sehnenfasern zu verletzen. Näht man bei grösserer Spannung, so ist infolge der parallelen Anordnung der Sehnenfasern ein Ausreissen der Nähte zu fürchten. Sicherer ist es daher, statt mit der gewöhnlichen Knopfnaht, mit einer **Matratzennaht** die Vereinigung vorzunehmen (Fig. 206 *a*) oder indem man den Faden mehrfach durch das Sehnenende quer durchsticht. Wölfler legt an beiden Seiten jedes Sehnenendes je eine Knopfnaht quer an und verknüpft die Knotenenden der gleichen Seiten mit einander (Fig. 206 *b c*). Kocher näht mit einem an beiden Enden mit Nadeln versehenen Faden: die Nadeln werden zu beiden Seiten des Sehnenstumpfes eingestochen, parallel den Sehnenfasern zur Schnittfläche herausgeführt, an dem anderen Stumpf in umgekehrter Weise eingestochen und dann geknotet: es entsteht eine Art Matratzennaht, ähnlich Fig. 206 *a*, deren Querstich oberflächlich und deren Längsstich versenkt liegt. Um die angelegte Sehnennaht möglichst zu entspannen, legt man nach Nebinger

Randnähte an, welche die vernähte Sehne an dem umgebenden Gewebe befestigen. Man kann hierzu die unterbrochene und die fortlaufende Naht verwenden.

## Tendinoplastik.

Ist die Wunde schon in der Heilung begriffen, oder vernarbt, so bereitet es meist sehr erhebliche Schwierigkeiten, die weit von einander entfernten Sehnenenden freizulegen und mit einander in Berührung zu bringen, da die Muskeln sich stark zusammengezogen haben.

Man hilft sich in solchen Fällen damit, das centrale Sehnenende durch einen Schnitt in der Sehnenscheide hervorzuziehen, seitlich anzufrischen und an der entsprechenden Stelle einer benachbarten Sehne, die ebenfalls seitlich angefrischt wird, durch die Naht zu befestigen (Tillaux, Fig. 207 *b*); oder man schneidet aus dem Sehnenstumpf an einer Seite einen zungenförmigen Lappen mit unterer Basis, den man herunterklappt und mit dem anderen

Fig. 207.

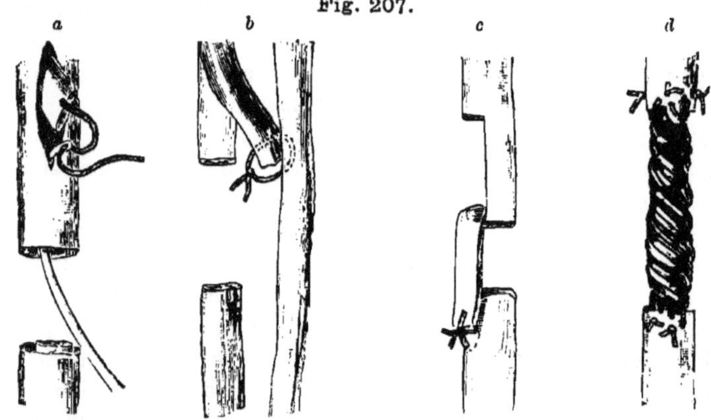


Tendinoplastik.
*a* nach Madelung, *b* nach Tillaux, *c* nach Hueter, *d* nach Gluck.

Stumpf vernäht (Hueter, Fig. 207 *c*). Endlich kann man den Defect durch geflochtene Catgutbündel ausfüllen, die man an den Sehnenenden befestigt (Gluck, Fig. 207 *d*). Die wachsende Sehne sendet dann ihre Fasern zwischen den Catgutfäden entlang, z. Th. organisiren sich auch diese zu Bindegewebe.

Nach der Vereinigung der Sehnen muss das Glied während der ersten Wochen so in einer Schiene gelagert werden, dass die Nahtstelle möglichst wenig gespannt ist (s. Bd. I, Fig. 182). Erst allmählig führt man das Glied zur gewöhnlichen Stellung zurück.

# Operationen an den Nerven.

Durchschnittene Nervenstämme müssen so bald als möglich wieder vereinigt werden, da sonst Lähmung und Gefühllosigkeit in dem durch den verletzten Nerven versorgten Gebiet auftritt. Nach der Vereinigung der Enden stellt sich die Leitungsfähigkeit des Nerven ziemlich schnell wieder her; sogar noch, wenn die Vereinigung erst mehrere Monate nach der Verletzung vorgenommen wird.

## Die Nervennaht, Neurorrhaphie

wird im Wesentlichen nach denselben Grundsätzen wie die Sehnennaht ausgeführt. Am besten ist es, die Schnittflächen der Nerven mit feinen Hagedorn'schen Nadeln und Catgut zu vereinigen — **directe Nervennaht** (Fig. 208 *a*). Die Vernähung des den Nerven umgebenden Gewebes — indirecte oder **perineurotische Naht** (Fig. 208 *b*) — ist weniger zweckmässig, ebenso wie die Vereinigung der neben einander gelegten oder winklig abgeknickten Enden (**paraneurotische Naht** Rawa, Fig. 208 *c*). Gelingt es nicht, die

Fig. 208.

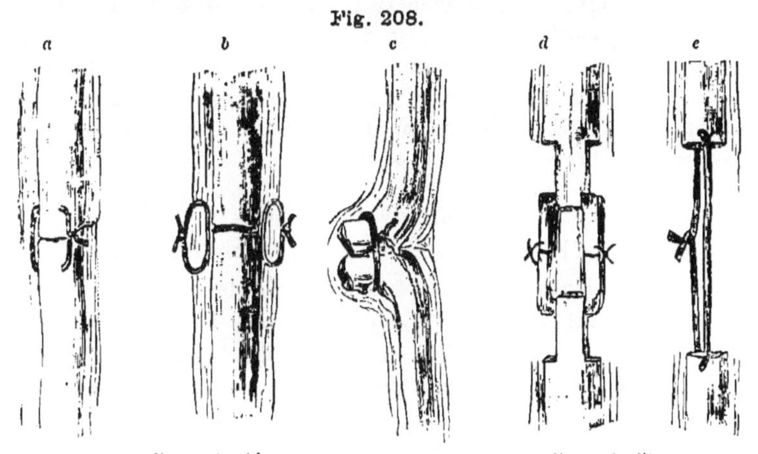


Neurorrhaphie — *a* directe, *b* perineurotische, *c* paraneurotische Naht. Neuroplastik.

Enden mit einander in Berührung zu bringen, so lässt sich die **Neuroplastik** in der von Hueter für die Sehnen angegebenen Weise durch Umklappen eines seitlich eingeschnittenen, zungenförmigen Läppchens ausführen. Bei dickeren Nerven kann man je zwei Läppchen an jedem Stumpf bilden und mit einander vernähen (Fig. 208 *d*). Da die Nervenenden sehr schnell neue Sprossen treiben, die sich mit den ihnen entgegenwachsenden Fasern des andern Endes vereinigen, so kommt es im Wesentlichen nur darauf an, den wachsenden Fasern die richtige Bahn zu weisen. Gluck that dies, indem er die beiden Stümpfe in ein entkalktes Knochenrohr steckte; auch bildete er aus eingeschalteten Nervenstücken von Thieren oder aus Catgutfäden eine Verbindungsbrücke. Für mittelstarke Nerven scheint es zu genügen, einen Catgutfaden zwischen ihnen zu befestigen (Fig. 208 *e*). Die Nervenfasern wachsen dann an diesem entlang, bis sie sich vereinigen.

Ueber die Dehnung, das Durchschneiden und die Resection der Nerven s. Bd. III S. 34—50.

---

# Operationen an der Haut.

Grössere Substanzverluste der Weichtheile, welche durch zufällige Verletzungen oder durch operative Entfernung erkrankter Stellen entstanden sind, können zwar nach langer Zeit durch Granulationsbildung heilen, hinterlassen aber solche Narben, dass es besser ist, wenn es irgend angeht, die Lücke durch künstliche Bedeckung mit Haut zu schliessen, wodurch die Heilungsdauer bedeutend abgekürzt und die Entstellung verringert wird. Dies geschieht entweder durch Transplantation oder durch plastische Operationen.

## Die Transplantation,

Ueberpflanzung, Pfropfung von Hautstücken

kann in verschiedener Weise ausgeführt werden:

J. Reverdin besäte granulirende Flächen mit kleinen linsengrossen Hautstückchen, welche er aus geeigneten Körperstellen mit der Scheere herausschnitt: mit einer Hakenpinzette wird die Haut oberflächlich gefasst und etwas emporgezogen, dann mit einer Cooper'schen Scheere die kleine Erhöhung abgetragen; das kleine Stückchen (Greffe epidermique) enthält ausser Epidermis und Corium auch noch etwas vom Rete Malpighi. Hat man die Granulationsfläche mit diesen Stücken bepflastert, so bedeckt man sie mit Protectivsilk und befestigt dieses durch einen leichten Verband. Von jedem aufgelegten Stückchen als Ausgangspunkt wächst nun die Epidermis weiter und überhäutet schliesslich als dünner Schleier die Granulationsfläche, auf welcher die gepfropften Stückchen wie Inseln etwas erhaben kenntlich bleiben. Manche dieser Stückchen sterben aber vor der Anheilung ab.

Wolfe verpflanzt grössere Stücke Haut als Reverdin, indem er aus irgend einer Körperstelle ein der Form des Defectes entsprechendes, aber etwas grösseres, Hautstück mit dem Messer herausschneidet, das abgelöste Stück an seiner Unterfläche mit dem Rasirmesser oder einer scharfen Scheere sehr sorgfältig von dem noch anhaftenden Fettgewebe befreit, bis es das Ansehen und die Dicke feinen weissen Handschuhleders hat, und dann mit wenigen Nähten in dem Defect befestigt. Die Stelle, aus der es entnommen ist, wird wie eine frische Wunde durch Naht geschlossen. Dieses Verfahren giebt sehr schöne Erfolge, wenn es gelingt. Es eignet sich besonders zur Deckung von Defecten mit harter fettloser Unterlage (Stirn, Nase).

Die besten und sichersten Erfolge hat aber die

## Hautverpflanzung nach Thiersch,

bei welcher sehr dünne, von andern Körpertheilen entnommene Hautstreifen zur Deckung selbst grosser Wundflächen aller Gewebsarten verwendet werden. Die Anheilung der Hautstreifen erfolgt auf frischen oder einige Tage tamponirt gewesenen Wundflächen und auf granulirende Flächen, nachdem die obere, lockere Granulationsschicht mit dem scharfen Löffel entfernt wurde. Hauptbedingung der Anheilung ist die vorherige vollkommene Stillung der Blutung durch Druck oder nöthigenfalls durch Torsion; Ligaturen mit Catgut beeinträchtigen die Heilung.

Auch scheint es wünschenswerth und in den meisten Fällen ausführbar, die Hautstückchen von demselben (zu transplantirenden) Menschen zu entnehmen, denn diese heilen regelmässig an, während die Versuche, von anderen Menschen, frisch amputirten Gliedern, frischen Leichen oder von Thieren die Haut zu verwerthen, oft missglückt sind.

Man verfährt folgendermassen:

1. Auf frischen Wundflächen wird die Blutung durch Aufdrücken eines Gazebausches oder Schwammes während einiger Minuten zum Stillstand gebracht. Granulationsflächen werden mit dem scharfen Löffel rein abgeschabt.

2. Von der vorher gründlich desinficirten Haut der Aussenseite des Oberarms oder der Vorderfläche des Oberschenkels wer-

den mit einem scharfen Rasirmesser in sägenden Zügen etwa 8 bis 10 cm lange Streifen abgeschürft. Hierbei umspannt die linke Hand von unten herum das Glied und zieht die Haut stramm; auch ist es zweckmässig, sie von einem Gehülfen, dort wo der Schnitt beginnen soll, nach oben ziehen zu lassen. Dann setzt man ein grosses an der Vorderfläche hohl, an der Hinterfläche eben geschliffenes, angefeuchtetes Rasirmesser (Microtomklinge) möglichst flach auf und führt es in schnellen, ausgiebigen sägenden Zügen gegen sich, wobei die oberste abgeschnittene Lage der Haut sich in Querfalten auf der Messerklinge zusammenschiebt (Fig. 209). Länge, Breite und Dicke dieser Läppchen hängt lediglich von der Geschicklichkeit und Uebung des Arztes ab. Nach Thiersch sollen Epidermis, Rete Malpighi und Papillarkörper sammt einer Lage glatten Stromas abgeschnittten werden; doch heilen auch dünnere Läppchen, welche ausser der Oberhaut nur noch die Spitzen des Papillarkörpers enthalten, ebenso leicht an (Hübscher). Die Streifen können 2—5 cm breit und 10—20 cm lang sein.

Fig. 209. Fig. 210.

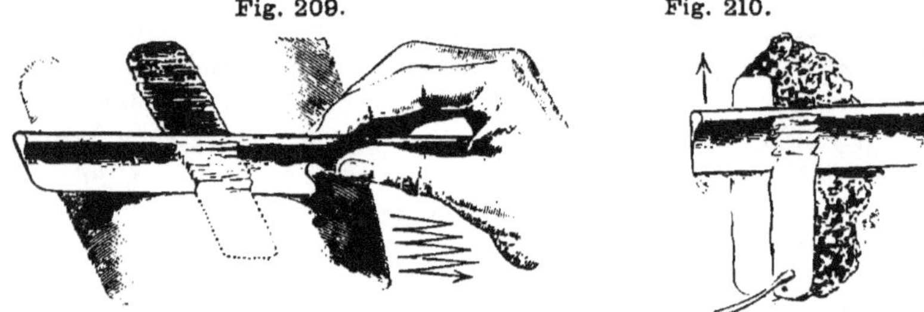

Hauttransplantation nach Thiersch.

3. Die Messerklinge mit dem zusammengeschobenen Hautstreifen wird flach dem Rande der zu deckenden Fläche aufgelegt, das Ende des Streifens mit einer Sonde oder Präparirnadel herabgezogen und festgehalten (Fig. 210); während das Messer langsam über die Wundfläche hinweggezogen wird, breitet sich der Streifen flach aus und wird nöthigenfalls noch mit der Sonde und einem Pinsel glatt gelegt. In dieser Art legt man Streifen neben Streifen, bis die ganze Fläche bepflanzt ist. Nirgends soll eine Lücke bleiben, es ist sogar gut, wenn die Streifen sowohl sich selbst an ihren Rändern dachziegelförmig decken, als auch die Wundränder etwas überragen.

4. Als Verband dient entweder Bestäubung mit Jodoformpulver und Bedeckung mit feuchter Jodoformgaze, oder Borvase-

lineläppchen, welche sanft durch Krüllgaze oder Kissen angedrückt gehalten werden. Nothwendig ist mitunter noch die sichere Lagerung des Gliedes in Schienen. Der Trockenverband bleibt 8 bis 10 Tage bis zur völligen Anheilung liegen, der Salbenverband muss zwischen dem 3.—5. Tage gewechselt werden. Die Streifenwunden heilen unter einem Trockenverbande und hinterlassen kaum Narben.

Die Verbände bei Transplantationen werden in äusserst verschiedener Weise ausgeführt. Thiersch empfahl während des ganzen Verfahrens nur physiologische Kochsalzlösung zu verwenden und bedeckte die bepflanzte Stelle mit täglich zu wechselnden Salzwassercompressen. Die Anwendung der Antiseptica scheint aber nicht nur unschädlich, sondern in der Praxis sogar nothwendig, da der praktische Arzt wohl selten sicher aseptisch vorgehen kann. Die Bedeckung mit undurchlässigen Stoffen (Protectivsilk, Guttaperchapapier) verhindert zwar das Ankleben der Streifen an den Verband, erfordert aber häufigeren Verbandwechsel, da die Sekrete nicht aufgesaugt werden können. Socin verwendet Stanniolstreifen mit 2% Salicylöl zur Bedeckung. Der trockne Jodoformverband ist ebenso sicher als bequem und einfach.

Grössere Defecte der Haut, welche entweder angeboren sind, oder durch Verletzungen, Verbrennungen, und Entfernung von Neubildungen entstehen, schliesst man durch

## Plastische Operationen

indem man die benachbarte Haut in der mannigfachsten Weise zur Deckung verwendet.

Im allgemeinen unterscheidet man folgende Arten der Plastik:

1. **durch Heranziehung** der, wenn nöthig von ihrer Unterlage etwas lospräparirten und dehnbar gemachten Hautränder. Lanzett- und rautenförmige Lücken lassen sich in gerader Linie vernähen, dreieckige und viereckige vernäht man von den Ecken her, so dass schliesslich die Längsseiten sich berühren (Fig. 211—214); nöthigenfalls verwandelt man einen viereckigen Defect durch Ausschneiden zweier Dreiecke an seinen Schmalseiten in einen lanzettähnlichen oder macht an einer oder beiden Seiten tiefe Entspannungsschnitte, welche eine bessere Heranziehung der Hautränder ermöglichen (Fig. 215, 216).

2. **Durch Verschiebung von Lappen** (Celsus): Durch gerade oder bogenförmige Schnitte werden ein oder mehrere Lappen

Fig. 211.

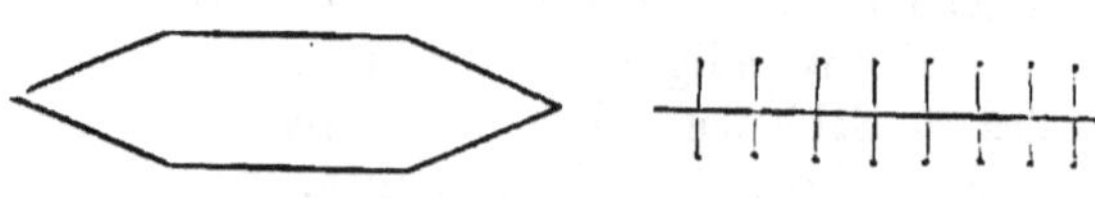

Fig. 212.

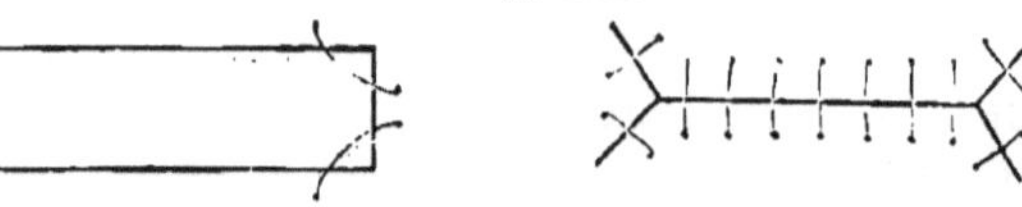

Fig. 213.

Fig. 214.

Vernähung von Defecten durch Heranziehung ihrer Ränder.

Fig. 215.

Fig. 216.

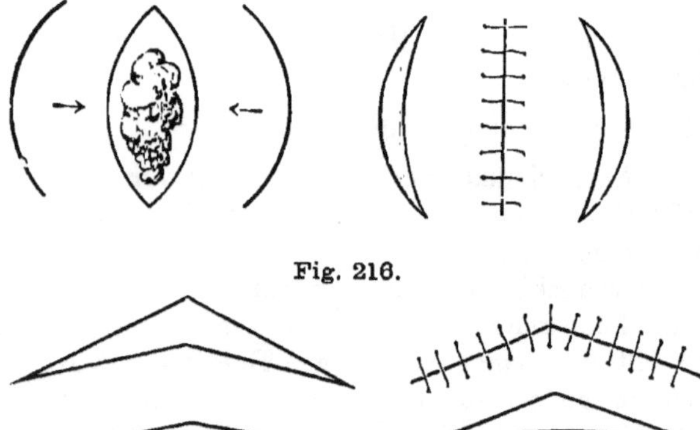

Entspannungsschnitte.

Fig. 217.

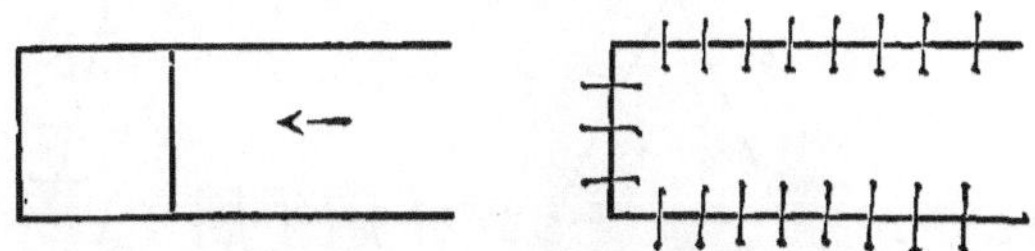

Plastik nach Celsus.

Fig. 218.

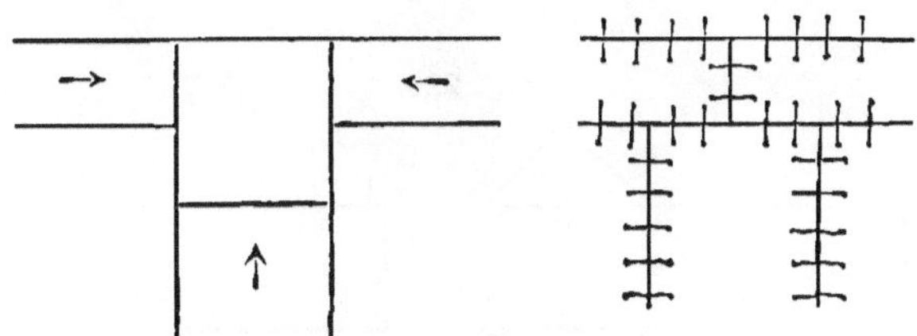

Fig. 219.

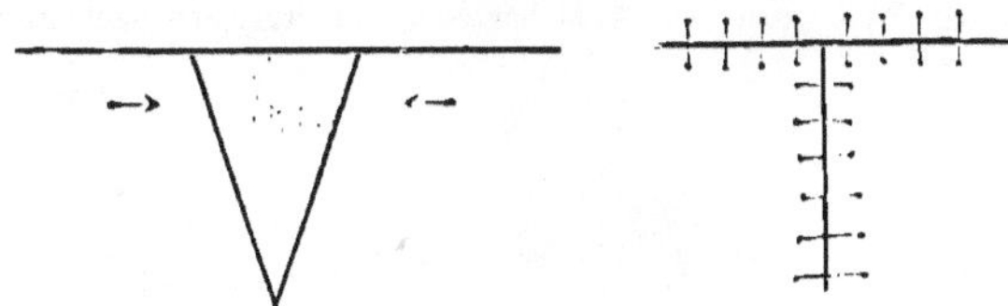

Fig. 220.

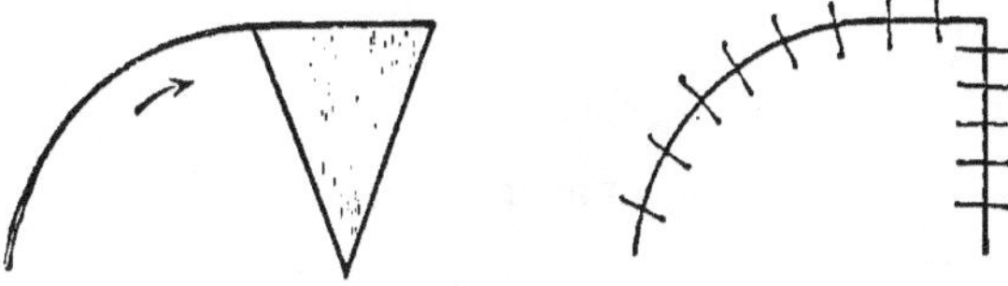

Fig. 221.

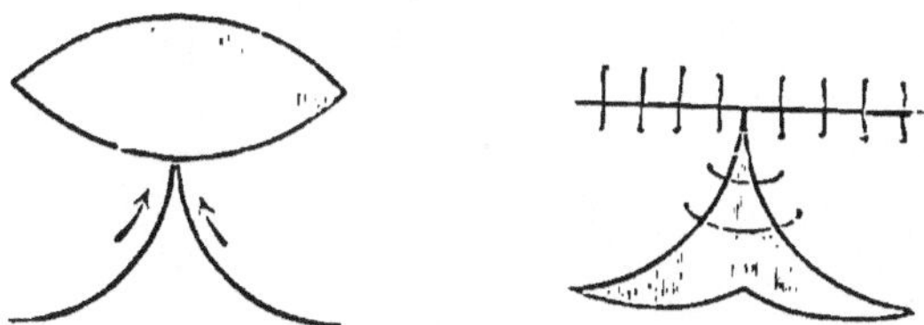

Plastik durch Verschiebung und Dehnung von Lappen.

Fig. 222.

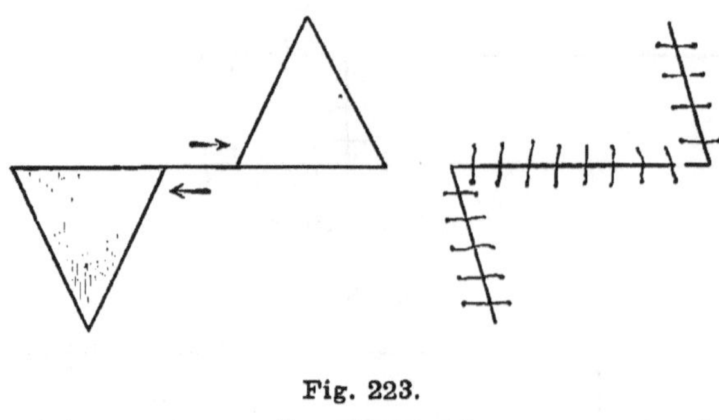

Fig. 223.

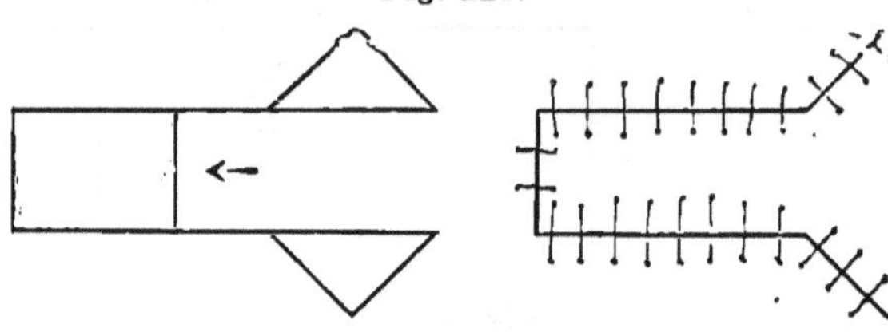

Verschiebung von Lappen nach Ausschneidung von Dreiecken nach Burow.

Fig. 224.

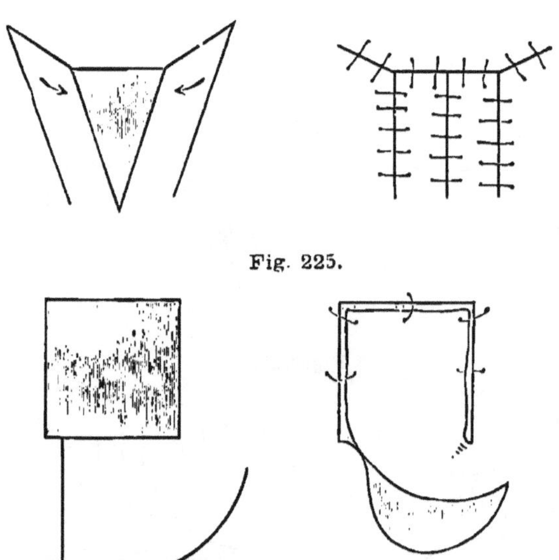

Fig. 225.

Plastik mit gestielten Lappen.

umschnitten, welche nach Loslösung von ihrer Unterlage über den Defect herübergezogen werden (Fig. 217—221).

Burow bildete verschiebliche Lappen durch Herausschneiden entsprechender Dreiecke, wodurch sehr schöne Erfolge erzielt werden können; leider wird aber dabei doch meist zuviel gesunde Haut geopfert, so dass diese Methode sehr selten angewendet wird (Fig. 222, 223).

Die Verschiebung findet endlich

3. mit **Drehung** statt, wenn die Lappen so geschnitten werden, dass sie nur mit einer Seite als Stiel mit der Wundfläche in Berührung stehen (gestielte Lappen, Fig. 224, 225).

Man kann gestielte Lappen an ihrer wunden Rückseite mit Schleimhaut oder äusserer Haut nach Thiersch bepflanzen („unterfüttern"), ebenso lassen sich grosse Lappen durch Umschlagen ihrer Ränder verdoppeln und dann zur Deckung von Lücken in Körperwandungen benutzen.

Das Nähere über die Ausführung plastischer Operationen im Gesicht zur Deckung von Defecten an Auge, Wange, Lippen, Nase u. s. w. findet sich in Bd. III, S. 51—96.

---

Von den

## Operationen an Nägeln

ist die wichtigste und häufigste die Behandlung des **eingewachsenen Nagels** der grossen Zehe. Da dieses sehr schmerzhafte Leiden oft hartnäckig wiederkehrt, so kommt es vor Allem darauf an, nicht bloss den erkrankten Theil des Nagels zu entfernen, sondern auch sein Wiederwachsen zu verhüten.

Man verfährt am besten folgendermassen:

1. Unter lokaler Anästhesie oder in Narkose wird das spitze Blatt einer starken, geraden Scheere unter die Mitte des freien vorderen Nagelrandes eingestochen, bis an seinen hinteren Rand vorgeschoben und der Nagel mit einem Schlage gespalten (Fig. 226). Die beiden Hälften werden nach einander mit einer kräftigen Zange (Fig. 227) gefasst, durch Drehung um ihre Achse nach aussen über den Nagelfalz herübergehebelt und ausgezogen.

Fig. 226.

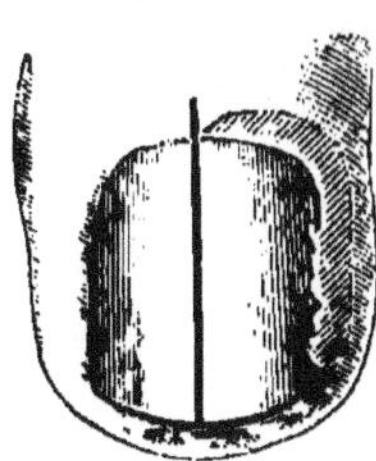

Fig. 227.

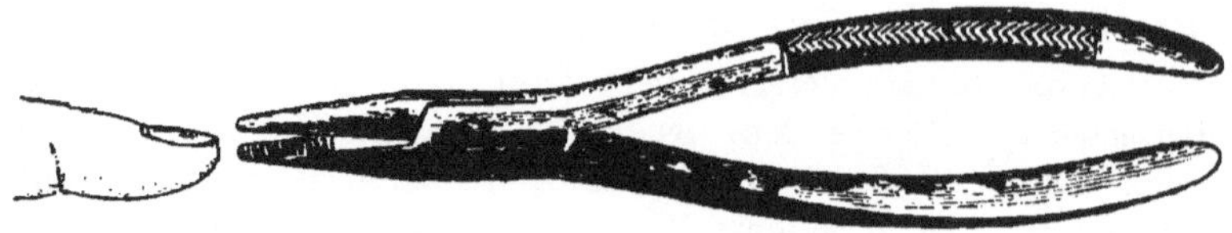

2. Darauf erfasst man mit einer Pinzette die erkrankte (innere) Ecke der Nagelmutter (Matrix), trägt sie in sägenden Zügen mit scharfem Messer ab und verlängert den Schnitt an dem inneren granulirenden Weichtheilrand entlang bis zur Zehenspitze, wobei alles erkrankte Gewebe mit entfernt wird (Fig. 226).

3. Die kleine Wunde und das blossgelegte Nagelbett wird mit Jodoformgaze bedeckt und der Granulation überlassen; bei den späteren Verbänden ist es zweckmässig, die das Nagelbett bedeckende unterste Gazeschicht als Schutz liegen zu lassen, sie fällt später von selbst ab. Der Kranke kann schon nach 3—4 Tagen ohne Schmerzen auftreten.

Dieses Verfahren ist zwar sehr eingreifend, schützt aber am besten vor Recidiven. Alle anderen haben meistens einen unsicheren Erfolg. Die einfache Abtragung des ganzen Nagels oder seiner erkrankten Hälfte ohne Entfernung des entsprechenden Matrixabschnittes erweist sich meist als ungenügend, ebenso das schon seit Alters her empfohlene Einlegen von Fremdkörpern zwischen den granulirenden Nagelfalz und den auf ihn drückenden scharfen Nagelrand, ferner das Ausschaben einer seichten Längsrinne in der Mitte des Nagels, um ihn elastischer zu machen, und das Aufsetzen einer federnden Klammer, welche die Ränder des Nagels auseinanderhebelt. In leichteren Fällen, wo die Entzündung des seitlichen Nagelfalzes noch nicht bedeutend ist, kommt man mitunter zum Ziele durch gerades oder concaves Beschneiden des Nagels und Einschieben von Watte oder Feuerschwamm unter die beiden Ecken.

# Operationen an den Knochen.

## Die Osteoklasis

### das subcutane Zerbrechen von Knochen

wird bei schief und mit beträchtlicher Verkürzung geheilten Knochenbrüchen ausgeführt; ist nicht gar zu lange Zeit seit der Verletzung vergangen, so kann man in den meisten Fällen (namentlich bei Kindern) den noch weichen Callus durch kräftiges Ziehen und Biegen **mit den Händen** wieder grade richten. Unter Umständen ist es dabei nöthig, den Knochen wie einen Stab über das Knie oder die Tischkante einzuknicken und zu zerbrechen. Für einige Fälle von schlecht geheilten, noch nicht zu alten Fracturen, besonders des Oberschenkels, hat Wagner zur Dehnung des Callus den ursprünglich

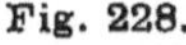

Fig. 228.

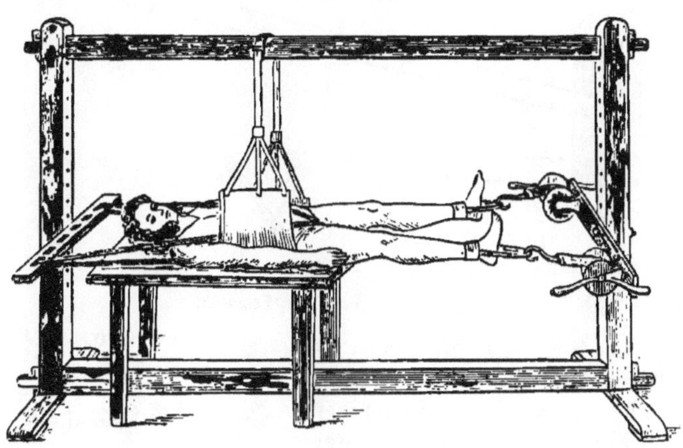

Streckapparat nach Schneider-Mennel.

zur Einrichtung alter irreponibler Luxationen angegebenen Streckapparat nach Schneider-Mennel wiederum empfohlen: in diesem wird der Kranke fest eingespannt und die zu zerbrechende Stelle durch Drehung von Zahnrädern mit grosser Kraft auseinandergezogen.

Sind aber die Bruchenden schon fester verknöchert, so kommt man in dieser Weise meistentheils nicht zum Ziele und muss grössere Kraft anwenden. von Bardeleben verlängerte die durch die Knochenenden gebildeten Hebelarme dadurch, dass er lange Latten durch einen starken Gipsverband an den Bruchenden befestigte; z. B. wurde bei einer Fractur nahe oberhalb des Fussgelenkes eine 2 Fuss lange Holzschiene an dem untersten Theil des Fusses und Unterschenkels befestigt, wodurch das Fussgelenk unbeweglich gemacht wird, während die ehemalige Bruchstelle frei bleibt. Während ein Gehülfe den oberen Theil des Unterschenkels fixirt, lässt sich durch Druck auf das freie Ende der Schiene der Callus leicht mit einer Hand zerbrechen.

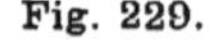
Fig. 229.

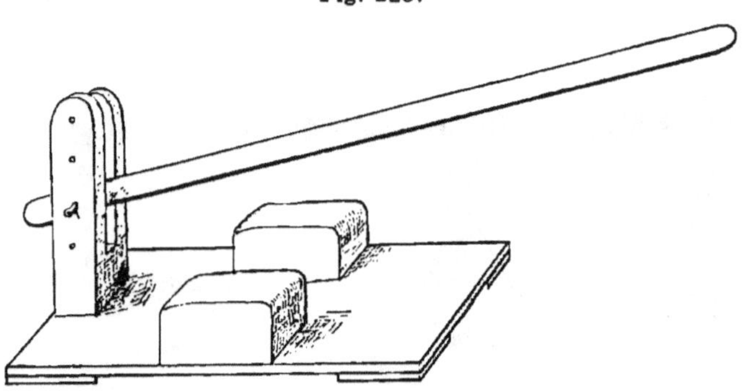
Knochenbrecher nach von Esmarch.

Einfach und sehr wirksam ist auch der **Knochenbrecher** nach von Esmarch (Fig. 229), ein einarmiger langer hölzerner Hebel, der auf das zwischen zwei Kissen gelagerte Glied mit Kraft niedergedrückt wird.

Fig. 230.

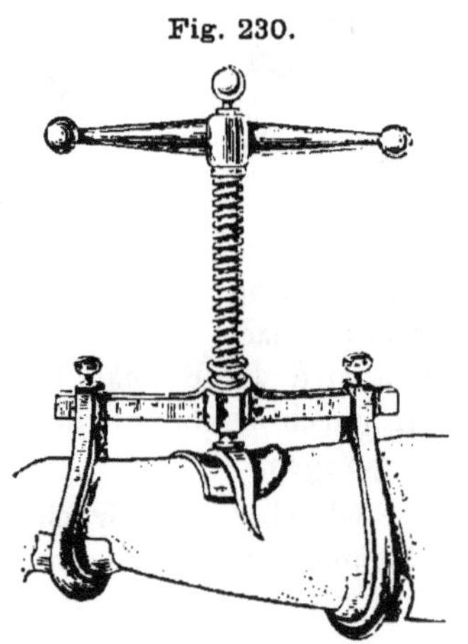
Osteoklast nach Rizzoli.

In früheren Zeiten waren zum Zerbrechen des Knochens viel zusammengesetztere Apparate in Gebrauch, so der **Dysmorphosteopalinklastes,** eine Schraubenpresse, von Bosch und Oesterlein. In einfacherer Weise wirkt nach demselben Grundsatz der **Osteoklast** nach Rizzoli (Fig. 230), der das zwischen zwei Ringen festgehaltene Glied an einer bestimmten Stelle einknickt (Fig. 230).

Wenn man auch gegebenen Falls mit diesen Maschinen ganz gute Erfolge haben kann, so wird man doch in heutiger Zeit der aseptisch ausgeführten **Osteotomie** meistens den Vorzug geben, zumal bei ihr die Bruchstelle genau bestimmt werden kann, und die starcke Quetschung der Weichtheile vermieden wird, welche bei Anwendung aller Knochenbrecher unvermeidlich ist.

## Die Osteotomie,

### die Knochendurchtrennung

macht man zur Geraderichtung krummer Knochen bei schlecht geheilten Knochenbrüchen, bei krankhaften Verkrümmungen der Knochen und bei den Belastungsdeformitäten des Beins.

Man verfährt hierbei folgendermassen

1. Unter künstlicher Blutleere wird mit starkem Messer an einer Stelle, wo die wenigsten Weichtheile verletzt werden, ein kleiner Längsschnitt durch alle Deckschichten bis auf das Periost geführt.

2. Ein kräftiger Meissel (**Osteotom**, Fig. 231) wird in die kleine Wunde bis auf den Knochen geschoben, dann mit einer Vierteldrehung quer zur Axe des Knochens gestellt und nun mit kräftigen Hammerschlägen in den Knochen hineingetrieben. Bei dickeren Knochen muss man nach Durchmeisselung der halben Knochendicke einen dünneren Meissel nehmen, um mehr Platz in

Fig. 231.

Osteotom nach Macewen.

der Knochenfurche zu haben. Ist der Knochen bis auf eine schmale Brücke durchtrennt, so lässt sich diese auch abbrechen. Während des Hämmerns ruht das Glied am besten auf einer festen nur wenig nachgiebigen Unterlage (nasser Sandsack).

3. Statt des Meissels bedient man sich auch der Stichsäge (von Langenbeck, Adams, Fig. 232); die durch sie erzeugten Knochenspähne schaden der Wundheilung nicht, so lange Asepsis besteht. Doch giebt man im Allgemeinen dem Meissel den Vorzug.

Fig. 232.

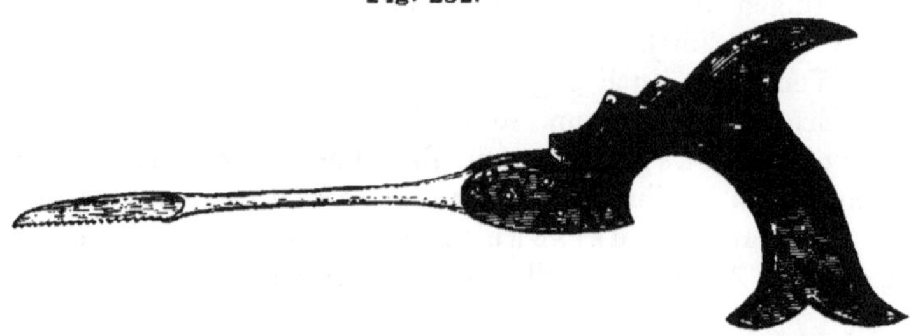

Stichsäge nach Adams.

4. Nachdem der Meissel aus der Knochenfurche herausgezogen ist, was oft einige Kraft erfordert, wird die kleine Wunde entweder vollständig vernäht oder der Granulation überlassen, der Schnürgurt gelöst und das Glied in der gewünschten verbesserten Stellung durch einen sofort angelegten erhärtenden Verband erhalten. Die Heilung erfolgt meist unter diesem ersten Verbande, nöthigenfalls muss nach einigen Wochen ein neuer Verband in noch besserer Stellung angelegt werden.

Typische Knochendurchtrennungen sind:

## Osteotomia subtrochanterica
(von Volkmann)

bei Contracturen des Oberschenkels

1. Hautschnitt über die hintere äussere Seite des Trochanters.

Fig. 233.

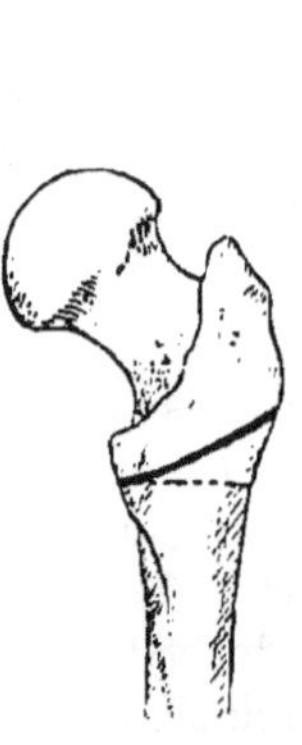

Osteotomia subtrochanterica.

Fig. 234.

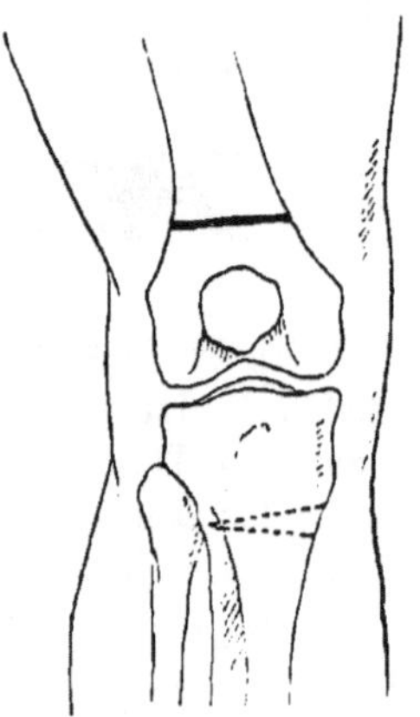

Osteotomia supracondylica.

Fig. 235.

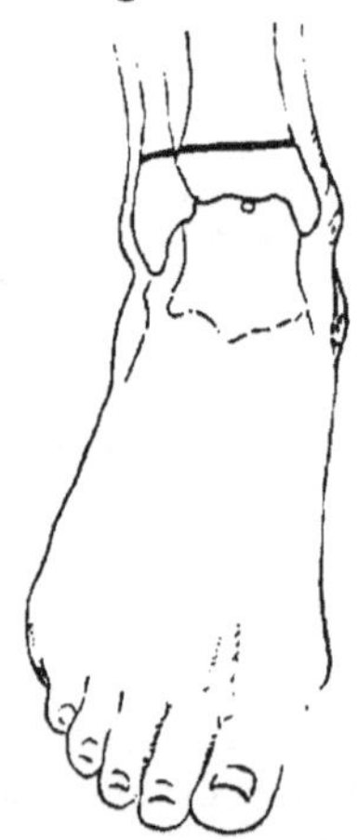

Osteotomia supramalleolaris.

2. Das Periost wird mit Schabeisen und Hebel bis auf ein Drittel des Knochenumfanges zurückgeschoben, darauf

3. der Knochen mit einem breiten Meissel durchtrennt; in schwereren Fällen wird ein entsprechender Keil aus der äusseren Knochenhälfte ausgemeisselt (Fig. 233).

## Osteotomia supracondylica femoris

(Mac Ewen)

bei Genu valgum (und varum).

1. An der Innenseite des Oberschenkels im Kreuzungspunkt zweier Linien, von denen die eine fingerbreit oberhalb der oberen Grenze des Condylus externus quer über den Schenkel zieht, die andere 2 cm vor der Sehne des M. adductor magnus herabläuft, wird ein spitzes Messer bis auf den Knochen eingestochen und der Einstich 4—5 cm nach oben zu erweitert. Die Fasern des M. vastus internus werden dabei durchtrennt, die Gelenkkapsel bleibt unverletzt.

2. Ehe das Messer herausgezogen wird, schiebt man neben ihm ein etwa $1^1/_2$ cm breites Osteotom (Fig. 231) bis auf den Knochen vor, entfernt nun das Messer und stellt den Meissel quer zur Knochenaxe. Das Femur wird quer von innen hinten nach aussen vorn (um die Gefässe nicht zu verletzen) durchgemeisselt, der letzte Rest am besten abgebrochen (Fig. 234). Um die Durchmeisselung schneller auszuführen, fügt Hahn, nachdem der Knochen zur Hälfte von dem inneren Schnitt aus durchtrennt ist, noch einen Hautschnitt über dem Condylus externus hinzu, von welchem aus die äussere Knochenhälfte durchgemeisselt wird, so dass die Meisselfurchen in der Mitte zusammentreffen.

3. In manchen Fällen muss auch die Tibia sogleich oder erst später dicht unterhalb ihrer Tuberositas von einem seitlichen Längsschnitt aus osteotomirt werden. Bei hochgradigen Verkrümmungen kann es nothwendig werden, einen entsprechenden Keil aus Femur oder Tibia herauszunehmen.

4. Die Wundöffnungen werden mit Jodoformgaze bedeckt und das Bein in gerader Stellung mit einem Gipsverband umgeben. Die kleinen Wunden heilen leicht, nöthigenfalls muss ein Fenster im Verbande angelegt werden.

## Osteotomia supramalleolaris

(Trendelenburg)

bei Plattfuss und schief geheilten Knöchelbrüchen, wobei der Fuss nach aussen verschoben in Pronationsstellung steht.

1. Ein kleiner 1 cm langer Hautschnitt wird auf beiden Seiten über die Knöchel geführt.

2. Tibia und Fibula werden mit einem schmalen Meissel dicht oberhalb der Malleolen quer durchtrennt, so dass der Fuss vollständig beweglich wird (Fig. 235).

3. Nach gehöriger Umstellung derselben legt man in dieser verbesserten Stellung einen Gipsverband an, welcher erst nach etwa 12 Tagen durch einen neuen Verband ersetzt wird.

## Die Vereinigung von Knochenwundflächen

zur Erzielung knöcherner Ankylose bei Pseudarthrosen und nach einigen Resectionen, kann in verschiedener Weise vorgenommen werden. Lassen sich die Knochenenden sicher und fest an einander lagern, so genügt es meist, das umgebende Periost ringsherum durch Catgutnähte zu vereinigen (**Periostnaht**), will man aber grössere Sicherheit haben, so kann man den Knochen selbst nähen, indem man an beiden Enden schräge Oeffnungen mit einem einfachen Knochenbohrer (Fig. 236) oder dem Drillbohrer anlegt und durch diese

Fig. 236.

Knochenbohrer.

mit Chromsäure-Catgut, Seide oder Silberdraht Schlingen legt (**Knochennaht**, Fig. 237), oder man nagelt die Knochen durch lange **Stahlnägel** (Fig. 238) fest zusammen. Diese bleiben 3—4 Wochen bis zur Heilung schmerzlos im Knochen stecken und lassen sich nach dieser Zeit leicht herausziehen. Statt der Nägel war früher die Verwendung von Elfenbeinstiften sehr gebräuchlich.

Fig. 237.

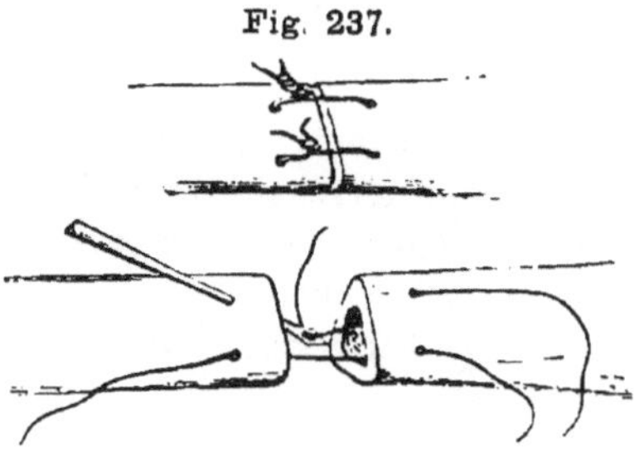

Knochennaht.

Zur besseren Fixirung der Knochenenden gegen einander und zur Vergrösserung der Wundfläche, kann man die Knochenstümpfe keilförmig > < oder treppenartig ⌐ ⌙ anfrischen. Bei letzterem Verfahren vereinigt man sie am besten durch *queres* Eintreiben von Nägeln, Zapfen oder Schrauben.

Fig. 238.

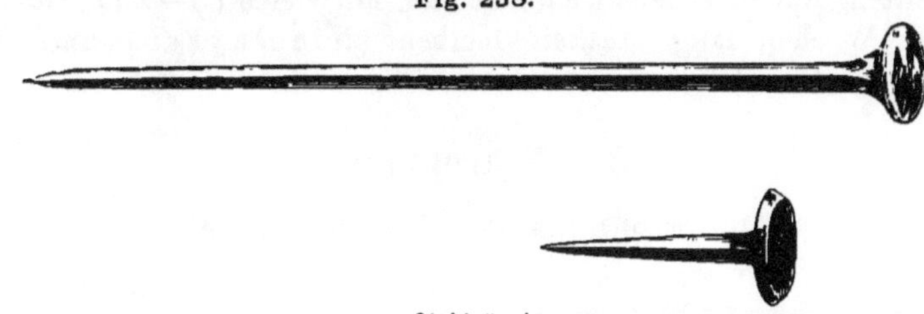

Stahlnägel.

*Wille* durchbohrt den Knochen zur Anlegung der Drahtnaht nicht schräg, sondern der *Quere* nach, führt dann mit einer eigenen Nadel den Draht hindurch und schlingt ihn schliesslich zusammen; sehr schräg verlaufende Bruchenden kann man mit Draht in einer an zwei Seiten angelegten seichten Sägefurche, um das Abgleiten zu verhüten, ringartig einfach zusammenbinden.

Weniger empfehlenswerth scheinen: Das Verfahren von *Bircher*, welcher die Knochenenden durch einen in ihre Markhöhle *eingerammten* Elfenbeincylinder an einander befestigt, das Verfahren von *Senn*, welcher „intraossale absorbirbare *Knochenschienen*“ anwendet, und das von *Davy*, welcher das kegelförmig zugespitzte Ende des einen Knochens in die Markhöhle des andern *einkeilt*, wodurch eine erhebliche Verkürzung entsteht.

Die Versuche, auf *plastischem* Wege durch Ablösung und Vernähung von Periostlappen (*Rydygier*) und von gestielten Hautperiostknochenlappen (*Müller*) die Vereinigung zu erzielen, haben oft gute Erfolge gehabt; unsicher ist die *Implantation* von Periost und Knochen, die aus entfernten Körperstellen oder von Thieren entnommen sind.

Gelingt es auf diese Weise nicht, eine *feste knöcherne* Callusbildung zu erzeugen, so gelangt man mitunter noch zum Ziele durch **Reizmittel.** Hierher gehören: die *Stauungshyperämie* durch loses Anlegen eines elastischen Gurtes oberhalb der Bruchstelle (v. *Dumreicher*, *Helferich*), das „Heilgehen“ in gut sitzenden Hülsen (*Hessing* u. A.), die Massage; ferner die Bepinselung der Haut mit Jodtinctur, die Injection von 10 % Chlorzinklösung (Lannelongue), die Tamponade mit Terpentinöl (Mikulicz) bei offenen Brüchen, das kräftige Reiben der Fragmente gegen einander (Celsus) in Narkose; endlich das Einführen von Fremdkörpern: Eintreiben von Nägeln, Elfenbeinstiften, Nadeln, die Acupunctur mit vielen (5—20) Nadeln, welche Wochen lang stecken bleiben (Nicolaysen) und die Electropunctur (le Fort).

## Die Nekrotomie.

### Die Eröffnung der Knochenhöhle

Fig. 239.

Osteotribe nach Marshall.

macht man, um Eiter oder abgestorbene Knochenstücke (Sequester), welche in der durch die vorherige Entzündung des Knochens (Osteomyelitis) gebildeten Totenlade liegen, oder andere von aussen eingedrungene Fremdkörper (Geschosse) zu entfernen. Ist nur ein Geschoss herauszubefördern, welches in einer Knochenhöhle liegt, so kann man die Fistelöffnung, welche durch die Knochenwand auf den Fremdkörper führt, am raschesten mit einer **Kugelfeile** (Osteotribe nach Marshall, Fig. 239) erweitern. Bei den Nekrosenoperationen aber genügt dieses Verfahren nicht, man muss vielmehr die Totenlade in ganzer Ausdehnung soweit eröffnen, dass ihr Inhalt bequem herausgezogen werden kann. Am raschesten und bequemsten lässt sich dieses mit Meissel und Hammer (Fig. 240) ausführen und zwar sind die gewöhnlichen grossen Tischlermeissel mit Holzstiel viel brauchbarer, als die aus einem Stahlstück bestehenden chirurgischen Meissel. Jedenfalls kann man sich in Ermangelung der letzteren seine Werkzeuge beim ersten besten Tischler oder Drechsler leihen. In der Kieler Klinik sind für diese Zwecke Meissel in Gebrauch, deren Schnittfläche bis zu 5 cm breit ist (Fig. 242).

Fig. 240.

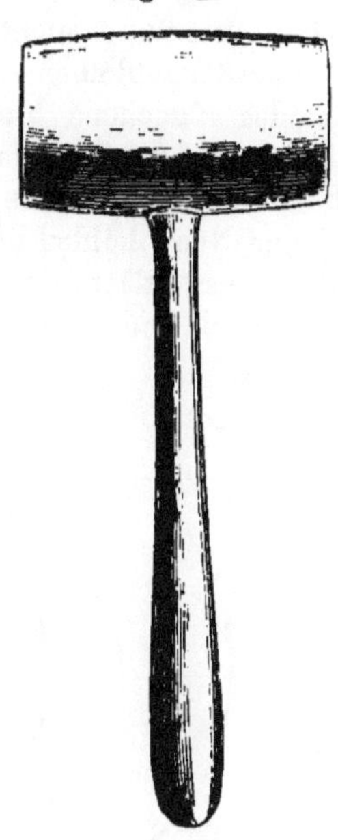

Holzhammer.

1. Unter künstlicher Blutleere legt man den betreffenden Knochen an geeigneter Stelle durch einen grossen Längsschnitt frei, schiebt das gespaltene Periost mit dem Schabeisen (Fig. 244) nach beiden Seiten hin zurück und öffnet die Totenlade mit kräftigen Meisselhieben soweit, dass der tote Knochen frei vorliegt; um hierbei rasch vorwärts zu kommen, ist es zweckmässig, recht grosse Hohlmeissel zu gebrauchen (Fig. 241).

2. Mit der Sequesterzange (Fig. 245) wird nun der tote Knochen herausgezogen und die ihn etwa umgebenden festen

Fig. 241.

Aufmeisselung einer Nekrose der Tibia.

Granulationen werden mit dem scharfen Löffel rein ausgeschabt. Da man niemals sicher ist, dass in den Winkeln und Buchten der eröffneten Totenlade nicht noch kleinere oder grössere Sequesterstücke zurückgeblieben sind, oder dass Granulationsgänge in die Tiefe des Knochens hineinziehen, so ist es erforderlich, von den Seitenrändern der Totenlade soviel fortzunehmen, dass die Knochenhöhle in eine **offene, flache Mulde** verwandelt wird, in der keine Nebenhöhlen unentdeckt zurückbleiben können (Fig. 243). Zum Schluss glättet man die Oberfläche dieser Mulde noch mit dem Meissel und dem scharfen Löffel.

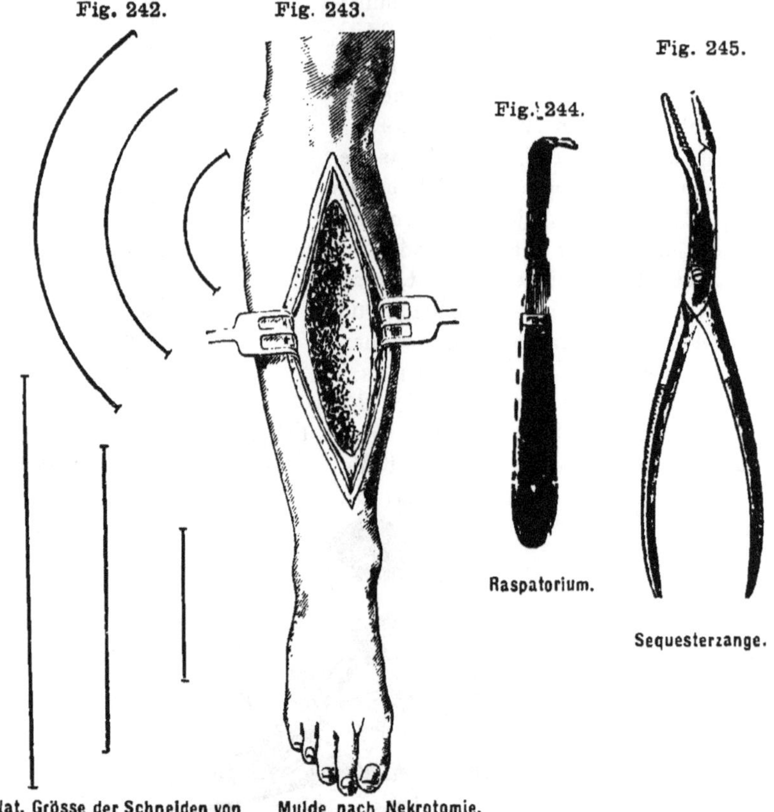

Fig. 242. Nat. Grösse der Schneiden von Meisseln zur Nekrotomie.

Fig. 243. Mulde nach Nekrotomie.

Fig. 244. Raspatorium.

Fig. 245. Sequesterzange.

3. Nach Beendigung der Operation näht man, wenn es möglich ist, die Wundränder zusammen, oder tamponirt die

Knochenmulde fest aus, legt darüber ein Verbandkissen und befestigt es mit einer Binde.

Fürchtet man stärkere Nachblutungen, so kann man auch mit einer elastischen Binde den ganzen Verband noch fester andrücken. Dann erst wird die elastische Umschnürung rasch gelöst.

Die Wunde heilt durch Granulationsbildung, was übrigens bei grossen und tiefen Wundhöhlen recht lange dauert.

4. Um die Heilung zu beschleunigen, kann man die Haut zu beiden Seiten der Wunde von der Fascie ablösen und über die Knochenfläche herüberziehen, wo man sie durch eingeschlagene kleine Stahlnägel oder durch eine Naht (Einstülpungsnaht Neuber, Fig. 246) befestigt. Die Heilung erfolgt dann durch Verklebung; die anfangs tief in den Knochen hineingedrückten Hautlappen erheben sich allmählich durch die in der Tiefe sich bildende Knochenmasse bis zu ihrer früheren Lage (Fig. 247).

Fig. 246.

Fig. 247.

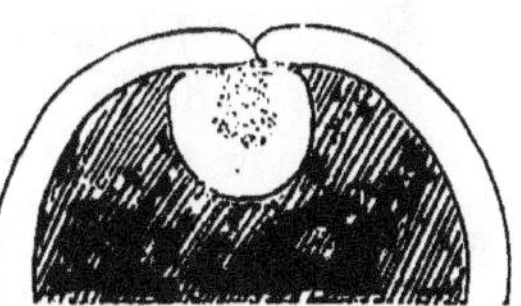

Einstülpungsnaht nach Neuber.

Nach der Operation. Nach der Heilung.

Auch hat man versucht, die Knochenmulde sofort nach der Operation mit den durch die Meisselung entstandenen Knochenspähnen wieder anzufüllen und die Haut darüber zu vernähen. Senn gebrauchte in ähnlicher Weise entkalkte Spähne von Ochsenknochen, die in Alkohol aufbewahrt werden. Doch sind neben einigen guten Erfolgen hierbei auch sehr viele Misserfolge eingetreten dadurch, dass einzelne Knochenstückchen nicht einheilten und durch Eiterung ausgestossen wurden. Weit mehr empfiehlt es sich, nach völliger Vernähung der Hautränder die Knochenhöhle voll Blut laufen und unter dem feuchten Schorfe heilen zu lassen (Schede).

Durch die **osteoplastische Nekrotomie** nach Lücke und Bier erzielt man aber neben grosser Schnelligkeit und Uebersichtlichkeit bei der Operation auch zuweilen eine bedeutend schnellere Heilung und bessere Narben.

Fig. 248.

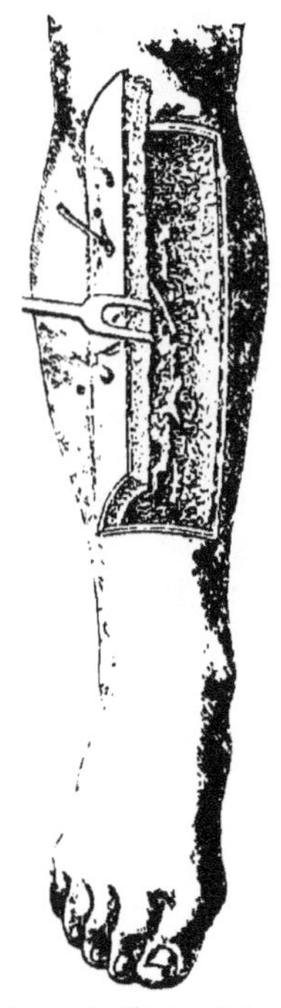

Osteoplastische Nekrotomie.

Handelt es sich, wie zumeist, um eine Nekrose der Tibia, so wird der verdickte Theil derselben an drei Seiten bis auf den Knochen umschnitten.

An den beiden kürzeren Querschnitten wird die verdickte Knochenwand an ihrem vorderen Umfange mit der Stichsäge durchtrennt. Den Längsschnitt dagegen meisselt man mit einem breiten graden Meissel tief ein. Bei den letzten Schlägen lässt sich nun durch kräftige Hebelbewegung der umschnittene Theil des kranken Knochens aufklappen, wie der Deckel eines Kastens (wobei die gegenüberliegende Längsseite einknickt), und man kann mit einem Blick die ganze Knochenhöhle übersehen und auf Sequester, Granulationen und Abscesse untersuchen (Fig. 248). Dieselben werden mit grossem scharfem Löffel ausgeschabt, die Knochenhöhle gereinigt und der aufgeklappte Theil des Knochens wieder in seine frühere Lage zurückgebracht und durch einige Nähte befestigt.

Die völlige Heilung ist in einigen Fällen, selbst bei sehr ausgedehnten Nekrosen, schon in 3—4 Wochen erfolgt.

---

# Die Amputationen und Exarticulationen.

## (Absetzung der Glieder.)

Die **Absetzung eines Gliedes** ist im Allgemeinen nur dann vorzunehmen, wenn durch diese Verstümmelung die Aussicht, das Leben des Kranken zu erhalten, wesentlich besser scheint, als ohne sie, bei Erhaltung des Gliedes.

Man entfernt einen Theil des Gliedes:

1. bei ausgedehnten Zerschmetterungen des Knochens und Zerreissung der grossen Gefässe und Nerven;

2. bei Zerfleischung der gesammten Muskulatur, auch wenn der Knochen nur im geringen Grade betroffen ist;

3. bei sehr ausgebreiteter Zerstörung der Haut (Geschwüre), wenn das Glied dadurch unbrauchbar gemacht ist und der Kranke durch die Entfernung desselben wieder erwerbsfähig werden kann;

4. bei Gangrän eines Gliedabschnittes (Erfrierung, Verbrennung, Altersbrand etc.);

5. bei bösartigen Geschwülsten, um einer Allgemeininfection des ganzen Körpers vorzubeugen.

6. bei schwerer septischer oder pyaemischer Infection, wenn es auf keine andere Weise gelingt, den infectiösen Herd zu beseitigen,

7. bei langdauernden Eiterungen, wenn die Kräfte des Kranken so darniederliegen, dass er voraussichtlich ein noch längeres Krankenlager nicht überstehen kann, durch die Absetzung des Gliedes aber wahrscheinlich in kürzerer Zeit wiederhergestellt werden könnte und schliesslich

8. bei atrophischen, paralytischen Gliedern, wenn der Kranke die Entfernung solcher ganz unbrauchbar gewordener Körpertheile selbst wünscht.

## Allgemeine Regeln.

### Vorbereitungen.

1. Der Kranke wird so gelagert, dass er gut narkotisirt werden kann und dass Arzt und Gehülfen hinreichend Platz haben. Die Schnittfläche des zu amputirenden Gliedes muss dem vollen Lichte zugekehrt sein.

2. Jedem Gehülfen wird seine bestimmte Stellung und Aufgabe zugewiesen. Der Assistent an der Wunde steht dem Operateur gegenüber. Der die Instrumente zureichende Gehülfe steht neben ihm, ohne ihn in seinen Bewegungen zu hindern oder die Wundfläche zu beschatten. Ein dritter Gehülfe hält den zu amputirenden Gliedabschnitt mit „langen Armen" frei in der Schwebe. Der Narkotisirende steht zu Häupten des Kranken. Sind nicht genügend Hülfskräfte vorhanden, so muss der Operateur sich mit weniger oder gar mit einem einzigen Gehülfen begnügen, er nimmt sich dann die Instrumente selbst aus der Schale, während der Assistent das abfallende Glied unterstützt und später den Stumpf hält.

3. Der Operirende stellt sich am besten so, dass das amputirte Glied nach seiner rechten Seite hin abfällt.

4. Vor Beginn der Operation wird die Haut in der Gegend der Operationsstelle in weitem Umfange rasirt, mit Seife und Bürste gereinigt und gründlich desinficirt, wie Bd. I, S. 16—20 beschrieben ist. Mit eingetretener Narkose wird das Glied bis weit über die Amputationsstelle hinaus blutleer gemacht und nach Abnahme der Wickelbinde nochmals desinficirt. Fistelöffnungen und eiternde oder brandige Flächen werden mit in antiseptische Lösungen getauchten Compressen umhüllt, um eine durch Unachtsamkeit etwa mögliche Infection der Instrumente und Hände zu verhüten. Selbstverständlich müssen während der Amputation alle Regeln der Antisepsis und Asepsis aufs Strengste befolgt werden.

## Durchschneidung der Weichtheile.

Die Weichtheile müssen so getrennt werden, dass sie den abgesägten Knochen **reichlich bedecken.** Die Muskeln durchschneidet man am besten **senkrecht** zur Achse des Gliedes, und zwar darf das Messer dabei nicht durch Druck wirken, sondern man zieht es hin und her, wie beim Vorschneiden eines Bratens. Bei schrägen Muskelschnitten werden auch die Gefässe schräg durchschnitten und lassen sich weniger leicht sicher unterbinden. Aus diesem Grunde sind von allen Methoden am meisten zu empfehlen die **Zirkelschnitte** und die **Hautlappenschnitte** mit zirkulärem Muskelschnitt.

### Der einzeitige Zirkelschnitt (Celsus).

Während der Gehülfe mit beiden Händen das Glied über der Amputationsstelle umspannt und dadurch Haut und Muskeln fixirt, werden mit einem Amputationsmesser (Fig. 249), dessen Länge sich nach der Dicke des Gliedes richtet, sämmtliche Weichtheile bis auf den Knochen **in einem Zuge** durchschnitten (Fig. 250) und sofort der Knochen durchsägt. Am zweckmässigsten fasst der Arzt das lange Amputationsmesser mit der vollen Faust, führt es unter dem Gliede herum, setzt die Spitze des Messers auf die ihm zugekehrte vordere Seite des Gliedes senkrecht und quer zu dessen Achse auf, schiebt dann das Messer mit leichtem Druck gegen seine Brust zu vor, wobei die Klinge alle Weichtheile bis auf

Fig. 249.

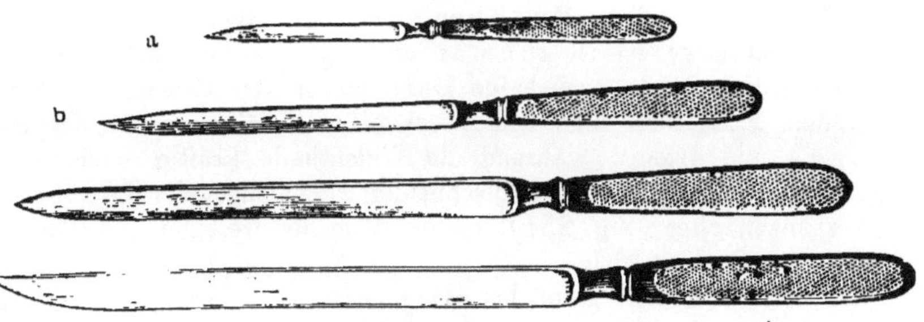


Vier Amputationsmesser.

Fig. 250.

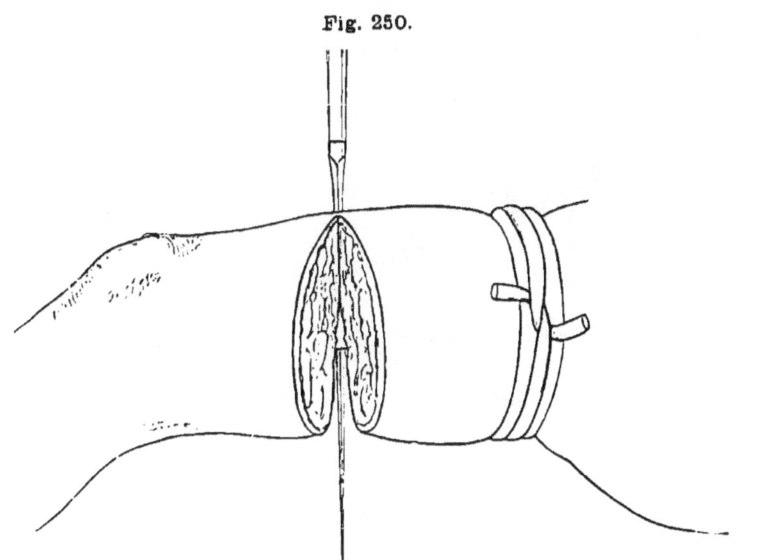

Einzeitiger Zirkelschnitt.

den Knochen durchschneidend bis zum Heft eindringt, und führt sie dann in kurzen sägenden Zügen um den Knochen herum bis zum Ausgangspunkt zurück. Andere durchschneiden mit dem nahe am Griff aufgesetzten Messer in langem Zuge zunächst die Weichtheile an der dem Operateur abgewandten Seite des Gliedes, setzen dann das Messer in umgekehrter Richtung in den Anfang des Schnittes ein und durchtrennen die Weichtheile auf der dem Operateur zugewandten Seite.

Darauf wird sofort der Knochen durchsägt. Damit sich aber die Weichtheile ohne Spannung über den Knochen vereinigen lassen, muss er noch einmal abgesägt werden und zwar um soviel höher, als der halbe Durchmesser des Gliedes beträgt. Zu dem Ende fasst man den Knochenstumpf mit einer Klauenzange und drängt, während die Weichtheile kräftig nach oben gezogen werden, mit einem hohlschneidigen Schabeisen die Knochenhaut nach oben (Fig. 251), bis der Knochen weit genug entblösst ist (von Esmarch).

Diese Methode giebt bei Gliedern mit einem Knochen unter allen die kleinste und ebenste Wundfläche; sie eignet sich zwar nicht für Glieder mit kräftiger Muskulatur, vorzüglich gut aber für magere, durch lange Eiterung erschöpfte Kranke.

Für zweiknochige Glieder ist der einzeitige Zirkelschnitt weniger gut geeignet: um das Zurückschieben der Weichtheile

Fig 251.

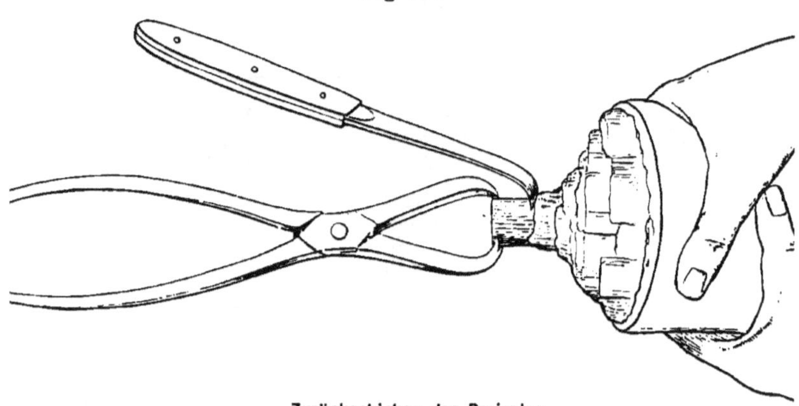

Zurückschieben des Periostes.

und des Periostes zu ermöglichen, muss man nach Durchtrennung des Interosseums je einen Seitenlängsschnitt hinzufügen.

Die Wunde kann in jeder Richtung durch die Naht vereinigt werden. Das Aussehen des frischen Stumpfes nach querer Vereinigung zeigt Fig. 252, nach senkrechter Vereinigung Fig. 278.

Eine Abänderung dieses Schnittes ist

**der zweizeitige Zirkelschnitt** (Petit 1718),

welcher die Haut und die Muskulatur in zwei über einander liegenden Ebenen durchtrennt.

Zuerst wird durch einen das Glied umkreisenden Schnitt nur die Haut bis auf die Fascie durchtrennt (Fig. 253). Darauf löst man ringsum die Haut, während der Assistent sie stark nach aufwärts zieht, durch wiederholte und senkrecht zur Achse des Gliedes bis auf die Fascie geführte Schnitte (Fig. 254) (nicht wie Fig. 255), soweit ab, dass ihr Rand mit den Fingern der linken Hand gefasst und wie eine Stulpe nach oben umschlagen werden kann. Die Länge der Stulpe muss etwa dem halben Durchmesser des Gliedes gleich sein.

Fig. 252.

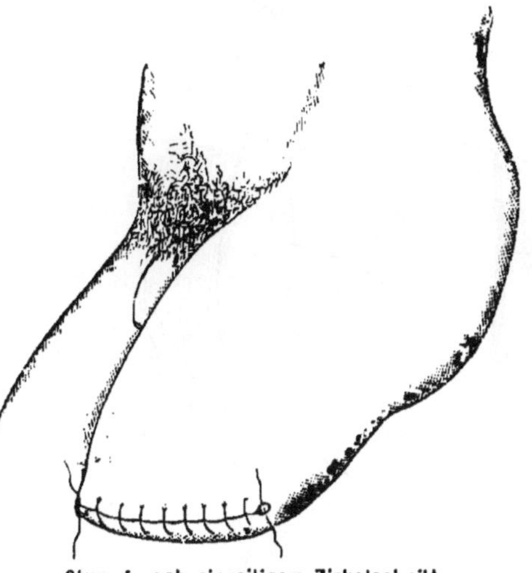

Stumpf nach einzeitigem Zirkelschnitt.

Fig. 253.

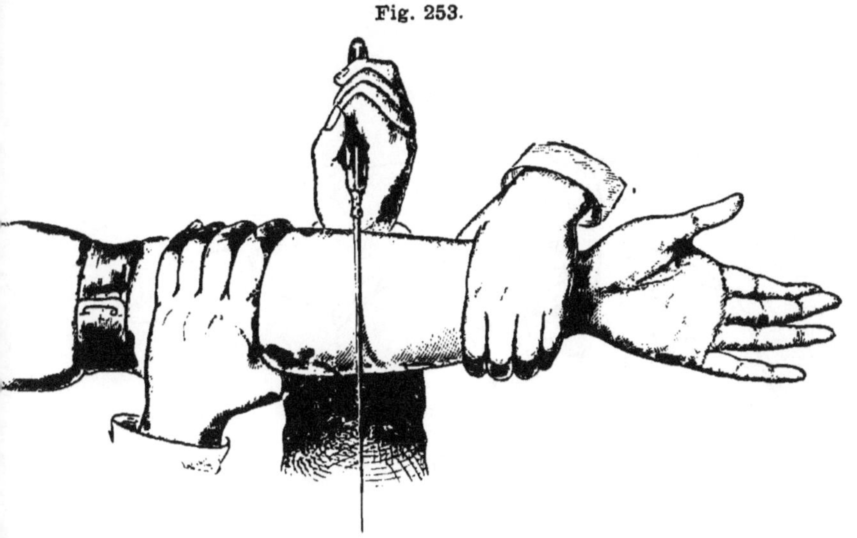

Zweizeitiger Zirkelschnitt: Durchtrennung der Haut.

Fig. 254.

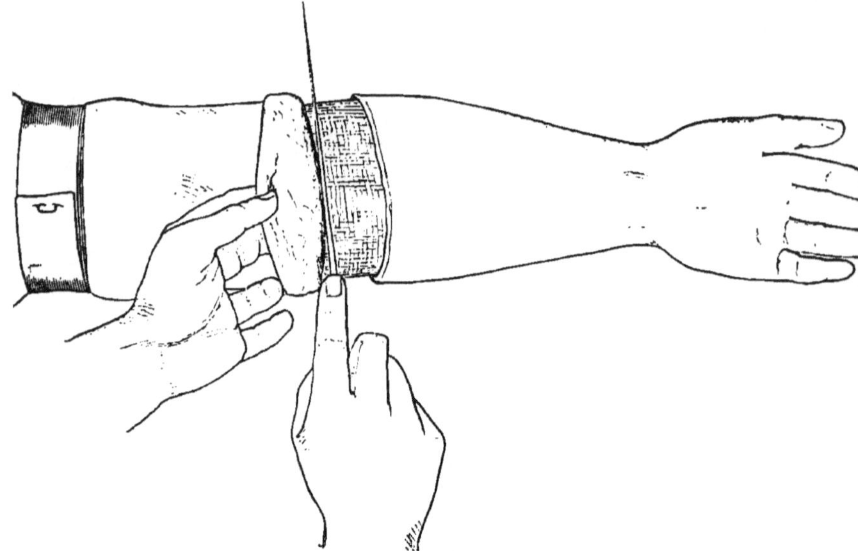

Zweizeitiger Zirkelschnitt: Ablösung der Haut.

Fig. 255.

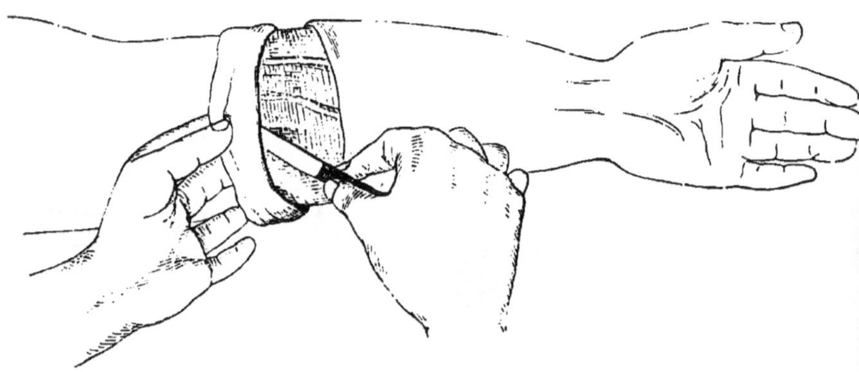

Fehlerhafte Schnittführung.

Ist der Schnittrand der Haut zu eng, weil das Glied oberhalb der Stelle an Umfang zunimmt, so kann man die Haut durch einen kurzen Längsschnitt spalten an einer oder zwei gegenüberliegenden Stellen. Hart an der Umschlagsstelle der Haut werden nun durch einen kräftigen Zirkelschnitt sämmtliche Muskeln ringsum

Fig. 256.

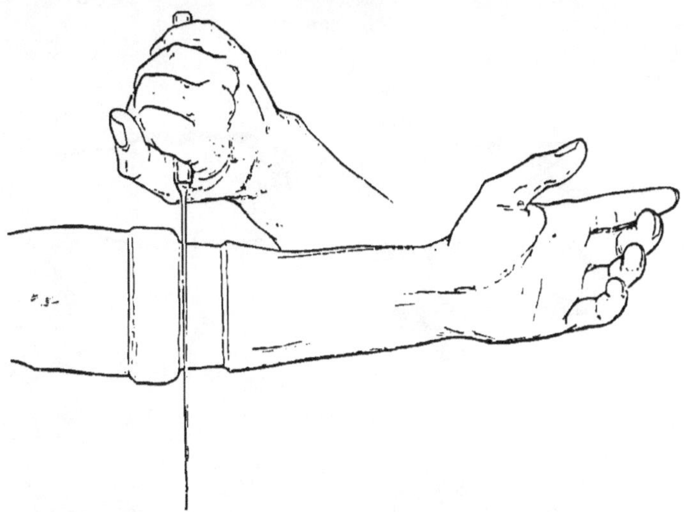

Zweizeitiger Zirkelschnitt: Durchtrennung der Muskulatur.

bis auf den Knochen durchtrennt (Fig. 256), das Periost mit dem Schabeisen zurückgeschoben und dann der Knochen durchsägt.

Das Aussehen des frischen Stumpfes zeigt Fig. 257.

Fig. 257.

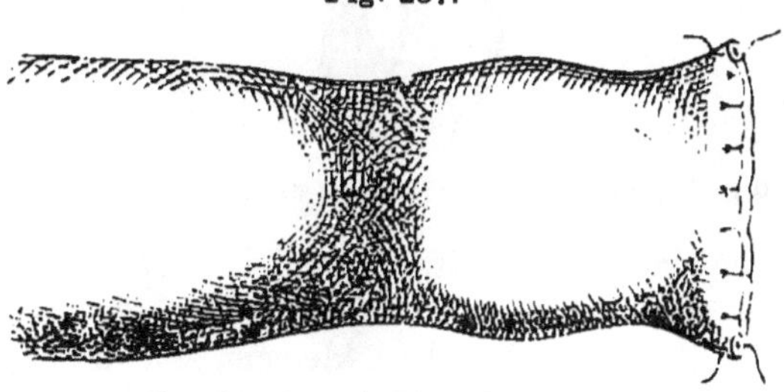

Stumpf nach zweizeitigem Zirkelschnitt.

Der zweizeitige Zirkelschnitt ist in den verschiedensten Abänderungen beschrieben worden. Petit und Cheselden durchschnitten zunächst nur die Haut für sich allein kreisförmig, liessen dann die Weichtheile kraftvoll nach oben ziehen (Fig. 258) und durchtrennten sie hart am Rande der zurückgezogenen Haut

Fig. 258.

Zirkelschnitt nach Petit.

Fig. 259.

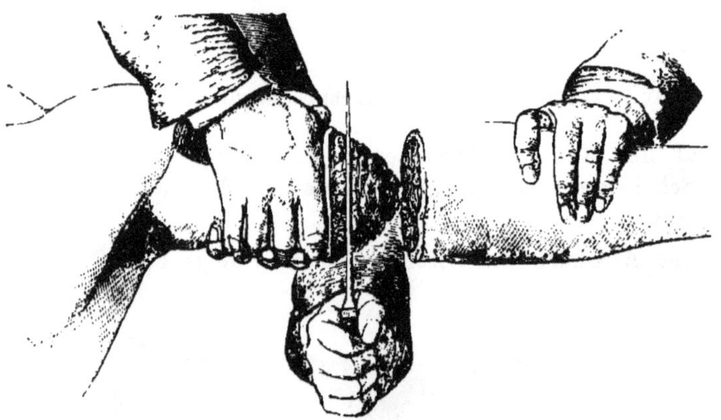

Dreizeitiger Zirkelschnitt (Trennung des „Muskelkegels").

in einem Zuge bis auf den Knochen. Louis durchschnitt alle Weichtheile in einem Zuge bis auf den Knochen, löste aber mit einem zweiten Zirkelschnitt den kleinen Muskelkegel vom Knochen ab, welcher sich nach Zurückziehung der oberflächlichen Muskulatur durch die am Knochen fester anhaftenden tiefen Muskeln bildet. Desault ging noch weiter, indem er erst die Haut, dann die oberflächliche Muskelschicht und endlich die tiefere da, bis wohin sich die erstere zurückgezogen hatte, schichtweise durchtrennte (**dreizeitiger Zirkelschnitt**, Fig. 259). Die Wunde bildet dann einen Trichter.

Viel besser aber als die mehrmalige Durchschneidung der Muskeln ist das **Zurückschieben des Periostes** und Absägen des Knochens in einer höheren Ebene (von Esmarch), wodurch überreichlich Weichtheile zur Bedeckung des Stumpfes gewonnen werden.

## Der Hautlappenschnitt (Lowdham 1679).

Mit einem bauchigen Skalpell oder dem Lappenmesser nach von Langenbeck (Fig. 260) umschneidet man halbmondförmige Hautlappen, löst sie mit senkrecht zur Oberfläche gerichteten Schnitten bis zu ihrer Basis von der Fascie ab und klappt sie

Fig. 260.

Lappenmesser nach von Langenbeck.

aufwärts. Entweder bildet man zwei gleich grosse Hautlappen an den beiden Seitenflächen des Gliedes (Fig. 261), nach deren Vereinigung die Narbe über die Mitte des Stumpfes herüberläuft oder, was am zweckmässigsten ist, einen grossen vorderen und einen kleineren hinteren Lappen (Fig. 262), so dass die spätere Narbe an einer Seite des Stumpfes zu liegen kommt, wo sie weniger gedrückt wird. Auch kann man nach Bildung eines grossen vorderen Hautlappens die Haut an

Fig. 261.

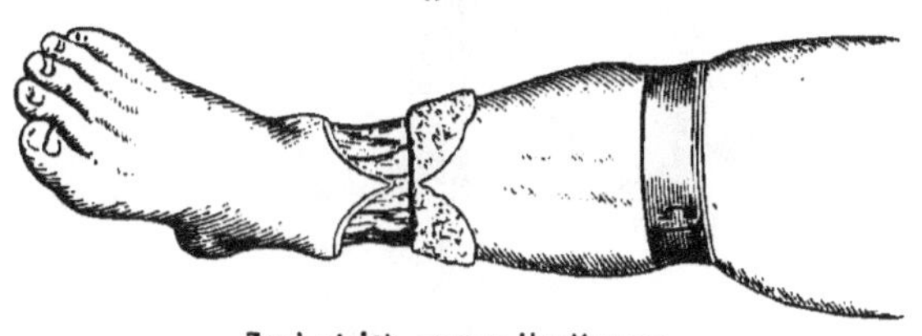

Zwei gleich grosse Hautlappen.

Fig. 262.

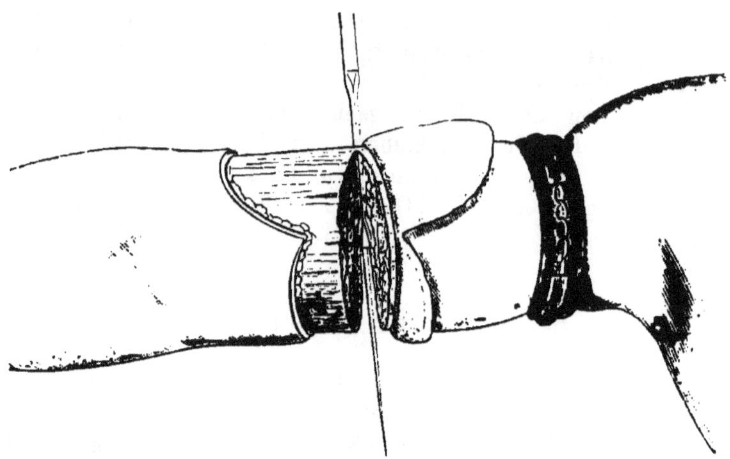

Grösserer vorderer und kleinerer hinterer Hautlappen.

Fig. 263.

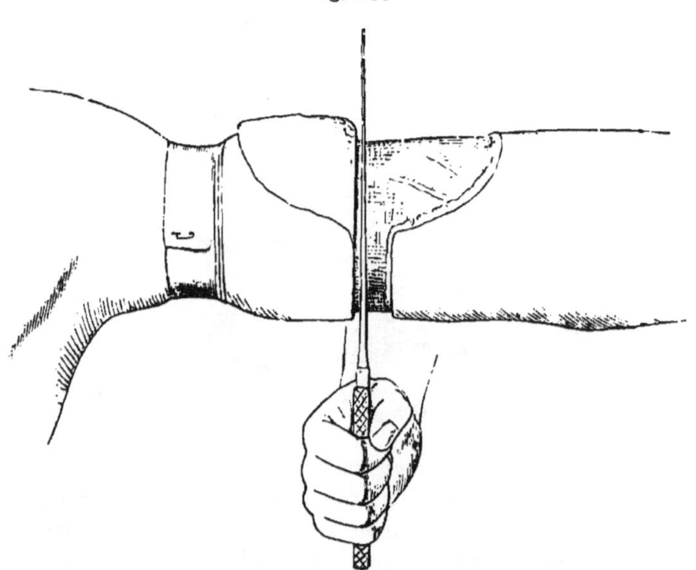

Vorderer Hautlappen, hinten halber Zirkelschnitt (nach Liston).

der hinteren Seite durch einen halben Zirkelschnitt trennen (Fig. 263) und sie durch einige senkrechte Schnitte nach oben hin ablösen. In diesem Falle muss die Basis des vorderen grossen Lappens etwas kleiner sein, als der halbe Umfang des Gliedes, seine Länge aber gleich dem sagittalen Durchmesser desselben. Hart an der Umschlagsstelle der hinaufgeschlagenen Hautlappen werden sämmtliche Muskeln durch einen Zirkelschnitt bis auf den Knochen durchtrennt und dieser abgesägt. Der Hautlappen hängt dann wie ein Vorhang über die Wundfläche herüber und bietet einen guten Abfluss für die Sekrete, ebenso wie eine günstige seitliche Lage der späteren Narbe.

## Die Muskellappenschnitte.

Die Methoden, bei denen die **Lappen aus Haut und Muskeln** geschnitten werden, sind im Allgemeinen weniger zu empfehlen, weil sie grössere Wundflächen geben, und vor Allem wegen der schrägen Durchschneidung der Arterien.

Fig. 264.

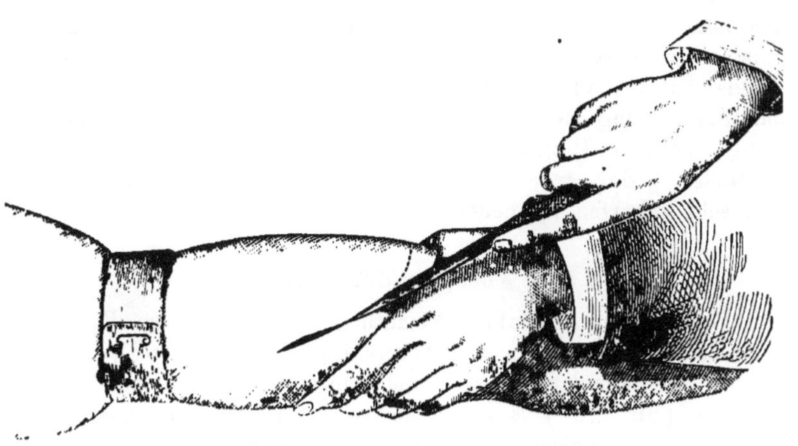

Muskellappenschnitt. Messerführung nach Langenbeck.

Man kann die Lappen entweder **von aussen nach innen** schneiden (Langenbeck, Fig. 264), wozu sehr scharfe Lappenmesser gehören, oder **von innen nach aussen** (Verduin), indem man die Weichtheile an der Basis der Lappen hart am Knochen mit einem langen zweischneidigen Messer durchsticht und dasselbe schräg nach abwärts in langen sägenden Zügen bis an die Oberfläche führt (s. die Exarticulation des Oberschenkels Fig. 402).

Die letztere Methode ist weniger zu empfehlen, bei Amputationen wegen Schussfrakturen auch deshalb nicht, weil das Messer leicht durch in den Weichtheilen verborgene Geschosse oder Knochensplitter aufgehalten wird. Auch sind zweischneidige Messer nicht zweckmässig, weil der schneidende Rücken bei unsicherer Führung die Gefässe in dem Lappen an mehreren Stellen anschneiden kann. Dazu kommt, dass die zweischneidigen Messer viel schwerer zu schleifen sind, als die einschneidigen, mit denen sich übrigens die Lappenbildung von innen nach aussen eben so gut ausführen lässt, besonders wenn die Spitze so gerichtet ist, wie an dem längsten Messer (d) in Fig. 249.

Eine Abänderung des Muskellappenschnittes ist

**der Ovalairschnitt** (Langenbeck),

bei welchem zwei Lappen an der Rückseite in einem Querschnitt zusammenstossen, so dass die Wunde die Form eines Kartenherzens bekommt (Fig. 294). Er eignet sich besonders für die Exarticulation kleinerer Gelenke (der Finger und Zehen). Für grössere Glieder hat er, ausser der Schnelligkeit in der Ausführung, welche bei Anwendung des Chloroforms und der künstlichen Blutleere wenig mehr in Betracht kommt, keine Vorzüge vor den übrigen Methoden. Zur exacten Ausführung bedarf es grosser Uebung und sehr scharfer Lappenmesser.

## Das Absägen der Knochen.

Nach Trennung aller Weichtheile vertauscht der Operateur das Messer mit einer Amputationssäge (Fig. 265, 266), setzt zur Stütze des Sägeblattes den Nagel seines linken Daumens auf den Knochen (Fig. 267), sägt an demselben entlang in langen, ganz leichten Zügen zunächst eine Führungsfurche und dann in längeren kräftigen Zügen, ohne zu drücken, mässig rasch den Knochen durch.

Während des Sägens werden die Weichtheile von dem oberen Assistenten mit den Händen oder mittelst einer sterilisirten,

Fig. 265.

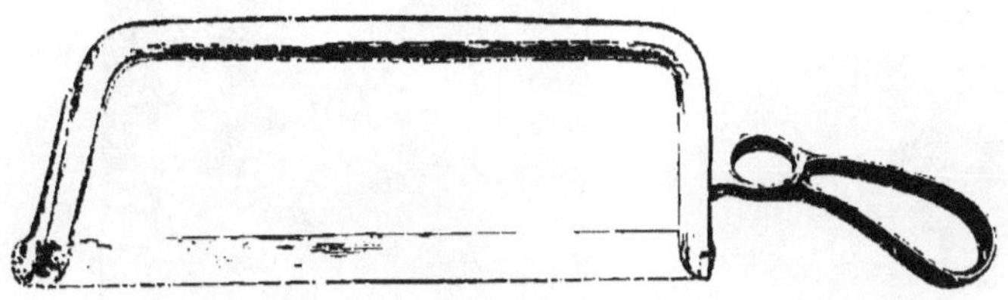

Bogensäge nach Reiner.

Fig. 266.

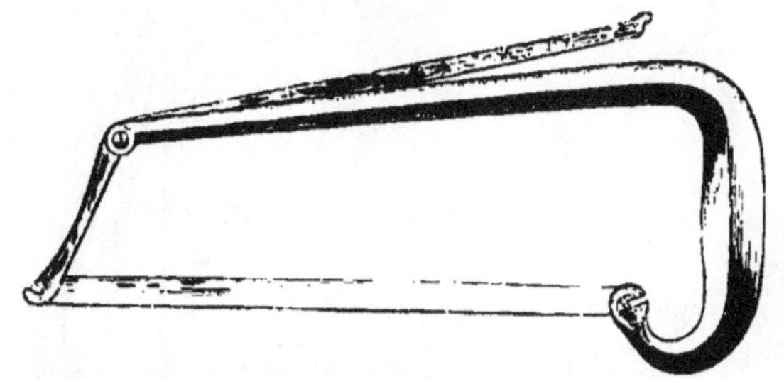

Bogensäge nach Nyrop.

Fig. 267.

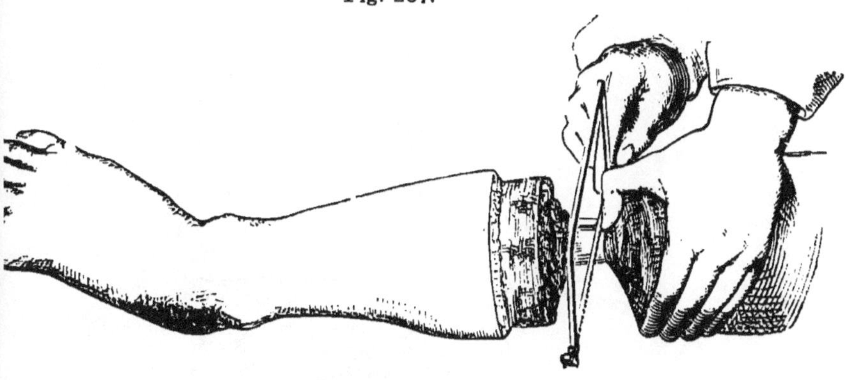

Absägen des Knochens.

gespaltenen Compresse (Fig. 268, 269) kräftig aufwärts gezogen (Fig. 270), während der untere Assistent den unteren Theil des Gliedes fest und sicher hält, gegen Ende des Sägens aber ein wenig senkt, damit das Sägeblatt nicht eingeklemmt werde.

Hat man den Knochen fast durchgesägt, so führt man die Säge vorsichtig und langsamer, während der Gliedabschnitt nicht

Fig. 268. Fig. 269.

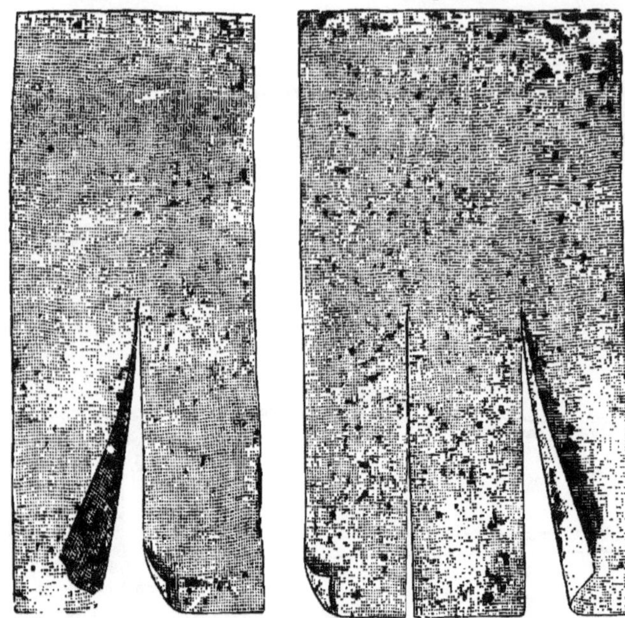

Gespaltene Compressen
für einen Knochen für zwei Knochen.

Fig. 270.

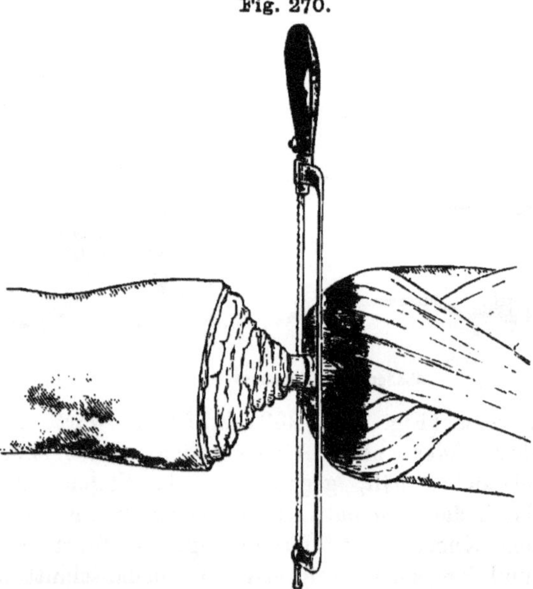

Zurückhaltung der Weichtheile mit der gespaltenen Compresse.

mehr von dem Gehülfen gesenkt wird, weil sonst leicht der Knochen mit Splitterung abbricht.

Bei **Gliedern mit zwei Knochen** müssen vor dem Absägen die Weichtheile im Zwischenknochenraum vollständig durchschnitten werden, indem man ein schmales einschneidiges Messer (Fig. 249 a) zuerst von einer und dann von der anderen Seite an einem der Knochen hingleitend durchschiebt und die Schneide, wie in Fig. 271 angedeutet, wirken lässt. Das Messer wird mit dem Rücken dem einen Knochen anliegend von unten her in das Spatium interosseum eingestochen, quer durch den Zwischenknochenraum zum andern Knochen geführt, mit der Schneide an dessen innerer Fläche entlang geführt und nach unten zu herausgezogen. Dann dreht man die Schneide gegen den andern Knochen und verfährt an ihm in gleicher Weise.

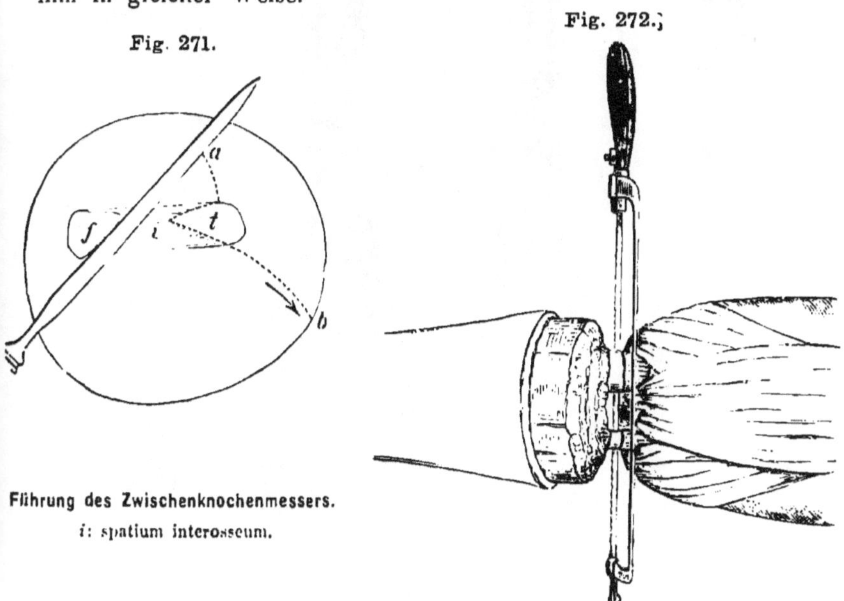


Fig. 271.

Führung des Zwischenknochenmessers.
i: spatium interosseum.

Fig. 272.

Absägen beider Knochen.
Zurückhalten der Weichtheile mittelst der doppelt gespaltenen Compresse.

Nun lässt man mittelst einer doppeltgespaltenen Compresse, deren mittlerer Lappen zwischen die Knochen mit einer Kornzange durchgezogen wird, die Weichtheile nach aufwärts ziehen (Fig. 272) und durchsägt gleichzeitig beide Knochen. Ist, wie am

Unterschenkel, der eine Knochen bedeutend dünner als der andere, so führt man, um Splitterung des dünneren zu verhüten, die Säge so, dass sie zunächst in den dickeren eine Führungsfurche sägt, dann den dünnen Knochen durchtrennt und erst mit den letzten Zügen den dickeren allein absägt.

Nach dem Absägen werden etwa vorstehende Knochenspitzen mit einer **Knochenscheere** (Liston, Fig. 273) oder einer **Hohlmeisselzange** (Lüer, Fig. 274) abgekniffen, scharfe Kanten mit einer feinen Säge (Fig. 275) entfernt oder mit einer Feile geglättet.

Fig. 273. Fig. 274. Fig. 275.

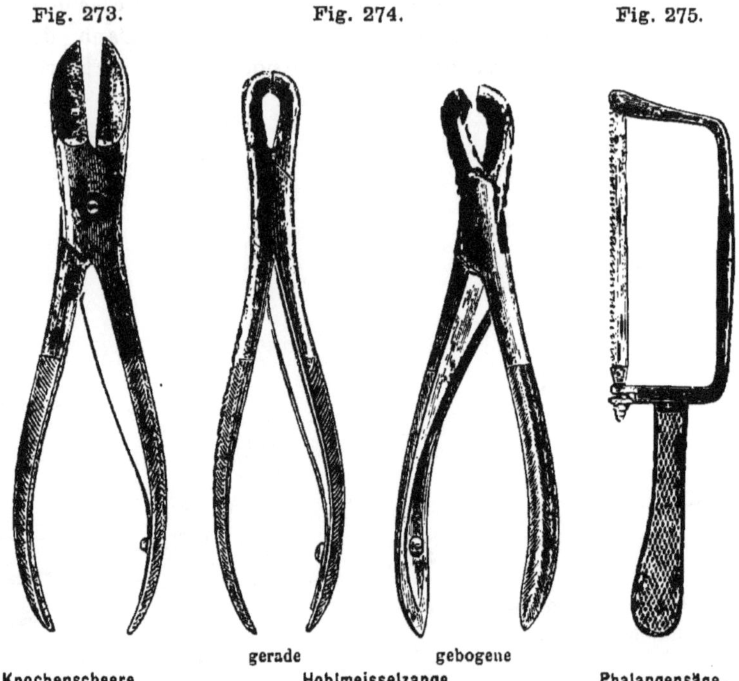

Knochenscheere nach Liston. gerade gebogene Hohlmeisselzange nach Lüer. Phalangensäge.

Darauf werden alle durchschnittenen **Gefässe**, Arterien und Venen, die man als solche erkennen kann, und deren Lage man sich vor der Operation, nöthigenfalls mit Hülfe von Durchschnittszeichnungen ins Gedächtniss zurückgerufen hat, **unterbunden**, (Fig. 131). Die grösseren Gefässe sind leicht zu erkennen, die kleineren Muskelgefässe findet man am ehesten, wenn man die bindegewebigen Muskelinterstitien absucht. Auch ist es zweckmässig, die Stümpfe der Nervenstämme, welche in der Wunde hervorragen, mit einer Pinzette etwas hervorzuziehen und mit einer scharfen Scheere abzuschneiden, wodurch die Schmerzen in der Wunde und in der Narbe verhütet oder gemindert werden.

Wer im Unterbinden die nöthige Uebung hat, kann nun zur Vereinigung der Wunde schreiten und die Schnürbinde liegen lassen, bis der Verband beendigt ist. Wer dies aus Furcht vor Nachblutungen nicht wagt, der mache es, wie es auf S. 61 angegeben ist.

## Die Vereinigung der Wunde

muss in der Weise vorgenommen werden, das sich Blut und Serum nicht in ihr ansammeln können, sondern sofort an die Oberfläche treten müssen, wo sie von dem antiseptischen oder aseptischen Druckverband sogleich begierig aufgesogen werden.

Bei sehr sorgfältiger Blutstillung und völliger Asepsis genügt es, die Hautränder über den Weichtheilen durch die Naht zu vereinigen, die Wundwinkel dagegen offen zu lassen oder mit Drainröhren zu versehen und einen festen Druckverband anzulegen, der die Wundflächen gegen einander presst und die Ansammlung von Secreten verhindert.

Will man drainiren, so ist es zweckmässig, die Drainrohre mit einem langen Faden zu versehen, der durch die Verbandschichten herausgeleitet wird und an dem das Rohr, ohne Verbandwechsel, am 2—3 Tage herausgezogen werden kann. Diese gefesselten Drains (Kocher) bieten den Vortheil, dass sie den Secretabfluss wie jede andere Drainage sichern, während nach dem Herausziehen ihre Canäle sofort durch Aneinanderlegen ihrer Wandungen verkleben, so dass trotz der Drainage in 10 bis 12 Tagen völlige Heilung der Wunde erfolgen kann.

Will man keine Drainröhren einlegen, so lässt man den abhängigsten Wundwinkel offen, damit etwaige Secrete abfliessen können, oder man vernäht die einzelnen Schichten etagenartig über einander durch tiefe oder verlorene Nähte, wodurch alle Buchten in der Wundfläche sicher beseitigt werden, und die Secretansammlung verhindert wird. Als Beispiel zeigen die folgenden Abbildungen die Anlegung der Nähte nach einer Amputation des Oberschenkels mit einzeitigem Zirkelschnitt.

Zuerst wird das zurückgeschobene Periost hervorgezogen und durch einige Catgutnähte über die Sägefläche des Knochens vereinigt (Fig. 276).

Darnach näht man mit langen schwachgekrümmten Nadeln und dicken Catgutfäden zuerst die tieferen (Fig. 276), dann die oberflächlichen Muskelschichten (Fig. 277) zusammen und heftet endlich die Hautränder genau aneinander mit doppelter Kürschnernaht (Fig. 278), wobei man nur den untersten Wundwinkel etwas klaffend lässt.

Fig. 276. Fig. 277. Fig. 278.

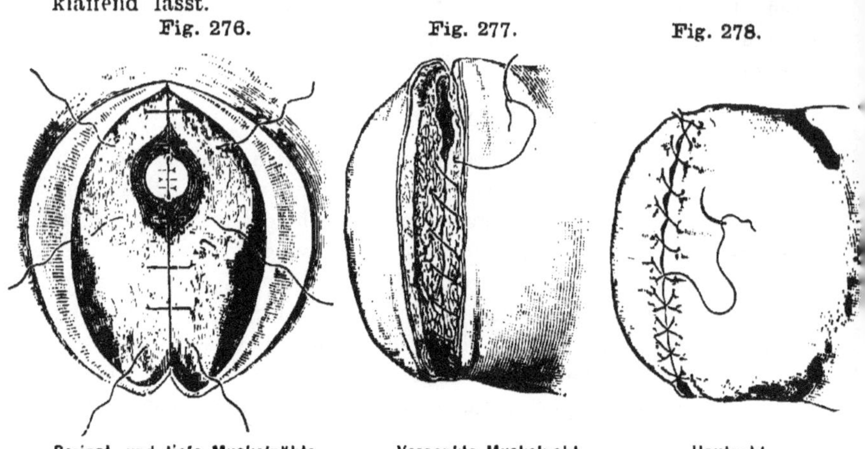

Periost- und tiefe Muskelnähte. Versenkte Muskelnaht. Hautnaht.

Wenn man dann einen Dauerverband, wie er Bd. I S. 49 geschildert und in Fig. 42 dargestellt ist, anlegt und dann erst den Schnürgurt löst, so kann der Verband in der Regel mehrere Wochen lang bis zur völligen Heilung per primam intentionem liegen bleiben, und findet man dann alles Blut, was der Kranke in Folge der Amputation verloren hat, in Gestalt einer schmalen trockenen geruchlosen Kruste an der inneren Fläche des Verbandes.

## Allgemeine Regeln für die Exarticulation.

1. Bei den **Exarticulationen** steht der Operateur in den meisten Fällen am besten so, dass er das Gesicht dem Kranken zukehrt, und fasst das abzuschneidende Glied selbst mit der linken Hand.

2. Zur Trennung der Weichtheile eignet sich der Zirkelschnitt weniger gut, als der Lappenschnitt. Da es sich hier meist um die Bedeckung grösserer Knochenflächen handelt, so müssen verhältnissmässig grosse Lappen gebildet werden,

entweder aus der Haut allein, oder aus der Haut und den darunter liegenden Muskeln bestehend.

In manchen Fällen ist ein vorderer grosser und ein hinterer kleiner Lappen (Knie, Schulter, Hüfte) am vortheilhaftesten, in einigen Fällen (Fussgelenk, Mittelfuss) muss der hintere Lappen der grössere sein.

Für kleinere Gelenke (Finger, Zehen) eignet sich besonders gut der Ovalairschnitt.

3. Nach Trennung der bedeckenden Weichtheile wird das Gelenk eröffnet, indem man durch geeignete Bewegungen die vorliegenden Bänder stark anspannt und sie dann mit dem Lappenmesser durchschneidet.

4. Durch Trennung der übrigen Bänder und der Gelenkkapsel ringsum wird die Auslösung beendet und, wenn nöthig, von dem zurückbleibenden Gelenkkörper ein Stück abgesägt. Im Uebrigen ist das Verfahren dasselbe, wie bei der Amputation.

## Die Reamputation.

1. Wenn bei einer Amputation nicht genug Weichtheile erspart worden sind, oder dieselben sich in Folge entzündlicher Anschwellung (Ostitis) während der Heilung zurückgezogen haben, oder durch Gangrän verloren gegangen sind, so bildet sich ein sogenannter **konischer Stumpf** (Fig. 279), d. h. das Knochenende ragt so weit hervor, dass eine vollständige Vernarbung nicht zu Stande kommen kann (ulcus prominens), oder die endlich entstandene dünne Narbe bricht immer wieder auf, sobald der Amputirte sich eines Stelzfusses oder künstlichen Beines bedient. Aehnlich pflegen sich die Stümpfe zu verhalten, welche nach Erfrierung oder Verbrennung eines Körpertheils zurückbleiben.

Fig. 279.

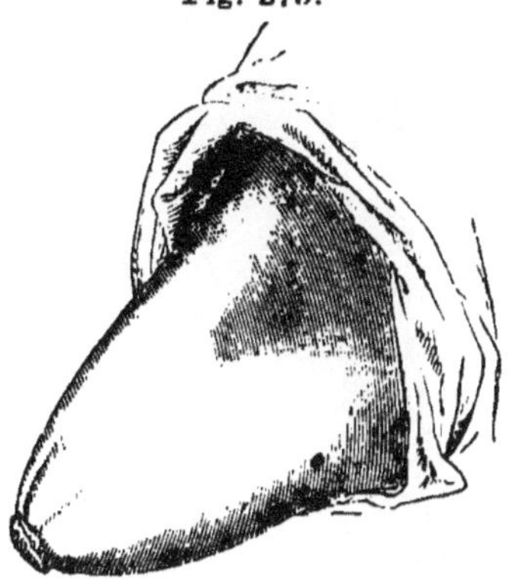

Konischer Stumpf.

2. In solchen Fällen pflegte man früher noch einmal höher oben zu amputiren, oder versuchte durch Transplantation von Hautlappen die Narbe zu decken. Ersteres ist aber meist unnöthig und ebenso gefährlich, wie die erste Amputation, während letzteres nur selten einen befriedigenden Erfolg giebt, weil die Haut an den Extremitäten sich für plastische Operationen wenig eignet.

3. Viel zweckmässiger ist es, die **subperiostale Resection des Knochenstumpfes** zu machen, d. h. man umschneidet mit einem starken Messer die Narbe oder Geschwürsfläche der vorstehenden Sägefläche, spaltet die Weichtheile des Stumpfes nach unten oder nach zwei Seiten (mit Vermeidung der Gegend, wo die grossen Gefäss- und Nervenstämme liegen), bis auf den Knochen und schiebt mit dem Raspatorium das Periost soweit nach oben zurück, dass man ein genügend grosses Stück des Knochens mit einer Stichsäge oder der Kettensäge abtragen kann. Die Blutung pflegt dabei sehr gering zu sein. Man vereinigt die Wunde durch tiefe und oberflächliche Nähte, nachdem man, wenn es nöthig scheinen sollte, ein Drainrohr bis an die Sägefläche eingelegt hat. Sie heilt gewöhnlich durch erste Vereinigung, und das Resultat ist ein guter, mit Weichtheilen vollkommen bedeckter Stumpf.

4. Wenn die erste Amputation in der Nähe eines Gelenkes stattgefunden hatte, so kann man in derselben Weise die **subperiostale Exarticulation** folgen lassen (vergl. Fig. 406).

5. Ueber die osteoplastische Amputation s. S. 219.

## Die Prothesen.

Um das durch die Amputation verstümmelte Glied einigermassen wieder brauchbar zu machen oder wenigstens in seiner früheren Form zu ergänzen, bekommt der Geheilte ein „künstliches Glied", **Prothese.** — Man hat diese von den einfachsten Vorrichtungen bis zu kunstvoll gearbeiteten Maschinen. Im Allgemeinen empfehlen sich für solche Kranke, die mit ihrer Prothese etwas leisten wollen, die einfacheren Apparate, während die in Form und Beweglichkeit dem fehlenden Gliedtheile oft täuschend nachgeahmten „künstlichen Glieder" mehr zur Zierde dienen und wegen leicht eintretender Beschädigungen oftmals ausgebessert werden müssen.

Fig. 280. Fig. 281.

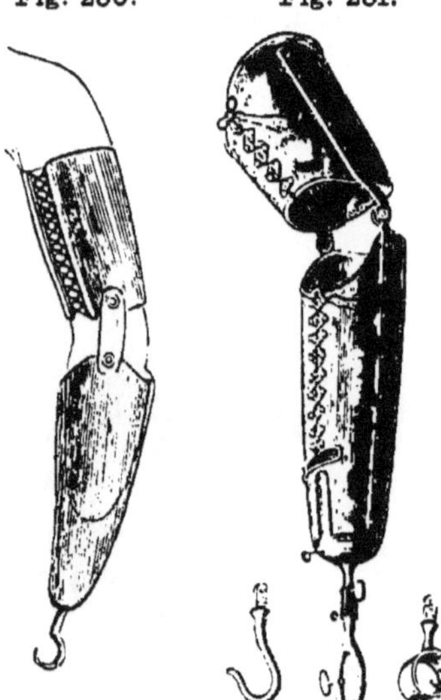

Arbeitsklauen.

Eine amputirte **Hand** sammt dem Arm lässt sich ersetzen durch eine **Arbeitsklaue,** (Fig. 280, 281) einen Haken, Klammer, Platte oder dergl., die am Ende einer gut passenden Lederhülse eingesetzt sind, und womit die Kranken bei einiger Uebung und Findigkeit sehr geschickt die verschiedensten groben Arbeiten ausführen können. Eine aus Holz nachgebildete, mit einem Handschuh überzogene Hand kann ebenfalls an die Lederhülse angesetzt werden und dient dann mehr zum Schmuck. Die mit beweglichen Fingern versehenen künstlichen Arme, an denen die Muskeln durch Spiralfedern und Fäden nachgebildet sind, eignen sich nur für leichtere Verrichtungen, sind ausserdem sehr theuer und werden leicht beschädigt.

Ein **amputirtes Bein** ersetzt man am einfachsten und dauerhaftesten durch eine **Stelze,** einen festen Holzstab, der an einer gut passenden Hülse befestigt ist. Bei hoch amputirtem Unterschenkel kniet der Amputirte darauf (Fig. 284), bei hoch am-

Fig. 282. Fig. 283. Fig. 284. Fig. 285.

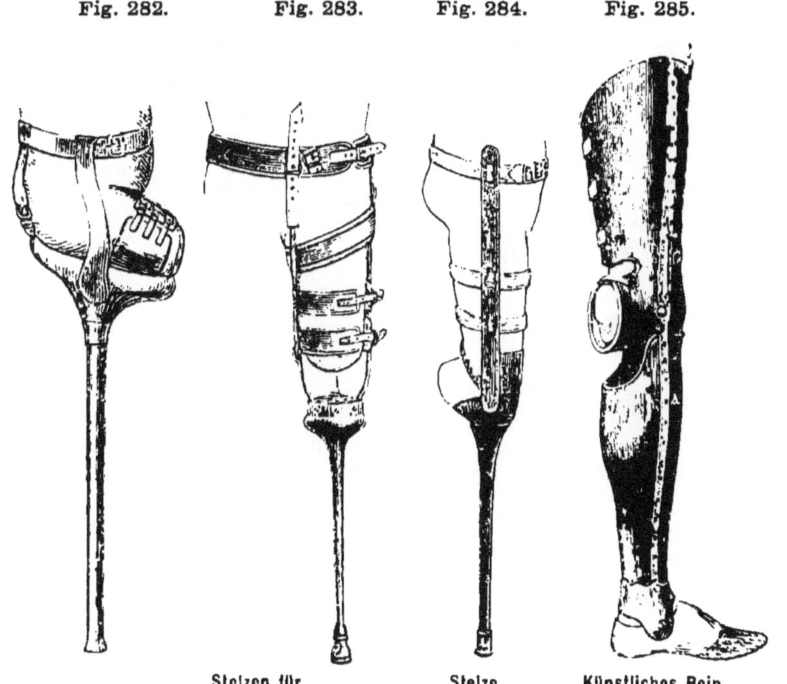

Stelzen für den amputirten Oberschenkel. Stelze für den amputirten Unterschenkel. Künstliches Bein für den amputirten Unterschenkel.

putirtem Oberschenkel sitzt er auf dem gut gepolsterten Hülsenrand (Fig. 282, 283). Das „künstliche Bein" ist aus leichtem festen Holz geschnitzt und im Knie- und Fussgelenk in Charnieren beweglich (Fig. 285). So schön es auch aussieht, so wird doch, wenn der Kranke längere Zeit hinter einander und schnell gehen will, die einfache Stelze meist vorgezogen, weil sie dauerhafter ist und ihre Ausbesserung schneller und billiger erfolgt, als bei dem künstlichen Beine.

# Amputationen und Exarticulationen an der oberen Extremität.

## Exarticulation der Finger.

### Exarticulation der dritten Phalanx.

(Mit Bildung eines Volarlappens von aussen nach innen.)

1. Der Operateur, dem die Hand in Pronation entgegengehalten wird, erfasst die Spitze des Fingers und beugt die dritte Phalanx.

Fig. 286.

Lage der Fingergelenklinien.

Fig. 287.

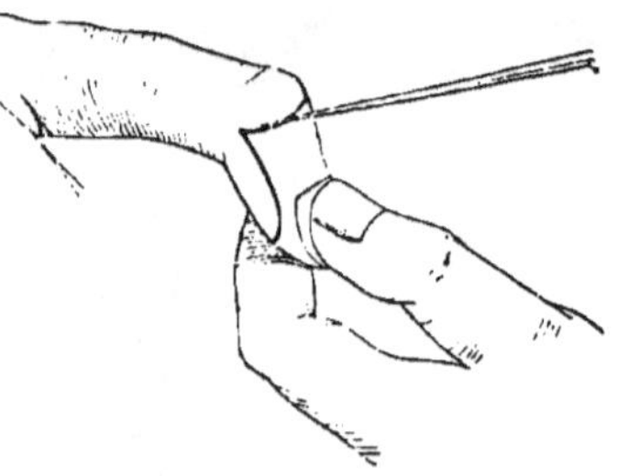

Fig. 288. Fig. 289.

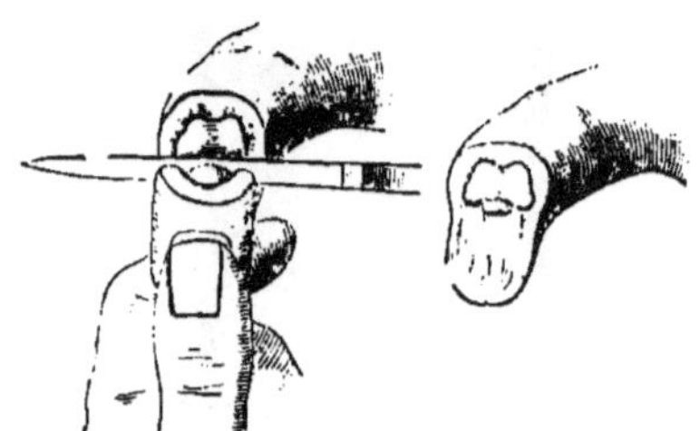

2. Ein flacher Bogenschnitt, 2 mm unterhalb der Gelenkkuppe (Fig. 286) quer über das Köpfchen der zweiten Phalanx geführt, eröffnet die Gelenkkapsel (Fig. 287).

3. Die Spitze des Messers trennt beide Seitenbänder, die Klinge wird mit abwärts gerichteter Schneide hinter die Volarfläche der dritten Phalanx ein-

gesenkt (Fig. 288) und schneidet mit sägenden Zügen einen wohlgerundeten Lappen aus der Volarhaut (Fig. 289).

### Exarticulation der zweiten Phalanx.

(Mit Lappenbildung von innen nach aussen, durch Einstechen.)

1. Der Operateur, dem die Hand in Supination entgegen gehalten wird, erfasst die gestreckte Fingerspitze, sticht ein schmales Messer unterhalb der Gelenkfalte von einer Seite zur andern zwischen Haut und Gelenk durch und führt die Klinge in sägenden Zügen erst gegen sich, dann aufwärts, so dass ein wohlgerundeter Lappen entsteht (Fig. 290).

2. Der Lappen wird zurückgeklappt, das Gelenk stark gestreckt und von der Wunde aus trennt das Messer in einem Zuge die Gelenkkapsel, die Seitenbänder und die Haut auf der Dorsalseite des Gelenkes in querer Richtung (Fig. 291).

Fig. 290. Fig. 291.

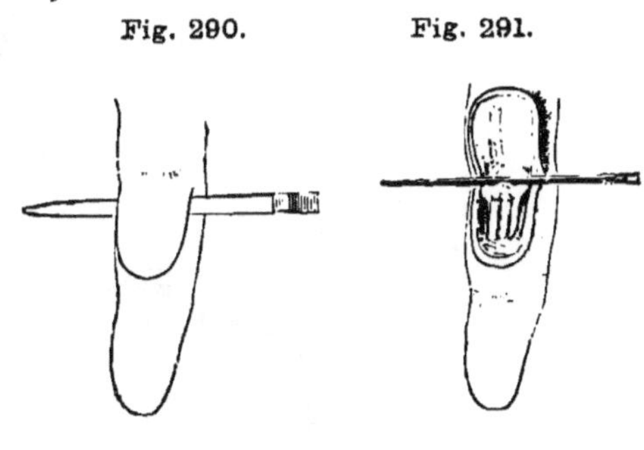

### Exarticulation im Metacarpo-Phalangeal-Gelenk.

a. Ovalairschnitt.

1. Der Operateur steht zur linken Seite des Gliedes, wendet dem Gesicht des Patienten den Rücken, ergreift, während ein Gehülfe die beiden Nachbarfinger abspreizt, mit seiner Linken den kranken Finger, hyperextendirt ihn so weit, dass er die Volarfläche sehen kann, führt ein schmales Messer von rechts her an die Volarfläche der ersten Phalanx, durchschneidet hier, in der Höhe der gespannten Schwimmhaut, die Weichtheile quer, führt das Messer um die rechte Seite der Phalanx herum auf die Dorsalseite und hier im Bogen aufwärts bis an das Köpfchen des Metacarpalknochens (Fig. 292).

2. Das Messer wird unter der linken Hand durch um die linke Seite des Fingers bis in den Anfang des ersten Schnittes

Fig. 292.

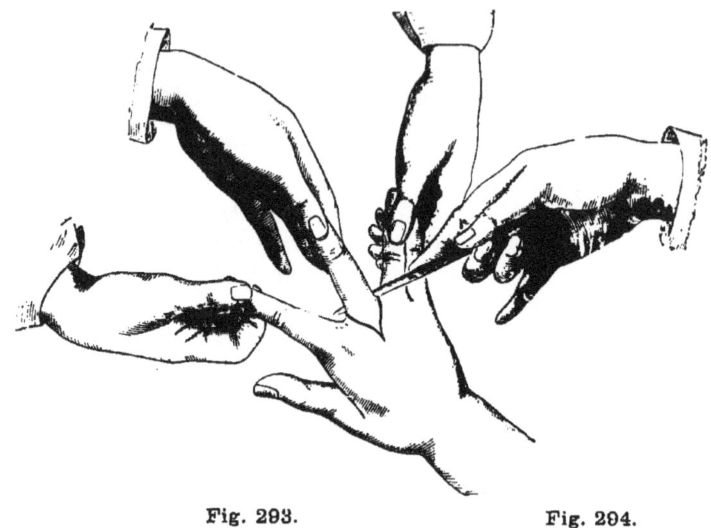

Fig. 293. Fig. 294.

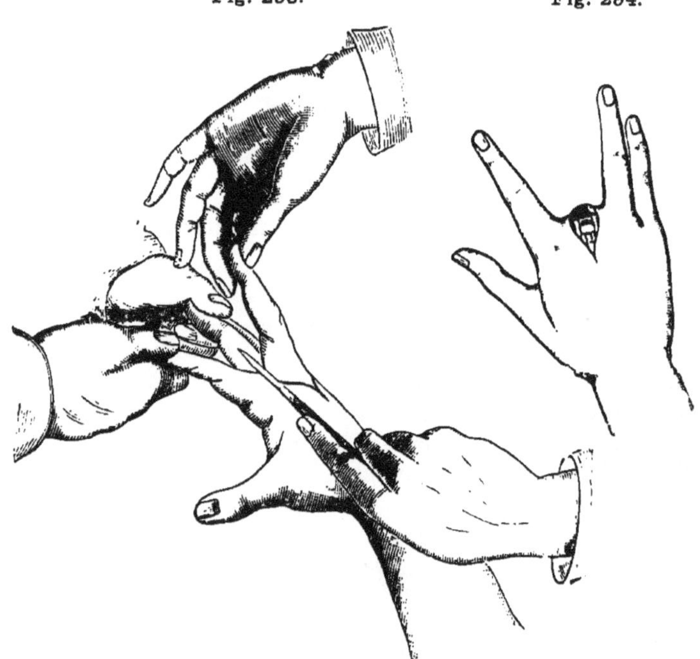

Exarticulation im Metacarpophalangealgelenk mit Ovalairschnitt.

geführt, dringt hier bis auf den Knochen ein, wird in der Höhe der Schwimmhaut um die linke Seite der ersten Phalanx herum auf die Dorsalseite, und hier im Bogen aufwärts bis an das Ende des ersten Schnittes gezogen (Fig. 293).

3. Beide Schnitte werden in derselben Reihenfolge, aber tiefer gegen das Gelenk eindringend, wiederholt, und trennen, während der Finger immer nach der entgegengesetzten Seite geneigt wird, die Sehnen, die Seitenbänder und die Gelenkkapsel. Die Wunde zeigt die Gestalt eines Kartenherzens (Fig. 294).

### b. Lappenschnitt.

1. Derselbe eignet sich am besten für den ersten, zweiten und fünften Finger, weil diese an der einen Seite freier zugänglich sind.

Man schneidet einen grösseren halbovalen Lappen, dessen Basis in der Höhe des Gelenkes liegt, aus der Volar-, Dorsal- oder Seitenhaut der ersten Phalanx und klappt ihn zurück.

Fig. 295. Fig. 296.

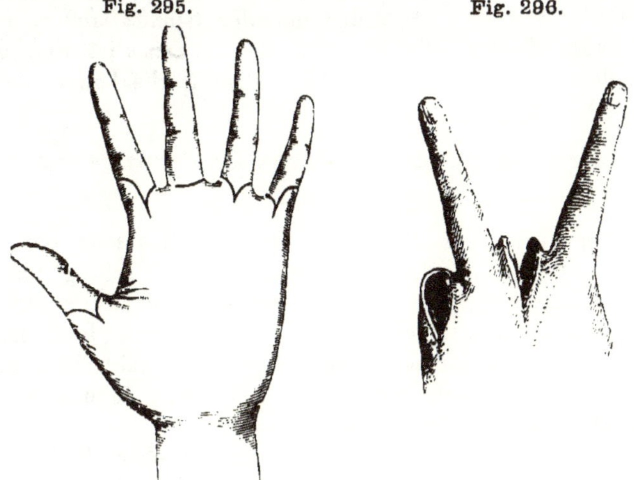

Exarticulation im Metacarpophalangealgelenk

Fig. 295: am Daumen, zweiten und fünften Finger: Bildung ungleich grosser Lappen, am vierten: zweier gleicher Lappen, am dritten: Ovalairschnitt von der Volarseite aus.

Fig. 296: Wunde nach dem Ovalairschnitt und Lappenschnitt.

2. Dann wird ein kleinerer Hautlappen auf der entgegengesetzten Seite gebildet und gleichfalls zurückgeschlagen.

3. Zuletzt durchschneidet man die Sehnen in der Höhe des Gelenkes und eröffnet letzteres ringsum (Fig. 295).

### Exarticulation sämmtlicher Finger.

1. Müssen die vier letzten Finger zusammen fortgenommen werden, so kann man sie wohl einzeln, wie eben beschrieben, exarticuliren; zweckmässiger aber ist ein dorsaler Zirkelschnitt und Bildung eines volaren Lappens.

Fig. 297.

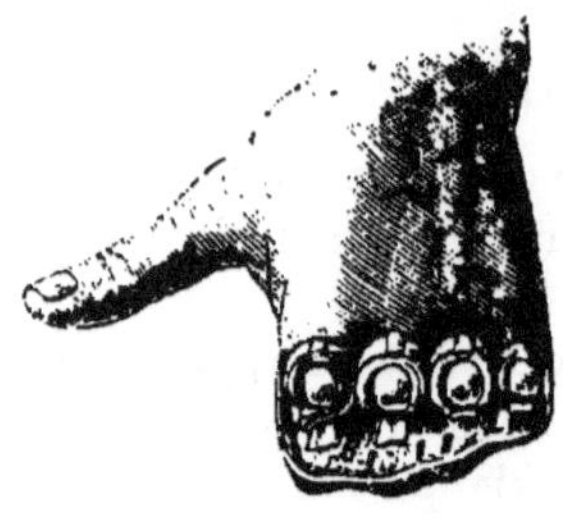

Exarticulation sämmtlicher Finger.

2. Unter starker Volarflexion der Finger wird über die vier Fingerwurzeln von einem Rande der Hand zum anderen ein Querschnitt geführt durch Haut und Sehnen.

3. Darauf umschneidet das Messer bei Dorsalflexion der Finger an der Volarseite in der Gelenkfalte am Rande der Schwimmhaut entlang einen schmalen Lappen, dessen Enden den dorsalen Schnitt treffen.

4. Jeder Finger wird nun einzeln exarticulirt und darauf die Wundfläche (Fig. 297) vernäht. Die Narbe kommt auf der Dorsalseite zu liegen.

### Exarticulation des Daumens im Carpalgelenk.

1. Ovalairschnitt.

1. Der erste Schnitt beginnt an der Ulnarseite der ersten Phalanx in der Höhe der Schwimmhaut, wird schräg über das Phalango-Metacarpalgelenk weg bis auf die Radialseite des Metacarpalknochens und auf dieser entlang bis zu seiner Basis geführt.

2. Der zweite Schnitt, von demselben Punkte aus an der Radialseite herumgeführt, trifft auf den ersten in der Mitte des Metacarpalknochens (Fig. 298).

3. Durch wiederholte Schnitte in gleicher Richtung am Knochen entlang wird derselbe aus den Muskeln herausgelöst.

4. Von der Ulnarseite her wird das Gelenk zwischen os multangulum majus und dem Metacarpalknochen geöffnet, wobei man sich mit der Schneide hart an der Basis des letzteren halten muss, um nicht das Gelenk zwischen os metacarpi indicis und os multangulum majus zu eröffnen, welches mit den übrigen Carpalgelenken in Verbindung steht.

Fig. 298. Fig. 299. Fig. 300.

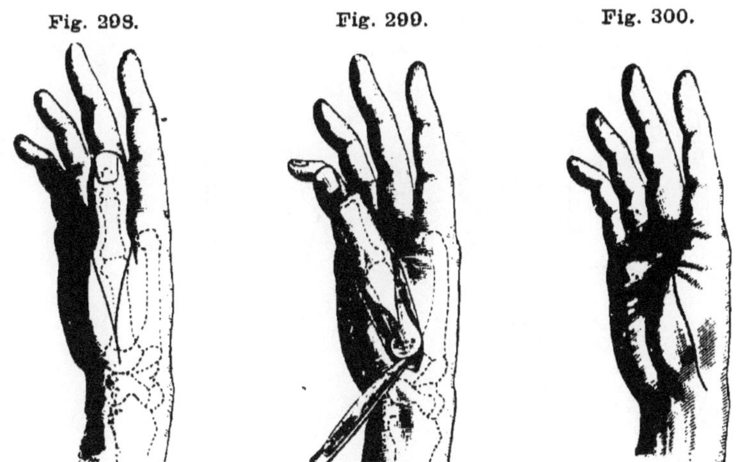

Exarticulation des Daumens mit Ovalairschnitt.

5. Die Durchschneidung der Gelenkbänder an der Radialseite (Fig. 299) beendet die Operation, welche eine lineare Narbe (Fig. 300) hinterlässt.

## 2. Seitenlappenschnitt nach v. Walther.

1. Der Daumen wird abducirt, das Messer auf die Mitte der Schwimmhaut aufgesetzt und in sägenden Zügen zwischen erstem und zweitem Metacarpalknochen aufwärts geführt, bis es an den Ulnarrand der Basis des ersten Metacarpalknochens anstösst (Fig. 301).

Fig. 301. Fig. 302.

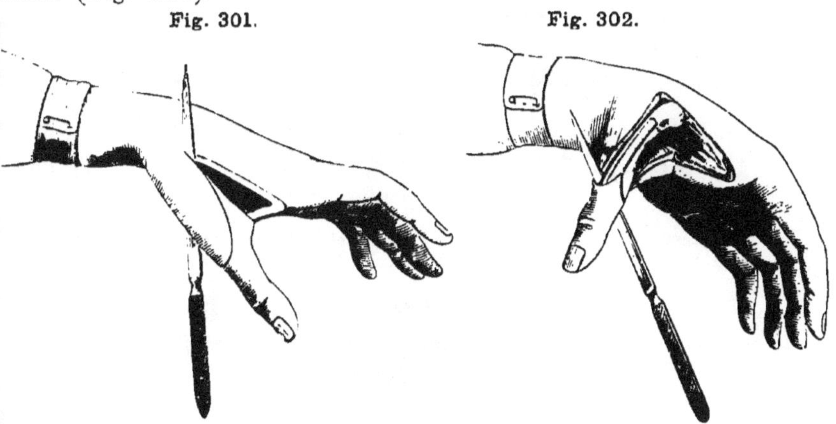

Radiallappenschnitt nach von Walther.

Fig. 303.

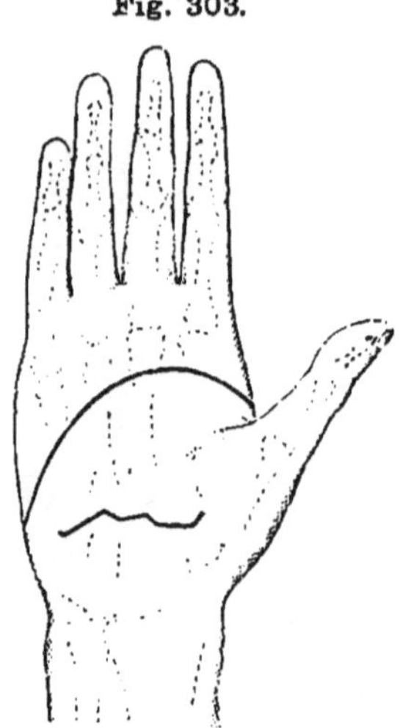

Volarschnitt.

Fig. 305.

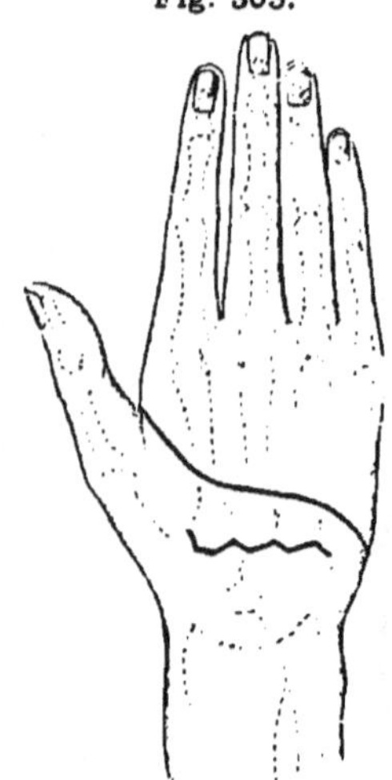

Dorsalschnitt.

Exarticulation der vier letzten Metacarpalknochen.

Fig. 304.

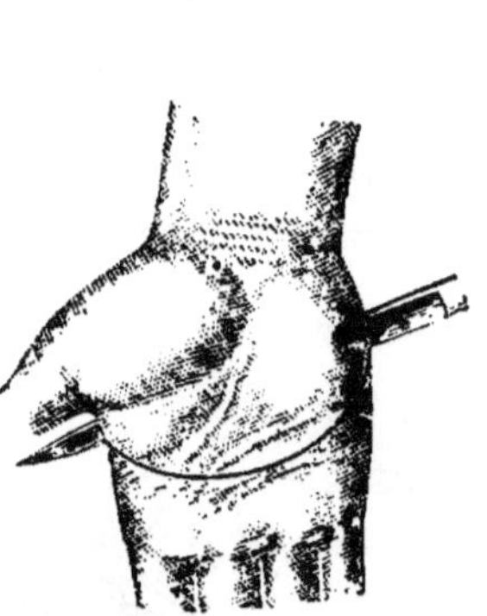

Volarschnitt durch Einstechen.

Fig. 306.

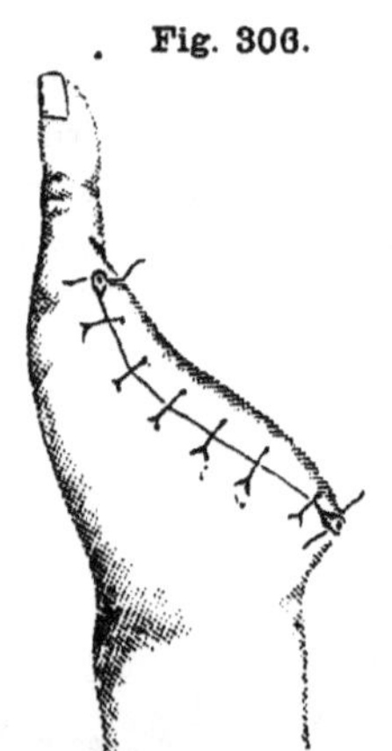

Stumpf nach Exarticulation der vier letzten Metacarpalknochen.

2. Unter Vermeidung des Gelenkes zwischen os metacarpi indicis und os multangulum majus wird die Messerspitze vorsichtig unter die Basis des Knochens geführt und damit das Carpometacarpalgelenk eröffnet.

3. Der Daumen lässt sich noch stärker abduciren, das Messer dringt durch das Gelenk durch bis auf die Radialseite des Metacarpalknochens und wird an dieser wieder abwärts geführt, einen Radiallappen bildend, dessen abgerundete Spitze in der Höhe der Schwimmhaut endet (Fig. 302).

## Exarticulation der vier letzten Metacarpalknochen (mit Erhaltung des Daumens).

1. In der Handfläche wird ein halbmondförmiger Hautlappen umschrieben durch einen schrägen Bogenschnitt, der an der Schwimmhaut des Daumens beginnt und am Ulnarrande der Basis des fünften Metacarpalknochens endet (Fig. 303). Der Lappen kann auch von innen nach aussen durch Einstechen an der Basis desselben gebildet werden (Fig. 304).

2. Auf dem Handrücken wird ein Schnitt geführt, der von der Schwimmhaut des Daumens beginnend schräg nach oben bis an das obere Drittel des zweiten Metacarpalknochens und von da in derselben Höhe über die drei letzten Metacarpalknochen ziehend, am Ulnarrande der Hand mit dem Volarlappen zusammenstösst (Fig. 305).

3. Nachdem beide Lappen bis zur Gegend der Carpometacarpalgelenke zurückpräparirt sind, werden diese von der Ulnarseite her unter starker Abduction der Mittelhand eröffnet, bis auch die Verbindung des zweiten Metacarpalknochens mit dem os multangulum majus getrennt ist. Bei dem letzten Act muss man sehr vorsichtig und stets gegen diese beiden Knochen schneiden, um eine Verletzung des Gelenkes zwischen os multangulum majus und dem Metacarpalknochen des Daumens zu vermeiden.

4. Die Erhaltung des Daumens erweist sich für den Gebrauch ausserordentlich vortheilhaft (Fig. 306).

## Exarticulation im Handgelenke.

### 1. Zirkelschnitt.

1. Ein Zirkelschnitt umkreist die Hand auf der Mitte des Metacarpus, 4 cm unterhalb der processus styloidei.

2. Die Haut wird durch senkrechte Schnitte ringsum gelöst, bis sie sich über die processus styloidei als Manschette zurückschlagen lässt.

3. Die pronirte Hand wird kräftig flectirt; ein nach oben leicht convexer Schnitt über die Handwurzel. von einem processus

styloideus zum andern, trennt die Strecksehnen und öffnet das Handgelenk.

Fig. 307.

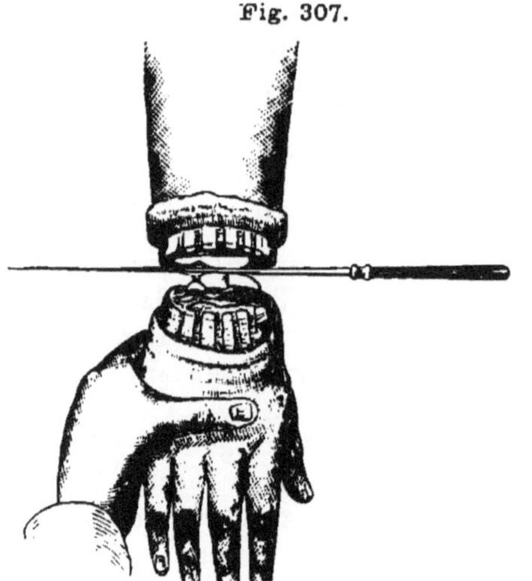

Exarticulation der Hand mit Zirkelschnitt.

Fig. 308.

Stumpf nach Exarticulation im Handgelenk mit Zirkelschnitt.

4. Die Seitenbänder werden unter beiden Griffelfortsätzen getrennt und zuletzt in einem Zuge die vordere Kapselwand und sämmtliche Beugesehnen durchschnitten (Fig. 307, 308).

2. Lappenschnitt.

1. Der Operateur erfasst den unteren Theil der pronirten Hand, flectirt sie und führt von der Spitze des einen processus styloideus zu der des anderen einen halbmondförmigen Schnitt über die Mitte des Handrückens (Fig. 309).

2. Der Hautlappen wird von den Strecksehnen abgelöst, nach oben zurückgeschlagen und das Gelenk eröffnet, wie beim Zirkelschnitt.

3. Das Bündel der Beugesehnen wird von der Volarfläche her mit der Spitze des linken Zeigefingers in die Wunde vorgedrängt, durch wiederholtes Hin- und Herziehen des Messers vorsichtig durchschnitten und dann ein kleiner Hautlappen in der Vola von der Wunde aus geschnitten (Fig. 310). Es ist zweckmässig, den Volarlappen zu Anfang der Operation durch einen Hautschnitt vorzuzeichnen.

Fig. 309. Fig. 310.

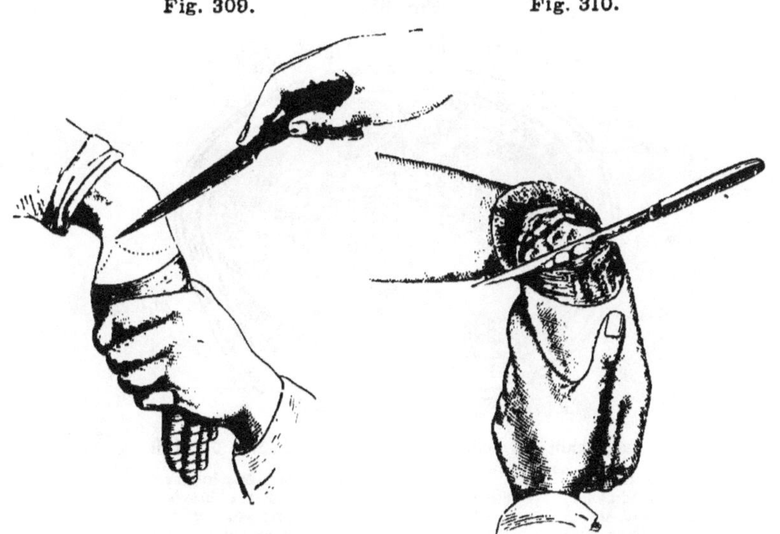

Exarticulation der Hand mit zwei Hautlappen (Ruysch).

3. Radiallappenschnitt (von Walther 1810).

1. Aus der Haut, welche die Metacarpalgegend des Daumens bedeckt, wird ein halbmondförmiger Lappen geschnitten, dessen Basis das radiale Dritttheil des Carpus umfasst, dessen Spitze die Basis der ersten Phalanx erreicht.

2. Nachdem der Lappen von den Daumenmuskeln abpräparirt und nach oben geschlagen, umkreist ein halber Zirkelschnitt die beiden übrigen Dritttheile des Carpus an der Ulnarseite (Fig. 311).

3. Die Haut wird stark nach oben gezogen und der Carpus, wie oben beschrieben, von dem Vorderarmknochen getrennt (Fig. 312).

Fig. 311.

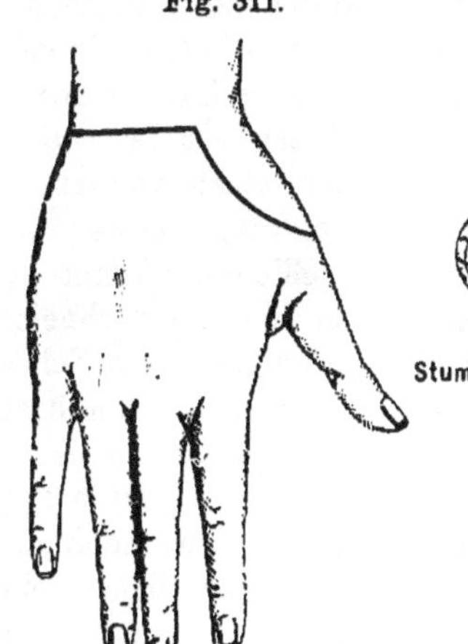

Exarticulation der Hand nach von Walther.

Fig. 312.

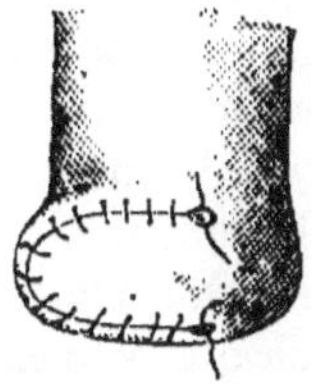

Stumpf nach von Walther.

Fig. 313.

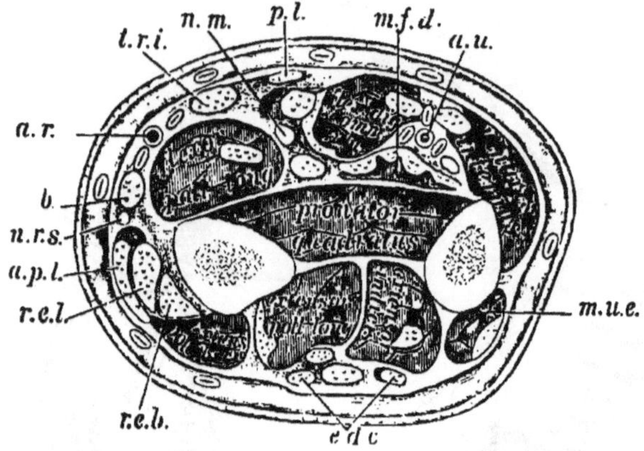


Querschnitt des rechten Vorderarmes im unteren Drittheil.

p. l.: palmar. long.
n. m.: nerv. medianus.
t. r. i.: tendo rad. int.
a. r.: art. radialis.
b.: brachioradialis.
n. r. s.: nerv. radial. superf.
a. p. l.: abd. pollicis longus.
r. e. l.: rad. ext. longus.
r. e. b.: rad. ext. brevis.
e. d. c.: extensor dig. comm.
m. u. e.: musc. ulnaris extern.
a. u.: art. ulnaris.
m. f. d.: musc. flex. dig. comm prof.

## Amputation des Vorderarmes.

Zur Amputation des Vorderarmes eignet sich der **zweizeitige Zirkelschnitt** (Fig. 253—256) und der **Hautlappenschnitt** (Fig. 261). Während der Operation muss der Vorderarm stets in voller Supination gehalten werden, namentlich beim Absägen der Knochen, weil sonst der Radiusstumpf ein wenig kürzer werden würde. Bildet man Lappen, so wählt man am besten einen volaren und einen dorsalen oder auch einen einzigen volaren, welcher dann so lang sein muss, als der Durchmesser des Gliedes. Dicht über dem Handgelenk lassen sich die Sehnen oft schlecht durchschneiden, man muss sie mit einem Haken hervorziehen und mit einer Scheere abschneiden. Die Vereinigung der Wunde geschieht am besten in senkrechter Richtung bei pronirt gelagertem Arm.

Vom Vorderarm sollte man so wenig als nur irgend möglich amputiren und namentlich, wenn die Absetzung ganz hoch dicht am Ellbogengelenk stattfinden muss, immer noch lieber einen kleinen Vorderarmstumpf der leichter auszuführenden Exarticulation im Ellbogen vorziehen, da dieser für die Handhabung später anzulegender Prothesen von grosser Wichtigkeit ist.

Fig. 314.

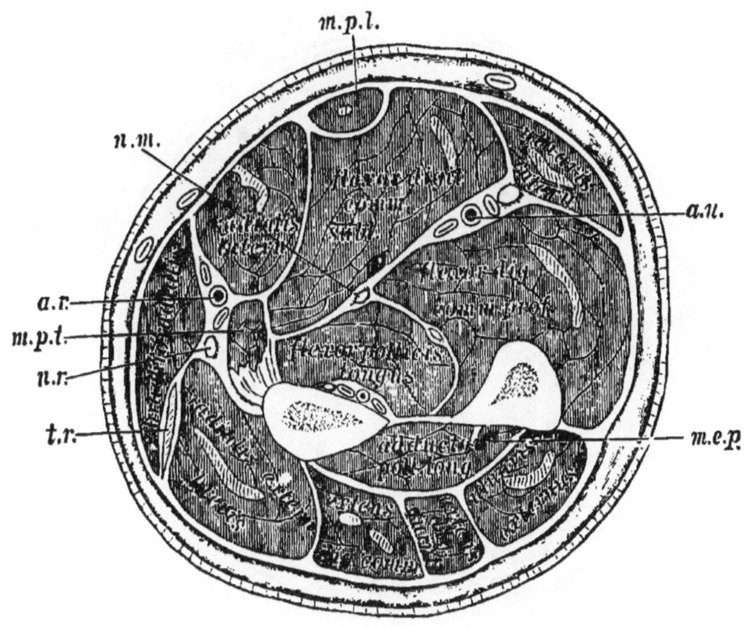


**Querschnitt des rechten Vorderarmes in der Mitte.**

*m. p. l.*: musc. palmaris longus.
*n. m.*: nerv. medianus.
*a. r.*: art. radialis.
*m. p. t.*: musc. pronator teres.
*n. r.*: nerv. radialis.
*t. r.*: tendo radialis ext. long.
*m. e. p.*: musc. extens. poll. long.
*a. u.*: art. ulnaris.

Fig. 315.

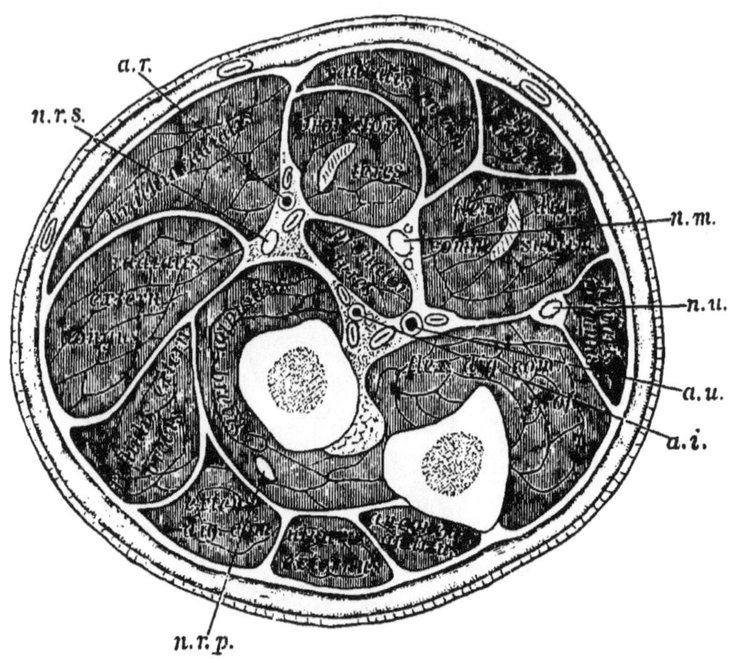


**Querschnitt des rechten Vorderarmes im oberen Dritttheil.**

*a. r.*: art. radialis.
*n. r. s*: nerv. radialis superf.
*n. r. p.*: nerv. radialis profundus.
*a. i.*: art. interossea.
*a. u.*: art. ulnaris.
*n. u.*: nerv. ulnaris.
*n. m.*: nerv. medianus.

## Exarticulation im Ellbogengelenk.

### 1. Zirkelschnitt.

1. Ein Zirkelschnitt trennt die Haut 4 cm unterhalb der Condylen des Humerus; die Manschette wird zurückpräparirt und umgeschlagen.

2. Ein Querschnitt über die Volarseite eröffnet breit das hyperextendirte Gelenk.

3. Ein Schnitt oberhalb des Capitulum radii trennt das ligamentum laterale externum, ein Schnitt unterhalb des Condylus internus das ligamentum laterale internum.

4. Das Gelenk klafft stark, das Olecranon wird in die Wunde gedrängt; ein Schnitt oberhalb der Spitze desselben trennt die Sehne des Triceps davon ab (Fig. 316).

5. Die Form des in der Quere vernähten Stumpfes zeigt Fig. 317.

Fig. 316.

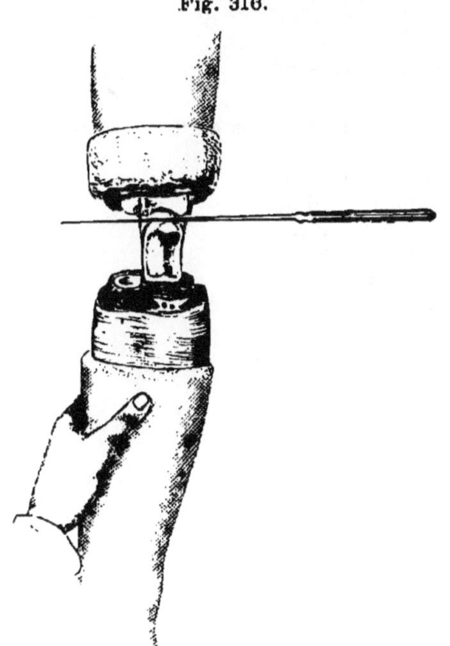

Exarticulation im Ellbogengelenk mit Zirkelschnitt.

Fig. 317.

Stumpf nach Exarticulation im Ellbogengelenk mit Zirkelschnitt.

Fig. 318

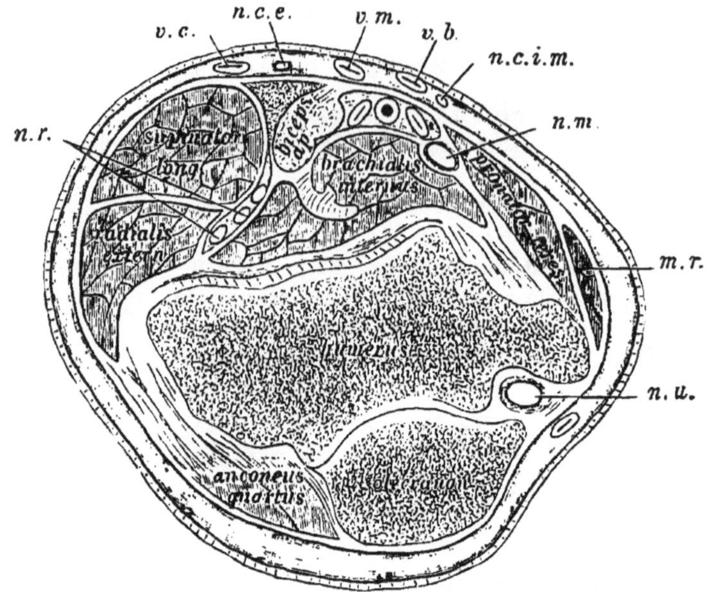


**Querschnitt durch das rechte Ellbogengelenk in der Condylenlinie.**

*n. c. e.*: nerv. cutaneus ext.
*v. c.*: vena cephalica.
*n. r.*: nerv. radialis.
*v. m.*: vena mediana.
*v. b.*: vena basilica.
*n. c. i. m.*: nerv. cutaneus int. major.
*n. m.*: nerv. medianus.
*m. r.*: musc. radialis int.
*n. u.*: nerv. ulnaris.

2. Lappenschnitt.

1. Ein Bogenschnitt, welcher 2 cm unterhalb des einen Condylus beginnt und 2 cm unterhalb des anderen Condylus endigt, umschreibt an der Volarseite des Vorderarmes einen grossen halbmondförmigen Hautlappen, welcher von der Fascie abgelöst und nach oben zurückgeschlagen wird.

Fig. 319.

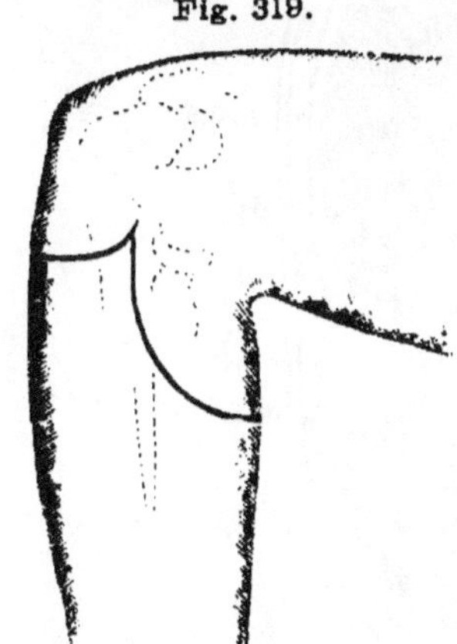

Exarticulation im Ellbogengelenk mit Lappenschnitt.

2. Der Arm wird stark flectirt und so gedreht, dass die Rückseite des Gelenkes nach vorne sieht.

3. Ein flacher Bogenschnitt über das Olecranon legt die Spitze desselben frei (Fig. 312).

4. Ein Querschnitt von einem Condylus zum andern trennt die Sehne des triceps und die beiden Seitenbänder; ein zweiter die sämmtlichen Weichtheile an der Volarseite des Gelenkes.

## Amputation des Oberarmes.

Bei mageren Individuen ist der **einzeitige Zirkelschnitt** (Fig. 250) das einfachste und schnellste Verfahren, bei stärkerer Muskulatur bildet man besser eine Hautmanschette. Der **Hautlappenschnitt** wird entweder mit zwei Lappen (Fig. 262) oder mit einem grossen vorderen Lappen und hinterem halbem Zirkelschnitt (Fig. 263) ausgeführt. Beim Zurückschieben des Periostes und Sägen ist die Zerfetzung des dem Knochen unmittelbar aufliegenden N. radialis streng zu vermeiden.

Fig. 320.

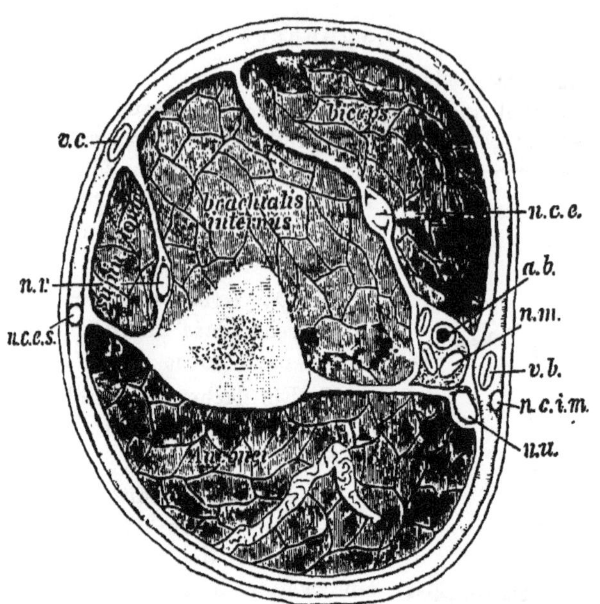


Querschnitt des rechten Oberarmes im unteren Drittheil.

*v. c*: vena cephalica.
*n. r.*: nerv. radialis.
*n. c. e. s.*: nerv. cutan. ext. sup.
*n. c. e.*: nerv. cutaneus ext.
*a. b.*: art. brachialis.
*n. m.*: nerv. medianus.
*v. b.*: vena basilica.
*n. c. i. m.*: nerv. cutan. int. major.
*n. u.*: nerv. ulnaris.

Fig. 321.

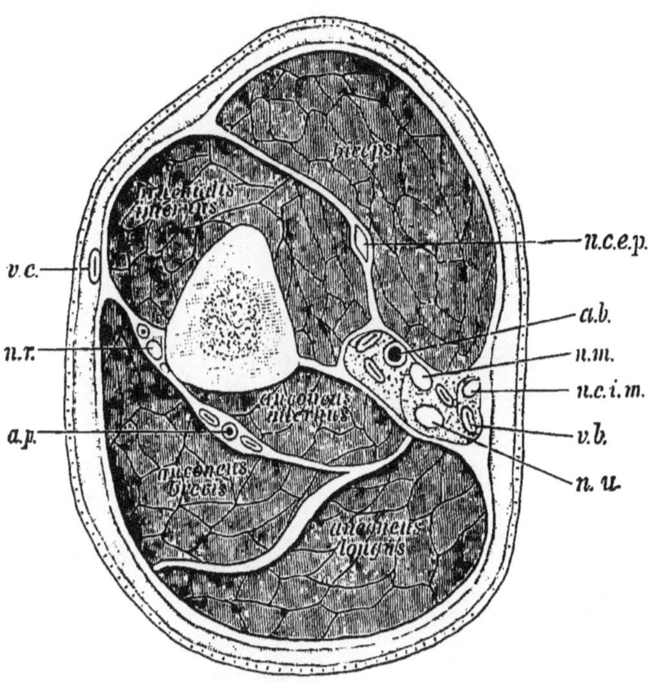


**Querschnitt des rechlen Oberarmes im mittleren Dritttheil.**

*v. c.*: vena cephalica.
*n. r.*: nerv. radialis.
*a. p.*: art. profunda.
*n. c. e. p.*: nerv. cutaneus extern. (perforans).
*a. b.*: art. brachialis.
*n. m.*: nerv. medianus.
*n. c. i m.*: nerv. cutan. int. major.
*v. b.*: vena basilica.
*n. u.*: nerv. ulnaris.

Fig. 322.

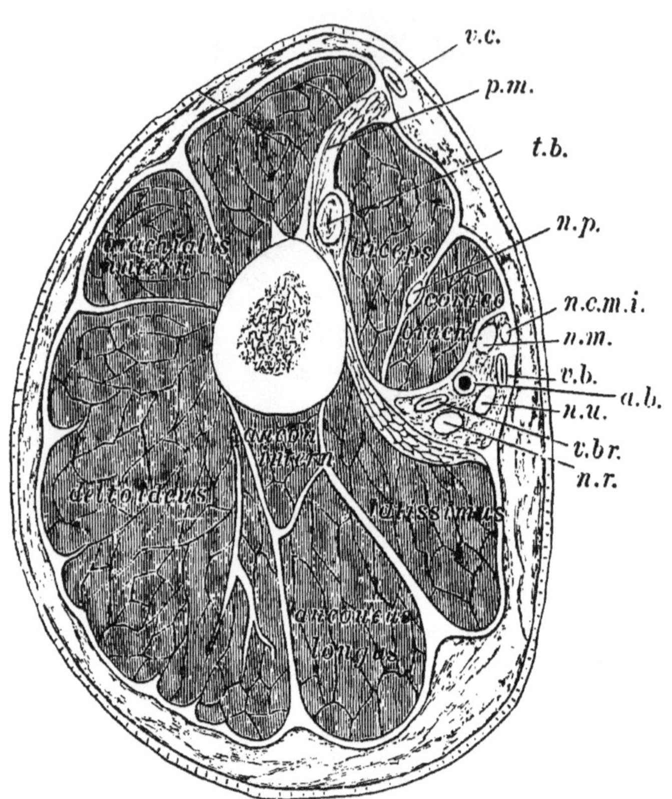


Querschnitt des rechten Oberarmes vor der Achselhöhle.

*v. c.*: vena cephalica.
*p. m.*: pectoralis major.
*t. b.*: tendo bicipitis.
*n. p.*: nerv. perforans.
*n. c. m. i.*: nerv. cutan. major int.
*n. m.*: nerv. medianus.
*v. b.*: vena basilica.
*a. b.*: art. brachialis.
*n. u.*: nerv. ulnaris.
*v. br.*: vena brachialis.
*n. r.*: nerv. radialis.

Fig. 323.

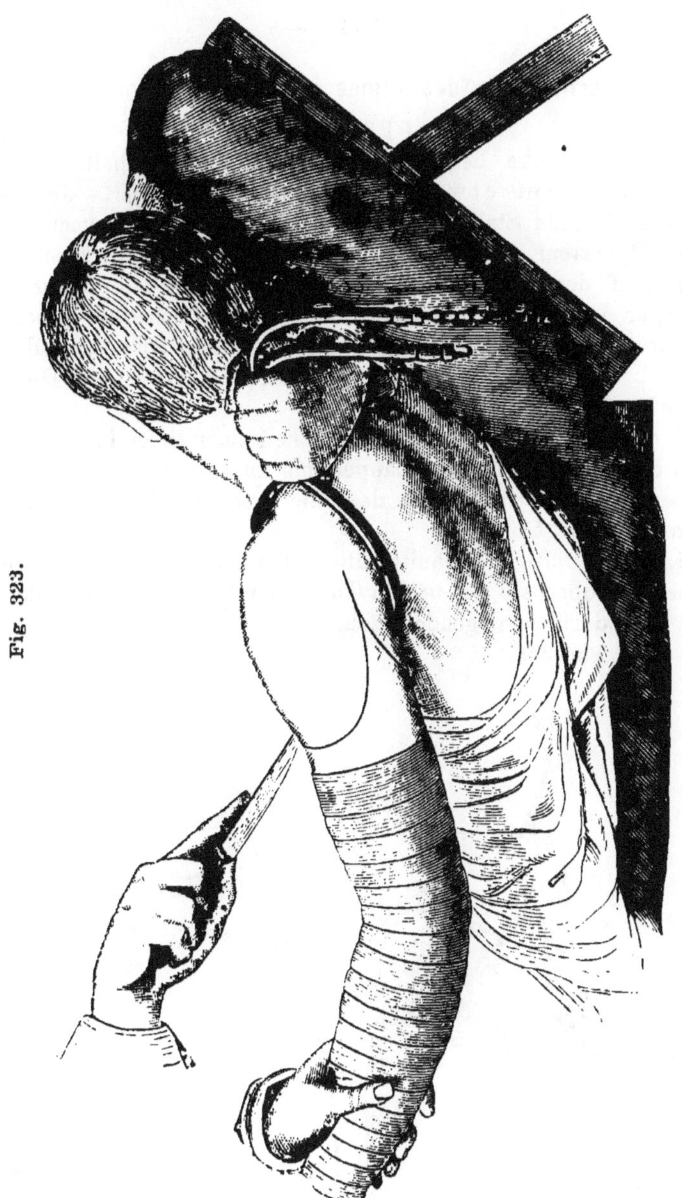

Exarticulation im Schultergelenke (Lappenschnitt).

## Exarticulation des Armes im Schultergelenke.

### 1. Lappenschnitt.

1. Der Kranke liegt am Rande des Tisches halb auf der gesunden Seite mit etwas erhöhtem Oberkörper. Je mehr er in die sitzende Stellung gebracht wird, desto bequemer ist es für den Operateur, desto gefährlicher aber für die Narkose.

2. Auf der Aussenfläche der Schulter wird ein abgerundet viereckiger Lappen umschnitten, dessen Basis sich vom processus coracoideus bis zur Wurzel des Acromion erstreckt, und dessen unterer breiter Rand über die untere Grenze des Deltamuskels läuft (Fig. 323).

3. Mit grossen Messerzügen, welche immer tiefer in den Deltamuskel eindringen, wird der Lappen bis an das Acromion abgelöst und nach oben geschlagen, so dass die Aussenfläche des Schultergelenkes frei liegt.

4. Ein kräftiger Schnitt über den nach oben gedrängten Schulterkopf oberhalb der beiden Tubercula trennt die Gelenkkapsel sammt den darüber liegenden Sehnen.

Fig. 324. Fig. 325.

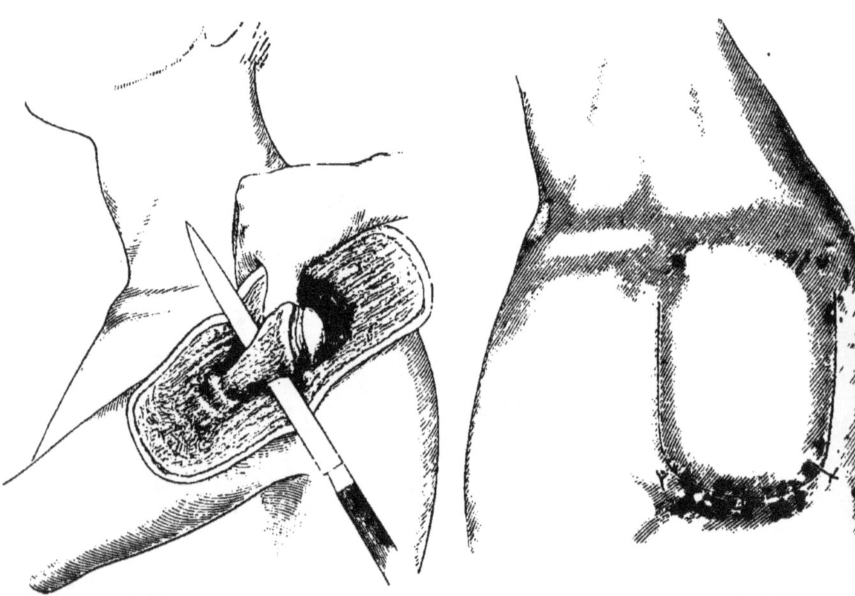

Fig. 324. Exarticulation im Schultergelenke. Bildung des zweiten Lappens an der Innenseite.

Fig. 325. Stumpf nach Exarticulation im Schultergelen[kke] mit Lappenschnitt.

5. Der Schulterkopf wird hervorgedrängt, das Messer, hinter denselben gelegt, durchschneidet die hintere Gelenkkapsel.

6. Der Operateur zieht den Schulterkopf mit der linken Hand gegen sich, führt das Messer in langen sägenden Zügen an der Innenseite des Knochens herab bis 6 cm unterhalb der Achselfalte, dann wendet er die Schneide nach innen (gegen den Thorax) und trennt mit einem Zuge die sämmtlichen Weichtheile, in denen die grossen Gefässe und Nerven verlaufen.

7. In solchen Fällen, wo es nicht gelingt, den Zufluss des Blutes durch Compression der Subclavia vollständig zu beherrschen, muss ein Assistent vor Beendigung des letzten Schnittes von oben her in die Wunde greifen und mit dem Daumen die Art. axillaris gegen die Haut comprimiren (Fig. 324).

8. Das Aussehen der Wunde nach Vereinigung durch die Naht zeigt Fig. 325.

### 2. Zirkelschnitt.

1. Der Arm wird abducirt. Ein Zirkelschnitt in der Höhe der unteren Grenze des Deltamuskels trennt sämmtliche Weichtheile bis auf den Knochen.

2. Der Knochen wird in derselben Höhe abgesägt; alle klaffenden Gefässe werden unterbunden.

3. Ein Längsschnitt vom vorderen Rande des Acromion bis in den Zirkelschnitt herab spaltet sämmtliche Weichtheile bis auf den Knochen.

4. Das untere Ende des Knochenstumpfes wird mit einer starken Knochenzange oder mit der linken Hand gefasst und während ein Assistent mit scharfen Haken die Wundränder des Längsschnittes auseinanderzieht, löst der Operateur den Knochen unter beständigen Rotationen aus dem Gelenke (Fig. 326). Dies Auslösen geschieht durch kurze, immer gegen den Knochen geführte Schnitte, oder in geeigneten Fällen durch Abhebelung des Periostes mit Hebeln und Schabeisen.

5. Um die in der Wunde hervorstehenden Knochenvorsprünge des Acromion und processus coracoideus zu beseitigen, ist es zweckmässig, diese, so weit es nöthig ist, zu reseciren (Helferich).

6. Das Aussehen des Stumpfes zeigt Fig. 327. Auch kann man die Hautlappen durch Abschneiden der unteren Ecken abrunden.

Fig. 326. Fig. 327.

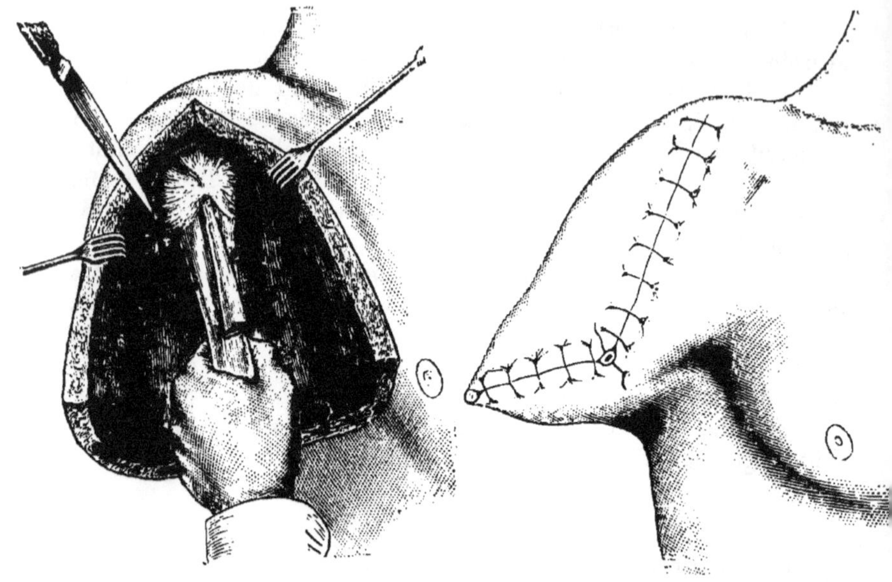

**Exarticulation im Schultergelenke mit Zirkelschnitt und Längsspaltung.**
Auslösung des Humerusstumpfes. Vernähter Stumpf.

### 3. Ovalairschnitt.

Man kann die Spitze des Ovals entweder an die Aussenseite unterhalb des Acromion legen, und muss dann den Deltoideus z. Th. mit entfernen (Fig. 328) oder man beginnt mit einem vorderen Längsschnitt nach aussen vom Processus coracoideus unterhalb der Clavicula, umschneidet den Rand des M. deltoideus und geht dann quer über die Rückseite des Armes bis zur Achselfalte und von da aufwärts zum Anfangspunkt zurück (Kocher). Werden die Ecken des Schnittes in Fig. 326 stark abgerundet, so entsteht fast der gleiche Schnitt.

Fig. 328.

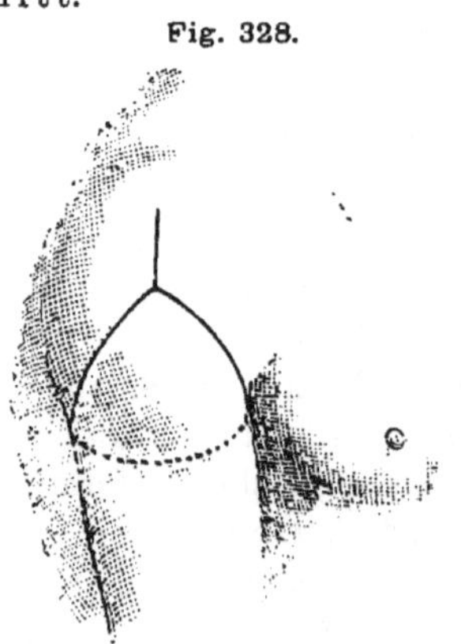

**Exarticulation im Schultergelenk mit Ovalairschnitt nach Larrey.**

Die letzteren Methoden eignen sich besonders für diejenigen Fälle, in denen man bei Tumoren zunächst die Diagnose sichern möchte: Man macht dann zuerst den Längsschnitt und schliesst an ihn den Zirkelschnitt oder Ovalairschnitt an.

Zur **Exarticulation des Schultergürtels** (Schulter sammt Clavicula und Scapula) wegen Tumoren macht man ebenfalls am besten einen Ovalairschnitt, mit der Spitze über der Clavicula, welcher vorn zur vorderen Achselfalte bogenförmig herabzieht, hinten über das Acromion verläuft und sich mit dem vorderen Schnitt in der Achsel vereinigt.

---

## Amputationen und Exarticulationen an der unteren Extremität.

### Exarticulation einzelner Zehen

wird in derselben Weise ausgeführt, wie die Exarticulation der Finger (s. S. 174—177).

### Exarticulation sämmtlicher Zehen in den Phalango-Metatarsalgelenken.

1. Während die linke Hand alle Zehen zugleich stark aufwärts biegt, wird ein Bogenschnitt, der (am linken Fusse) am medialen Rande des ersten Phalango-Metacarpalgelenkes beginnt und am lateralen Rande des gleichnamigen Gelenkes der fünften Zehe endigt, in der Furche zwischen Fusssohle und Basis der Zehe entlang geführt, Fig. 329. (Am rechten Fusse umgekehrt.)

2. Ein gleicher Schnitt, dessen Enden mit denen des ersten zusammentreffen, wird unter starker Plantarflection der Zehen auf der Dorsalseite der Basis sämmtlicher Zehen entlang geführt (Fig. 330). Beide Schnitte dringen zwischen die Zehen bis zur Mitte der Schwimmhaut ein.

3. Beide halbmondförmige Lappen werden bis zu den Köpfchen der Metatarsalknochen zurückpräparirt.

4. Darauf wird jede Zehe einzeln ausgelöst, wobei man die Sesambeine am Kopfe des ersten Metatarsalknochens zurücklässt.

5. Sollte die Haut nicht ausreichen, um die stark vorspringenden Köpfchen der Metatarsalknochen bequem zu bedecken, so kann

man dieselben einzeln mit der Phalangensäge oder der Knochenscheere abtragen.

6. Das Aussehen des Stumpfes zeigt Fig. 331.

Fig. 329.

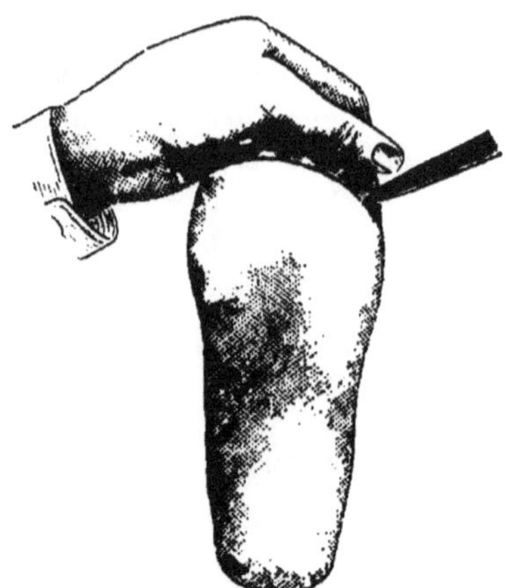

Exarticulation aller Zehen (Plantarschnitt).

Fig. 330.

Exarticulation aller Zehen (Dorsalschnitt).

Fig. 331.

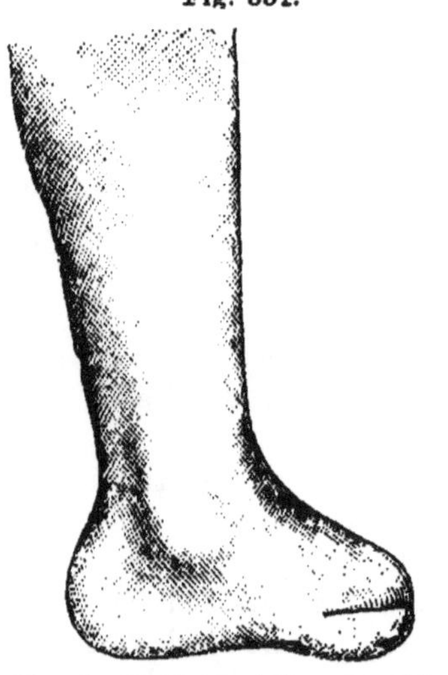

Stumpf nach Exarticulation aller Zehen.

## Amputation aller Metatarsalknochen
(**Amputatio metatarsea nach Jäger**).

1. Von einem Fussrande zum andern wird ein Bogenschnitt über die vordere Grenzfurche der Fusssohle geführt und der halbmondförmige Hautlappen bis zu der Stelle, wo man amputiren will, zurückpräparirt.

Fig. 332.

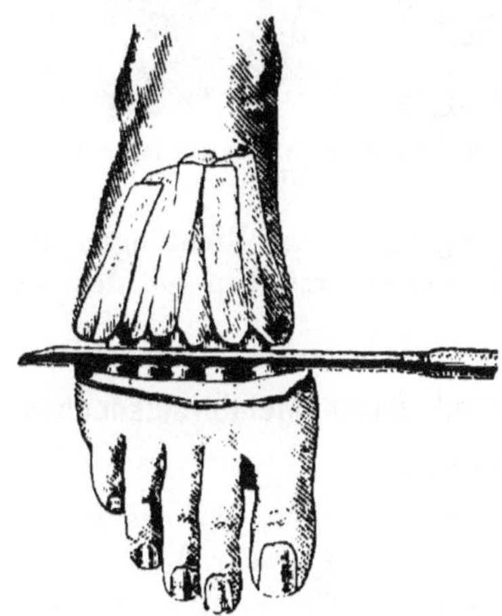

Amputation des Fusses in den Metatarsalknochen (Absägen).

2. Auf dem Fussrücken wird ein kleinerer halbmondförmiger Lappen geschnitten, dessen Enden mit denen des Plantarlappens an den Fussrändern zusammentreffen. Auch kann man statt des Dorsallappens einen halben Zirkelschnitt machen, wenn die Haut der Fusssohle zur Deckung ausreicht.

3. An der Basis beider Lappen werden mit einem schmalen Messer die Weichtheile an und zwischen den einzelnen Metatarsalknochen sorgfältig getrennt.

4. Durch schmale Streifen sterilisirter Gaze, welche mittelst einer Pinzette zwischen die einzelnen Knochen durchgezogen sind, werden die Weichtheile stark nach oben gezogen und hart an denselben sämmtliche Knochen gleichzeitig durchgesägt (Fig. 332 und 333).

Fig. 333.

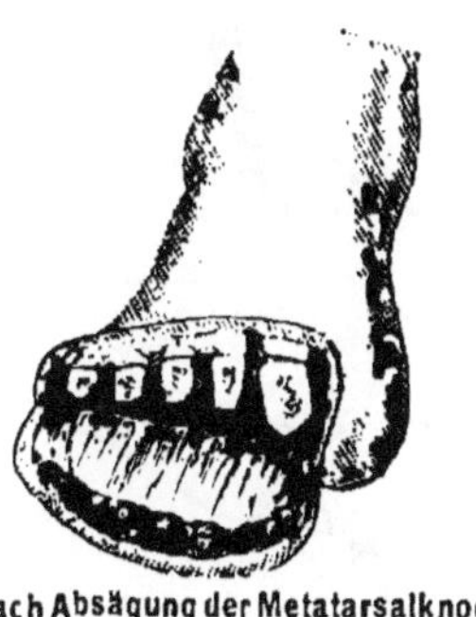

Wunde nach Absägung der Metatarsalknochen.

## Exarticulation der grossen Zehe sammt ihrem Metatarsalknochen.

Der Ovalairschnitt

wird in derselben Weise ausgeführt, wie bei der Exarticulation des Daumens S. 178 beschrieben worden. Wegen der grossen Breite der Basis des ersten Metatarsalknochens ist es rathsam, auf das obere Ende des Schnittes rechtwinklig einen Querschnitt über das Gelenk zu führen (Fig. 334), welches sich ca. 4 cm vor der Höhe der tuberositas ossis navicularis findet, und die dadurch entstehenden oberen und unteren Lappen zurückzupräpariren, bis der ganze Knochen und das Gelenk frei liegt.

Fig. 334.

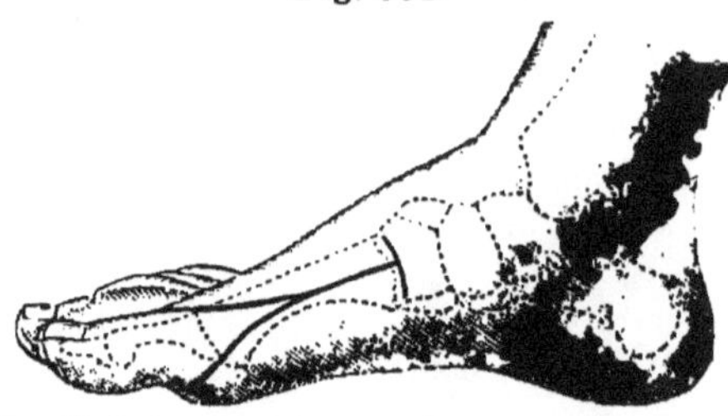

Exarticulation der grossen Zehe sammt ihrem Metatarsalknochen.

2. Die Sehnen des extensor und flexor halucis longus werden auf dem Gelenk durchschnitten, das Gelenk auf der Dorsalseite geöffnet, und während man den Knochen beständig nach den entgegengesetzten Richtungen um seine Achse dreht, werden die Verbindungen desselben mit dem os cuneiforme I ringsum gelöst.

## Exarticulation der fünften Zehe sammt ihrem Metatarsalknochen.

Der Lappenschnitt

kann hier in ähnlicher Weise ausgeführt werden, wie es früher bei der Exarticulation des Daumens (S. 179) beschrieben wurde.

2. Die linke Hand zieht die fünfte Zehe kräftig von der vierten ab, die rechte führt ein schmales Messer von der Schwimmhaut aus in sägenden Zügen zwischen die beiden Metatarsalknochen aufwärts, bis es auf Widerstand stösst (Fig. 335).

Fig. 335.

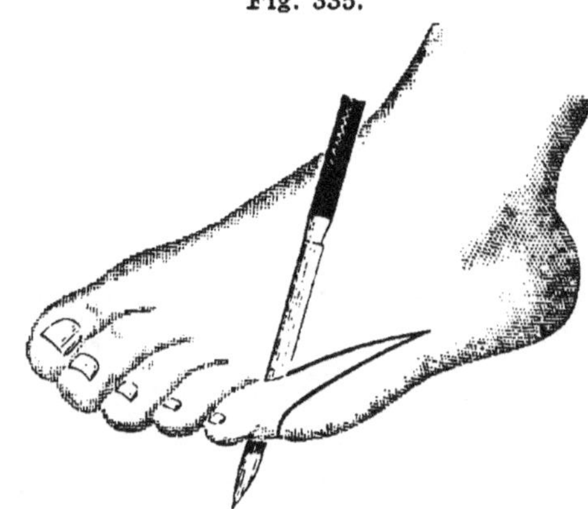

Exarticulation der fünften Zehe mit ihrem Metatarsalknochen.

3. Das Ende des Hautschnittes wird sowohl an der Dorsalseite als an der Plantarseite um 1 cm aufwärts verlängert.

4. Unter kräftiger Abduction des fünften Metacarpalknochens wird dessen Basis zuerst von der des vierten Metatarsalknochens, darauf vom os cuboideum abgetrennt.

5. Dann führt man das Messer um die nach oben vorspringende tuberositas ossis metatarsi V herum und von hier hart an der Aussenseite des Knochens entlang in sägenden Zügen abwärts und bildet so einen zungenförmigen äusseren Lappen, dessen Spitze genau in der Höhe des ersten Einschnittes in die Schwimmhaut abgerundet werden muss (Fig. 335).

6. In derselben Weise lassen sich die zweite, dritte und vierte Zehe sammt ihrem Metacarpalknochen exstirpiren.

## Exarticulation in den Tarso-Metatarsalgelenken nach Lisfranc (Exarticulatio tarso-metatarsea).

1. Am äusseren Fussrande wird das Gelenk zwischen os cuboideum und fünftem Metatarsalknochen, welches unmittelbar vor der tuberositas dieses Knochens liegt, am inneren Fussrande das Gelenk zwischen os cuneiforme I und erstem Metatarsalknochen, welches sich 4 cm vor der tuberositas ossis navicularis befindet, aufgesucht und durch kleine Messerstiche bezeichnet.

Fig. 336.

Skelett des Fusses.

Fig. 337.

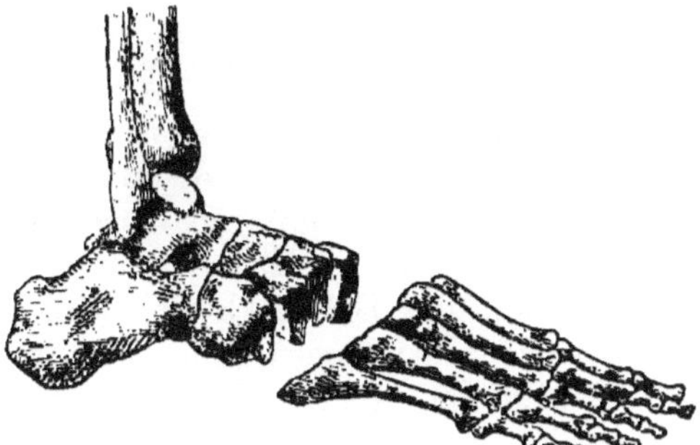

Exarticulation in den Tarso-Metatarsalgelenken nach Lisfranc.

2. Von dem einen dieser Punkte aus zum andern (von links nach rechts) wird bei emporgehobenem Fuss auf der Fusssohle ein grosser halbrunder Lappen umschnitten, dessen Convexität über die Köpfe der Metatarsalknochen hinwegzieht.

3. Der Fuss wird gesenkt und stark gestreckt, das Messer von einem Endpunkte des Plantarlappen zum andern in flachem Bogen über den Fussrücken geführt, sämmtliche Weichtheile bis auf den Knochen durchschneidend (Fig. 338).

Fig. 338. Fig. 339.

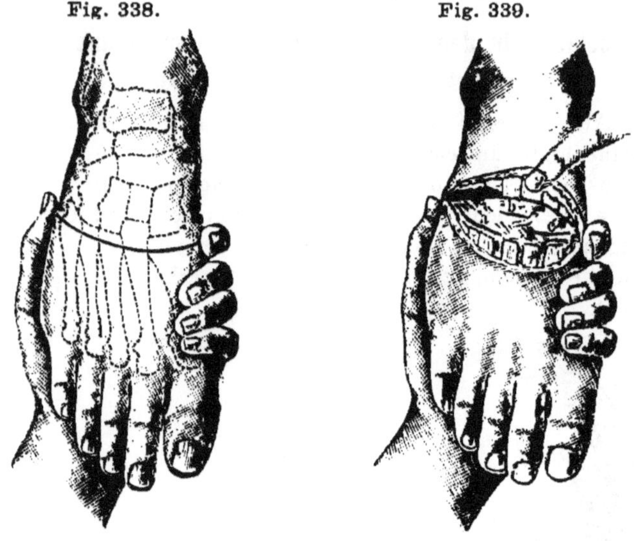

Exarticulation des Fusses nach Lisfranc.
Dorsalschnitt.

4. Der kleine Dorsallappen wird aufwärts gezogen, die Messerspitze sucht tastend das am weitesten nach links gelegene Gelenk (am rechten Fuss das fünfte Metatarsalgelenk) zu öffnen, während die linke Hand den Vorderfuss stark abwärts drückt.

5. Sobald das Gelenk klafft, wird das Messer im schwach nach vorne convexen Bogen weiter geführt, eröffnet das vierte und dritte Gelenk (a), gleitet über die Basis des zweiten Metatarsusknochens hin und öffnet das erste Gelenk (c) (Fig. 339).

6. Das Gelenk des zweiten Metatarsalknochens, welches etwa 1 cm höher liegt, als das des ersten, wird durch einen kleinen Querschnitt (b) eröffnet; die seitlichen Verbindungen des Knochens mit dem os cuneiforme I und III, zwischen die sich die Basis des-

selben hineinschiebt, trennt man durch Einstechen des Messers mit nach oben gerichteter Schneide (Fig. 340).

Fig. 340.

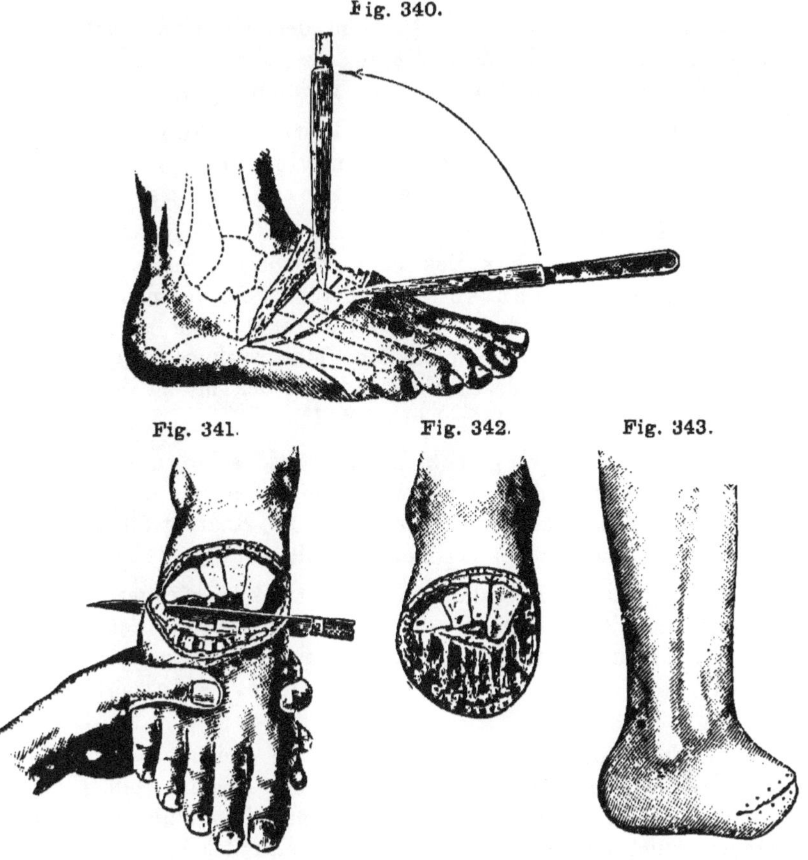

Fig. 341. Fig. 342. Fig. 343.

Exarticulation nach Lisfranc.

Bildung des Plantarlappens. Wundfläche. Stumpf.

7. Nun klaffen sämmtliche Gelenke stärker, das Messer trennt die übrigen Gelenkverbindungen an den Seitenrändern und an der Sohlenseite und durchschneidet die Muskulatur der Fusssohle zum grösseren Theile; dann wird seine Schneide nach vorne gerichtet, um den Plantarlappen zu vollenden (Fig. 341).

Das Aussehen der Wunde vor der Vereinigung zeigt Fig. 342, das des Stumpfes Fig. 343.

## Exarticulation im Tarsus nach Chopart
### (Exarticulatio mediotarsea).

1. Die Auslösung findet statt in dem Gelenke, welches das os naviculare mit dem Kopfe des Talus, und das os cuboideum mit dem Calcaneus verbindet (Fig. 344).

2. Der Gelenkspalt wird am inneren Fussrande 1 cm oberhalb der tuberositas ossis navicularis, am äusseren Fussrande 2 cm oberhalb der tuberositos ossis metatarsi V gefunden und markirt.

3. Ueber die Sohle des emporgehobenen Fusses wird ein bogenförmiger Hautschnitt geführt, der von dem links gelegenen markirten Punkte aus am Fussrande nach vorne, einen Daumen breit hinter den Köpfen der Metatarsusknochen quer über die Sohle und am anderen Fussrande zurück bis zu dem rechts gelegenen Punkte läuft (Fig. 345—347).

4. Der Fuss wird gesenkt und stark abwärts gedrückt, das Messer in den linken Wundwinkel eingesetzt und im schwachen Bogen über den Fussrücken, nur durch die Haut, geführt, bis in den rechten Wundwinkel des Sohlenschnittes (Fig. 348).

5. Der kleine Dorsallappen wird stark zurückgezogen, ein kräftiger Schnitt quer über das Gelenk trennt alle Sehnen und dringt sofort in die Gelenkverbindung ein (am sichersten zuerst oberhalb der deutlich fühlbaren tuberositas ossis navicularis).

6. Unter der Schneide des über die (leicht ~förmig gekrümmte) Gelenkverbindung hingeführten Messers öffnen sich krachend die Gelenke. Die Spitze trennt überall die gespannten Bänder, zuletzt an der Plantarseite, bis sich der Vorderfuss ganz nach der Hacke zu herunterdrücken lässt.

7. Nachdem an beiden Fussrändern der Plantarlappen ein wenig tiefer eingeschnitten ist, wird die Messerklinge mit nach vorne gerichteter Schneide an die untere Seite der abgelösten ossa naviculare und cuboideum gelegt und in sägenden Zügen vorwärts geführt, bis der Plantarlappen vollendet ist (Fig. 349).

8. Die Ansicht des Stumpfes giebt Fig. 350.

Die vordere untere Kante des Calcaneus, welche stark vorspringt und im Stumpfe leicht Decubitus hervorruft, kann man

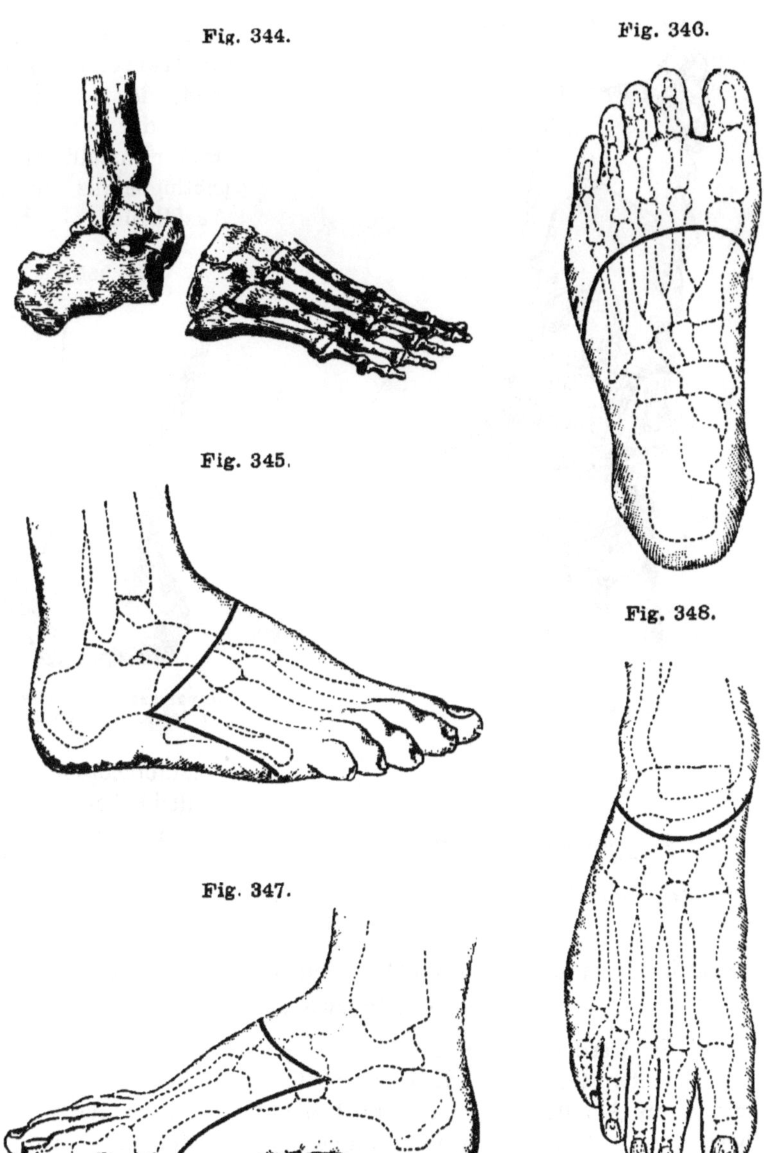


Exarticulation im Tarsus nach Chopart.

Fig. 349.

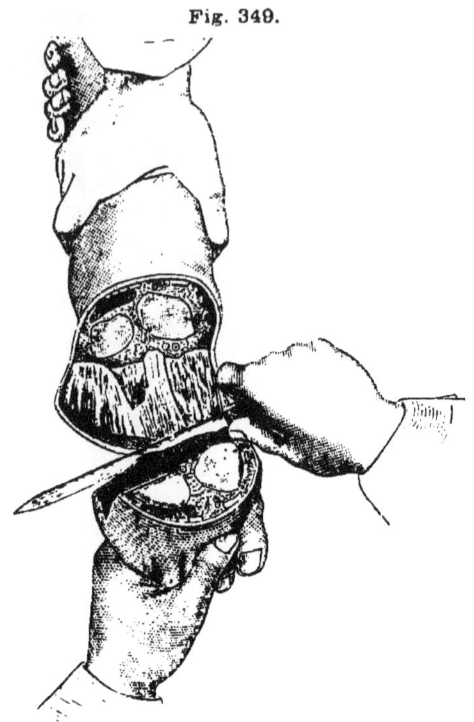

Exarticulation im Tarsus nach Chopart.
Beendigung des Plantarlappens.

etwas abmeisseln (Helferich). Während der Heilung muss der Fuss in starker Dorsalflection (nöthigenfalls durch Ausführung der

Fig. 350.

Stumpf nach Exarticulation im Tarsus nach Chopart.

Achillotenotomie) gestellt bleiben. Nach der Heilung ist eine schief nach aufwärts steigende Sohle beim Gehen empfehlenswerth.

## Exarticulation des Fusses unter dem Talus nach Malgaigne (Exarticulatio sub talo).

1. Es werden zwei seitliche Lappen gebildet durch einen Schnitt, der hinten dicht oberhalb der tuberositas calcanei beginnt, die Achillessehne von derselben abtrennt, dann im weiten Bogen den malleolus externus umkreisend, über die untere Hälfte des Calcaneus hinläuft (Fig. 351), von hier quer über die Mitte des os cuboideum zum Fussrücken aufsteigt, über den vorderen Rand des os naviculare (Fig. 352) an der Innenseite des

Mittelfusses senkrecht herabzieht (Fig. 353), bis er den Mittelpunkt der Fusssohle erreicht (Fig. 354). Von hier biegt er im rechten Winkel ab nach hinten und trifft auf den Anfang des Schnittes am Innenrande der Achillessehne.

2. Die beiden Lappen werden von den Knochen abgelöst, bis beide Seitenflächen des Calcaneus und das Chopart-sche Gelenk frei liegen. Dabei hüte man sich, den unteren Enden der Knöchel zu nahe zu kommen, um nicht das Tibio-Tarsalgelenk zu verletzen.

3. Durch Auslösung im Chopart-schen Gelenke wird der Vorderfuss entfernt.

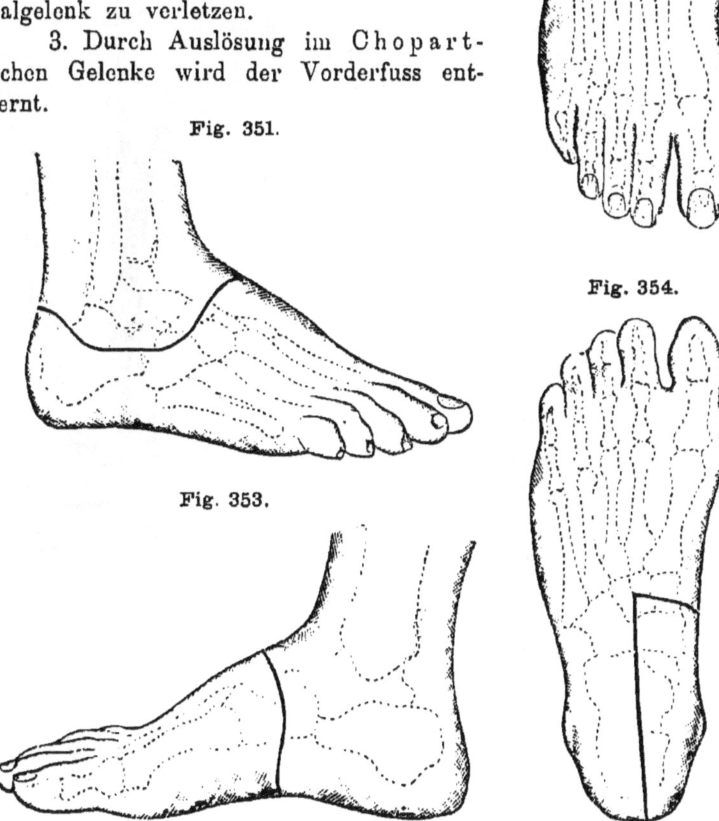


Exarticulation zwischen Talus und Calcaneus (sub talo) nach Malgaigne.

4. Mit einer Knochenzange wird das vordere Ende des Calcaneus gefasst und während man den Knochen abwärts drückt und supinirt, durchschneidet man mit einem schmalen Messer das ligamentum fibulare calcaneum, 1 cm unterhalb der Spitze des Malleolus externus, dringt dann in den Sinus tarsi ein, trennt das feste ligamentum intertarseum und während man den Knochen immer mehr um seine Längsachse dreht, zuletzt noch etwa 3 cm unterhalb des inneren Knöchels das ligamentum talo-calcaneum. (S. die Abbildungen der Bänder bei der Resection des Fussgelenkes).

5. Trotz der sehr unregelmässigen Gestalt der unteren Fläche des Talus (Fig. 355) giebt doch diese Operation einen zum Gehen sehr brauchbaren Stumpf (Fig. 356).

6. Zur besseren Form des Stumpfes kann man, besonders bei Mangel an Hautbedeckung, das Caput tali absägen. — Hancock setzte an die abgesägte Unterfläche des Talus das abgesägte Tuber calcanei osteoplastisch an.

Fig. 355.

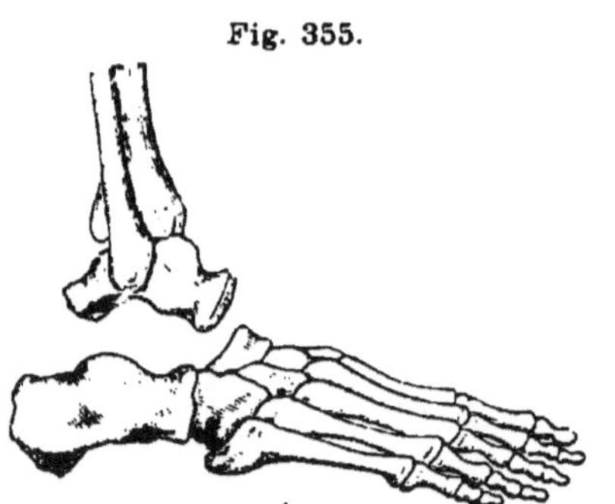

Exarticulation des Fusses unter dem Talus.

Fig. 356.

Stumpf nach Exarticulation des Fusses unter dem Talus.

## Exarticulation des Fusses nach Syme

### (Amputatio malleolaris).

1. Der rechtwinklig flectirte Fuss wird hoch emporgehalten, und ein kräftiger überall bis auf den Knochen dringender Schnitt von der Spitze des einen (linken) Knöchels bis zu der des anderen (rechten) quer über die Fusssohle geführt (Fig. 357—359).

2. Der Fuss wird gesenkt, mit der linken Hand stark abwärts gedrückt und ein zweiter Schnitt von einer Knöchelspitze zur anderen quer über die vordere Seite des Tibio-Tarsalgelenkes geführt (Fig. 360).

3. Ein Querschnitt über die Gelenkfläche des Talus eröffnet vorne das Gelenk, zwei Schnitte unterhalb der beiden Knöchel trennen die Seitenbänder und die obere Gelenkfläche des Talus tritt frei hervor.

Fig. 358.

Fig. 357.

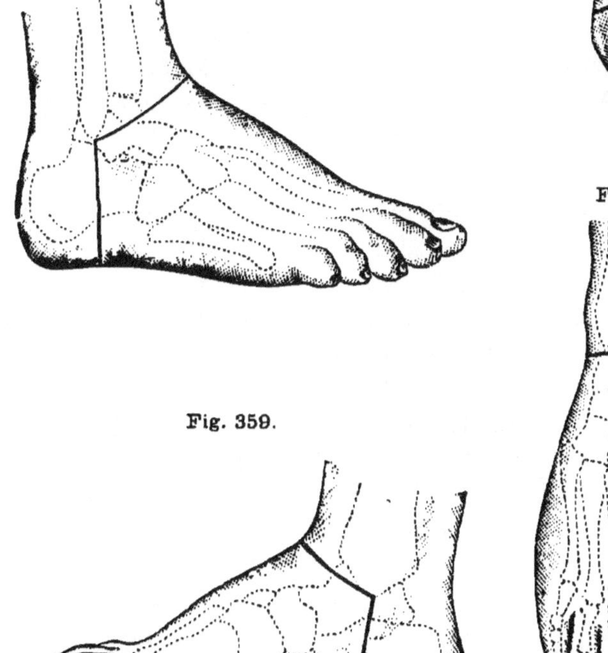

Fig. 360.

Fig. 359.

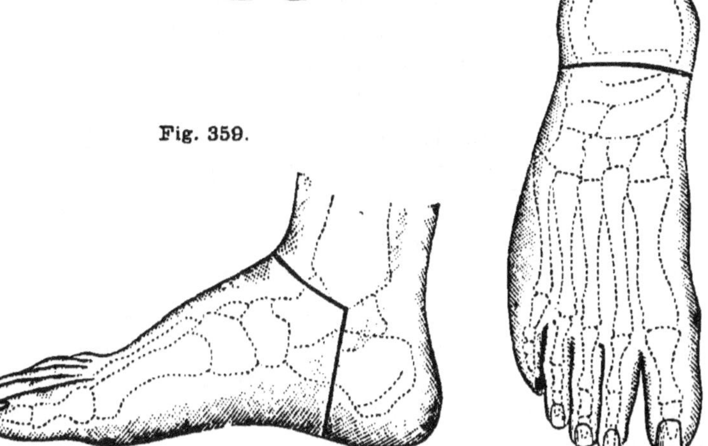

Exarticulation des Fusses nach Syme.

4. Während die linke Hand den Fuss immer mehr gegen die Rückseite des Unterschenkels drängt und ihn abwechselnd nach der einen oder anderen Seite um seine Achse dreht, wird der Calcaneus durch dicht auf einander folgende und abwechselnd bald von oben, bald von den Seiten, und zuletzt von hinten und unten, aber stets **gegen den Knochen** geführte Schnitte aus der Fersenkappe herausgelöst und von der Achillessehne getrennt (Fig. 361).

Fig. 361.

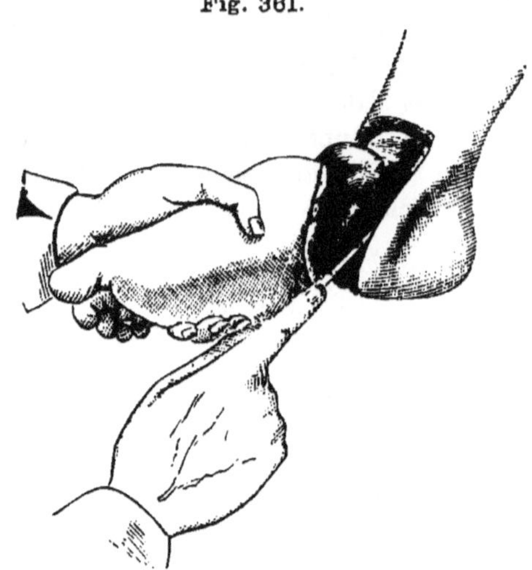

Exarticulation des Fusses nach Syme (Auslösung des Calcaneus).

Bei entzündlichen Erkrankungen ist es zweckmässig, den Calcaneus nicht mit dem Messer, sondern mit Hebel und Schabeisen aus dem Periost herauszuschälen.

5. Der Fersenlappen und die Haut wird ringsum über die Knöchel herauf gezogen, ein Zirkelschnitt dicht oberhalb der Gelenkfläche der Tibia trennt die übrigen Weichtheile (Sehnen und Knochenhaut).

6. Die Säge durchschneidet die Knochen so, dass nur die beiden Knöchel und eine feine Knorpelschicht von der Gelenkfläche der Tibia entfernt werden (Fig. 362, 363).

Auch kann man, wie Syme es mehrmals gethan, nur die Malleolen mit einer Knochenscheere abkneifen.

7. Nach Unterbindung aller durchschnittenen Gefässe wird hinten an der Aussenseite der Achillessehne die Haut mit einem schmalen Messer durchstochen, durch das Loch ein Drainrohr gezogen und dann die Wunde (Fig. 362) durch die Naht vereinigt (Fig. 364, 365).

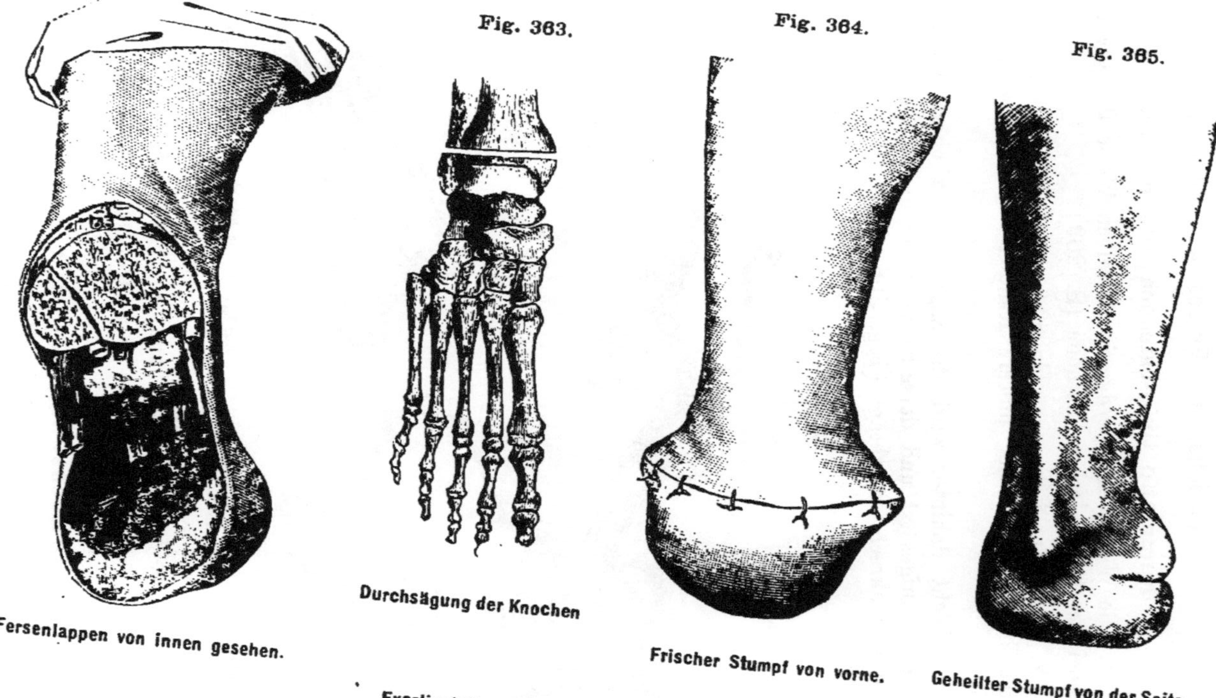

Fig. 362. Fersenlappen von innen gesehen.

Fig. 363. Durchsägung der Knochen

Fig. 364. Frischer Stumpf von vorne.

Fig. 365. Geheilter Stumpf von der Seite.

Exarticulation des Fusses nach Syme.

## Exarticulation des Fusses nach Pirogoff.

### Amputatio tibio-calcanea osteoplastica.

1. Die Weichtheile werden in derselben Weise durchschnitten wie bei der Syme'schen Methode (S. 209).

2. Nach Auslösung des Gelenkes wird der Fuss stark nach hinten gebogen, bis der hintere Rand des Talus zum Vorschein kommt.

3. Dicht dahinter wird die Säge auf die obere Fläche des Calcaneus aufgesetzt und derselbe genau in der Ebene des Sohlenschnittes senkrecht durchsägt (Fig. 366, 367).

Fig 366.

Fig. 367.

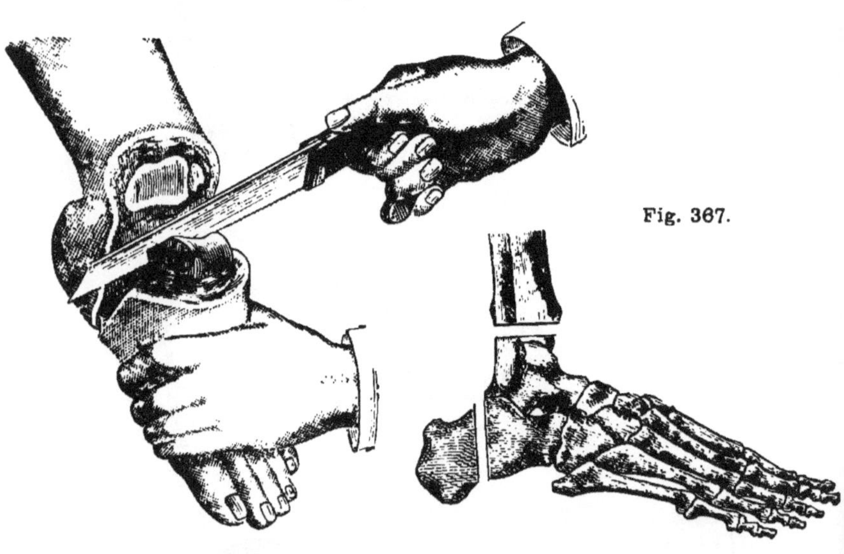

Exarticulatio pedis nach Pirogoff (Absägen des Calcaneus).

Absägung der Knochen bei der Pirogoff'schen Operation.

4. Die beiden Malleolen und eine dünne Scheibe von der Gelenkfläche der Tibia werden wie bei der Methode von Syme abgesägt.

5. Die Achillessehne wird dicht oberhalb ihres Ansatzes quer durchschnitten und die Haut an derselben Stelle gefenstert behufs Durchführung eines Drainrohres.

6. Das Aussehen der Wundfläche und des Stumpfes zeigen Fig. 368, 369.

Fig. 368.

Wundfläche bei Pirogoff's Operation.

Fig. 369.

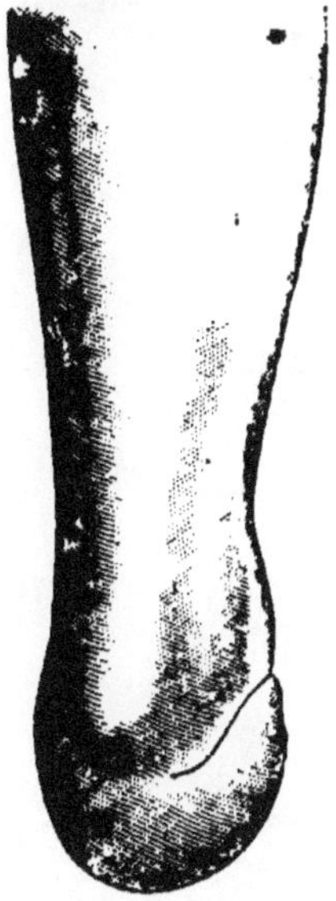

Stumpf nach Pirogoff's Operation.

## Abänderung des Pirogoff'schen Verfahrens nach Günther.

1. Der Sohlenschnitt beginnt und endigt dicht **vor** den Malleolen und zieht quer über die Sohle in der Gegend des hinteren Randes des os naviculare (Fig. 370—372).

2. Der Dorsalschnitt bildet einen kleinen halbmondförmigen Lappen, der bis an das os naviculare reicht (Fig. 373).

3. Nachdem das Gelenk eröffnet ist, präparirt man die Weichtheile auf beiden Seiten des Calcaneus schräg nach oben hinten bis zum Ansatz der Achillessehne ab, wobei man eine Verletzung der Art. tibialis postica sorgfältig vermeidet.

4. Dicht vor dem Ansatz der Achillessehne wird eine Stichsäge auf den Calcaneus aufgesetzt und derselbe **schräg** von hinten oben nach vorne unten durchsägt.

5. Ebenso werden Tibia und Fibula schräg von hinten oben nach vorne unten durchsägt (Fig. 374).

6. Die Sägeflächen der Knochen lassen sich bei diesem Verfahren ohne Durchschneidung der Achillessehne leicht aneinander bringen.

Fig. 370.

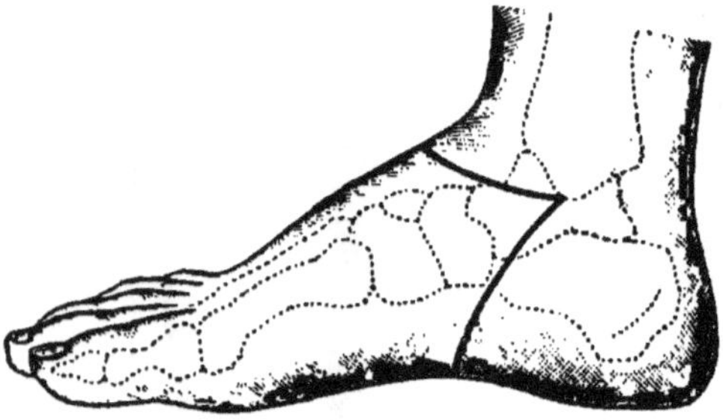

Fig. 371.

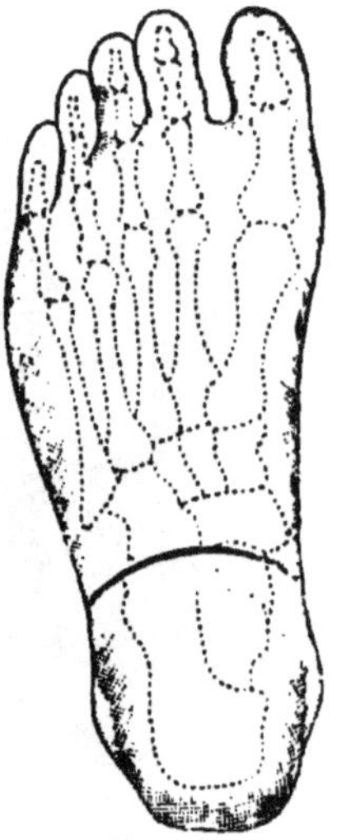

Fig. 372.

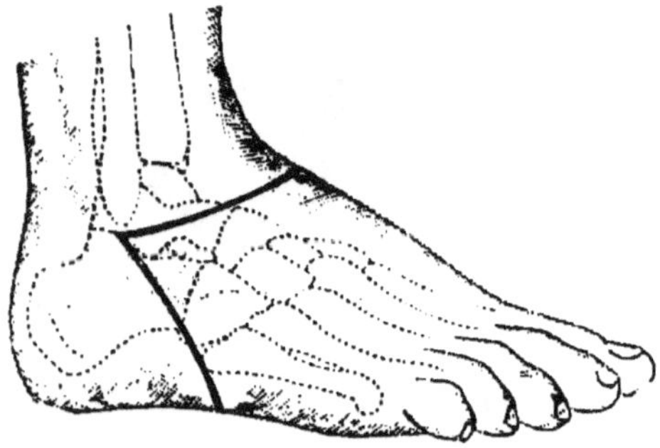

Fig. 373.

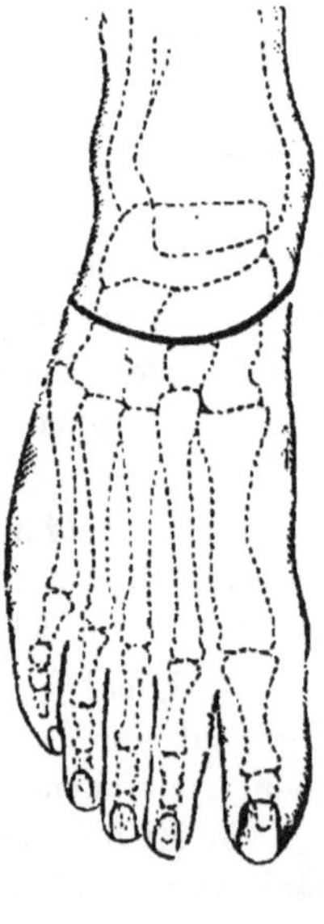

Abänderung der Pirogoff'schen Operation nach Günther (Fig. 370—373).

Fig. 374.

Durchsägung der Knochen nach Günther.

## Abänderung des Pirogoff'schen Verfahrens nach Le Fort und von Esmarch.

1. Der Sohlenschnitt beginnt 2 cm unter der Spitze des Malleolus externus (am rechten Fuss), läuft schwach convex über die Sohlenfläche der ossa cuboideum und naviculare und endigt an der Innenseite 3 cm vor und unterhalb des Malleolus internus (Fig. 375—377).

2. Der Dorsalschnitt bildet, von denselben Punkten aus, einen schwach convexen Lappen, dessen vorderer Rand über die Chopart'sche Gelenklinie hinläuft (Fig. 378).

3. Der Dorsallappen wird bis zum Tibio-Tarsalgelenk hinauf präparirt und das Gelenk eröffnet, wie bei dem Pirogoff'schen Verfahren.

4. Der Fuss wird nach hinten umgelegt und die obere Fläche des Calcaneus soweit frei präparirt, dass man eine Stichsäge hinter den oberen Rand der tuberositas calcanei ansetzen und durch einen Horizontalschnitt von hinten nach vorne das obere Drittel des Knochens abtragen kann (Fig. 379).

5. Sobald die Säge bis in das Chopart'sche Gelenk gedrungen ist, werden die Knochen dieses Gelenkes, wie bei der Chopart-schen Methode, von einander getrennt.

6. Die beiden Knöchel und die untere Gelenkfläche der Tibia werden, wie bei Pirogoff, abgesägt.

7. Auch kann man, nach von Bruns, mit der Stichsäge **bogenförmig** den Calcaneus concav und die Unterschenkelknochen convex absägen (Fig. 380). Der Stumpf erhält nach dieser Methode eine sehr breite Gehfläche (Fig. 381).

8. Bei allen diesen Operationen ist es zweckmässig, nach Vereinigung der Weichtheile die Knochen an einander zu befestigen durch einen langen Stahlnagel (Fig. 238), den man von der Sohle aus durch den Calcaneus bis tief in die Tibia hineintreibt. Bei aseptischem Wundverlauf verwachsen die Sägeflächen rasch mit einander, ohne dass der Nagel Eiterung hervorruft.

Fig. 375.

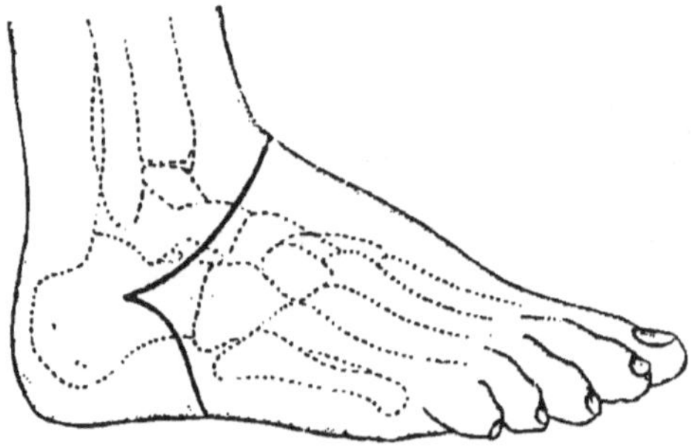

Fig. 376.

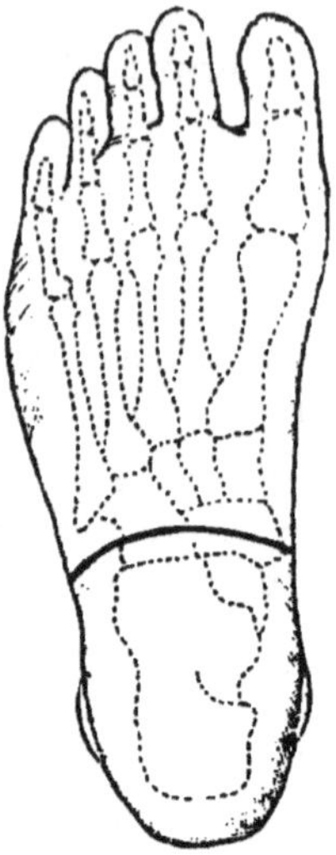

Fig. 377.

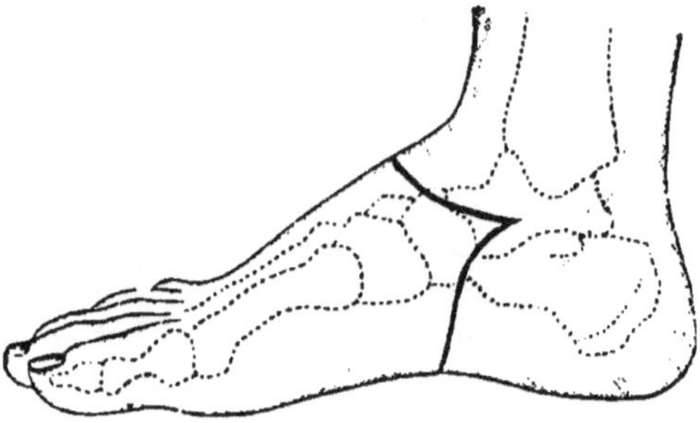

Le Fort's Aenderung der Pirogoff'schen Operation (Fig. 368—371).

Fig. 378.

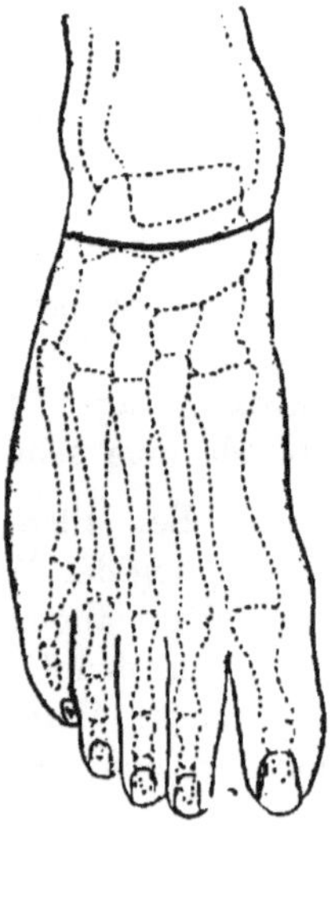

Fig. 379.

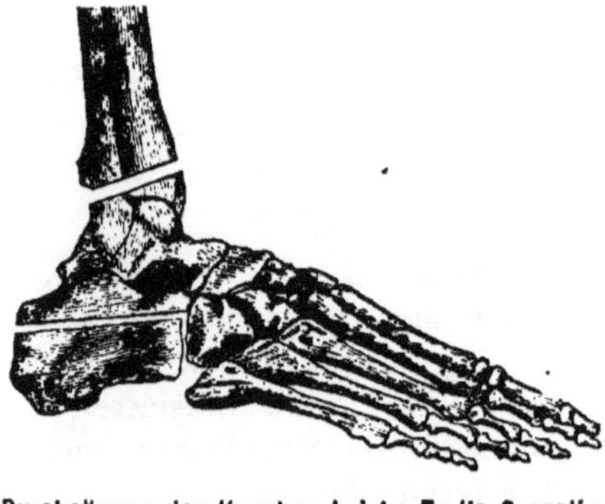

Durchsägung der Knochen bei Le Fort's Operation.

Fig. 380.

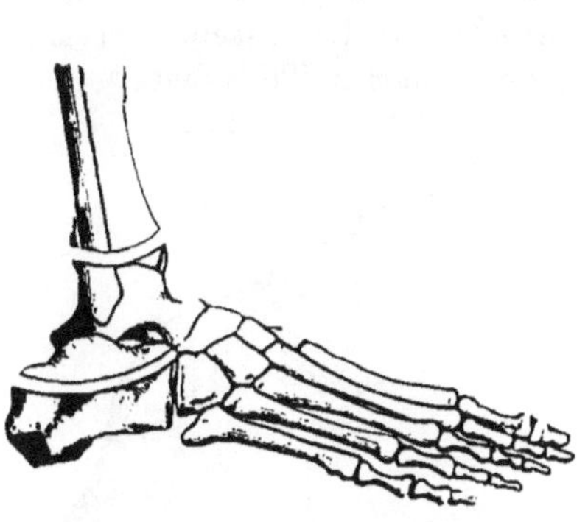

Absägen der Knochen nach von Bruns.

Fig. 381.

Stumpf nach Le Fort.

Zur

## Amputation des Unterschenkels

eignet sich am besten der zweizeitige Zirkelschnitt und der Hautlappenschnitt.

Im **unteren Drittel** (oberhalb der Knöchel) sind zwei gleich grosse seitliche Hautlappen besonders zweckmässig (Fig. 261). Ein vorderer Hautlappen kann leicht durch die scharfe Kante der abgesägten Tibia gedrückt werden, ein hinterer Hautlappen zieht aber durch seine Schwere die Wundränder auseinander.

In der **Mitte** bildet man ebenfalls zwei Hautlappen, oder nach v. Langenbeck einen grossen seitlichen Lappen (an der Innenseite) mit halbem Zirkelschnitt an der entgegengesetzten Seite, wodurch auch die Narbe seitlich zu liegen kommt (Fig. 383). Diese Methode eignet sich auch für das **obere Drittel**, wo die Amputation am zweckmässigsten unterhalb der Tuberositas tibiae **(Ort der Wahl)** erfolgt.

Bardeleben macht an dieser Stelle einen grossen vorderen Hautlappen, in welchen er zugleich das lappenförmig umschnittene Periost der vorderen glatten Fläche der Tibia mit hineinnimmt. Die Sägefläche der Tibia wird mit diesem Periostlappen bedeckt, wobei durch Knochenneubildung die scharfe Kante der Tibia etwas abgerundet wird; dasselbe erreicht man durch schräges Absägen der scharfen Tibiakante.

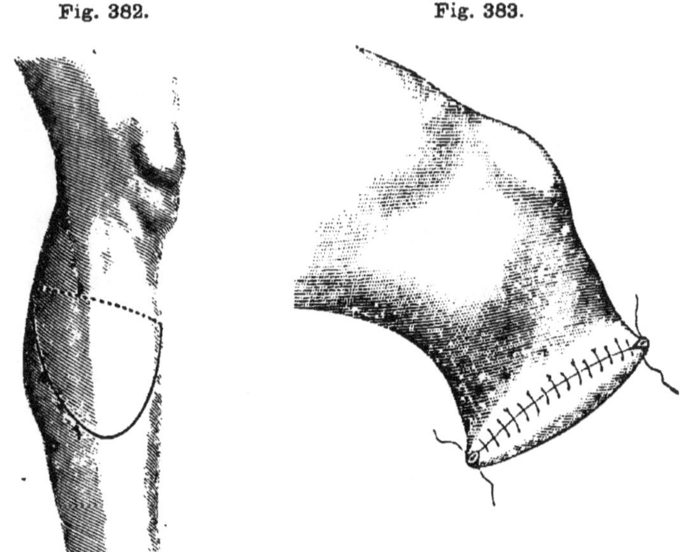

Fig. 382. Fig. 383.

Amputation des Unterschenkels mit seitlichem Hautlappen nach von Langenbeck.

Hueter verfuhr folgendermassen: Längsschnitt auf der Crista tibiae der Länge der zu bildenden Manschette entsprecheud; der Schnitt dringt durch das Periost auf deu Knochen. An seinem unteren Ende macht man über die freie Fläche der Tibia bis zu ihrem inneren Rande einen kurzeu Querschnitt und hebelt von diesem Winkelschnitt aus die Haut sammt dem Periost von der Tibia ab: der so gebildete breite Perioststreifen wird später auf die Sägefläche der Tibia gelegt. Dann ergänzt man den Querschnitt zu einem Zirkelschnitt durch die Haut bis auf die Fascie und verfährt nun wie beim Manschettenschuitt.

Die Amputatiou am Orte der Wahl giebt die tragfähigsten Stümpfe, mit denen die Kranken auf der einfachsten Stelze knieend (eingegipster Besenstiel) gut gehen könuen (Fig. 384). Hat der Kranke also nicht die Mittel, sich ein theures und doch oft der Ausbesserung bedürftiges künstliches Bein zu beschaffen, so empfiehlt es sich, aus Zweckmässigkeitsgründen die Amputation am Orte der Wahl zu machen, selbst wenn ein Theil des Unterschenkels noch gesund ist.

Um aber auch längere Unterschenkelstümpfe unmittelbar tragfähig zu machen, empfiehlt sich die

**osteoplastische Amputation** nach Bier,

wobei der unterste Abschnitt des in gewöhnlicher Weise amputirten und vernähten Unterschenkels rechtwinklig nach vorn umgeknickt wird, so dass eine Art künstlicher Fuss entsteht und der Kranke mit der Wade und der Hinterfläche der beiden Unterschenkelknochen auftritt. Zu dem Zwecke verfährt man folgendermassen:

Etwas oberhalb der Amputationsstelle schneidet man zunächst in den Weichtheilen einen Keilausschnitt mit abgestumpfter Spitze vor, die untere Seite des Keils liegt nur anderthalb Fingerbreit oberhalb der Knochenamputationsfläche. Alle Schnitte werden mit sehr

Fig. 384.

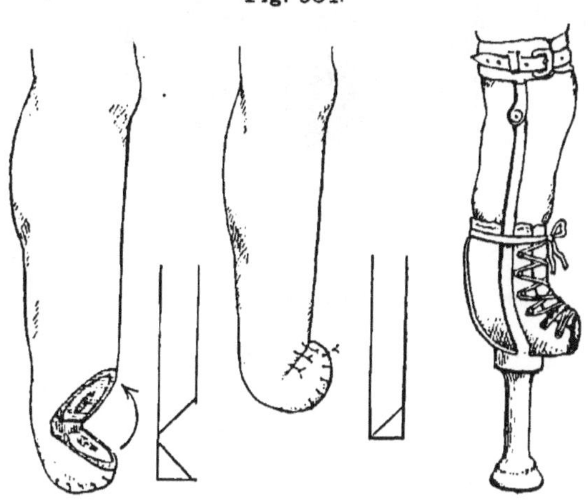

Osteoplastische Amputation des Unterschenkels nach Bier.

scharfem Messer kräftig durch das Periost auf den Knochen geführt und an der Aussenseite auch zugleich die im Spatium interosseum liegenden Weichtheile durchtrennt. Nun werden mit der Säge beide Knochen von unten her schräg durchsägt, darauf die Säge in die obere Schnittebene eingesetzt und der ganze aus einem

Stück der Tibia und Fibula und aus Haut und Muskeln bestehende Keil herausgehoben. Das lose Stück wird nun nach vorn umgestellt und durch die Naht mit dem oberen vereinigt. Bei kurzen Stümpfen beginnt der Keilausschnitt hart am Stumpfende. Die Kranken sind schon nach 2—3 Wochen im Stande, auf einer einfachen Stelze ohne Schmerzen umherzugehen.

In allen complicirten Fällen führt man diese Stumpfplastik erst nach Heilung der Amputationswunde aus.

Fig 385.

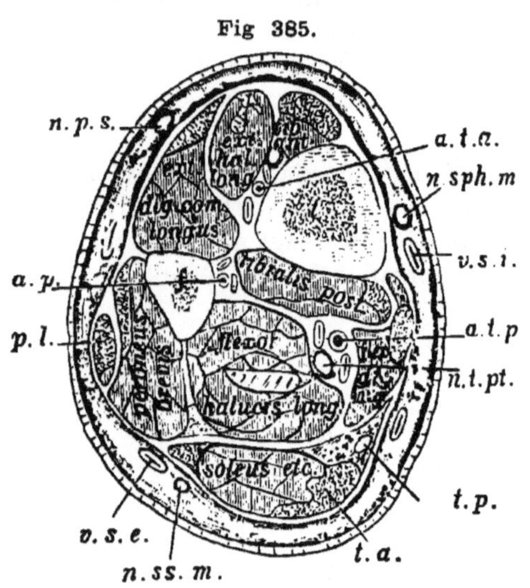


Querschnitt des rechten Unterschenkels im unteren Dritttheil.

| | |
|---|---|
| *n. p. s.*: | nerv. peron. superf. |
| *a. p.*: | art. peronaea. |
| *p. l.*: | peron. long. |
| *v. s. e.*: | vena saphena ext. |
| *n. ss. m.*: | nerv. suralis major. |
| *t. a.*: | tendo achillis. |
| *t. p.*: | tendo plantaris. |
| *n. t. pt.*: | nerv. tib. post. |
| *a. t. p.*: | art. tib. post. |
| *v. s. i.*: | vena saph. int. |
| *n. sph. m.*: | nerv. saph. major. |
| *a. t. a.*: | art. tib. antica. |

Fig. 386.

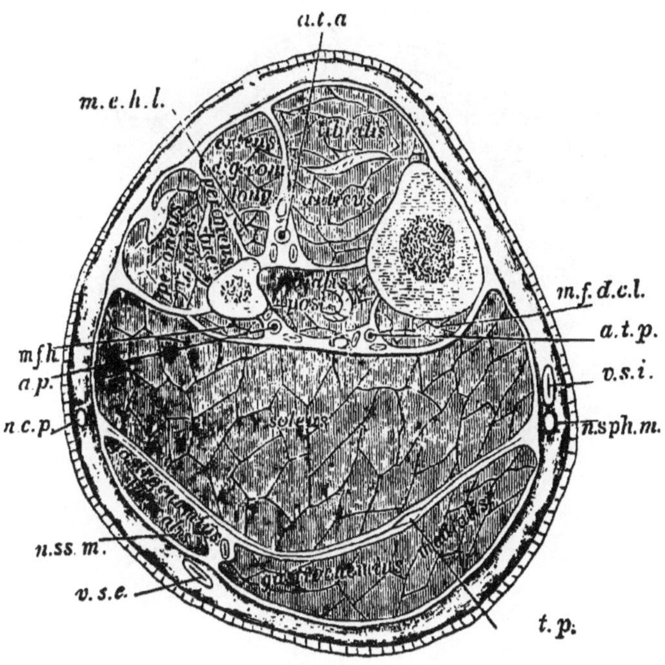


**Querschnitt des rechten Unterschenkels im mittleren Drittheil.**

*a. t. a.*: art. tibial. antica.
*m. e. h. l.*: musc. ext. hal. long.
*m. f. h.*: musc. flex. hal.
*a. p.*: art. peronaea.
*n. c. p.*: nerv. cutan. post. ext.
*n. ss. m.*: nerv. suralis major.
*v. s. e.*: vena saph. ext.
*t. p.*: tendo plantaris.
*n. sph. m.*: nerv. saph. major.
*v. s. i.*: vena saph. int.
*a. t. p.*: art. tib. post.
*m. f. d. c. l.*: musc. flex. dig. comm. long.

Fig. 387.

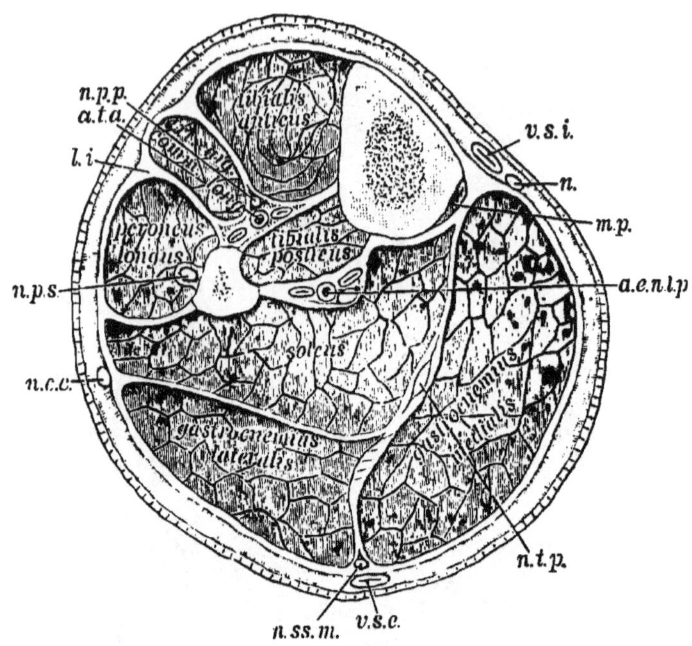


**Querschnitt des rechten Unterschenkels im oberen Drittlheil.**

*n. p. p.*: nerv. peroneus prof. seu tib. ant.
*a. t. a.*: art. tibialis antica.
*l. i.*: lig. intermusc. fibulare.
*n. p. s.*: nerv. peron. superf.
*n. c. c.*: nerv. cutan. crur. post.
*n. ss. m.*: nerv. suralis major.
*v. s. e.*: vena saphena ext.
*t. p.*: tendo plantaris.
*a. e. n. t. p.*: art. et. nerv. tib. post.
*m. p.*: musc. popliteus.
*n.*: nerv. saph. major.
*v. s. i.*: vena saphena int.

Fig. 388.

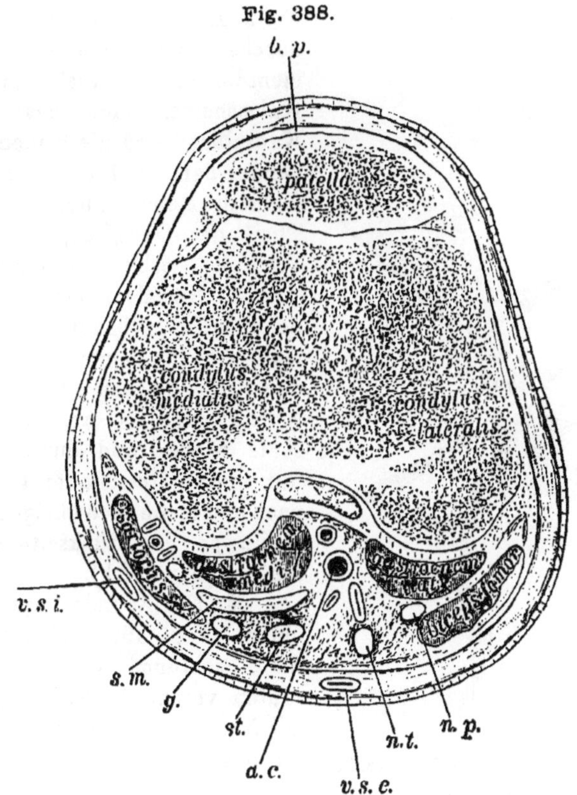


Querschnitt des linken Oberschenkels in der Condylenlinie.

| | |
|---|---|
| *v. s. i.*: vena saph. int. | *v. s. e.*: vena saph. ext. |
| *sm.*: semimembranosus. | *n. t.*: nerv. tibialis. |
| *g.*: gracilis. | *n. p.*: nerv. peroneus. |
| *st.*: semitendinosus. | *b. p.*: bursa patellaris. |
| *a. c.*: art. cruralis. | |

## Exarticulation des Unterschenkels im Kniegelenk.

### 1. Zirkelschnitt.

1. Ein Zirkelschnitt trennt, bei gestrecktem Knie, die Haut des Unterschenkels 8 cm unterhalb der Patella. Die Haut wird bis zum unteren Rande der Patella ringsum abpräparirt und als Manschette hinaufgeschlagen; um letzteres zu erleichtern, kann man die Stulpe auf einer oder auf beiden Seiten durch einen kleinen Längsschnitt spalten.

Fig. 389.

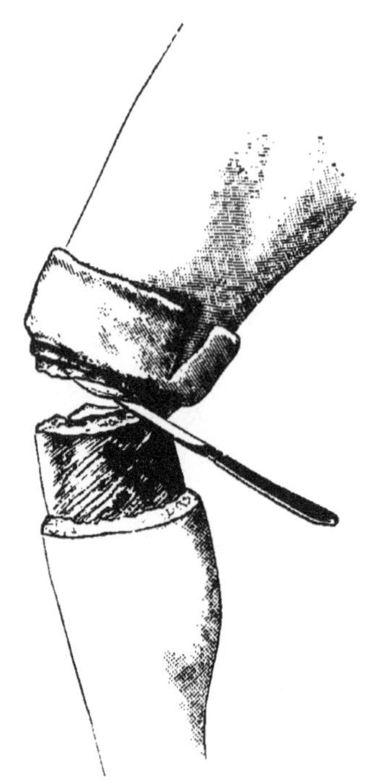

Exarticulation im Kniegelenk (Zirkelschnitt).

2. Indem man das Knie flectirt, durchschneidet man erst das ligamentum patellae dicht unter der Kniescheibe, dann das vordere Kapselband und die beiden Seitenbänder hart am Rande des Femur, damit die Meniscen und der grössere Theil der Gelenkkapsel mit der Tibia in Verbindung bleiben.

3. Nachdem man das Knie noch mehr gebeugt hat, trennt man die ligamenta cruciata von den Innenflächen beider Oberschenkelcondylen ab, streckt das Knie wieder und durchschneidet mit einem Messerzuge von vorne nach hinten die noch übrigen Weichtheile an der Rückseite des Gelenkes (Fig. 381).

4. Die Wunde kann in der Quere (Fig. 390), aber auch in der Richtung von vorne nach hinten vereinigt werden, so dass die Narbe zwischen beide Condylen zu liegen kommt (Fig. 391).

Fig. 390. Fig. 391.

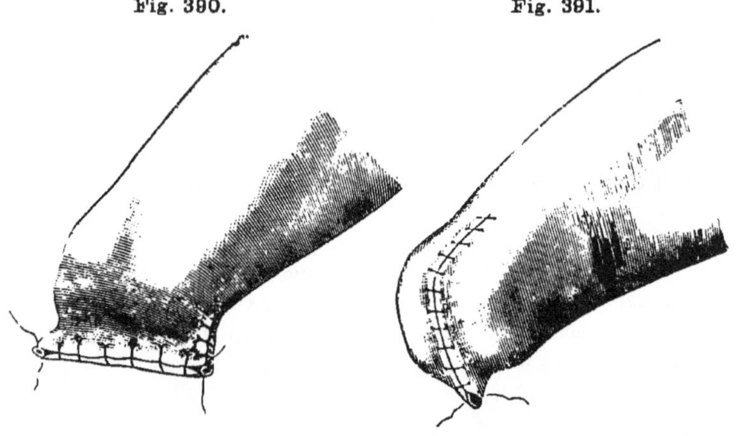

Stumpf nach Exarticulation im Kniegelenk mit Zirkelschnitt.

5. Will man (nach Billroth) die Patella und die obere Ausstülpung der Gelenkkapsel wegnehmen, so macht man nach beendigtem Zirkelschnitte über die Mitte der Patella einen Längsschnitt, der 4 cm oberhalb derselben beginnt, schneidet die Patella von der Extensorensehne ab, klappt letztere nach oben hin auf und präparirt den unter ihr liegenden Theil der Gelenkkapsel heraus.

2. Lappenschnitt.

1. An der Rückseite des hoch emporgehobenen Beines wird durch einen Bogenschnitt, der 1 cm unter der Mitte des Seitenrandes des einen Condylus femoris beginnt und 1 cm unter der Mitte des andern Condylus endigt, ein 8 cm langer halbmondförmiger Lappen aus der oberen Wadenhaut gebildet und bis zu seiner Basis von der Fascie abgelöst.

Fig. 392. Fig. 393.

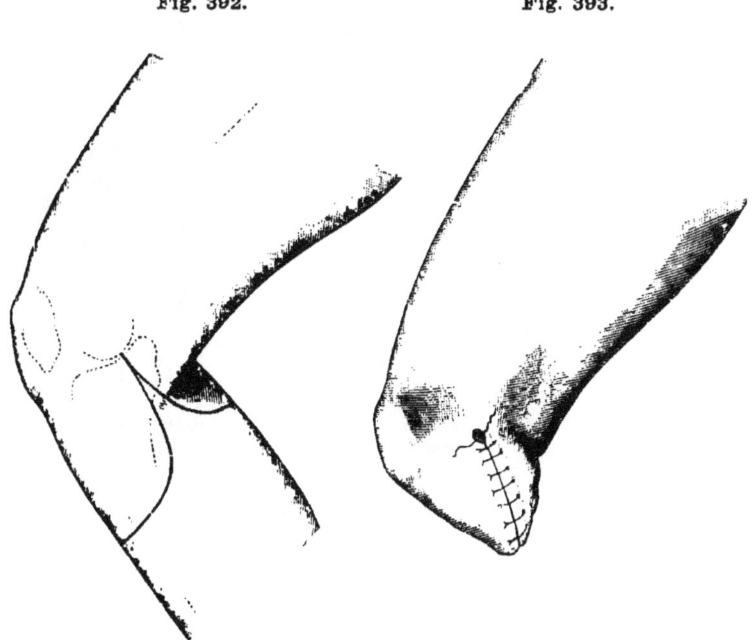

Exarticulation im Kniegelenk mit zwei Lappen.

Stumpf nach Exarticulation im Kniegelenk mit Lappenschnitt.

2. Darauf wird das Bein gesenkt, im Knie gebeugt und von denselben Punkten aus auf der vorderen Seite ein grösserer, 10—12 cm langer Hautlappen umschnitten, bis zum unteren Rande der Patella abgelöst und nach oben geschlagen (Fig. 392).

3. Die Trennung der Gelenkenden wird in derselben Weise ausgeführt, wie beim Zirkelschnitt.

Das Aussehen des Stumpfes zeigt Fig. 393.

4. Fehlt es an Haut, um die Lappen hinlänglich gross zu machen, oder ist die untere Fläche der Condylen erkrankt oder verletzt, so kann man unter Bildung kleinerer Lappen, von denen der vordere etwa nur bis zur Tuberositas tibiae herabreicht, ein Stück von den Condylen des Oberschenkels in ihrer grössten Breite absägen (**Amputatio intracondylica** nach Syme Fig. 394). Die

Fig. 394. Fig. 395. Fig. 396.

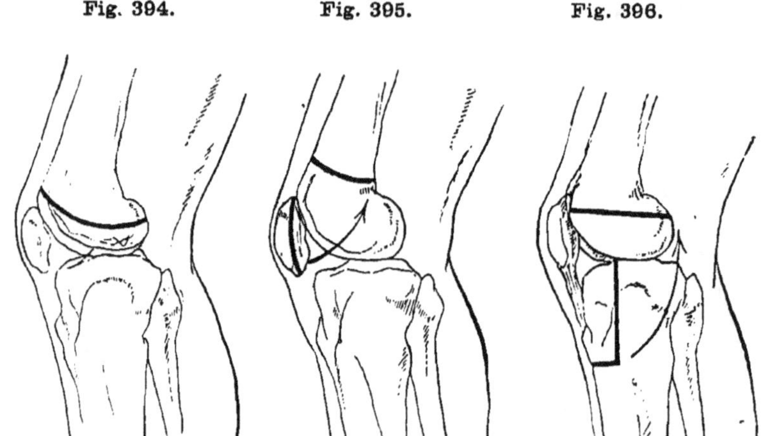

Amputatio intracondylica. — Amputatio supracondylica osteoplastica nach Gritti. — Amputatio intracondylica osteoplastica nach Sabanejeff.

scharfen Kanten der Sägefläche müssen darnach mit der Säge oder der Knochenscheere abgerundet werden. Auch kann man mit einer schmalen Säge den Knochen sogleich in einem der Condylenoberfläche gleichlaufenden Bogen rund absägen (Butcher). Bei Kindern ist es einfacher, die Condylen in der **Epiphysenlinie** zu durchtrennen (Buchanan), was meist auf stumpfem Wege mittelst eines Hebels gelingt.

Wenn die Patella gesund ist, so kann man sie mit der Sägefläche der Condylen zur Verwachsung bringen und dadurch den Stumpf länger und tragfähiger machen (**Amputatio supracondylica osteoplastica** nach Gritti Fig. 395). Zu dem Ende muss die Knorpelfläche der Patella durch Absägen einer dünnen Scheibe angefrischt und nach Vereinigung der Hautwunde auf die Sägefläche der Condylen festgenagelt werden. Um die Sägeflächen der Kniescheibe und des Oberschenkels gleich gross zu erhalten, ist es nothwendig, die Condylen ganz abzusägen, ohne aber die Markhöhle zu eröffnen. Sabanejeff schneidet aus der vorderen Fläche der Tibia ein Stück heraus, welches er im Zusammenhang mit der Patella lässt und auf die abgesägte Condylenfläche des Femur aufnagelt (**Amputatio intracondylica osteoplastica** Fig. 396).

## Amputation des Oberschenkels.

Im **unteren** und **mittleren Drittel** ist der Zirkelschnitt das einfachste Verfahren. Einzeitig macht man ihn besonders im unteren Abschnitt bei schwacher Muskulatur und leicht verschieblicher Haut; ebenso gut ist aber auch der zweizeitige Zirkelschnitt mit oder ohne Umstülpung der Haut. In der Mitte des Oberschenkels, wo die Wundfläche schon grösser ist, sind die Hautlappenschnitte mit grösserem vorderen und kleinerem hinteren Lappen empfehlenswerth.

Im **oberen Drittel** bildet man am besten einen grossen vorderen abgerundet viereckigen Hautlappen, dessen Basis breiter als der halbe Umfang des Gliedes, und dessen Höhe gleich dem Durchmesser des Gliedes (dem dritten Theile des Umfanges) sein soll. Dieser wird nach oben zurückpräparirt und nun die Haut an der hinteren Seite entweder mit einem Zirkelschnitt, oder noch besser leicht bogenförmig durchtrennt und stark zurückgezogen; darauf durchschneidet man die Weichtheile bis auf den Knochen mit einem möglichst glatten Zirkelschnitt. Nach Durchsägung des Knochens legt sich der grosse Lappen wie ein Vorhang über die grosse Wundfläche und kann ohne Spannung mit dem hinteren Hautschnitt vereinigt werden. Der Abfluss der Sekrete erfolgt der Schwere entsprechend; die Narbe kommt seitlich zu liegen.

Fig. 397.

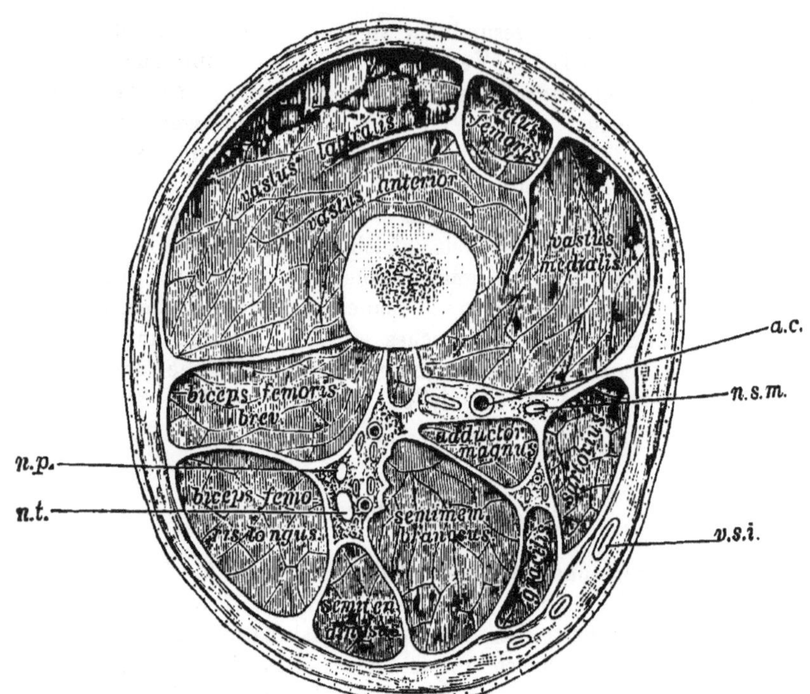


Querschnitt des rechten Oberschenkels im unteren Dritttheil.

*n. p.*: nerv. peroneus.
*n. t.*: nerv. tibialis.
*v. s. i.*: vena saph. int.
*n. s. m.*: nerv. saph. major.
*a. c.*: art. cruralis.

Fig. 398.

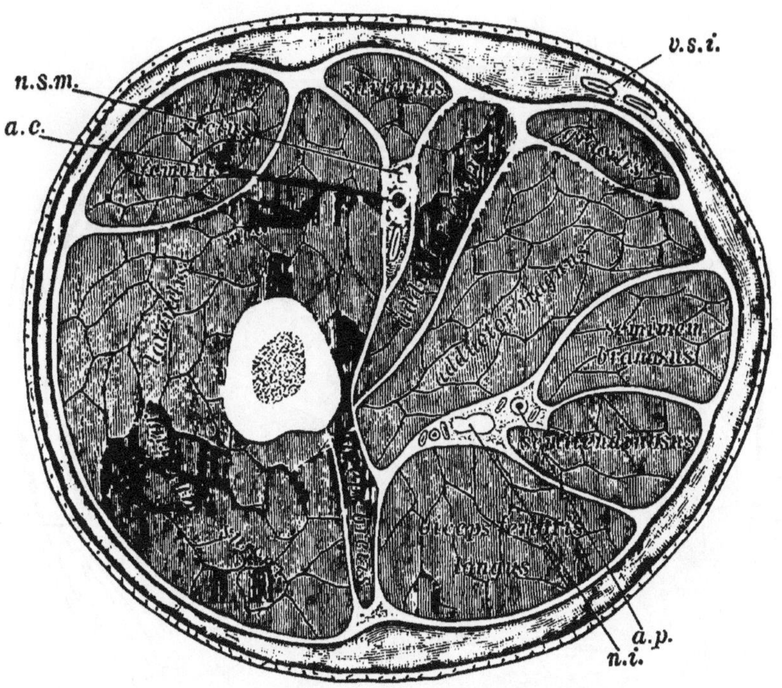


**Querschnitt des rechten Oberschenkels im mittleren Dritttheil.**

*n. s. m.*: nerv. saph. major.
*a. c.*: art. cruralis.
*n. i.*: nerv. ischiadicus.
*a. p.*: art. profunda.
*v. s. i.*: vena saph. int.

Fig. 399.

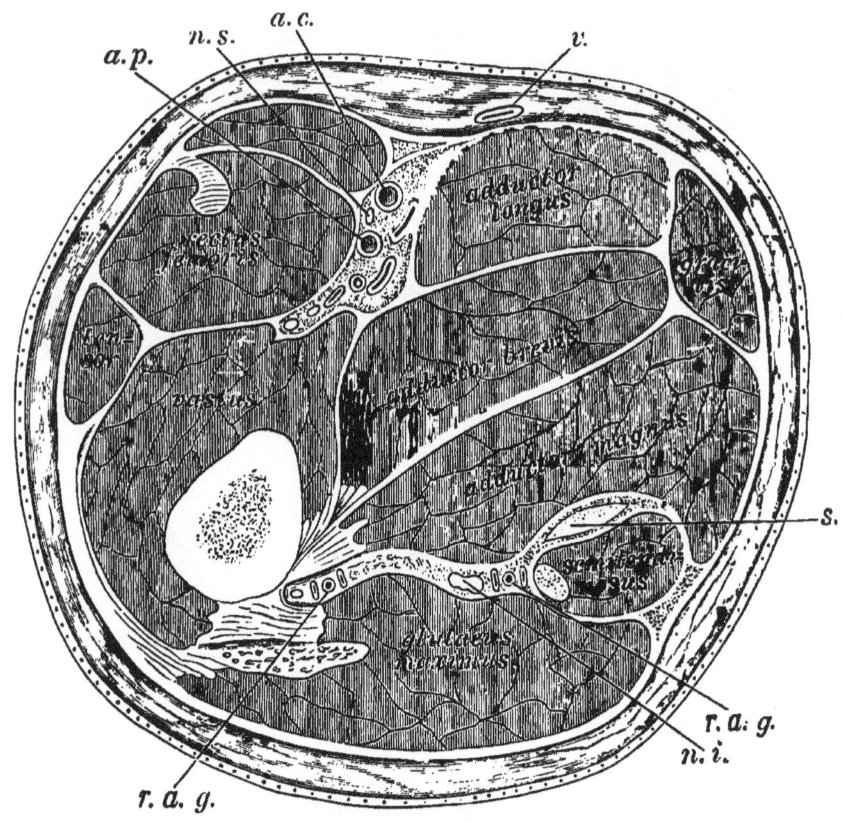


**Querschnitt des rechten Oberschenkels im oberen Drittheil.**

*a. c.*: art. cruralis.
*n. s.*: nerv. saph. major.
*a. p.*: art. profunda fem.
*r. a. g.*: rami art. glutaeae inf.
*n. i.*: nerv. ischiadicus.
*s.*: seminembranosus.
*v.*: vena saph. int.

Für das Anlegen und das Wechseln des Verbandes nach Amputation des Oberschenkels ist das Verfahren von Volkmann zu empfehlen.

Der Kranke wird emporgehoben und unter die Hinterbacke der gesunden Seite ein Holzklotz oder ein hartes, würfelförmiges, mit Kautschuk überzogenes Kissen (Beckenstütze) geschoben, so dass der Amputationsstumpf während des Verbandes frei schwebt und nicht gehalten zu werden braucht. Auch ist dabei die Rückengegend oberhalb des Kreuzbeines so frei, dass mit Leichtigkeit die Gänge der Spica coxae, welche den Verband befestigen, um den Körper herum geführt werden können (Fig. 400).

Fig. 400.

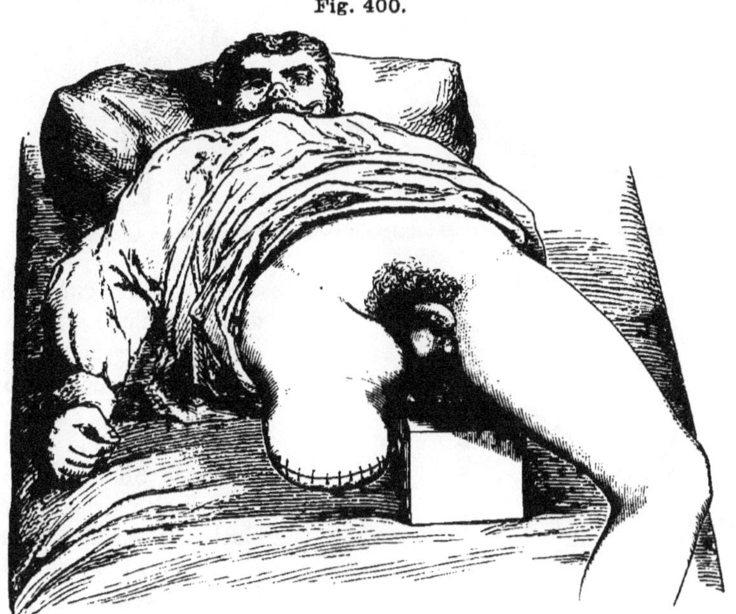

Lagerung des Amputirten beim Verbandwechsel.

## Exarticulation des Oberschenkels.

### 1. Mit vorderem grossen und hinterem kleinen Lappen (Transfixion, Stichmethode nach Manec).

1. Der Patient wird so gelagert, dass das Becken auf der kranken Seite den unteren Tischrand halb überragt. Der Ober-

Fig 401.

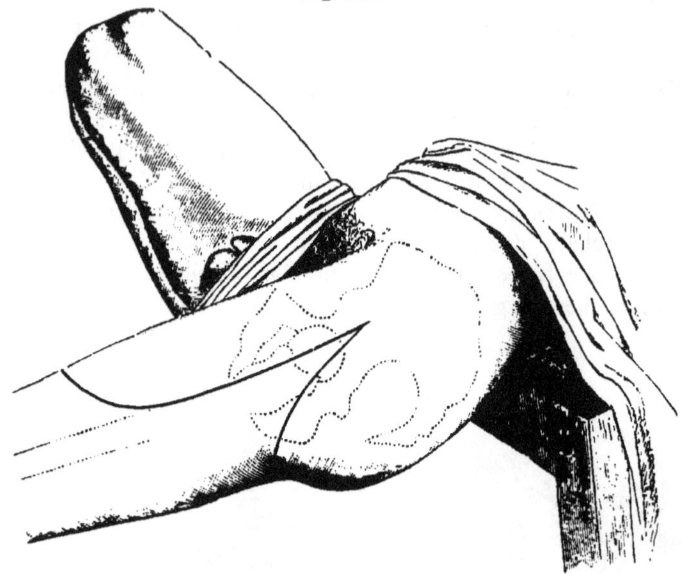

Exarticulation des Oberschenkels mit vorderem und hinterem Lappen.

Fig. 402.

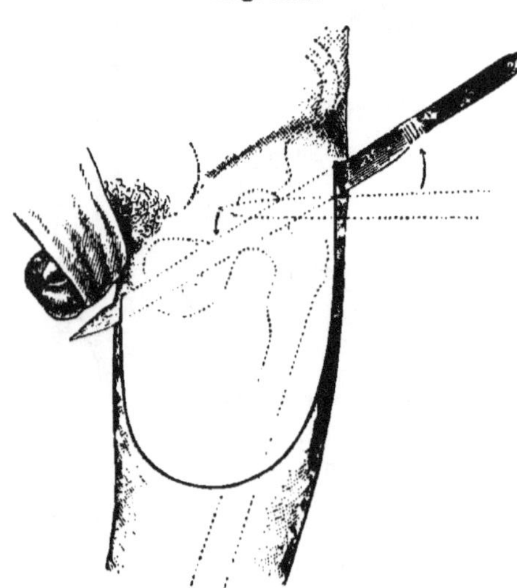

Bildung des vorderen Lappens durch Stich.

körper muss gut fixirt, das Scrotum nach oben gegen die gesunde Seite gezogen werden (Fig. 401).

2. Nachdem in der auf Seite 56 geschilderten Weise das Bein blutleer gemacht ist, wird ein grosser vorderer Lappen von innen nach aussen in folgender Weise geschnitten. Der Operateur sticht ein langes spitzes Amputationsmesser (s. Fig. 249 d) in der Mitte zwischen Spina anterior superior ossis ilei und Trochanterspitze

ein, lässt die Spitze zunächst parallel mit dem ligamentum Poupartii vorsichtig über den Schenkelkopf gleiten (wobei die Kapsel eröffnet wird), wendet sie dann nach unten innen und lässt sie an der Innenseite des Oberschenkels nahe am Perinaeum wieder austreten (Fig. 402). Indem er das Messer in raschen sägenden Zügen abwärts führt, schneidet er einen 18—20 cm langen, gut abgerundeten Lappen, der sofort nach oben geklappt und dort festgehalten wird.

Fig. 403.

Exarticulation des Oberschenkels: Bildung des hinteren Lappens.

3. Das Messer wird unter dem Oberschenkel hin an dessen Innenseite geführt und schneidet von aussen nach innen einen kleineren hinteren Lappen, dessen Convexität sich bis unterhalb der Glutaealfalte hin erstreckt, dessen Basis innen und aussen mit der Basis des vorderen Lappens zusammentrifft (Fig. 403).

4. Ein kräftiger Schnitt, welcher mit einem kleineren Lappenmesser senkrecht auf den vorliegenden Schenkelkopf geführt wird (als ob man den Kopf durchschneiden und den oberen Theil im Acetabulum lassen wollte), eröffnet die Gelenkkapsel, während das Bein stark hyperextendirt und nach aussen rotirt wird. Mit schnalzendem Geräusch dringt die Luft ins Gelenk ein, der Gelenkkopf tritt halb aus der Pfanne hervor, ein Schnitt auf das ligamentum teres lässt ihn ganz heraustreten.

5. Der Operateur fasst den Schenkelkopf mit der Linken, zieht ihn gegen sich, und durchschneidet die hintere Kapselwand, die an den grossen Trochanter sich ansetzenden Muskeln und sämmtliche Weichtheile, welche bis dahin noch ungetrennt geblieben waren.

Fig. 404.

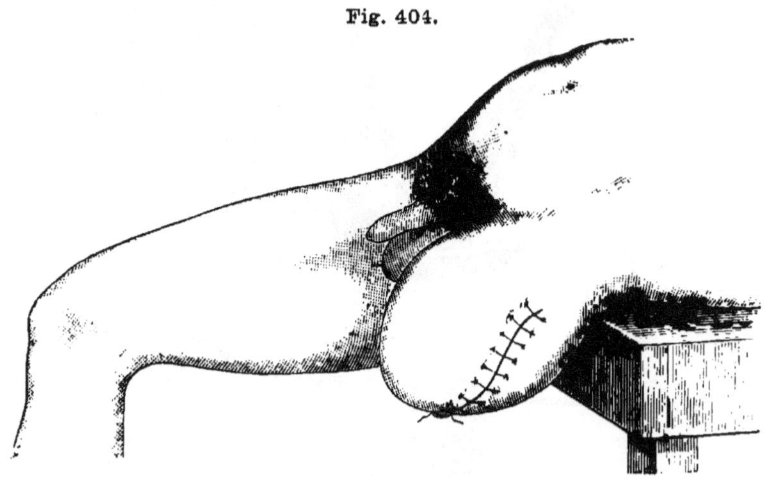

Stumpf nach Exarticulation im Hüftgelenk mit Lappenschnitt.

6. Nach Unterbindung sämmtlicher sichtbarer Gefässe wird ein starkes Drainrohr bis in die Gelenkpfanne gelegt und in der Mitte der Wunde herausgeleitet, der vordere Lappen heruntergeklappt, und, wie Fig. 404 zeigt, mit dem hinteren Schnittrand vereinigt.

Um die gerade bei dieser Operation sehr beträchtliche Blutung zu umgehen, durchschneidet Rose nach Bildung zweier Hautlappen allmählig und schichtweise die Weichtheile, fasst jedes

Gefäss sofort mit Schiebern und unterbindet es; er exstirpirt also gewissermassen den Schenkel wie eine Geschwulst. Da sehr viele Ligaturen angelegt werden müssen, so dauert diese Operation meist einige Stunden.

Trendelenburg erzielte eine Verminderung der Blutung bei der Operation, indem er eine lange gerade Stahlnadel schräg durch die vordere Seite des Oberschenkels unter der Arteria femoralis hinweg durchstiess und die Weichtheile darüber durch einen um die Nadelenden gelegten Gummischlauch zusammenschnürte (Acupressur).

In manchen Fällen (bei dünnen schlaffen Bauchdecken) ist zur Verhütung der Blutung die Compression der Aorta s. Fig. 117 und die Compression der Iliaca externa s. Fig. 120 anwendbar. In allen schwierigen Fällen ist indess die vorherige Unterbindung der Arteria und Vena iliaca communis anzurathen. Den Gummischlauch für die Blutleere am Oberschenkel (Fig. 100) kann man aber sicher nur anwenden bei der

### 2. Exarticulation mit dem Zirkelschnitt (Vetch).

1. Unter künstlicher Blutleere werden durch einen raschen kräftigen Zirkelschnitt 12 cm unterhalb der Spitze des grossen Trochanters sämmtliche Weichtheile bis auf den Knochen durchschnitten; darauf wird letzterer in derselben Ebene (oder besser noch etwas tiefer unten) sofort abgesägt.

2. Sämmtliche Gefässe, welche als solche zu erkennen sind, Arterien und Venen, werden mit Schieberpinzetten gefasst und darauf mit Catgut unterbunden (siehe den Querschnitt Fig. 399).

3. Nur in den Fällen, wo man aus irgend einem Grunde die künstliche Blutleere nicht mit Sicherheit anwenden kann, ist es rathsam (nach Larrey), vor dem Zirkelschnitt durch einen Längsschnitt die Arterie und Vena cruralis im trigonum ileofemorale freizulegen, sie mit Schieberpinzetten doppelt zu fixiren und nach Durchschneidung derselben zwischen beiden Pinzetten die unteren Enden zu unterbinden, die oberen aber bis zur Beendigung der Amputation nach oben halten zu lassen (Fig. 405).

4. Wenn nach Entfernung des Schnürschlauchs jegliche Blutung gestillt ist, wird ein Lappenmesser 5 cm oberhalb der Spitze des grossen Trochanters bis auf den Schenkelkopf eingestochen und von hier aus ein Längsschnitt über die Mitte des Trochanters abwärts bis in die Zirkelschnittfläche geführt, überall die Weichtheile bis auf den Knochen spaltend (Dieffenbach).

Fig. 405.

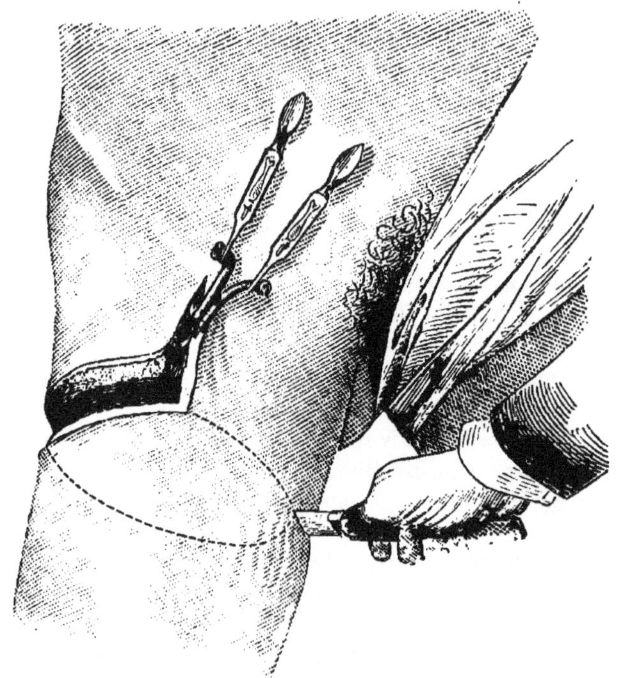

Exarticulation im Hüftgelenk (Zirkelschnitt).

Fig. 406.

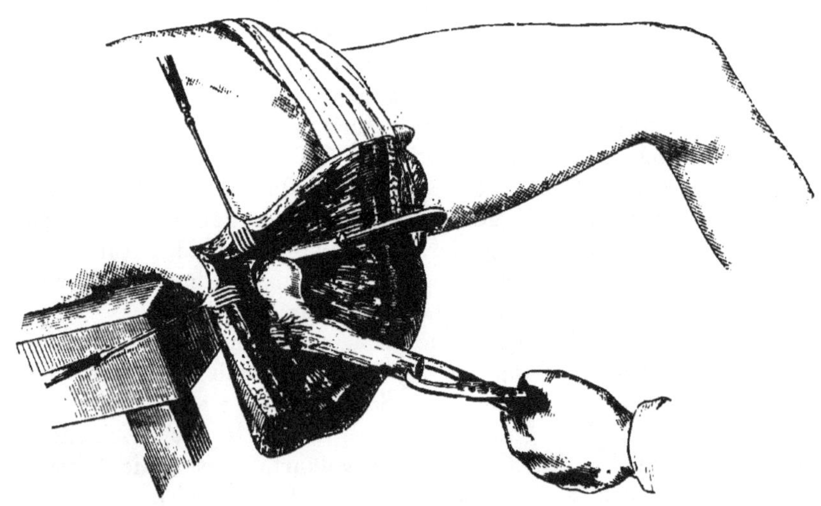

Exarticulation im Hüftgelenk.

5. Der Operateur erfasst das untere Ende des Knochenstumpfes mit einer starken Knochenzange, und indem die Wundränder des Längsschnittes von Gehülfen auseinander gezogen werden, schiebt er mit dem Raspatorium das Periost ringsum vom Knochen ab, bis er zu den festeren Muskelansätzen gelangt, welche durch kurze Schnitte mit einem starken Messer vom Knochen abgetrennt werden müssen.

6. Ist auf diese Weise der Knochen bis an die Gelenkkapsel frei präparirt, so wird dieselbe, wie oben beschrieben, eröffnet und der Gelenkkopf ausgelöst (Fig. 406). Die Blutung pflegt bei diesem Theile der Operation nur gering zu sein.

Das Aussehen des Stumpfes zeigt Fig. 407.

Fig. 407.

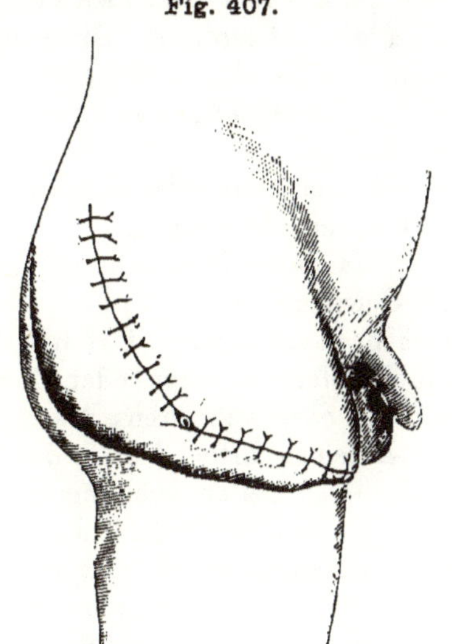

Stumpf nach Exarticulation im Hüftgelenk mit Zirkelschnitt und verticalem Längsschnitt.

7. Wenn die Muskulatur sehr stark ist, so kann man statt des einzeitigen den zweizeitigen Zirkelschnitt anwenden, oder auch einen grossen vorderen Hautlappen bilden, und hinten unterhalb der Glutaealfalte die Weichtheile durch einen Zirkelschnitt trennen.

8. Wenn an der vorderen Seite nicht genügende Weichtheile vorhanden sind, kann man auch einen grossen Lappen aus der Rückseite (von Langenbeck) bilden und vorne unterhalb des ligamentum Poupartii einen Querschnitt machen. Dann muss aber ein starkes Drainrohr bis an die Stümpfe der sich in die Beckenhöhle zurückziehenden Musculi psoas und iliacus eingeschoben werden, damit sich dort kein Secret ansammelt.

# Die Resection der Gelenke.

Die Resection der Gelenke macht man, um abgelöste oder erkrankte Theile der Gelenkkörper, unter möglichst geringer Verwundung der gesunden Weichtheile zu entfernen und dadurch nicht bloss das Leben, sondern auch den Gliedabschnitt in seiner Brauchbarkeit zu erhalten. Zu schonen sind ausser den Gefässen,

Muskeln, Sehnen und Bändern, besonders die Nerven, um einer Atrophie der betreffenden Muskeln vorzubeugen, ferner die Kapsel und das Periost, um von diesem aus eine möglichst ausgiebige Erneuerung der entfernten Knochentheile zu erzielen.

Man macht Resectionen

1. bei schweren, eitrigen oder jauchigen Entzündungen oder chronischen Erkrankungen der Knochen oder der Kapsel wenn die antiseptische Drainage nicht zum Ziele führt,

2. bei veralteten nicht mehr zurückzubringenden Luxationen,

3. bei winkligen Ankylosen, welche das Glied unbrauchbar machen,

4. bei paralytischen Schlottergelenken, um Ankylose zu erzielen **(Arthrodese).**

Eine besondere Stellung nimmt die tuberculöse Erkrankung der Gelenke (Fungus) ein. Zunächst sollte man hierbei stets versuchen, durch Ruhe, Eis und Distraction oder durch Injection von Jodoformemulsion oder durch Stauungshyperämie (Bier) eine Heilung oder wenigstens Besserung zu erzielen, und erst wenn diese Mittel keinen Erfolg haben, das Gelenk eröffnen; während man in früheren Zeiten auch hierbei **typische Resectionen** machte, d. h. von beiden Gelenkkörpern soviel glatt absägte, dass die Sägelinie vollkommen im Gesunden lag (wobei oft ziemlich viel vom gesunden Knochen geopfert wurde), begnügt man sich jetzt, wo es irgend angeht, in **atypischer** Weise nur alles Erkrankte zu entfernen, ohne dass einer der das Gelenk bildenden Knochen eine Verminderung seiner Länge in seiner ganzen Dicke erfährt **(Arthrectomie,** Willemer, v. Volkmann). Je nachdem die Erkrankung die Gelenkkapsel oder den Knochen befallen hat, unterscheidet man: die **Arthrectomia synovialis,** d. h. die vollständige Exstirpation der Gelenkkapsel mit Zurücklassung der knöchernen Epiphysen und Gelenkknorpel, und die **Arthrectomia ossalis,** d. h. die Entfernung aller kranken Knochentheile mit dem scharfen Löffel oder der Säge; meist muss hierbei aber auch die Kapsel ausgeräumt oder exstirpirt werden **(Arthrectomia synovialis et ossalis).** Geht man recht gründlich vor und exstirpirt alles Krankhafte, besonders in der Kapsel, so sorgfältig, als wenn es sich um eine bösartige Geschwulst handelte (König), so sind die Erfolge der Arthrectomie gut, und die Gelenke bleiben normal geformt, unverkürzt, z. Th. sogar beweglich. Ausserdem tritt kein Stillstand im Wachsthum ein, wenn die Epiphysen erhalten bleiben.

Ist eine Gelenkerkrankung durch conservative Mittel zur Heilung gekommen, so ist es oft nöthig, die schlechte Stellung durch nachträgliche Resection zu verbessern.

## Allgemeine Regeln für die Resectionen.

1. Die **Schnitte** in Haut und Muskeln müssen vorzugsweise in der Längsachse des Gliedes geführt und jede Verletzung von grösseren Gefässen, Nerven und Sehnen sorgfältig vermieden werden.

2. Die **Erhaltung des Periostes** in Verbindung mit allen in der Gegend des Gelenkes sich ansetzenden Sehnen und Muskeln (**subperiostale Resection,** von Langenbeck, Ollier) ist sowohl für den Verlauf der Wundheilung, als auch für die spätere Function des Gliedes von grosser Wichtigkeit und sollte daher immer versucht werden. Die Operation wird dadurch in frischen Fällen erschwert, in älteren Fällen erleichtert. Aus ersterem Grunde sollen hier bei den Resectionen der einzelnen Gelenke auch die älteren (nicht subperiostalen) Methoden beschrieben werden.

Fig. 408. Fig. 409. Fig. 410. Fig. 411. Fig. 412.

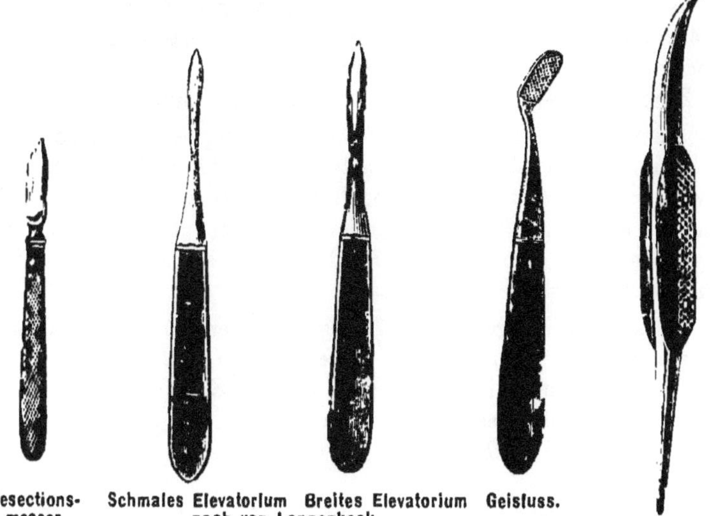

Resectionsmesser. Schmales Elevatorium / Breites Elevatorium nach von Langenbeck. Geisfuss. Elevatorium nach Sayre.

3. Um das Periost zu erhalten, muss dasselbe in der Richtung des Hautschnittes gespalten und in Verbindung mit den

übrigen Weichtheilen mittelst nicht schneidender Instrumente, dem **Schabeisen (Raspatorium,** Fig. 242) und den **Hebeln (Elevatorien,** Fig. 409—412) vom Knochen abgeschoben werden (Skelettirung des Knochens).

4. Die fibrösen Gelenkkapseln, die Verstärkungsbänder und die Insertionen der Muskeln lassen sich mit stumpfen Instrumenten nicht ablösen, sondern müssen mit starken kurzklingigen Messern (Fig. 408) durch senkrecht auf den Knochen geführte Schnitte von diesem abgetrennt, aber immer mit dem benachbarten Periost in Verbindung gelassen werden. Man muss deshalb bei dieser Arbeit beständig mit dem Gebrauche des Messers und der stumpfen Hebel wechseln und so schonend als möglich operiren, um nicht das Periost zu quetschen oder zu zerreissen.

5. In manchen Fällen kann man sich diese Arbeit dadurch erleichtern, dass man (nach Vogt) die Corticallamellen der Knochenfortsätze (Tubercula, Malleolen, Condylen, Trochanteren), an welche sich die Muskeln und Bänder ansetzen, mit Hammer und Meissel abschlägt.

6. Nachdem man die Gelenkenden skelettirt hat, werden sie aus der Wunde hervorgedrängt, mit kräftigen Zangen (Fig. 413 bis 415) gefasst und mittelst einer Säge (Fig. 416—420) entfernt, wobei die Weichtheile mittelst stumpfer Haken oder eines Streifens von Zinn (Fig. 428) zurückgehalten und geschützt werden müssen.

7. Ist ein Gelenkende abgelöst oder abgeschossen, so kann es mit von Langenbeck's scharfem Haken (Fig. 421) gefasst und hervorgeholt werden. Ist es in mehrere Stücke zertrümmert, so fasst man die einzelnen Fragmente mit der Zange und löst sie heraus, falls man nicht den Versuch machen will, sie an Ort und Stelle einheilen zu lassen.

8. Da die Regeneration eines Gelenkes am vollkommensten zu sein pflegt, wenn nur ein Gelenkkörper entfernt wird, so ist es rathsam, wenn die Verletzung eines Gelenkendes sehr ausgedehnt ist, nur dieses zu reseciren und das andere intact zu lassen (partielle Resection), wenigstens bei den Gelenken der oberen Extremität.

9. Die meisten Resectionen lassen sich mit grossem Vortheile unter künstlicher Blutleere ausführen. Nach Beendigung der Operation müssen aber alle durchschnittenen Gefässe sorgfältig unterbunden werden, ehe man die Wunde schliesst, sonst treten

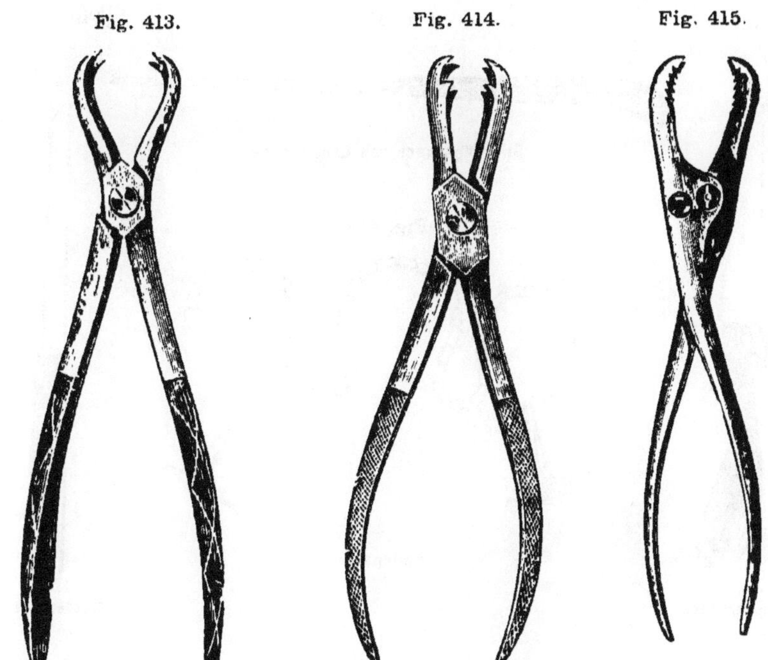

Fig. 413. Hakenzange (Klauenzange) nach von Langenbeck.

Fig. 414. Löwenzange nach Fergusson.

Fig. 415. Fasszange nach Faraboeuf.

leicht Nachblutungen auf, welche dazu nöthigen können, den Verband abzunehmen und die Wunde aufs Neue zu beunruhigen.

11. Wenn die Heilung der Resectionswunden nicht rasch, ganz oder grösstentheils per primam intentionem, sondern langsam nach langer Eiterung erfolgt, dann können in Folge der langen Ruhe die Bänder und Sehnen geschrumpft und verwachsen, die Gelenke des Gliedes steif und die Muskeln schwach, atrophisch geworden sein **(Inactivitätsparalyse).**

Dem Unkundigen erscheint dann wohl das ganze Glied nutzlos geworden, und es bleibt in der That auch später in diesem unbrauchbaren Zustande, wenn nichts dagegen geschieht.

12. Um denselben zu verhüten oder wieder zu beseitigen, müssen sofort nach Vernarbung der Wunde methodische passive Bewegungen mit allen Gelenken der Extremität vorgenommen werden, bei grosser Schmerzhaftigkeit zuerst in der Chloroformnarkose (**Apolyse** nach Neudörfer).

Fig. 416. Fig. 417. Fig. 418.

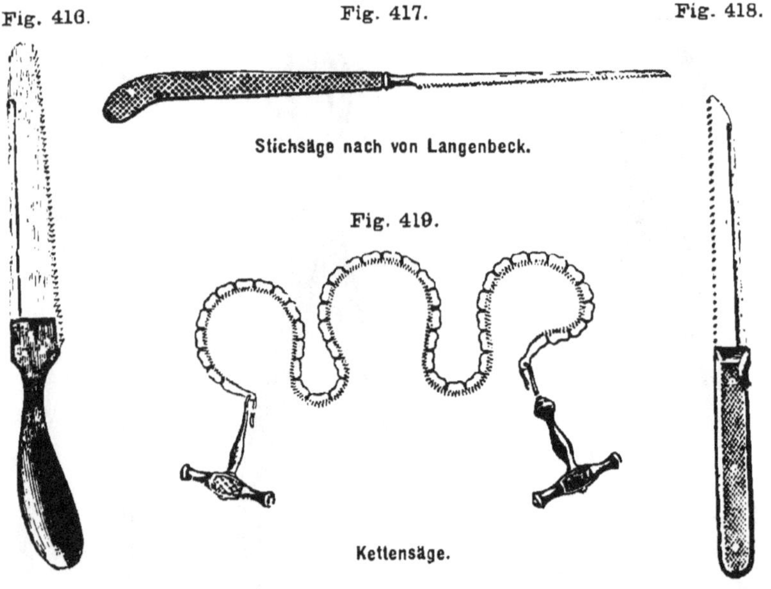

Stichsäge nach von Langenbeck.

Fig. 419.

Kettensäge.

Messersäge. Messersäge.

Fig. 420.

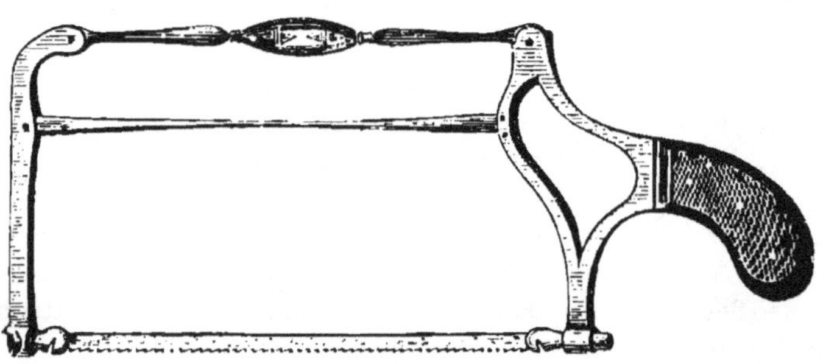

Resectionssäge nach Butcher.

Fig. 421.

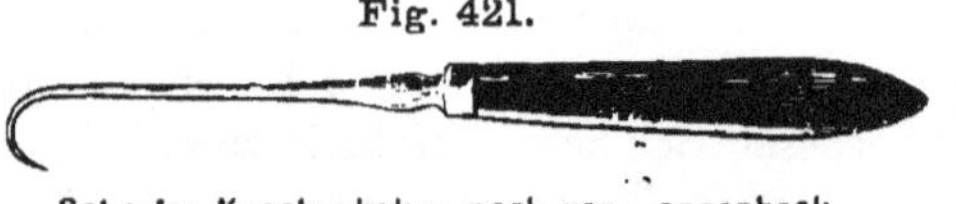

Scharfer Knochenhaken nach von Langenbeck.

13. Die Gelenke der oberen Extremität, namentlich der Finger, bei denen es wünschenswerth ist, dass sie recht bald wieder brauchbar werden, lassen sich durch vorsichtige Bewegungen schon von Anfang an beweglich erhalten, indem man z. B. bei jedem Verbandwechsel den Gelenken andere Stellungen giebt und die Finger vom Verbande freilässt.

14. Die Thätigkeit der Muskeln und Nerven kann man durch **warme Bäder** und Anwendung der **Electricität** bald wieder in Gang bringen. Noch wirksamer pflegt für diesen Zweck das methodische Kneten der Glieder **(Massage)** nach vorausgeschickten kalten Uebergiessungen oder Duschen und mit nachfolgenden heilgymnastischen Bewegungen zu sein.

15. Wenn nach der Resection eine allzugrosse Beweglichkeit und Schlaffheit des resecirten Gelenkes **(Schlottergelenk)** zurückgeblieben ist, so kann man durch Stützapparate dieselbe mässigen.

## Resectionen an der oberen Extremität.

### Resection der unteren Gelenkenden des Radius und der Ulna.

#### Mit Bilateralschnitt.

1. Ein Längsschnitt, der unterhalb des processus styloideus ulnae beginnt, trennt die Haut 4—5 cm an der Ulnarseite der Ulna aufwärts (Fig. 422).

Fig. 422.

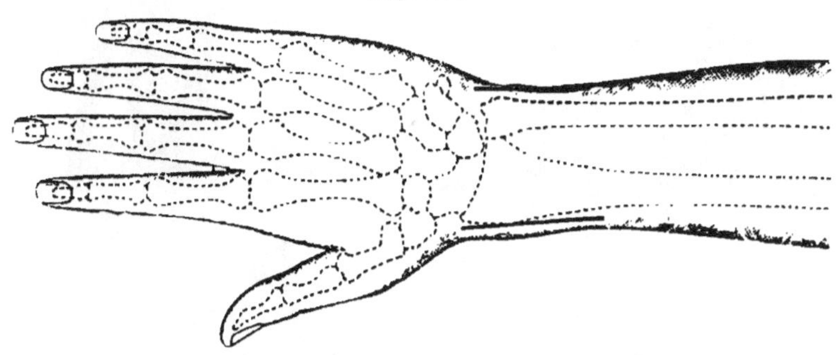

Resection der unteren Enden der Vorderarmknochen.
Bilateralschnitt nach Bourgery.

2. In derselben Richtung wird genau zwischen den mm. extensor und flexor carpi ulnaris die Knochenhaut gespalten und mit Schaber und Hebel erst auf der Dorsalseite, dann auf der

Fig. 423.

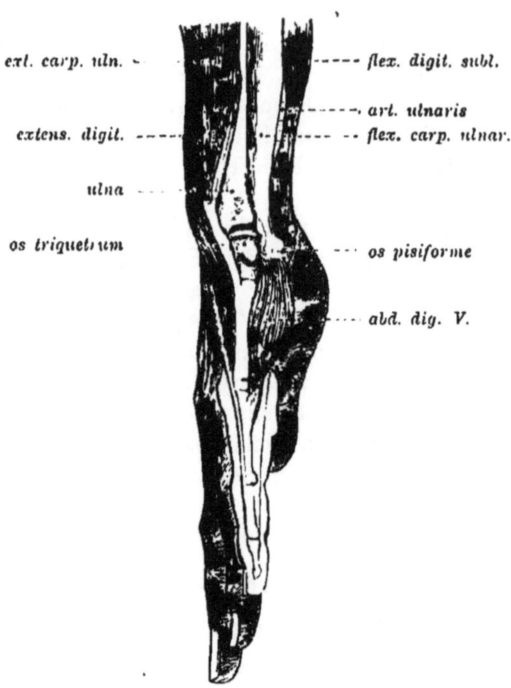


Muskeln und Sehnen an der Ulnarseite des linken Handgelenkes (nach Henke).

Fig. 424. Fig. 425.

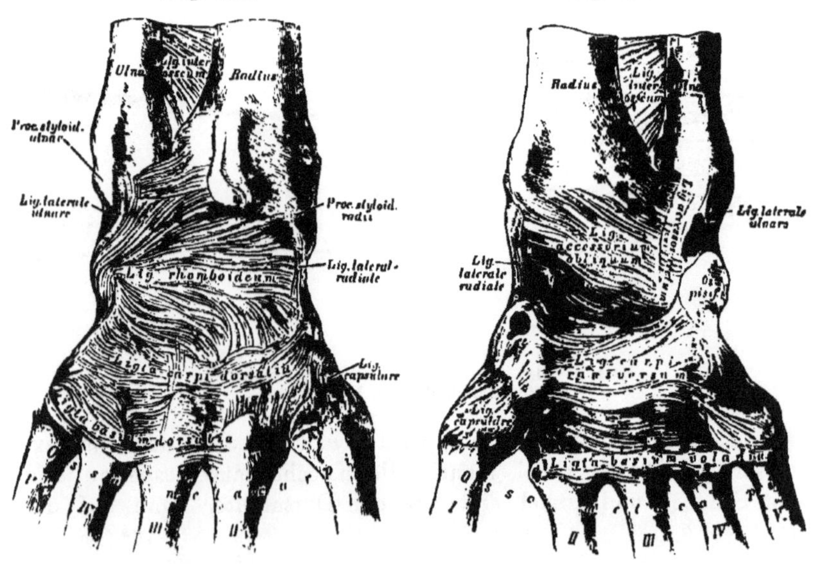


Dorsalseite. Volarseite.

Bänder des rechten Handgelenkes.

Fig. 426.

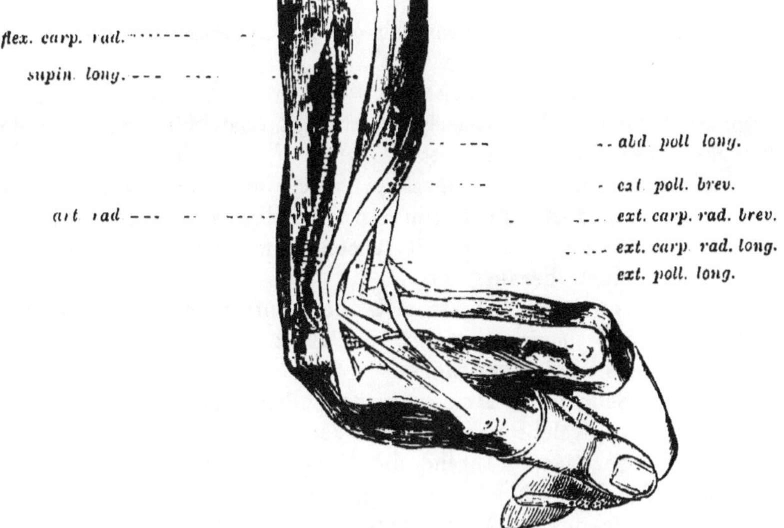


Muskeln und Sehnen an der Radialseite des linken Handgelenkes bei Dorsalflexion (nach Henke).

Fig. 427.

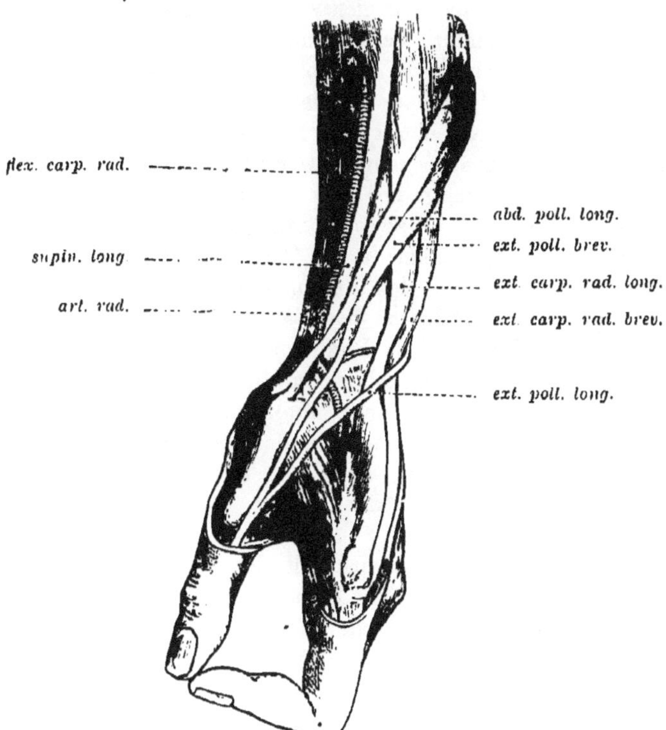


Muskeln und Sehnen an der Radialseite des linken (gestreckten) Handgelenkes (nach Henke).

Volarseite (pronator quadratus) bis an das ligamentum interosseum vom Knochen abgelöst (Fig. 423).

3. Das skelettirte Stück der Ulna wird unterhalb des oberen Schnittwinkels mit der Stichsäge durchsägt oder mit einer starken Knochenscheere abgekniffen.

4. Dann wird das abgesägte Stück mit der Knochenzange gefasst, herausgedreht, und indem man es vom ligamentum interosseum, dem lig. laterale ulnare und lig. accessorium rectum (Fig. 424 u. 425) abschneidet, herausgelöst.

5. Ein zweiter Längsschnitt, der unterhalb des processus styloideus radii beginnt, trennt die Haut 5—6 cm weit an der Radialseite des Radius aufwärts.

6. Die Sehnen der Mm. extensor pollicis brevis und abductor pollicis longus, welche schräg über den Radius verlaufen, werden dorsalwärts gezogen, während die Hand stark nach dem Dorsum flectirt wird (Fig. 426).

7. Die Sehne des M. supinator longus (Fig. 427) wird vom processus styloideus radii abgeschnitten, das Periost des Radius in der Längsrichtung gespalten und mit Schaber, Hebel und Messer erst an der Dorsalseite, dann an der Volarseite (pronator quadratus), in Verbindung mit sämmtlichen Sehnenscheiden abgelöst, bis man 3 bis 4 cm weit oberhalb der Gelenkfläche die Weichtheile ringsum vom skelettirten Knochen abheben kann.

Bei Frühresectionen hängt das Periost noch so fest mit dem Knochen zusammen, dass es sehr schwer ist, dasselbe in Zusammenhang und ohne Verletzung der Sehnenscheiden abzulösen.

In diesem Falle ist es zweckmässig (nach Vogt), mit einem feinen Meissel eine flache Lamelle der Corticalis sammt dem Periost zuerst an der Dorsalfläche des Radius und darnach am processus styloideus unter dem Abductor pollicis abzutrennen.

8. Zwischen Knochen und Periost an der Volarseite wird ein breiter Zinnstreifen durchgeschoben, um die Weichtheile zu schützen und während man mittelst eines ähnlichen Streifens oder eines stumpfen Hakens auf der Dorsalseite das Periost mit den Weichtheilen aufwärts ziehen lässt, sägt man mit einer Stichsäge oder einer feinen Resectionssäge das untere Ende des Radius ab (Fig. 428).

9. Das abgesägte Stück wird mit der Knochenzange gefasst, aus der Wunde hervorgezogen und durch Abschneiden der Gelenkkapsel und -Bänder (lig. laterale radiale, lig. rhomboideum und

Fig. 428.

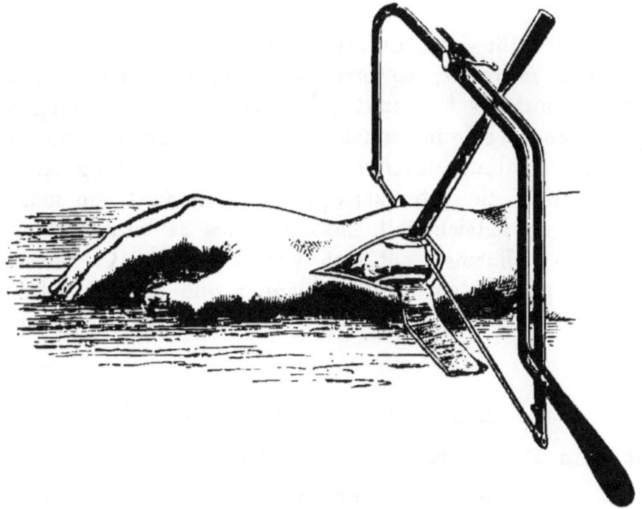

Absägen des skelettirten Radius.

Fig. 429.

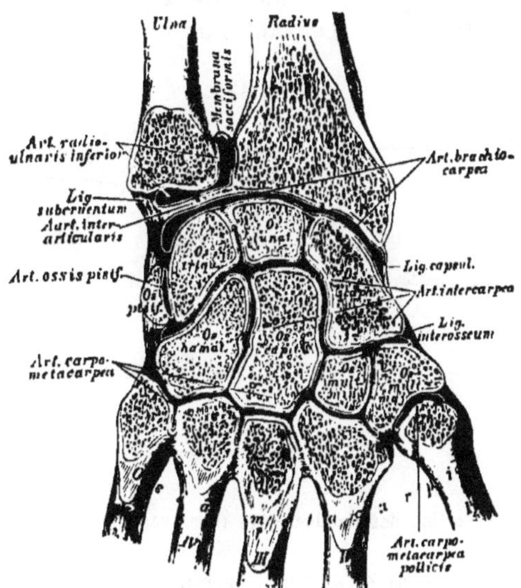


Frontaldurchschnitt des rechten Handgelenkes.

lig. accessorium obliquum, Fig. 424 und 425) von der Handwurzel abgelöst.

10. Sind nur die unteren Enden der Vorderarmknochen verletzt oder erkrankt, so lässt man die Handwurzel unversehrt und entfernt nur das Erkrankte; besonders bei Verletzungen ist es Regel, möglichst wenig fortzunehmen und, wo immer es noch möglich scheint, eine Heilung durch conservative Behandlung zu erzielen. Sind aber auch die Intercarpalgelenke erkrankt, so müssen alle Carpalknochen (vielleicht mit Ausnahme des os multangulum majus und des os pisiforme) entfernt werden, weil alle Gelenke der einzelnen Carpalknochen unter einander und mit den Metacarpalknochen in Verbindung stehen (Fig. 429). In diesem Falle macht man:

## Die totale Resection des Handgelenkes.

### Mit dem Dorso-radial-Schnitt nach von Langenbeck.

1. Der Operateur sitzt an einem kleinen Tische, auf welchem die Hand in leichter Ulnarflexion und mit dem Rücken nach oben gelagert wird. Ein Assistent sitzt ihm gegenüber.

2. Ein Schnitt, der an der Mitte des Ulnarrandes des os metacarpi indicis beginnt, trennt die Haut 9 cm lang aufwärts bis über die Mitte der Dorsalfläche der Epiphyse des Radius (Fig. 430).

Fig. 430.

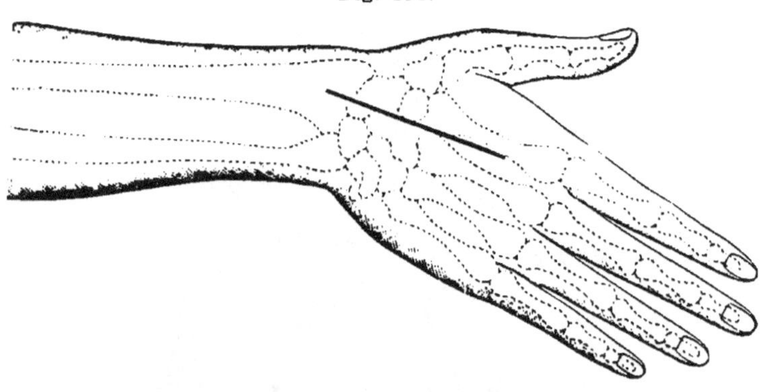

Resection des Handgelenkes (nach von Langenbeck).

3. An der Radialseite der Strecksehne des Zeigefingers, und ohne deren Scheide zu verletzen, dringt der Schnitt in die Tiefe,

geht weiter oben an dem ulnaren Rande der Sehne des M. extensor carpi radialis brevis vorbei (da, wo sie sich an die Basis des dritten Metacarpalknochens ansetzt), und spaltet das ligamentum carpi dorsale genau zwischen der Sehne des extensor pollicis longus und des extensor digiti indicis bis zur Epiphysengrenze des Radius (Fig. 431).

Fig. 431.

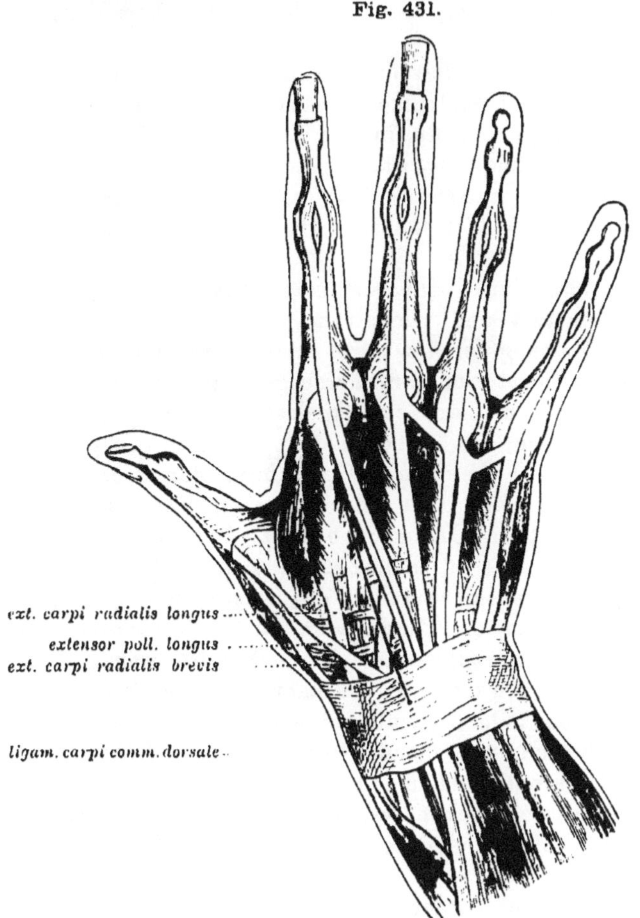


Sehnen auf der Dorsalfläche der Hand.

4. Während der Assistent die Weichtheile mit feinen Wundhaken auseinander zieht, wird die Gelenkkapsel der Länge nach

gespalten und darauf in Verbindung mit den Bandapparaten in folgender Weise von den Knochen abgelöst.

5. Zuerst müssen nach der Radialseite hin die fibrösen Scheiden, welche die in den Furchen des Radius verlaufenden Sehnen des extensor pollicis longus und des extensor carpi radialis longus et brevis enthalten, und die Sehne des brachio-radialis (supinator longus), theils mit dem Messer, theils mit dem Hebel, vom Knochen abgelöst werden.

6. Darauf werden in derselben Weise nach der Ulnarseite hin die Sehnen der Fingerstrecker sammt den sie umhüllenden Fächern des lig. carpi dorsale in Verbindung mit Periost und Gelenkkapsel abgelöst und ulnarwärts gezogen.

7. Das Radio-Carpal-Gelenk liegt geöffnet vor. Die Hand wird flectirt, so dass die Gelenkflächen der oberen Carpalknochen hervortreten.

8. Das os naviculare wird vom os multangulum majus und minus, das os lunatum und triquetrum vom os capitatum und hamatum durch Trennung der ligamenta intercarpalia abgelöst, und mit einem schmalen Elevatorium sanft herausgehebelt. Das os multangulum majus und pisiforme kann zurückgelassen werden (Fig. 432).

9. Darauf werden die Knochen der vorderen Carpalreihe herausgelöst. Man fasst die kugelige Gelenkfläche des os capitatum mit den Fingern der linken Hand oder mit einer Kornzange, und während der Assistent den Daumen abducirt, durchschneidet man die Gelenkverbindung des os multangulum minus mit dem majus und sucht von hier aus ulnarwärts in das Carpo-Metacarpalgelenk zu dringen, indem man die Bandmassen an der Streckseite der oberen Enden der Metacarpalknochen durchschneidet, während der Assistent die letzteren stark beugt. So kann man die drei Carpalknochen der vorderen Reihe (os multangulum minus, capitatum und hamatum) in Verbindung mit einander herausheben. — Bei fungöser Erkrankung des Carpus sind die Bänder, welche die einzelnen Knochen verbinden, meist schon zerstört, so dass es leicht gelingt, die Carpalknochen allein mit dem scharfen Löffel einzeln herauszuhebeln.

10. Sind auch die Vorderarmknochen erkrankt, so werden zum Schluss, unter Volarflexion der Hand, die Epiphysen des Radius und der Ulna aus der Wunde hervorgedrängt, sorgfältig (wie früher beschrieben) skelettirt und abgesägt, wobei man sich hüten muss, den starken ramus dorsalis arteriae radialis,

der über das os multangulum majus zum ersten instertitium metacarpeum zieht (Fig. 427), zu verletzen.

Fig. 432.

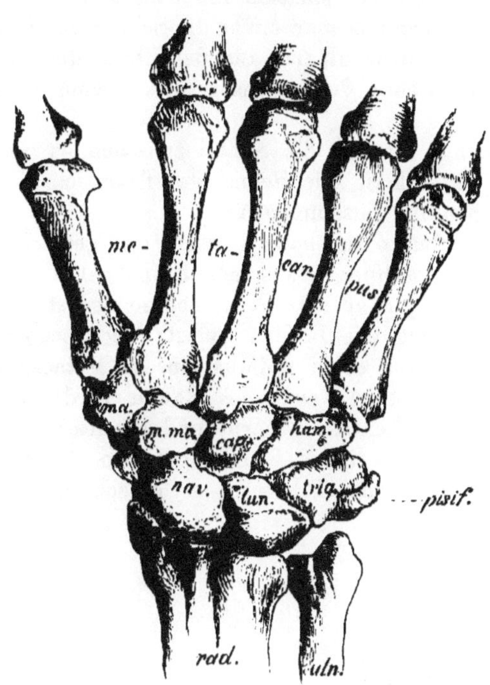


Handwurzelknochen.

11. Nach Beendigung der Operation und Anlegung des Verbandes muss das Glied auf einer der in Bd. I. Fig. 231, 244, 268 abgebildeten Schienen gelagert und fixirt werden. Möglichst bald geht man zur Distractionsbehandlung (s. Bd. I. Fig. 278, 289) und zu passiven Bewegungen der Fingergelenke über.

### Mit dem Dorso-ulnaren Schnitt nach Kocher.

1. Bei leicht radialflectirter Hand wird ein 7—8 cm langer Schnitt von der Mitte des Interstitiums zwischen IV. und V. Metacarpus über die Mitte des Handgelenks auf die Dorsalfläche des Vorderarms geführt, wobei der Dorsalast des Nervus ulnaris zu schonen ist (Fig. 433).

2. Nach Spaltung der Fascie und des Ligamentum carpi dorsale dringt man zwischen den Sehnen des extensor digiti minimi und extensor communis ein, öffnet die Kapsel auf der Basis des IV. Metacarpalknochens auf os hamatum und Ulna und löst sie nach beiden Seiten hin ab, nachdem man zuvor die Sehnen des extensor digiti minimi und des extensor ulnaris aus der Rinne der Ulna (*u*) herausgeholt und die Sehne des extensor ulnaris vom V. Metacarpus abgelöst hat.

3. Nun dringt man in die Spalte zwischen os pisiforme und os lunatum (*l*) und lässt die Sehne des flexor carpi ulnaris mit letzterem Knochen im Zusammenhang.

4. Der hamulus ossis hamati wird frei gemacht, dann das Bündel der Flexorensehnen aus seiner Rinne gehoben, die Kapsel am III.—V. Metacarpus auf der Vola, ebenso der stramme Kapselansatz am Volarrande des Radius gelöst; doch schont man den Sehnenansatz des flexor carpi radialis am II. Metacarpus.

5. Auf dem dorsalen Rande des Radius wird die Kapsel bis unter die Sehnen des extensor carpi und extensor pollicis longus abgelöst und diese aus ihren Rinnen gehoben. Der Ansatz des supinator longus wird vom Processus styloideus radii freigemacht.

Fig. 433. Fig. 434.

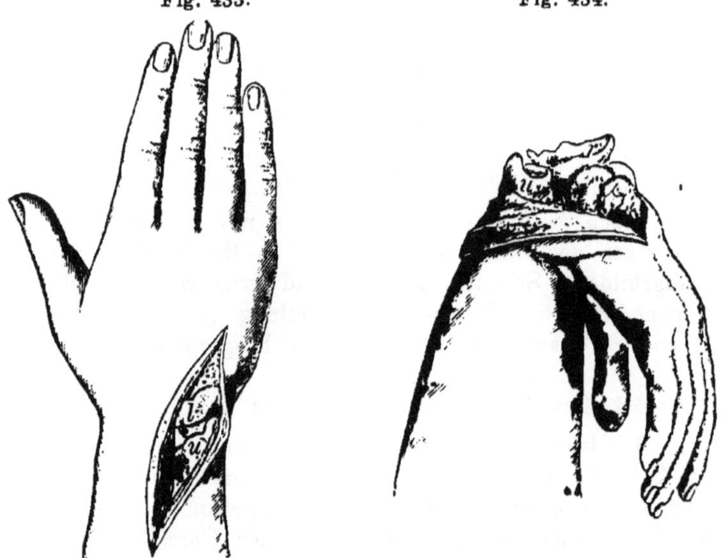


Resection des Handgelenks nach Kocher.

6. Nun luxirt man die Hand kräftig radiovolarwärts, bis der Daumen die Radialseite des Vorderarms berührt (Fig. 434), und kann jetzt das Radiocarpalgelenk vollständig übersehen; die Entfernung der erkrankten Handwurzelknochen, die Abtragung einer möglichst dünnen Schicht von den Vorderarmknochen macht keine Schwierigkeiten.

Gritti eröffnet das Handgelenk durch einen langen **Querschnitt** über die Dorsalseite des Carpus, welcher sämmtliche Sehnen zugleich durchtrennt. Durch kräftige Volarflexion können dann ebenfalls die Gelenkflächen von einander abgehebelt werden; nach Entfernung alles Erkrankten kommt die Hand in ihre frühere Stellung zurück und die Sehnenstümpfe werden durch die Naht vereinigt.

Während der Nachbehandlung bei allen Handgelenkresectionen ist es nothwendig, die Hand auf eine Schiene zu legen, welche das Handgelenk in Dorsalflexion feststellt, aber doch Bewegungen der Finger gestattet.

## Resection des Ellbogengelenkes.

### Mit T-Schnitt nach Liston.

1. Die Rückseite des im stumpfen Winkel gebogenen Ellbogens wird dem Operateur entgegengehalten von einem Assistenten, der mit je einer Hand den Vorder- und den Oberarm umfasst (Fig. 437).

2. Ein Längsschnitt, 8 cm lang, dessen Mitte am innern Rande des Olecranon entlang läuft, eröffnet die Gelenkkapsel zwischen diesem und dem Condylus internus (Fig. 435).

3. Indem der linke Daumennagel kräftig die Weichtheile vom Condylus internus nach innen zieht, trennt ein kurzes Messer dieselben durch senkrecht auf den Knochen geführte Schnitte vollständig ab, bis der Epicondylus frei aus der Wunde heraustritt (Fig. 437). Während dieses Actes muss der Vorderarm von dem Assistenten mehr und mehr gebeugt werden. Der Nervus ulnaris liegt in der Mitte der abpräparirten Weichtheile und kommt nicht zu Gesicht (Fig. 436).

4. Durch einen im Halbkreise unter dem Condylus internus herumgeführten Schnitt wird das Ligamentum laterale internum (Fig. 438) nebst den Ursprüngen der Beugemuskeln durchschnitten.

Fig. 435. Fig. 436.

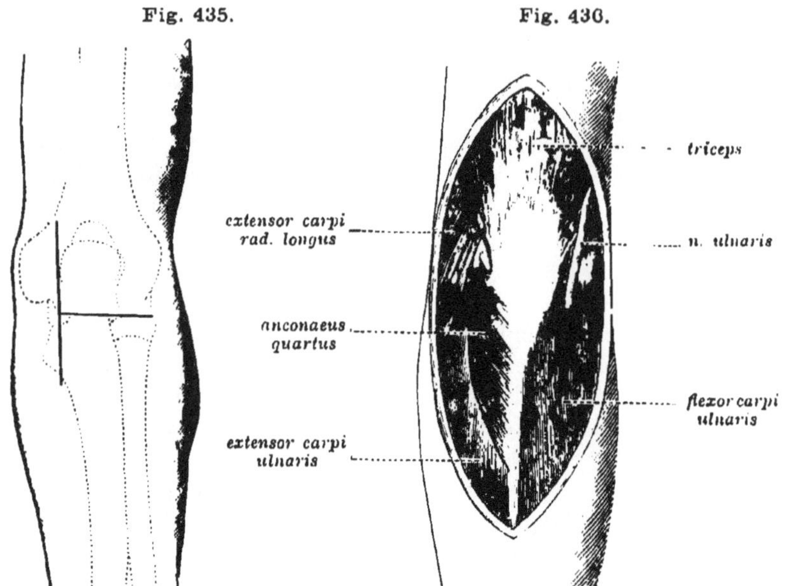


Resection des rechten Ellbogengelenkes.
T-Schnitt nach Liston.

Nervus ulnaris an der Rückseite des linken Ellbogengelenkes.

Fig. 437.

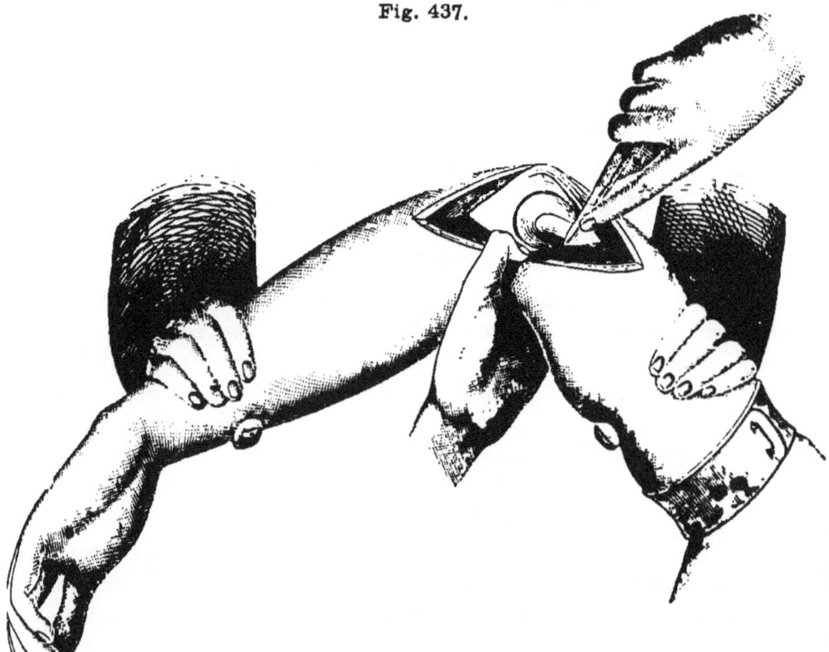

Resection des Ellbogengelenkes.
Skelettirung des Condylus internus.

5. Der Arm wird wieder gestreckt und ein Hautschnitt quer über das Olecranon vom unteren Rande des Condylus externus bis in die Mitte des ersten Schnittes hineingeführt (s. Fig. 435).

6. Auf der Rückseite der Ulna wird das Periost vom Innenrande her mit dem Hebel abgelöst, in Verbindung bleibend mit der Sehne des Triceps, welche von der Spitze des Olecranon mit dem Messer abgetrennt werden muss.

Fig. 438. Fig. 439.

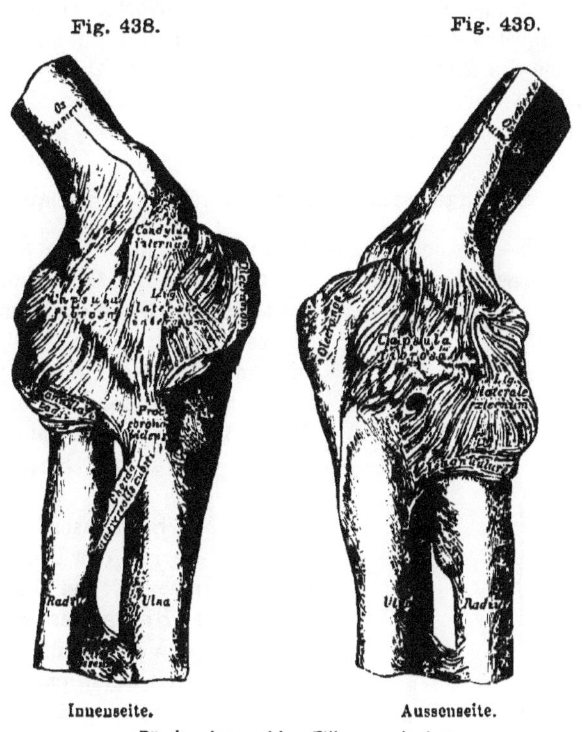


Innenseite. Aussenseite.

Bänder des rechten Ellbogengelenkes.

7. Beide werden nach aussen über den Condylus externus geschoben, das Gelenk klafft, einige Schnitte in die Gelenkverbindung zwischen Capitulum radii und Rotula trennen das Ligamentum annulare radii und das Ligamentum laterale externum (Fig. 439).

8. Das Gelenk klafft stärker; mit einer Knochenzange wird der Gelenkkörper des Humerus gefasst und an der Grenze des Knorpelüberzuges abgesägt.

9. Durch einen Schnitt gegen die Spitze des Processus coronoideus ulnae werden die oberen Fasern des M. brachialis internus abgetrennt, das Olecranon wird mit der Zange gefasst und der Gelenkkörper der Ulna, soweit er vom Knorpel überzogen ist, abgesägt.

10. Dann wird auch das Capitulum radii abgesägt.

11. Nach Stillung der Blutung wird zuerst die Sehne des Triceps vermittelst des daran haftenden Periostes an das Periost des Ulnarstumpfes durch Catgutnähte angeheftet, dann der Querschnitt durch die Naht vereinigt, der Längsschnitt nur an seinen beiden Enden; durch die Mitte kann man ein Drainrohr aus der Wundhöhle herausleiten.

### Mit einfachem Längsschnitt, subperiostal, nach v. Langenbeck.

1. Ein 8—10 cm langer Schnitt, der über die Streckseite des Gelenkes etwas nach innen von der Mitte des Olecranon herabläuft, beginnt 3—4 cm oberhalb der Spitze des Olecranon, endigt 5—6 cm unterhalb derselben auf der hinteren Kante der Ulna und dringt durch Muskel, Sehne und Periost überall bis auf den Knochen (Fig. 440).

Fig. 440.

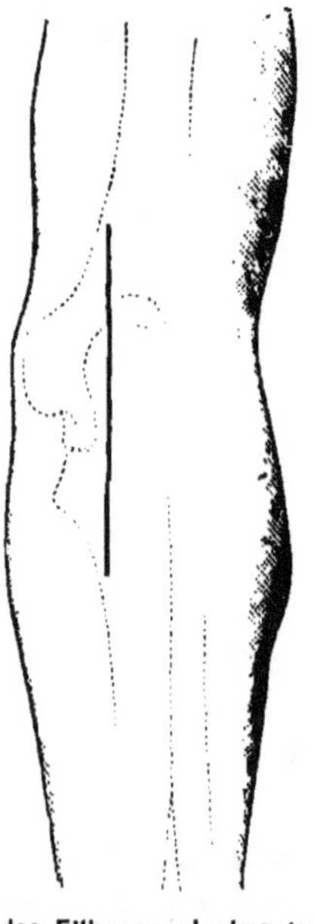

Resection des Ellbogengelenkes (rechts). Hautschnitt nach von Langenbeck.

2. Mit Schabeisen und Hebel wird das Periost der Ulna zunächst nach der Innenseite hin abgeschoben, die innere Hälfte der Sehne des Triceps in Verbindung mit dem Periost (durch kurze parallele, stets gegen den Knochen gerichtete Längsschnitte) abgetrennt.

3. Mit dem linken Daumennagel werden die Weichtheile, welche den Condylus internus bedecken und den Nervus ulnaris einschliessen, gegen die Spitze des Epicondylus gezogen und durch dicht an einander, immer auf den Knochen geführte Bogenschnitte abgelöst, bis

der Epicondylus ganz entblösst hervortritt. Die letzten Schnitte umkreisen den Knochenvorsprung und trennen die Ursprünge der Beugemuskeln, sowie das Ligamentum laterale internum von ihm ab, ohne jedoch die Verbindung dieser Theile mit dem Periost aufzuheben.

4. Nachdem die abgelösten Weichtheile in ihre frühere Lage zurückgebracht sind, wird der äussere Theil der Tricepssehne nach aussen gezogen, durch kurze Schnitte vom Olecranon abgetrennt, aber in Verbindung gelassen mit dem Periost der äusseren Seite der Ulna, welches sammt dem M. anconaeus quartus vom Knochen abgehebelt wird.

5. Durch dicht an einander und gegen den Knochen geführte Schnitte wird die fibröse Gelenkkapsel vom Rande der Gelenkfläche des Humerus, erst an der Trochlea, dann an der Eminentia capitata, abgelöst, bis der Condylus externus zum Vorschein kommt.

6. Von diesem werden darauf das Ligamentum laterale externum, sowie die Ursprünge der Streckmuskeln so abgetrennt, dass alle diese Theile in Verbindung mit einander und mit dem Periost des Humerus bleiben.

7. Wenn so der Condylus externus ganz skelettirt ist, lässt man das Gelenk stark beugen, drängt die Gelenkkörper aus der Wunde hervor und sägt sie, wie oben, nach einander ab.

8. Will man die Ulna unterhalb des processus coronoideus absägen, so muss man die oberen Fasern der Sehne des Brachialis internus davon abschneiden, ohne die Verbindung der Sehne mit dem Periost der Ulna zu lösen.

### Mit bilateralem Längsschnitt nach Hueter.

1. Ein 2 cm langer Längsschnitt legt den Condylus internus frei; ein Bogenschnitt, der dessen Basis umkreist, trennt das ligamentum laterale internum.

2. Ein Längsschnitt an der Aussenseite des Gelenkes, 8—10 cm lang, läuft über den Condylus externus und das Capitulum radii hin.

3. Die Weichtheile werden auseinander gezogen und das Ligamentum laterale externum sammt dem Ligamentum annulare radii durchschnitten.

4. Das Capitulum radii wird skelettirt und mit der Stichsäge abgetragen.

5. Die Insertion der Gelenkkapsel wird vorne und hinten, erst vom Rande der Rotula, dann von der Trochlea abgelöst.

6. Durch Abduction des Vorderarmes gegen die Ulnarseite wird der Humerus aus der Wunde hervorgedrängt, wobei der nervus ulnaris von seiner hinteren Fläche abgleitet; sein Gelenkkörper wird abgesägt.

7. Darauf skelettirt man auch das Olecranon und sägt es ab.

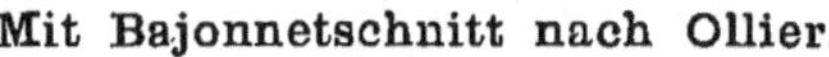

**Mit Bajonnetschnitt nach Ollier.**

Fig. 441.

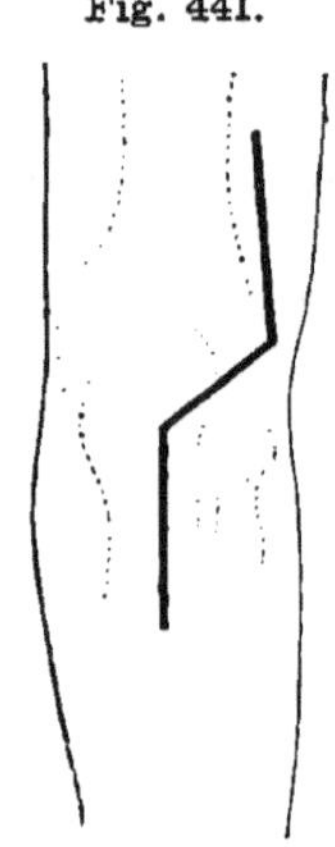

Resection des Ellbogengelenks nach Ollier.

1. Bei gebeugtem Unterarm (130 °) wird der Hautschnitt an der hinteren Seite des Ellbogens, zwischen M. anconaeus externus und Supinator longus, 6 cm oberhalb des Gelenkes beginnend zum Epicondylus lateralis herabgeführt; hier biegt er stumpfwinklig abwärts bis zum Olecranon und zieht dann 4—5 cm am hinteren Rande der Ulna herab (Fig. 441). Der mittlere schiefe Theil des Schnittes entspricht etwa dem Zwischenraum zwischen M. triceps und anconaeus quartus.

2. Im oberen Theil des Schnittes dringt man nach Spaltung der Fascie zwischen M. triceps und supinator longus und extensor carpi radialis longus bis auf den Knochen vor und spaltet die Gelenkkapsel in der Richtung des Hautschnittes.

Fig. 442.

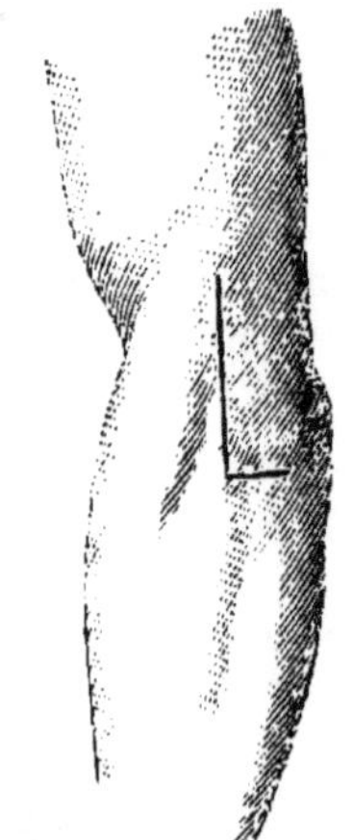

Resection des Ellbogengelenks nach Nélaton.

3. Bei leicht gestrecktem Arm wird die Sehne des M. triceps sammt dem sorgfältig zu schonenden Periost mit dem Schabeisen vom Knochen losgelöst. Das Gelenk ist nach Entblössung des Olecranon nun hinten eröffnet.

4. Am Humerus schält man das Periost sammt dem Lig. accessorium laterale mit dem Raspatorium ab und luxirt den Humerus lateralwärts unter Durchtrennung der medialen und vorderen Gelenkbänder.

5. Dann werden die Gelenkflächen des Humerus, des Radius und der Ulna abgesägt.

A. Nélaton machte einen Winkelschnitt, welcher an der Aussenseite des Humerus entlang bis zum Köpfchen des Radius und von hier rechtwinklig nach hinten abbiegend zur Ulna hinzieht (Fig. 442). Hierbei wird zwar das Gelenk und namentlich das Radiusköpfchen gut freigelegt, dagegen der M. anconaeus quartus quer durchschnitten; diesen Nachtheil kann man vermeiden, wenn man die Resection ausführt

### mit dem Hakenschnitt nach Kocher.

1. Ein Schnitt, an der radialen Rückseite 4 cm oberhalb der Gelenklinie beginnend, läuft auf der Aussenseite des unteren Humerusrandes bis zum Radiuskopf und 4—6 cm unter der Spitze des Olecranon herab und biegt hier etwa 1—2 cm um bis zur medialen Seite der Ulna herauf (Fig. 443).

Fig. 443. Fig. 444.

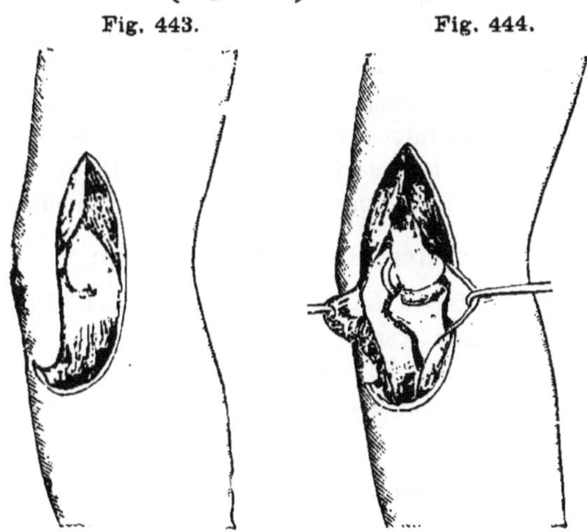

Resection des Ellbogengelenks nach Kocher.

*a* = M. anconaeus quartus, *u* = Extensor carpi ulnaris, *t* = M. triceps, *s* = Supinator longus.

2. Das Messer dringt zwischen M. brachioradialis (supinator longus), Extensor carpi radialis longus und brevis und Extensor carpi ulnaris vorne und M. anconaeus quartus hinten, bis auf die laterale Kante des Humerus und auf die Kapsel des Radiuskopfes und biegt auf dem unteren Drittel des M. anconaeus um bis zur lateralen Seite der Ulna.

3. Nach Spaltung der Kapsel wird das Olecranon an seiner Basis mit dem Meissel in der Schnittlinie schräg (auf der Rückseite

tiefer) durchgeschlagen, dann mit dem triceps und anconaeus quart. ulnarwärts umgeklappt und, wenn es erkrankt ist, später ausgeschält.

4. Will man das Olecranon erhalten, so wird das Caput externum tricipitis sammt Periost und Kapselansatz vom Humerus, ebenso der M. anconaeus quartus von der Aussenfläche der Ulna, der Ansatz des M. triceps von der Spitze des Olecranon und ein Theil des M. ulnaris internus von der Innenfläche der Ulna abgelöst und dieser Triceps-anconaeus-Lappen bei gestrecktem Arm wie eine Kappe über das Olecranon hinüber einwärts geklappt (Fig. 444).

5. Nach Ablösung des lig. laterale externum und der Kapsel am Condylus externus humeri und am Hals des Radius bringt man das Gelenk zum Klaffen.

6. Bevor man die Knochen absägt, muss man schonend das lig. laterale internum vom Innenrande der Ulna und der medialen Fläche der Trochlea, und die Muskulatur sammt dem Periost vom Condylus internus und externus loslösen. Die Gelenkenden werden leicht bogenförmig abgesägt, um die während der Heilung leicht eintretende Subluxation zu verhüten.

### Die Resection des Olecranon

kann mit dem hinteren Längsschnitt nach von Langenbeck (Fig. 440) ausgeführt werden. Die Weichtheile und das Periost werden dann mit dem Schabeisen nach beiden Seiten hin abgehebelt und das Olecranon mit der Stichsäge oder einem kräftigen Meisselschlage entfernt.

### Die temporäre Resection des Olecranon (Trendelenburg)

lässt sich ausser mit den bisher erwähnten Schnitten auch von hinten her durch Abmeisselung des Ellenbogenknorrens und nachherige Wiedervereinigung durch die Knochennaht ausführen. Man macht hierzu einen nach oben convexen Bogenschnitt über die Streckseite des Gelenks von einem Epicondylus zum andern, löst den Hautlappen von der Tricepssehne und dem Olecranon nach hinten ab und hebelt die Weichtheile von der inneren Seite des Olecranon unter Schonung des Periostes und des N. ulnaris stumpf ab. Der darunterliegende Theil der Gelenkkapsel wird quer gespalten, das Olecranon quer abgemeisselt und endlich in derselben Ebene der M. anconaeus quartus und der unter ihm liegende Theil der Gelenkkapsel quer durchtrennt.

Jetzt lässt sich das Olecranon nach oben hin zurückklappen und man hat bei gebeugter Stellung des Armes einen freien Einblick in das Gelenk. Das Olecranon wird schliesslich durch Knochennaht mit der Ulna vereinigt, der Hautschnitt vernäht und der Arm in gestreckter Stellung verbunden. Ebenso zweckmässig scheint es übrigens, den Hautlappen mit der Basis nach oben zu bilden und ihn in Verbindung mit dem abzusägenden Olecranon in die Höhe zu schlagen.

**Zur Nachbehandlung.** Der Rath Roser's, das resecirte Ellbogengelenk zuerst in der Extensionsstellung zu verbinden, um die Verschiebung der Knochenenden aneinander (Subluxation) und die Entstehung eines Schlottergelenkes zu verhüten, ist entschieden zweckmässig; man kann hierzu die in Bd. I. Fig. 158, 164, 228, 248, 250 abgebildeten Schienen verwenden.

Fig. 445.

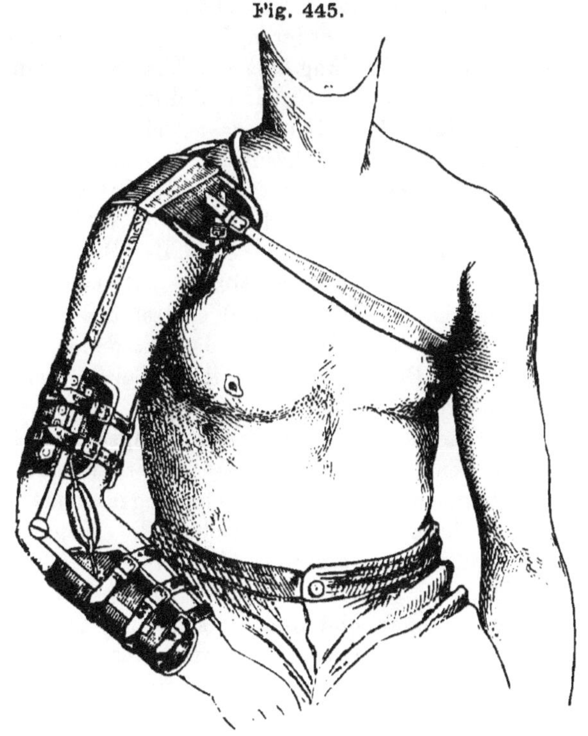

Stützapparat nach Socin für Schlottergelenk nach Ellbogengelenkresection.

Um aber eine Ankylose in dieser Stellung zu verhüten, muss der Arm, sobald die Wunde geheilt oder der Heilung nahe ist, bei jedem Verbandwechsel im Ellbogen allmählig flectirt und in der mehr gebeugten Stellung gehalten werden.

Hat sich nach der Resection des Ellbogens ein **Schlottergelenk** gebildet, so kann man dem Arm seine Festigkeit und Brauchbarkeit wieder geben durch den **Stützapparat** nach Socin (Fig. 445), an welchem Kautschukringe angebracht sind, welche die Flexionsbewegung vermitteln.

## Resection des Schultergelenkes.

### Mit vorderem Längsschnitt nach von Langenbeck (ältere Methode).

1. Der Patient liegt auf dem Rücken, die Schulter wird durch ein Kissen vorgedrängt, der Arm so gehalten, dass der Condylus externus humeri nach vorne sieht.

2. Ein Schnitt, der am vorderen Rande des Acromion, ganz nahe an dessen Gelenkverbindung mit der Clavicula, beginnt, und 6—10 cm senkrecht abwärts läuft, dringt durch den Deltamuskel bis auf die fibröse Gelenkkapsel und das Periost (Fig. 446).

3. Die Ränder des Muskelschnittes werden mit stumpfen Haken auseinander gezogen; man sieht die Sehne vom langen Kopfe des Biceps in ihrer Scheide liegen (Fig. 447).

4. Ein Schnitt an der äusseren Seite der Sehne entlang eröffnet deren Scheide; man lässt das Messer mit dem Rücken den sulcus intertubercularis hinaufgleiten und spaltet die ganze Sehnenscheide sammt der Gelenkkapsel bis an das Acromion.

5. Die Sehne des Biceps wird aus ihrer Furche gehoben und mit dem stumpfen Haken nach aussen gezogen.

6. Während der Assistent den Arm langsam nach aussen rotirt, wird von dem Kapselspalt aus mit senkrecht auf den Knochen aufgesetztem starkem Messer ein Bogenschnitt über das tuberculum minus herum geführt, welcher die Kapsel und die Insertion des M. subscapularis trennt (Fig. 448).

7. Der Arm wird wieder einwärts rotirt, die Sehne des Biceps nach innen gezogen und dort versenkt.

8. Das Messer wird wieder von dem Kapselspalt aus in grösserem Kreise oberhalb des tuberculum majus herum geführt und trennt die Kapsel sammt den Insertionen der Mm. supraspinatus, infraspinatus und teres minor (Fig. 449 u. 450).

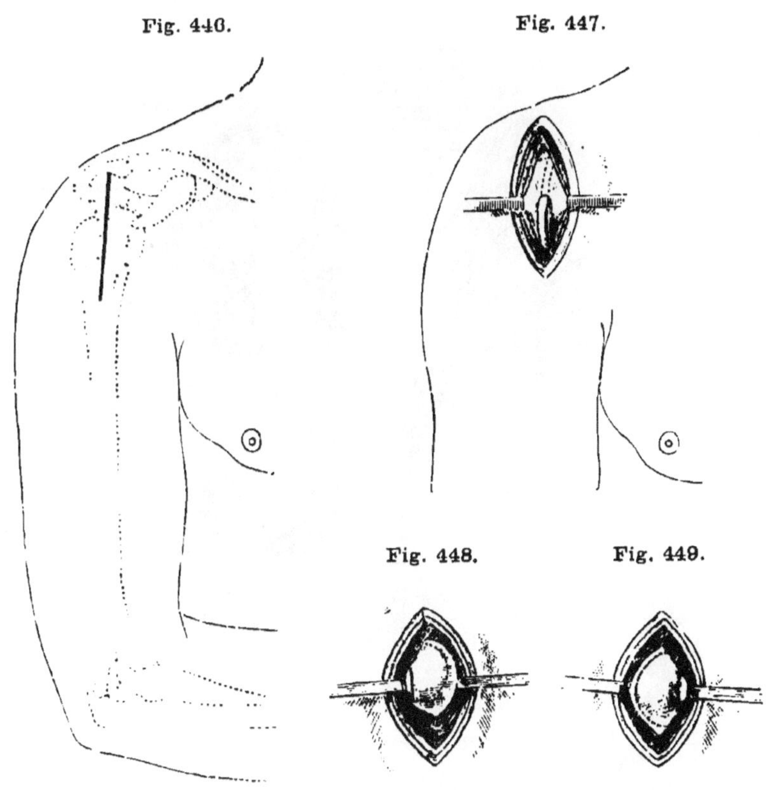


Resection des Schultergelenks nach von Langenbeck.

9. Der Kopf des Humerus wird durch Druck von unten aus der Wunde herausgedrängt, mit einer Zange (am besten mit Faraboeuf's Fasszange, Fig. 415 und Fig. 451) gepackt, und nachdem die hintere Insertion der Gelenkkapsel durchschnitten ist, mit der Stichsäge abgesägt (Fig. 452).

10. Wenn der Schulterkopf durch ein Geschoss von der Diaphyse getrennt ist, so muss er mittelst eines scharfen Knochenhakens (s. Fig. 421) fixirt und hervorgezogen werden. Ist er in mehrere Stücke zertrümmert, so kann man die Bruchstücke einzeln mit der Zange fassen und mit dem stumpfendigen (Fig. 453) oder dem geknöpften Messer (Fig. 454) herauslösen.

Fig. 450.

*supraspinatus*

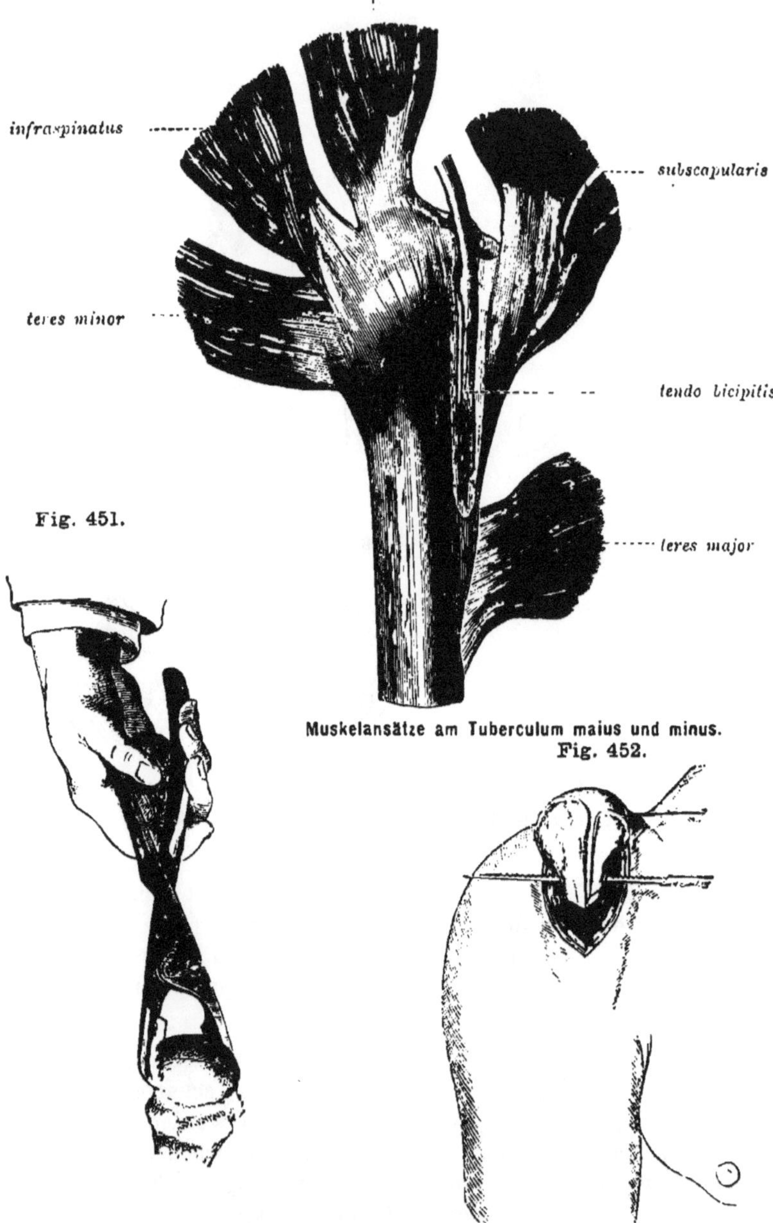


Muskelansätze am Tuberculum maius und minus.

Fig. 451.

Fig. 452.

Absägen des Schulterkopfes.

11. Nach dieser Operationsmethode bildet sich in den meisten Fällen ein Schlottergelenk mit Luxation des Humerusendes gegen den Thorax, oder eine kümmerliche Gelenkverbindung mit dem processus coracoideus. Eine freie active Beweglichkeit stellt sich weit eher her, wenn man bei der Operation die Verbindung aller das Gelenk umgebenden Muskeln mit der Gelenkkapsel und dem Periost der Diaphyse sorgfältig erhält. Dies bezweckt:

Fig 453. Fig. 454.

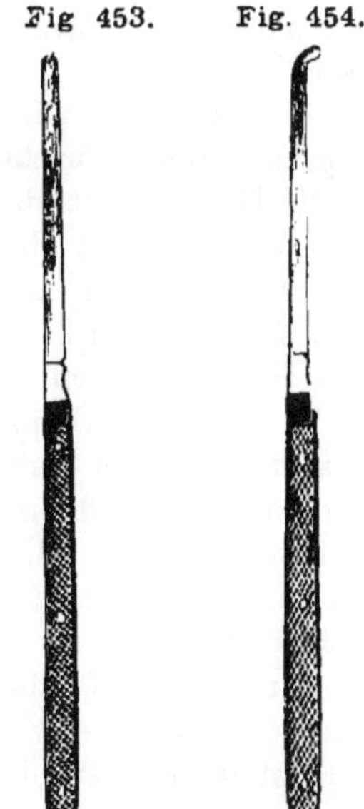

Stumpfendiges Geknöpftes Messer.

## Die subperiostale oder subcapsuläre Resection

### Mit vorderem Längsschnitt nach von Langenbeck.

1.—4. wie bei der vorigen Operation.

Fig. 455.

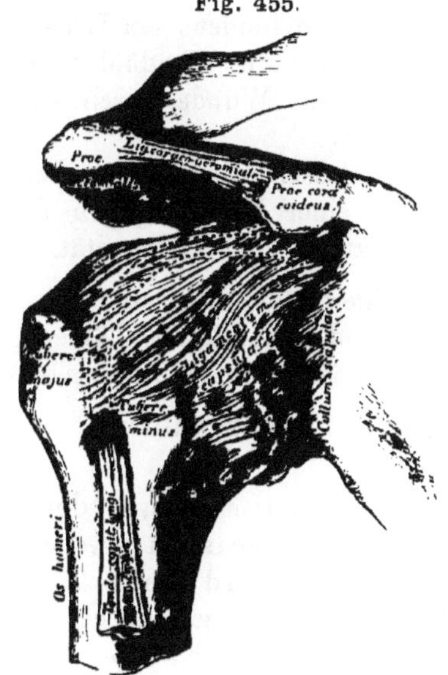

Bänder des Schultergelenkes.

5. Am Innenrande des sulcus intertubercularis entlang wird das Periost mit dem Knochenmesser gespalten und mit dem schmalen Hebel von der spina tuberculi minoris vorsichtig bis an das tuberculum minus heran abgedrängt (Fig. 455).

6. Mit Messer und Hakenpinzette wird die Sehne des M. subscapularis (Fig. 450) vom Knochen abgeschält, ohne die Verbindung der fibrösen Gelenkkapsel mit dem abgelösten Periost zu trennen. Während dieses Actes muss der Oberarm langsam nach aussen rotirt und bei weiterem Fortschreiten

der Ablösung das Messer häufig wieder mit dem Elevatorium vertauscht werden.

7. Der Arm wird wieder einwärts rotirt, die Sehne des Biceps aus ihrer Furche gehoben und nach innen versenkt.

8. Das Periost der äusseren Fläche des collum humeri wird in Verbindung mit den Insertionen der Mm. supra- und infraspinatus und teres minor am tuberculum majus abgelöst in derselben Weise wie in 6. Diese Ablösung ist bei primären Resectionen etwas schwierig, weil das Periost sehr dünn zu sein pflegt.

9. Der Gelenkkopf wird aus der Wunde hervorgedrängt und abgesägt, wie bei der vorigen Operation. Will man nur den Gelenkkopf im oberen Ende der tubercula reseciren (was immer die besten Erfolge hat), so kann von einer Periostablösung nicht die Rede sein. Man schält dann, von der Gelenkhöhle aus, die Muskelansätze so weit als erforderlich vom Knochen ab und achtet nur darauf, dass sie nicht quer abgeschnitten werden, sondern unten ihre Verbindung mit dem Knochen behalten. Da der Kopf dann aber nicht aus der Wunde hervorgedrängt werden kann, so muss er mit einer feinen Stichsäge oder mit der Kettensäge abgetrennt werden.

10. Nach Stillung der Blutung schneidet man an der Rückseite der Wunde, am hinteren Rande des M. deltoideus ein Loch in die Haut, durch welches ein Drainrohr bis in die Wundhöhle eingeführt wird. Dann kann man die vordere Wunde durch tiefe und oberflächliche Nähte genau vereinigen.

Ein antiseptischer Polsterverband, dessen Bindentouren den im Ellbogen flectirten Arm nach Art einer Mitella gegen den Thorax befestigen, genügt völlig zur Fixirung der Extremität.

Um den Deltamuskel und die Zweige des N. circumflexus (axillaris, Fig. 457) mehr zu schonen und dadurch die Lähmung dieses Muskels zu verhüten, ist es zweckmässig, das Schultergelenk

**mit dem vorderen Schrägschnitt nach Ollier**

zu eröffnen.

1. Mit gegen den Schulterkopf gerichtetem Messer durchschneidet man dem Faserverlaufe des M. deltoideus entsprechend, vom äusseren Rande des Processus coracoideus schräg nach unten und aussen über das Tuberculum minus hinweg zum Humerusschaft, die Weichtheile sofort bis auf den Knochen. (Fig. 456).

2. Das Tuberculum minus und der Sulcus intertubercularis liegen sofort frei vor und lassen sich leicht skelettiren. Darauf wird der Arm nach innen rotirt und das Tuberculum majus frei gemacht. Im Uebrigen verfährt man, wie bei der vorigen Operation beschrieben wurde.

Fig. 456.

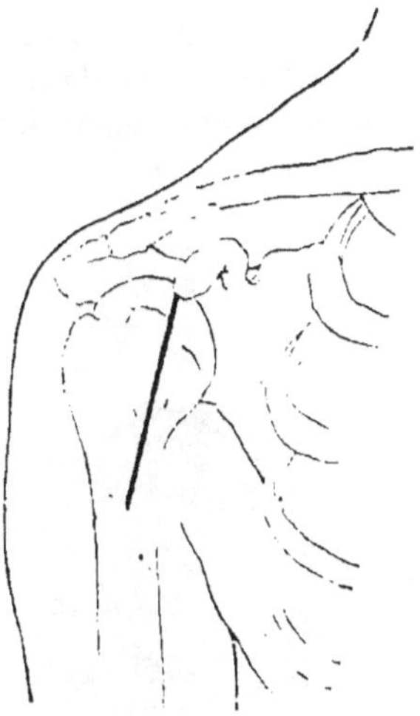

Resection des Schultergelenks nach Ollier.

Fig. 457.

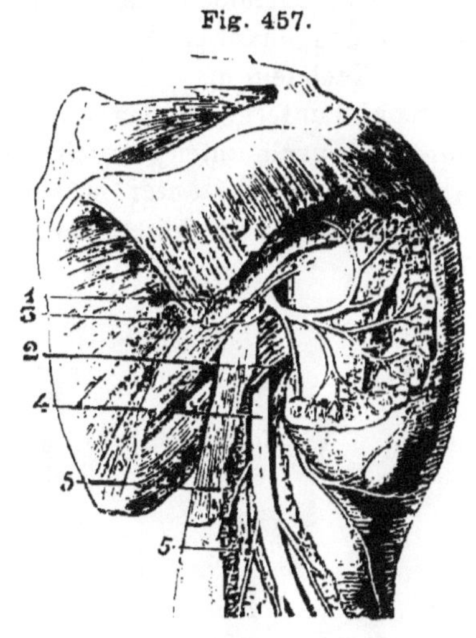


Verzweigung des Nervus axillaris (von hinten). 1. N. circumflexus, 2. N. cutaneus, 3. Nerv des M. teres minor, 4. N. radialis, 5. zum Triceps und Anconaeus laufende Zweige.

Da man von einem vorderen Schnitte aus bequem nur den Schulterkopf allein entfernen (**Decapitation**), die übrigen Theile des Gelenkes, besonders die Pfanne, aber nur ungenügend übersehen oder gar reseciren kann, so ist es in allen den Fällen, in welchen eine ausgedehntere Erkrankung des ganzen Gelenkes die freie Zugänglichkeit zu allen Theilen nöthig macht, besser, das Schultergelenk freizulegen

### mit hinterem Bogenschnitt nach Kocher.

1. Hautschnitt vom Acromioclaviculargelenk über die Schulterhöhe zur Mitte der crista scapulae und bogenförmig abwärts gegen die hintere Achselfalte zu. Durchtrennung des Acromioclaviculargelenks (Fig. 458 *c*), Spaltung der Fascie am hinteren Rande des Deltamuskels.

Der untere Theil desselben wird freigelegt und kräftig nach vorn gezogen, die weiter an der Crista sich ansetzenden Fasern werden abgeschnitten.

2. Der Ansatz des M. cucullaris wird von der Crista scapulae nach oben abgetrennt und der M. supraspinatus mit dem Elevatorium nach oben abgehoben, der M. infraspinatus nach unten abgetrennt, bis man den äusseren Rand der Crista umgreifen kann.

3. Nachdem man unter den Hals des Acromion ein Elevatorium zum Schutz untergeschoben hat, wird die Crista (*sc*) mit einem Meissel (von oben nach unten) durchschlagen (Fig. 458), wobei man sich vor Verletzung des unter M. supra- und infraspinatus verlaufenden N. subscapularis zu hüten hat.

Fig. 458. Fig. 459.

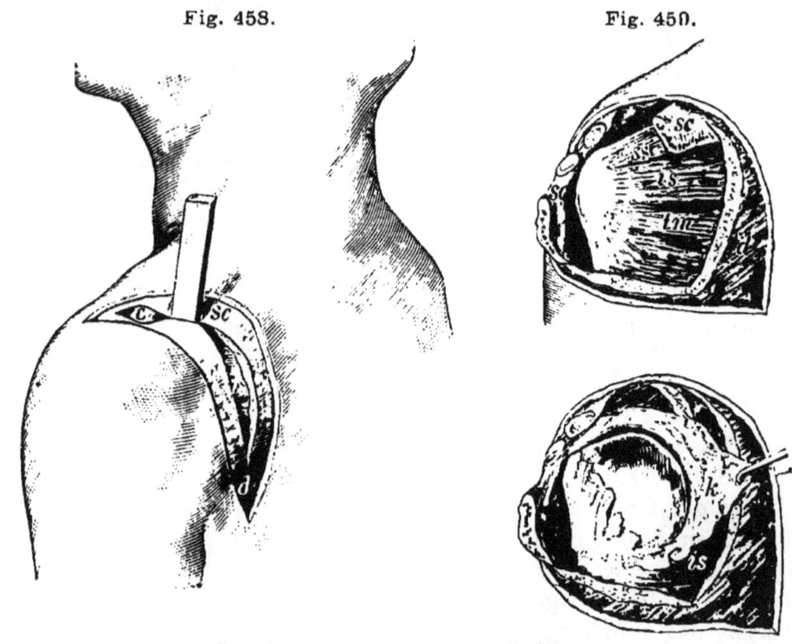


Resection des Schultergelenks nach Kocher.

4. Nach Durchtrennung des Knochens wird der Acromialtheil mit einem scharfen Knochenhaken kräftig nach vorne herumgewälzt und im Acromioclaviculargelenk luxirt (Fig. 459), wobei sich der Deltamuskel (*d*) von der Muskulatur des Schulterblattes abhebt.

5. Es liegt nun die Wölbung des Humeruskopfes vor, bedeckt

von den Sehnen der Auswärtsroller (supra- und infraspinatus (*ss is*), teres minor (*tm*).

6. Am Vorderrande der Ansätze dieser Muskeln (an das Tuberculum majus und dessen Spina) und am Hinterrande der fühlbaren Bicepsrinne wird ein Längsschnitt auf dem Knochen gemacht, welcher oben die Kapsel (*k*) auf dem Gelenkkopf spaltet und die Sehnen bis zum oberen Pfannenrande freilegt.

7. Die Ansätze der Auswärtsroller werden vom Tuberculum majus abgelöst und nach hinten, die in ihrer Knochenrinne freigelegte Bicepssehne wird nach vorne gezogen und der Arm nach aussen rotirt.

8. Der nun zu Tage tretende Ansatz des M. subscapularis wird nach vorne und innen vom Tuberculum minus gelöst, wobei die unter dem teres minor verlaufenden Gefässe und der N. axillaris zu schonen sind.

9. Wenn der Kopf ganz freigemacht und herausgedrängt ist, erhält man einen vorzüglichen Einblick in das Gelenk und besonders in die Pfanne der Scapula. Es ist nun leicht alles Erkrankte zu erkennen und zu entfernen, nöthigenfalls den Kopf zu reseciren. Zum Schluss wird das abgemeisselte Stück des Acromion mit der Scapula durch die Knochennaht wieder vereinigt.

Ist allein der Gelenktheil der Scapula verletzt, während der Schulterkopf unversehrt geblieben ist, so macht man nur

Fig. 460.

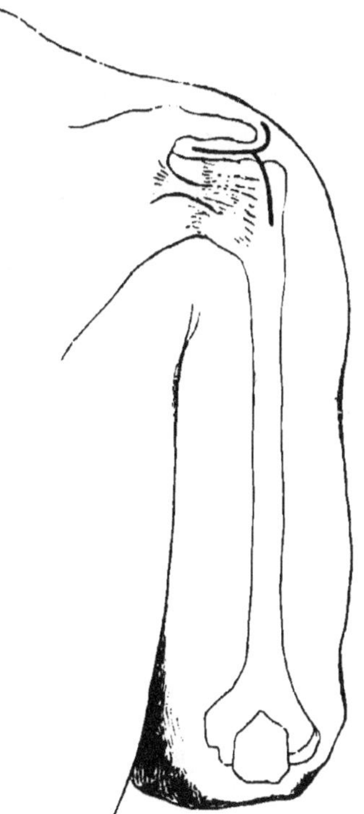

Resection des Gelenkkörpers der Scapula nach von Esmarch.

**die Resection des Gelenkkörpers der Scapula nach von Esmarch.**

1. Ein Bogenschnitt, der den hinteren Rand des Acromion umkreist und die Fasern des M. deltoideus von ihm abtrennt, legt die hintere obere Fläche der Gelenkkapsel frei (Fig. 460).

2. Von der Mitte desselben dringt das Messer bis auf den hinteren oberen Rand des processus glenoidalis scapulae, spaltet in sagittaler Richtung die Gelenkkapsel zwischen den Sehnen der Mm. supra- und infraspinatus bis auf die Mitte des tuberculum majus und zugleich die Haut und den M. deltoideus in der Richtung seiner Fasern.

3. Während die Weichtheile mit Haken stark auseinander gezogen werden, löst man vom Rande des processus glenoidalis die Sehne vom langen Kopfe des Biceps und die Gelenkkapsel in Verbindung mit dem Periost des collum scapulae ringsum so weit ab, dass man den Gelenkkörper mit der Stichsäge abtragen oder die Bruchstücke des zerschmetterten Knochens mit dem Messer herauslösen kann.

4. Die Nachbehandlung ist dieselbe wie bei der Resection des Schultergelenkes.

## Die Resection der Scapula

### mit dem Winkelschnitt nach von Langenbeck

macht man ohne Schonung der bedeckenden Muskeln (**Exstirpatio scapulae**) nur bei Geschwülsten.

1. Der eine Schenkel des Winkels verläuft am oberen, der andere an der medialen Seite der Scapula herab, der dadurch gebildete Hautlappen wird nach seiner Basis hin von der Unterlage abgelöst und nach aussen geschlagen.

2. Darauf trennt man die Ansätze der Rhomboidei und des Levator anguli scapulae vom inneren Rande, die des Cucullaris und Deltoideus vom Acromion und der Spina, den M. omohyoideus vom oberen Rande, den Teres major und minor vom äusseren und unteren Rande ab, und während der Knochen an seinem medialen Rande vom Thorax abgehoben wird, löst ihn das Messer mit flachen Zügen von der Unterlage (M. serratus anticus major und subscapularis) ab.

3. Ein hufeisenförmiger Schnitt über den Schulterkopf trennt die Gelenkkapsel, die Ansätze der Mm. supra- und infraspinatus am Tuberculum majus, und das Acromioclaviculargelenk.

4. Nun lässt sich der Knochen nach aussen herumhebeln und, nachdem der Rest der Gelenkkapsel, der Ansatz des M. biceps und triceps vom Rande der Cavitas glenoidalis und der M. pectoralis minor und coracobrachialis vom Proc. coracoideus abgelöst worden, ganz herausnehmen.

5. Nach sorgfältiger Unterbindung aller Gefässe wird die grosse Wunde mit dem abgelösten Hautlappen bedeckt, vernäht und ein Drainrohr zum unteren Wundwinkel hinausgeführt.

Sind aber die Weichtheile zu schonen, z. B. bei Nekrosen des Knochens, so ist zweckmässiger und bei der lockeren Anheftung des verdickten Periostes auch ebenso leicht ausführbar

### die subperiostale Resection nach Ollier.

1. Ein Querschnitt verläuft längs der Spina scapulae vom Acromion zum medialen Rande, bis auf den Knochen dringend; mit Messer und Elevatorium werden die Ansätze des M. cucullaris abgelöst.

Fig. 461.

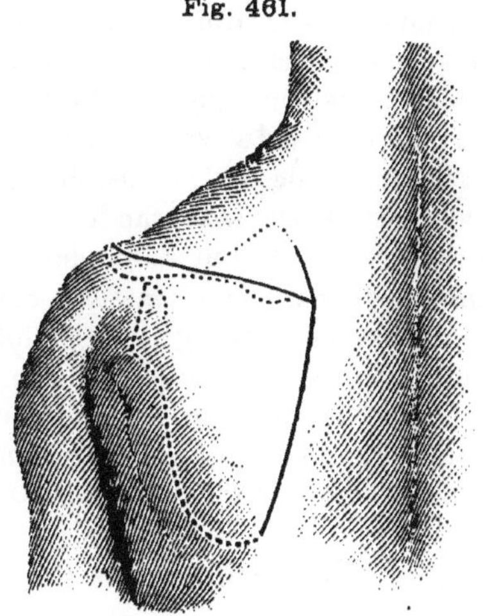

Resection der Scapula nach Ollier.

2. Ein Längsschnitt verläuft am medialen Rande der Scapula, welcher den medialen Ansatz der Mm. supra- und infraspinatus freilegt (Fig. 461).

3. Auf stumpfem Wege werden die Weichtheile der Fossa infraspinata nach aussen zurückgeschoben, darauf in gleicher Weise die der fossa supraspinata nach aussen und oben vom Knochen abgelöst.

4. Während der Knochen vom Thorax abgehebelt wird, schält man die unter ihm liegenden Weichtheile mit dem Raspatorium bis zum äusseren Rande und dem Collum ab.

5. Dann durchtrennt man, wie oben beschrieben, von unten her das Acromioclaviculargelenk, die Gelenkkapsel und Muskelinsertionen und endlich die Muskel- und Bänderansätze am Proc. coracoideus, den man übrigens leichter absägen kann.

### Die partielle Resection der Scapula

muss sich dem gegebenen Fall anpassen. Man kann Stücke der Spina und des Acromion von einem einfachen Schnitt aus abmeisseln oder absägen, auch den platten Theil des Schulterblattes mit Zurücklassung des Gelenktheils entfernen **(Amputatio scapulae).**

### Die Resection des Schlüsselbeins

ist sehr leicht durch einen über den Knochen entlang ziehenden Schnitt auszuführen, von dem aus das Periost nach beiden Seiten hin zurückgeschoben wird. Zweckmässig ist es, an beiden Enden das Periost quer zu durchtrennen |———|. Dann kann man mit der Stichsäge oder der Kettensäge den zu entfernenden Theil des Mittelstücks leicht entfernen.

Auch die Resection der Gelenkenden bietet keine besondere Schwierigkeiten dar. Das Sternalende wird durch einen Längsschnitt bis auf das Gelenk durchtrennt, der Knochen im äusseren Wundwinkel auf einem wegen der unmittelbar dahinterliegenden grossen Venen sehr vorsichtig subperiostal untergeschobenen Elevatorium durchsägt, das kurze Stück hervorgezogen, an seiner hinteren und unteren Fläche von den anhaftenden Weichtheilen befreit und endlich die Gelenkkapsel durchschnitten. Um das Acromialende zu reseciren, macht man einen Schnitt vom äussersten Ende des Schlüsselbeins bis etwa zum Proc. coracoideus, führt an dessen Innenrande ein Elevatorium hinter den Knochen, durchsägt ihn, trennt dann das Acromioclaviculargelenk und schält schliesslich das Knochenstück aus dem Periost heraus.

Muss man das ganze Schlüsselbein entfernen, so erleichtert man sich dieses, wenn man den Knochen in der Mitte durchsägt und jede Hälfte für sich exstirpirt. Die temporäre Durchsägung der Clavicula zur Unterbindung der Arteria subclavia wurde schon S. 94 erwähnt.

## Resectionen an der unteren Extremität.

### Resection des Fussgelenkes.

#### Subperiostal mit Bilateralschnitt nach von Langenbeck.

Fig. 462.

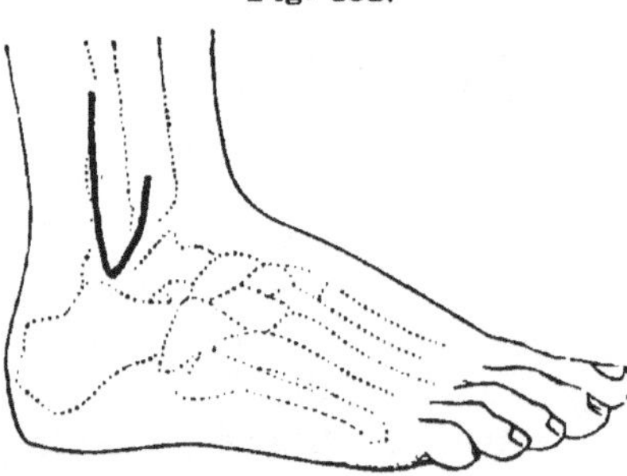

1. Nachdem der Fuss auf die Innenseite gelegt ist, wird ein 6 cm langer Schnitt senkrecht am hinteren Ende der Fibula herabgeführt, welcher an der Spitze des Malleolus externus hakenförmig umbiegt, dem vorderen Rande 1,5 cm folgt und überall bis auf den Knochen dringt (**Hakenschnitt**, Fig. 462).

2. Mit Schabeisen und Hebel wird das Periost im Zusammenhang mit der Haut, den Muskeln und Sehnenscheiden an der vorderen und hinteren Fläche vom Knochen abgelöst, bis sich am oberen Ende des Schnittes eine Stich- oder Kettensäge hinter die Fibula bringen lässt (Fig. 463). Die Sehnenscheide des M. peronaeus longus muss, wenn möglich, geschont werden.

Fig. 463.

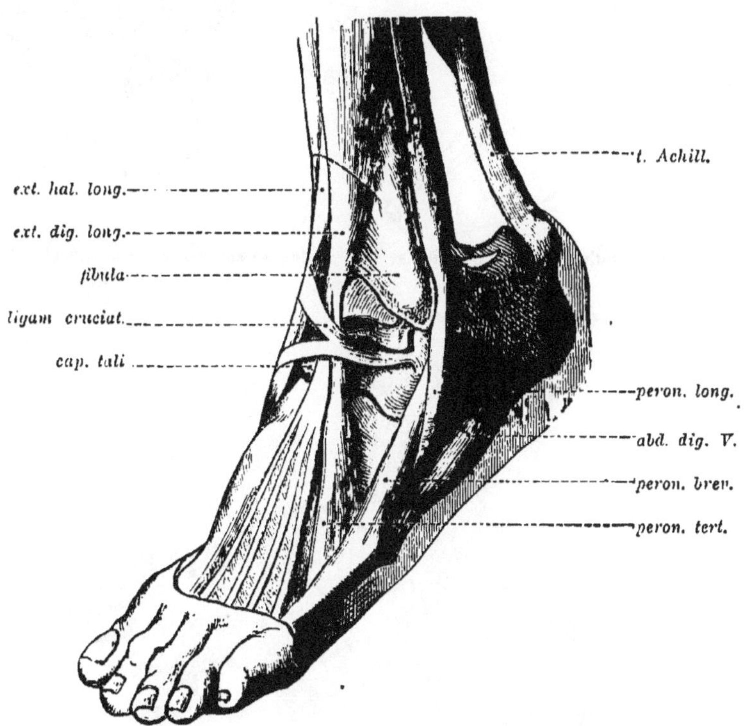


Aeussere Seite des linken Fussgelenkes nach Henke.

3. Die Fibula wird durchsägt, das abgesägte Stück mit der Knochenzange gefasst, allmählig stärker hervorgezogen (Fig. 464) und vom ligamentum interosseum abgelöst. Zuletzt werden von innen und oben her das lig. malleoli externi posticum (das untere, sehr feste Ende des lig. interosseum) (Fig. 465) und die drei starken Haftbänder (Fig. 466) (lig. talo-fibulare anticum und posticum und lig. calcaneo-fibulare) hart am Knöchel abgeschnitten.

Fig. 464. Fig. 465.

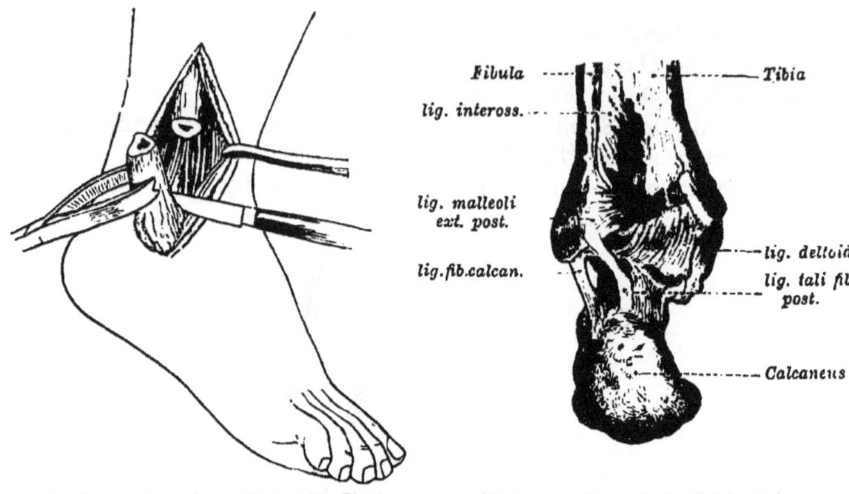


**Auslösung des unteren Endes der Fibula.** **Bänder des Fussgelenks** (Rückseite).

Fig. 466.

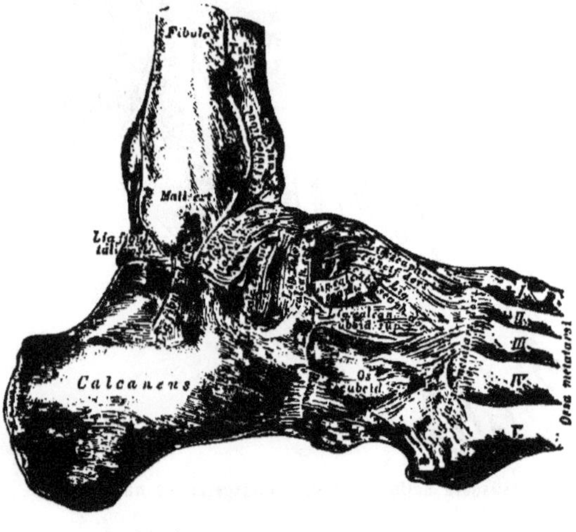

**Bänder des Fussgelenks** (Aussenseite).

4. Der Fuss wird auf die Aussenseite gelegt, um den unteren Rand des Malleolus internus ein 3—4 cm langer, halbmondförmiger Schnitt geführt (Fig. 467), von dessen Mitte ein 5 cm langer, senkrechter Schnitt auf der Innenseite der Tibia nach oben steigt **(Ankerschnitt).**

5. Die Schnitte dringen durch das Periost bis auf den Knochen. Das Periost wird in zwei dreieckigen Lappen mit der Haut von der Innenfläche (Fig. 468), mit den Sehnenscheiden der Dorsalflexoren von der vorderen Fläche, mit den Sehnenscheiden der Plantarflexoren von der hinteren Fläche der Tibia abgehebelt und zuletzt das ligamentum deltoides vom Rande des Malleolus abgeschnitten (Fig. 469).

Fig. 467.

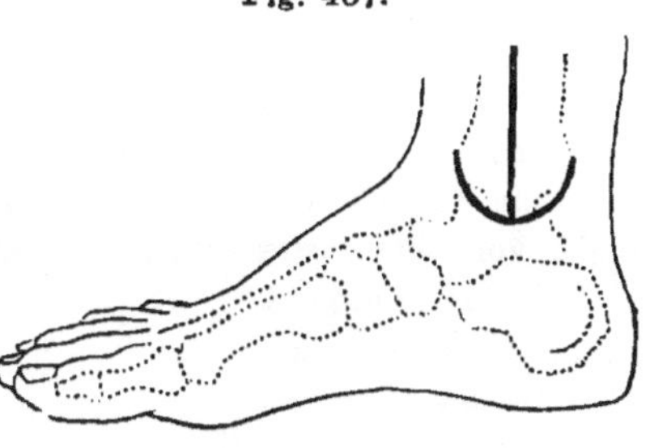

Schnitt auf dem Malleolus int. (Ankerschnitt).

6. Am oberen Ende des Längsschnittes wird die Tibia mit der Stich- oder Kettensäge (des beschränkten Raumes wegen in schräger Richtung) durchsägt, das abgesägte Stück mit der Knochenzange gefasst, und während das Elevatorium die Periostfläche des ligamentum interosseum von oben her abdrängt, allmählig aus der Wunde herausgedreht. Die Schonung der membrana interossea ist von besonderer Wichtigkeit für die Regeneration des Knochens (von Langenbeck).

Fig. 468.

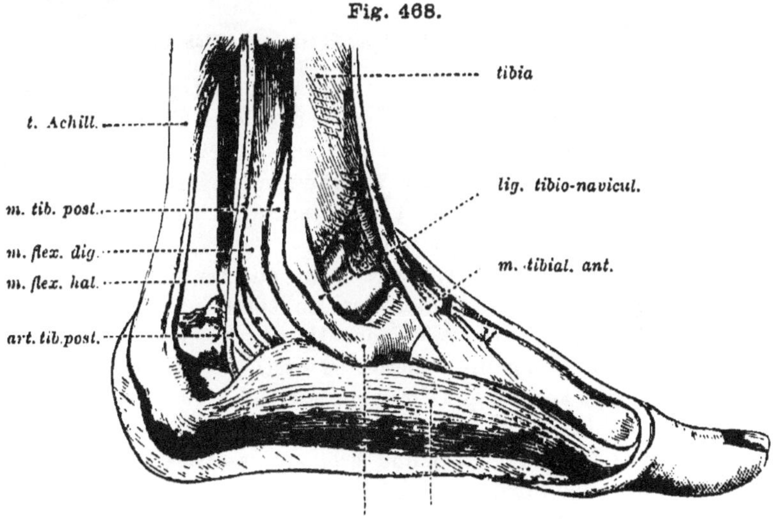


Innere Seite des Fussgelenkes nach Henke.

7. Der Knochen wird jetzt nur noch von der vorderen und hinteren Insertion der Gelenkkapsel festgehalten. Dieselben werden mit dem Messer abgetrennt, wobei die Sehne des M. tibialis posticus nicht verletzt werden darf.

Fig. 469.

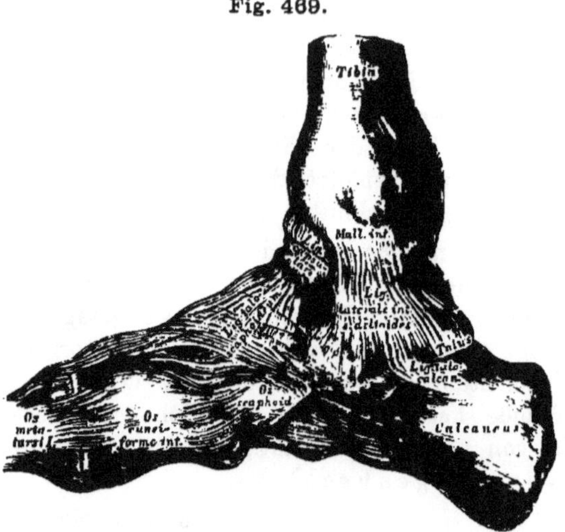


Bänder des Fussgelenkes (Innenseite).

8. Will man die obere Gelenkfläche des Talus entfernen, so geschieht das mittelst der Stichsäge, welche in der Richtung des halbmondförmigen Hautschnittes von vorne nach hinten die Rolle absägt, während die Fusssohle von zwei Händen fest gegen die Tischplatte aufgedrückt wird (v. Langenbeck räth, die obere Gelenkfläche des Talus gleich nach Abtrennung der Fibula von dem ersten Schnitte aus abzusägen, sie aber erst nach Entfernung der Tibia mit dem Elevatorium herauszuhebeln).

9. Wenn der Talus ganz zertrümmert oder bis in seine tarsalen Gelenkflächen gesplittert oder erkrankt ist, so muss der ganze Knochen weggenommen werden.

10. Zu dem Ende verlängert man an der Innenseite den verticalen Schnitt von der Spitze des Malleolus internus in einem nach unten convexen, der Sehne des M. tibialis posticus parallel laufenden Bogen bis an die tuberositas ossis navicularis, lässt die Sehne des Tibialis anticus und die Arteria tibialis antica nach aussen ziehen, durchschneidet das lig. tibio-naviculare (Fig. 468) und das lig. talo-naviculare (Fig. 469) und eröffnet das Gelenk am Kahnbein von oben und innen.

11. Darnach führt man auch an der Aussenseite den Schnitt von der Spitze des Malleolus externus horizontal über den Sinus tarsi hin, durchschneidet die festen Bändermassen desselben (lig. tali fibulare anticum, die ligg. talo-calcaneum externum (Fig. 466) und

internum (Fig. 469) und schliesslich, indem man mit Knochenzange und Elevatorium den Knochen herausdreht, die Reste der Gelenkkapseln.

12. Nach sorgfältiger Unterbindung aller durchschnittenen Gefässe wird an beiden Seiten ein kurzes Drainrohr bis an den Knochenspalt eingelegt und dann die Wunde durch die Naht vereinigt.

13. Wenn man den Talus ganz hat wegnehmen müssen, dann ist es zweckmässig, einen langen Nagel von der Sohle aus durch den Calcaneus in die Tibia hineinzutreiben, um die Knochen im rechten Winkel gegen einander festzustellen.

14. Nach Anlegung eines Polsterverbandes wird das Glied mit rechtwinklig gestelltem Fuss auf eine Volkmann'sche Beinschiene gelagert; in den Fällen, wo starke Eiterung häufigeren Verbandwechsel nothwendig macht, empfehlen sich die unterbrochenen oder Bügelschienen s. Bd. I, Fig. 237, 241, 246.

Zweckmässig ist auch die Eröffnung des Fussgelenks

**mit zwei vorderen Seitenschnitten nach König.**

1. Der innere Schnitt beginnt 3—4 cm oberhalb des Fussgelenks auf der Tibia, nach innen von den Strecksehnen, und zieht hart am vorderen Knöchelrande abwärts zur Tuberositas ossis navicularis; der äussere Schnitt beginnt in gleicher Höhe wie der innere und zieht am vorderen Knöchelrande zum Sinus tarsi in der Höhe des Talonaviculargelenks. Das Gelenk wird sofort durch diese Schnitte eröffnet.

2. Die von beiden Schnitten gebildete Weichtheilbrücke wird von den darunterliegenden Knochen, Tibia und Talus, mit Messer und Elevatorium abgehebelt und der vordere Synovialsack exstirpirt, wenn er erkrankt ist.

3. Während nun mit einem stumpfen Haken der Brückenlappen in Dorsalflexion des Fusses stark angehoben wird, kann man das gesammte vordere Gebiet des Gelenkes gut übersehen und mit Meissel oder scharfem Löffel das Erkrankte entfernen. Der Talus lässt sich leicht exstirpiren. Ist die Entfernung der Knöchelenden nothwendig, so werden zunächst die äusseren Schalen der Knöchel mit schräg aufgesetztem breitem Meissel abgeschält, dann die Tibia mit dem Meissel abgeschlagen und endlich auch der Talus, oder wenigstens seine Rolle, abgemeisselt oder abgesägt.

4. Durch starkes Anziehen des Fusses wird endlich die hintere Kapselwand der Exstirpation zugänglich.

Zur besseren **Uebersichtlichkeit** der Gelenkhöhle empfehlen sich die Methoden, welche nach Durchtrennung der Weichtheile den Fuss **umklappen**, so dass man Talus- und Tibiagelenkfläche mit einem Blick übersehen kann. Hierzu eröffnet man das Gelenk

**mit äusserem seitlichen Querschnitt nach Kocher.**

1. Hautschnitt in der Höhe der Fussgelenklinie vom Aussenrand der Strecksehnen (*Ec*) bogenförmig über die Spitze des Malleolus externus bis an die Achillessehne (Fig. 470).

2. Nach Durchtrennung der Fascie werden die Strecksehnen und der M. peronaeus tertius (*p*) nach innen gezogen. Die Gelenkkapsel und die Bänder löst man vom Vorderrande der Tibia und Fibula und dicht um den Malleolus externus herum ab.

Fig. 470.

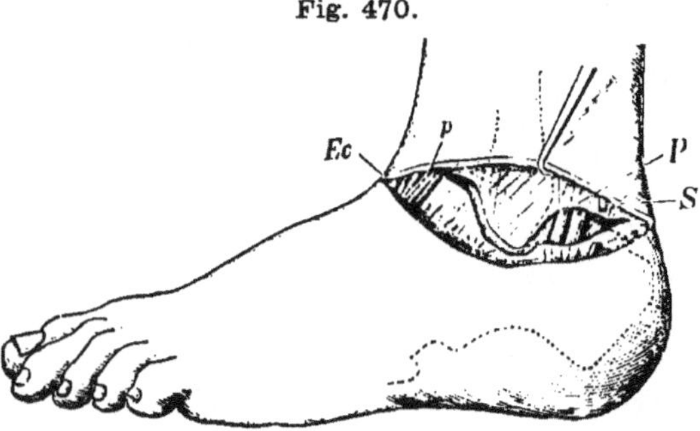


3. Am hinteren Rande des Knöchels wird die Scheide der Peronei bis über die Gelenklinie hinauf eröffnet, die Sehnen der Peronei (*P*) werden kräftig nach hinten gezogen oder, wenn dadurch nicht genügend Raum geschafft wird, durchschnitten (und später wieder vernäht). Der hinter diesen Sehnen verlaufende N. saphenus ext. (*S*) muss möglichst geschont werden.

Fig. 471.

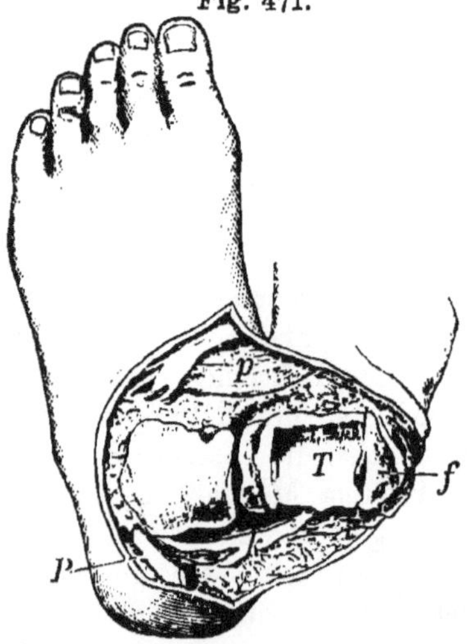


Resection des Fussgelenks nach Kocher.

4. Nun wird die hintere Wand der Strecksehnenscheide und die Kapsel (*k*) am vorderen und hinteren Rande der Tibia bis an den Malleolus internus hin abgelöst.

5. Jetzt lässt sich der Fuss durch eine kräftige Hebelbewegung über den Malleolus internus herüber medianwärts wälzen (l u x i r e n),

sodass der innere Rand der Fusssohle der Innenseite des Unterschenkels anliegt und nach oben gerichtet ist (Fig. 471).

6. Löst man dann noch von der hervorragenden Spitze des Malleolus internus vorsichtig die Bänder ab, so kann man alle Winkel des Gelenkes frei übersehen, alles Erkrankte entfernen und den Talus leicht reseciren. Will man den Talus schonen, dann muss man sich vor der Eröffnung des Talocalcanealgelenkes am hinteren und seitlichen Umfange des Talus hüten.

## Mit äusserem Schrägschnitt nach Girard.

1. Der Hautschnitt beginnt an der Aussenseite senkrecht oberhalb der Spitze des Malleolus externus zwischen Tibia und Fibula und läuft schräg nach unten bis über die Spitze des Malleolus herab auf einen schrägen Schnitt, der vom äusseren Rande der Achillessehne an der Spitze des äusseren Knöchels vorbei bis zur Sehne des Peronaeus tertius geführt wird (Fig. 472).

Fig. 472.

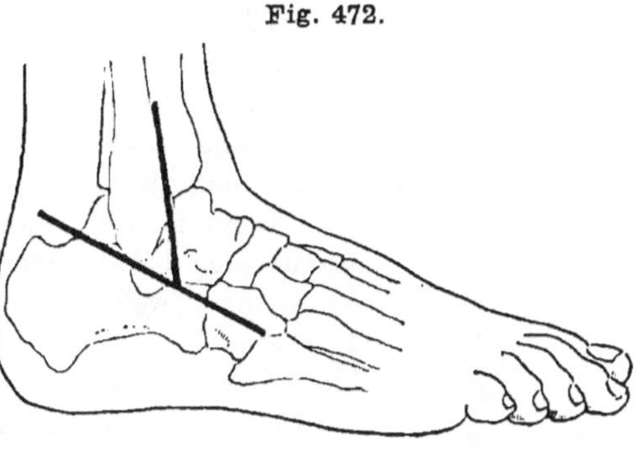

Resection des Fussgelenks nach Girard.

2. Die Sehnen des M. peronaeus longus und brevis werden blosgelegt und zwischen Seidenanschlingungen durchgeschnitten; die durch den Hautschnitt gebildeten Lappen präparirt man zurück, bis das Fussgelenk und der Talus sichtbar werden.

3. Die Gelenkkapsel wird gespalten und sammt den Bändern abgelöst, so dass sich der Fuss stark supiniren lässt.

4. Darauf gelingt es leicht, den Talus zu exstirpiren und wenn nöthig, den Fuss ganz nach innen umzuklappen, so dass

Fig. 473.

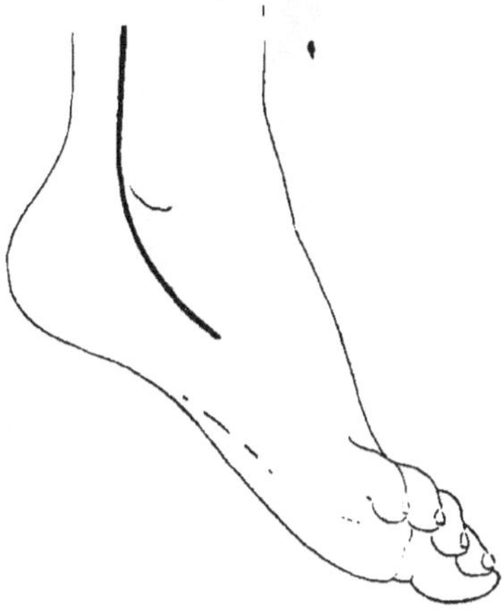

Eröffnung des Fussgelenks nach Lauenstein.

die Gelenkhöhle frei vorliegt und alles Kranke aus ihr entfernt werden kann.

5. Schliesslich wird der Fuss in seine ursprüngliche Lage zurückgebracht, die durchschnittenen Sehnen durch die Naht vereinigt, die Wundhöhle drainirt und der Hautschnitt vernäht.

Lauenstein eröffnet das Fussgelenk durch einen langen **Bogenschnitt** auf der Aussenseite, welcher von der Mitte der Fibula über den äusseren Knöchel, über den Köpfen des M. extensor digitorum brevis und hinter der Sehne des Peronaeus tertius (Fig. 473) nach vorne bis zur Höhe des Talonaviculargelenks zieht.

Die Haut wird nach vorne und hinten abpräparirt, die Fascie am vorderen Rande der Fibula gespalten, das Fussgelenk vor dem Malleolus externus geöffnet. Nach Abhebung der Strecksehnen wird das Ligamentum cruciatum durchschnitten und der vordere Kapselansatz bis über die Mitte der Tibia abgetrennt.

Fig. 474.

**Resection des Fussgelenks nach Hueter.**

Dann spaltet man die Fascie am hinteren Rande der Fibula und die Scheide der Peronealsehnen, welche zusammen mit den übrigen Muskeln durch einen stumpfen Haken nach hinten gezogen werden. Durchtrennt man nun die Ligamenta talo-fibulare und calcaneo-fibulare, so lässt sich das Fussgelenk durch starke Supination bequem auseinanderklappen, und alles sichtbar Erkrankte entfernen.

Hueter legte das Fussgelenk **mit vorderem Querschnitt** von einem Malleolus zum andern frei (Fig. 474), wobei sämmtliche Sehnen und Nerven durchschnitten und nach Ausführung der nothwendigen Eingriffe im Gelenk wieder durch die Naht vereinigt werden. Diese Methode giebt zwar einen sehr guten Ueberblick über die Gelenkerkrankung, insbesondere über den Talus, macht aber doch recht erhebliche Nebenverletzungen, die bei Anwendung der seitlichen Schnitte umgangen werden.

## Die Resection des Talus

kann mit einem der Schnitte zur Fussgelenksresection ausgeführt werden; einfacher und schonender aber ist es, wenn man den Talus allein exstirpiren will, einen

**vorderen Längsschnitt nach Vogt**

am Fussgelenk über die Strecksehnen hinweg bis vor das Talonaviculargelenk zu führen (s. Fig. 463). Unterhautzellgewebe, Fascie und Lig. cruciatum werden durchschnitten, die von der Unterlage abgehobenen Strecksehnen stark medianwärts gezogen, der Extensor digitorum brevis wird eingeschnitten und stark lateralwärts abgedrängt.

2. Nach Spaltung der Kapsel und Ablösung der Bänderansätze wird das Collum und Caput tali durch quere Durchtrennung des Lig. talonaviculare freigelegt.

3. Auf den Längsschnitt setzt man nun einen Querschnitt, welcher bis zur Spitze des Malleolus externus zieht und die Weichtheile schichtweise bis auf den Talus durchtrennt, ohne die Peronei zu verletzen.

4. Nach Durchschneidung des Lig. talofibulare ant. und post. und der Bänder im Sinus tarsi, kann man nun bei stark supinirtem Fuss den Talus mit einer Resectionszange stark nach aussen drehen und nach Abhebelung des inneren Seitenbandes und der Verbindung mit dem Calcaneus entfernen.

5. Nach Auslösung des Knochens lässt sich nun von der Gelenkhöhle alles Kranke übersehen und entfernen. Die Hautwunde wird vernäht und da die Gelenkfläche des Calcaneus sehr gut in die gabelförmige Gelenkfläche des Unterschenkels hineinpasst, so ist später der Gang trotz des fehlenden Talus ein recht guter.

## Die Resection des Calcaneus

### mit äusserem Winkelschnitt nach Ollier.

1. Der Schnitt zieht am Aussenrande der Achillessehne 2 cm oberhalb des äusseren Knöchels beginnend bis zum unteren Rand des Hackenknorrens herab und biegt hier rechtwinklig nach vorn ab am unteren Rande des Calcaneus entlang bis zur Basis Metatarsi (Fig. 475).

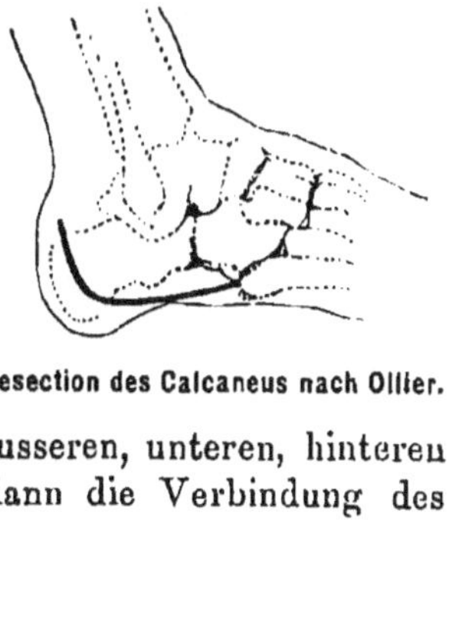

Fig. 475.

Resection des Calcaneus nach Ollier.

2. Unter Schonung der Peronealsehnen wird der Schnitt überall durch das Periost bis auf den Knochen vertieft, darauf werden die Weichtheile auf seiner äusseren, unteren, hinteren und inneren Fläche überall abgehebelt, dann die Verbindung des

Knochens mit dem Os cuboideum und dem Talus durchschnitten und endlich die Bandverbindung mit dem Os naviculare und cuboideum durchtrennt.

3. Die Hautwunde kann in ganzer Ausdehnung vernäht werden; in ihren abhängigsten Winkel oder in ein eigens geschnittenes Knopfloch wird ein Drainrohr eingelegt.

### Der Sporenschnitt nach Guérin

umkreist zunächst die Plantarfläche der Hacke bogenförmig. Ein kleiner senkrechter Schnitt verläuft in der Mittellinie zur Achillessehne herauf (Fig. 476). Im Uebrigen verfährt man im Ganzen, wie bei der vorigen Operation.

Fig. 476.

Resection des Calcaneus nach Guérin.

Bei Entzündungen und Necrosen gelingt es ziemlich leicht, das Periost überall abzulösen; handelt es sich aber um tuberkulöse Knochenherde, so ist es einfacher und ebenso zweckmässig, mit dem scharfen Löffel das spongiöse erweichte Knochengewebe rein auszuschaben und nur eine dünne Rindenschicht, sammt dem Periost stehen zu lassen. Die Erfolge sind dabei recht gut, wenn man die grosse Höhle nachher voll Blut laufen lässt.

### Die Resection der übrigen Fusswurzelknochen

bei tuberkulösen Erkrankungen muss ganz atypisch gemacht werden und bei guter Zugänglichkeit die vollständige Entfernung alles Erkrankten anstreben.

Bardenheuer verfährt hierbei folgendermassen: ein Querschnitt über den Fussrücken trennt sämmtliche Weichtheile und Sehnen bis auf den Knochen, die zum Hallux führenden Sehnen können indess meistens geschont werden. Nachdem die Knochen genügend abpräparirt sind, werden sie vor und hinter dem erkrankten Theil, sammt dem Periost mit der Säge oder mit Hammer und Meissel quer durchtrennt und von den Weichtheilen der Fusssohle abgelöst. Zurückbleibende Gelenkflächen müssen der rascheren Heilung wegen angefrischt werden. Dann stopft man die grosse Wunde mit Jodoformgaze aus und drängt den vorderen Fusstheil erst später an den hinteren heran, oder man vernäht die Hautwunde sogleich und hält durch den Verband die Knochenflächen fest gegen einander gedrückt. Nach erfolgter Heilung ist der Fuss allerdings etwas kürzer, aber zum Gehen sehr gut zu gebrauchen.

## Die osteoplastische Resection im Tarsus.

### Nach Mikulicz-Wladimiroff.

Bei ausgedehnten Verletzungen des hinteren Theiles der Fusswurzel bis ins Sprunggelenk, ebenso wie bei grossen Defecten oder Geschwüren der Haut auf der Rückseite des Fusses kann durch diese Operation der vordere Theil des Fusses erhalten und mit den abgesägten Unterschenkelknochen in Spitzfussstellung zur Verwachsung gebracht werden, so dass der Geheilte auf den Köpfchen der Metatarsusknochen gehen kann. Dieselbe wird in folgender Weise ausgeführt:

1. Ein querer Schnitt, der am inneren Fussrande vor der tuberositas ossis navicularis beginnt und am äusseren Fussrande hinter der tuberositas ossis metatarsi V endigt, trennt die Weichtheile der Fusssohle bis auf die Knochen (Fig. 477).

2. Ein zweiter Querschnitt, der oberhalb der Ferse von dem hinteren Rande des Malleolus internus bis zu dem hinteren Rande des Malleolus externus geführt wird, trennt die Achillessehne sammt den übrigen Weichtheilen in der Höhe des Tibiotarsalgelenkes.

3. Die Endpunkte dieser beiden Querschnitte werden mit einander verbunden durch zwei Schnitte, welche an beiden Seiten schräg von hinten oben nach vorne unten verlaufen und sofort bis auf die Knochen dringen.

4. Bei stark dorsalflectirtem Fuss werden durch kräftige Schnitte die hintere Kapselwand und die Seitenbänder des Tibiotarsalgelenkes getrennt.

5. Talus und Calcaneus werden sorgfältig aus den Weichtheilen des Fussrückens gelöst und im Chopart'schen Gelenke exarticulirt.

6. Die Malleolen sammt der Gelenkfläche der Tibia und darnach auch die Gelenkflächen des os naviculare und cuboides werden abgesägt (Fig. 478).

7. Alle durchschnittenen Gefässe, namentlich die Art. tibialis postica und die peripheren Stümpfe der Art. plantaris externa und interna werden sorgfältig unterbunden.

Fig. 477.

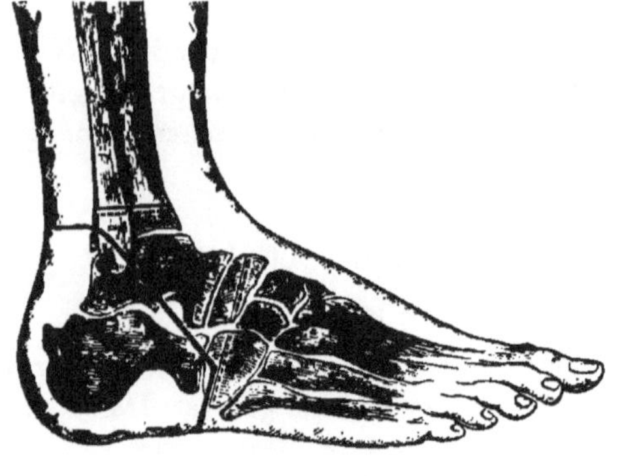

Fig. 479.

Fig. 478.

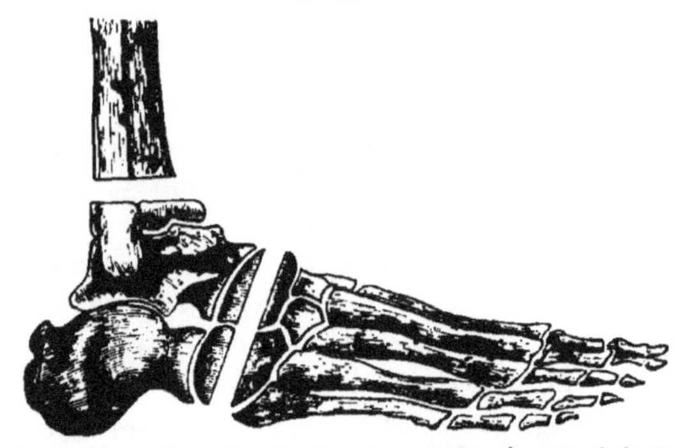

Osteoplastische Resection im Tarsus nach Mikulicz-Wladimiroff.

Fig. 480.

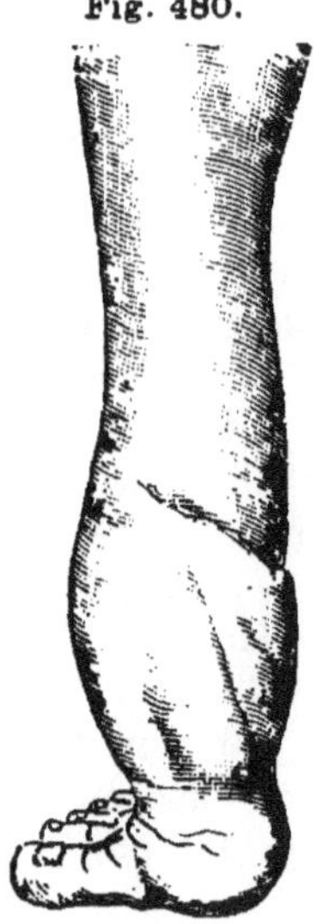

8. Der Fuss wird in starke Equinusstellung gebracht, die Sägeflächen der ossa cuboides und naviculare werden an die Sägeflächen der Unterschenkelknochen angelegt und entweder sogleich durch starke Catgutnähte oder nach Vereinigung der Wunde durch schräg eingetriebene lange Stahlnägel daran befestigt (Fig. 479).

9. Die Sehnen der Plantarflexoren werden subcutan durchschnitten, damit sich die Zehen in rechtwinklige Dorsalflexion stellen.

10. Durch tiefe Catgutnähte werden die reichlichen Weichtheile der Dorsalfläche faltig zusammengedrängt und dann die Wundränder durch oberflächliche Nähte bis auf die Drainlöcher vereinigt. Fig. 480 zeigt das Aussehen des Stumpfes.

## Operationen bei Klumpfuss.

Die Behandlung des Klumpfusses durch Orthopädie verlangt grosse Ausdauer und Gewissenhaftigkeit sowohl vom Arzt als auch vom Kranken. Leichtere Fälle lassen sich in den ersten Lebensjahren durch Anlegung von Schienen (plastische Schienen nach Little, König) nach und nach bessern; unter Umständen muss man den Fuss gewaltsam umstellen, indem man die Knochen auf der Aussenseite zusammendrückt und die Bänder- oder Knochenansätze an der Innenseite des Fusses zerreisst. Dies geschieht durch kräftige Pronation (Senkung des inneren Fussrandes) und daran anschliessend dorsale Flexion und Abduction. Der Fuss giebt dabei unter deutlichem Krachen nach. In der verbesserten Stellung wird für 2—3 Wochen ein harter Verband angelegt. Durch Massage und active und passive Bewegungen wird diese Kur wesentlich unterstützt. Ebenso ist es mitunter nöthig, die Tenotomie der Achillessehne und der Supinatoren vorzunehmen. Meistentheils wird man bei einiger Geduld und Wiederholung dieses Verfahrens auch in schweren Fällen zum Ziele kommen. Bei veralteten oder recidivirenden Klumpfüssen Erwachsener ist man indessen oft genöthigt, die Knochen selbst anzugreifen: durch die einfache oder keilförmige Osteotomie an der Aussenseite des Tarsus, die Osteotomie des Unterschenkels dicht über dem Fussgelenk (S. 146), die Exstirpation des Talus (S. 281) oder des os cuboideum, oder mehrerer Fusswurzelknochen.

Fig. 481.

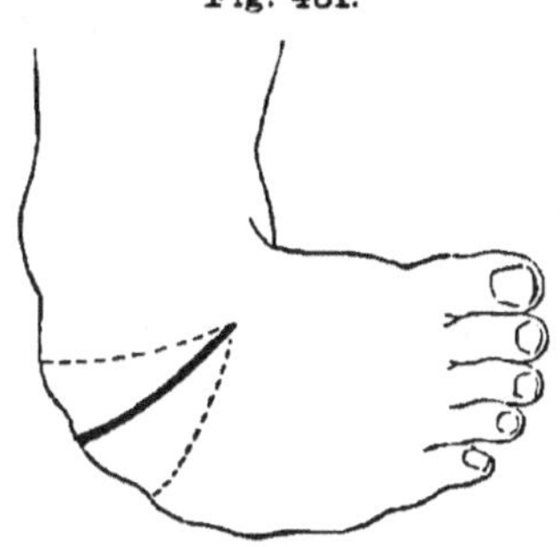

Keilförmige Tarsectomie.

Die **keilförmige Osteotomie am Tarsus** macht Prince durch einen queren T Schnitt über die am meisten hervorspringende Stelle an der Aussenseite. Die Weichtheile werden bis auf den Knochen durchtrennt und hart an den zurückgewichenen Hauträndern je ein grader Meissel schräg durch das Fussgelenk nach der Innenseite getrieben, sodass nach Entfernung des durch die Meissel ausgehobenen Knochenkeiles der Vorderfuss in Abduction gebracht werden kann (Fig. 481).

Phelps erreicht diese Umstellung auf entgegengesetztem Wege durch Trennung aller sich spannenden Theile am inneren Fussrande.

1. Nach vorausgeschickter Tenotomie der Achillessehne wird am inneren Fussrand ein querer Hautschnitt parallel dem Talonaviculargelenk angelegt.

Fig. 482.

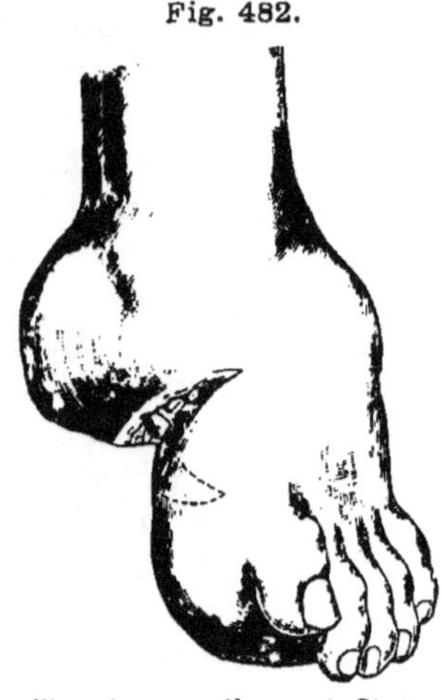

Klumpfussoperation nach Phelps.

2. Trennung der Fascia plantaris, des M. flexor digitorum longus, flexor hallucis longus, abductor hallucis, und, wenn nöthig, des flexor digit. comm. brevis, welche nach einander mit einem Schielhaken hervorgezogen und durchschnitten werden können (Fig. 482).

3. Bisweilen ist noch die Durchschneidung des ligamentum deltoideum und die Einmeisselung des Talushalses nothwendig.

4. Der Fuss wird umgestellt, die weitklaffende Wunde tamponirt und sofort ein Gipsverband angelegt, unter dem die Wunde durch Granulation mit breiter Narbe heilen muss. Während der Nachbehandlung werden täglich passive Bewegungen und Massage ausgeführt und der Fuss durch einen Gummipflasterstreifen, später durch einen Gummischlauch in seiner verbesserten Stellung gehalten.

## Operationen bei Plattfuss.

Beim Plattfuss erzielt man durch gewaltsame Umstellung und Befestigung in dieser verbesserten Stellung durch abnehmbare harte Verbände neben passiver Bewegung und Massage recht gute Erfolge. Ausserdem lässt man den Patienten auf geeigneten Stiefeln gehen, deren innerer Sohlenrand durch eine eingelegte Feder erhöht ist, um dem gesunkenen Fussgewölbe eine Stütze zu gewähren. Bei gewöhnlichen Stiefeln lässt sich dies auch durch weiche Gummieinlagen erreichen. Für schwere Fälle eignet sich die **Osteotomie** oberhalb der Malleolen nach Trendelenburg, S. 146, oder die

### Arthrodese des Talonaviculargelenkes nach Ogston.

1. Der Fuss wird auf die Aussenseite gelagert und das Gelenk zwischen Talus und Os naviculare bestimmt, welches etwas weiter nach vorn als am normalen Fuss liegt.

2. Der Hautschnitt verläuft parallel der Sohle an der Innenseite 3 cm lang und fingerbreit unterhalb der Tibia beginnend bis auf den Knochen.

3. Vom klaffenden Gelenk aus wird das lig. talonaviculare sammt der Kapsel und den Weichtheilen vom Os naviculare gelöst und nach unten geklappt.

4. Mit einem schmalen, flachen Hohlmeissel schneidet man von beiden Gelenkflächen die Knorpel und eine dünne Schicht des Knochens ab, bis die Flächen in normaler Fussstellung gut auf einander passen; in veralteten Fällen muss hierzu auch der untere Vorsprung des Talus entfernt werden.

5. Mit einem feinen Bohrer werden vom Kahnbein aus zwei etwa 3 cm tiefe Löcher bis in den Talus hineingebohrt, das erste an der oberen inneren, das zweite an der unteren inneren Seite des Kahnbeins eindringend.

In diese Löcher werden zwei Elfenbeinstifte von der Dicke elfenbeinerner Stricknadeln eingetrieben. Die vorspringenden Enden der Zapfen werden mit der Knochenscheere abgeschnitten und die Wunde darüber vernäht.

Um die Gelenkverbindung zu recht fester Verwachsung zu bringen, ist es allerdings nöthig, den Kranken 3—4 Monate das Bett hüten zu lassen.

## Resection des Kniegelenkes.

### Mit vorderem Bogenschnitt nach Textor.

1. Bei rechtwinklig flectirtem Knie wird ein Schnitt (Fig. 483) vom hinteren Rande des einen Epicondylus zu dem des anderen im Bogen dicht oberhalb der Tuberositas tibiae hingeführt, welcher sogleich das ligamentum patellae und die vordere Wand der Gelenkkapsel trennt.

2. Unter stärkerer Beugung des Unterschenkels werden die beiden Seitenbänder und darauf die ligamenta cruciata (Fig. 484) vom Femur abgeschnitten; das Gelenk klafft weit.

3. Durch vorsichtige Schnitte, welche stets gegen den Knochen gerichtet sind, wird die hintere Kapselwand vom Femur abgetrennt (Fig. 485). Durch Schnitte, welche sorglos nach hinten geführt werden, können die grossen Gefässe der Kniekehle verletzt werden.

Fig. 483.

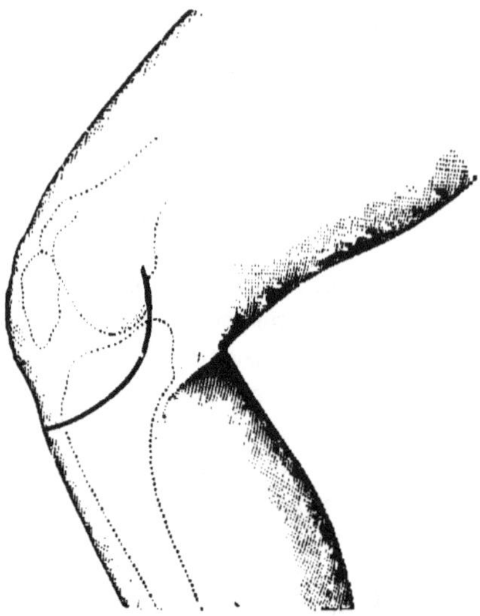

Resection des Kniegelenks nach Textor.

Fig. 484.

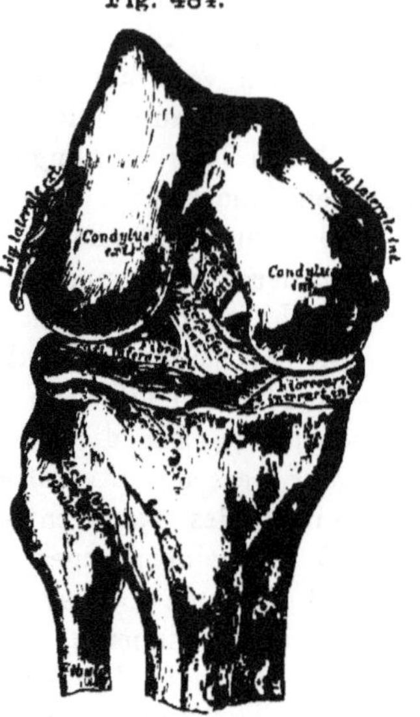

Ligamenta cruciata.

4. Der Gelenkkörper des Femur wird hervorgedrängt, und so weit er vom Knorpel überzogen ist, parallel mit seiner Gelenkfläche abgesägt.

5. Ebenso wird der Gelenkkörper der Tibia abgesägt, ohne Verletzung des Fibulagelenkes, welches in der Regel nicht mit dem Kniegelenke in Verbindung steht.

6. Die Patella wird herausgelöst und von der Extensorensehne abgeschnitten. Auch die obere Ausstülpung der Gelenkkapsel (Bursa extensorum) muss, wenn sie degenerirt ist, sorgfältig herauspräparirt werden.

7. Auch kann man die Patella, wenn sie gesund ist, nach Absägung ihrer Knorpelfläche, auf die Condylen festnageln.

8. Da es bei der Resection des Kniegelenks darauf ankommt, nicht ein bewegliches Gelenk, sondern eine Ankylose in gestreckter Stellung zu erzielen, so müssen die Sägeflächen der

Knochen genau aufeinander gepasst und möglichst sicher aneinander befestigt werden.

Fig. 485.

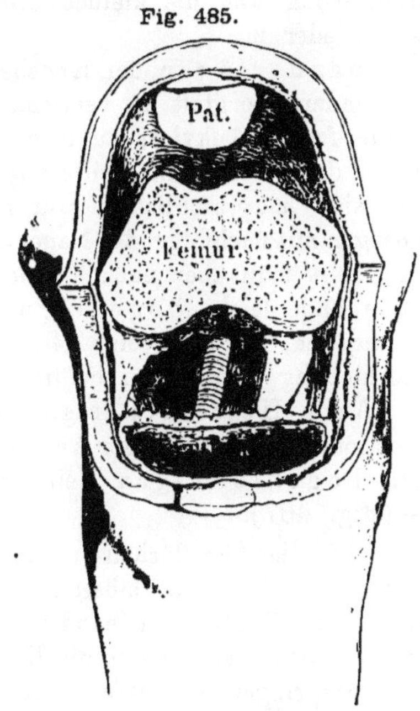


Lage der Arteria und Vena poplitea hinter der Wundfläche.

Fig. 486.

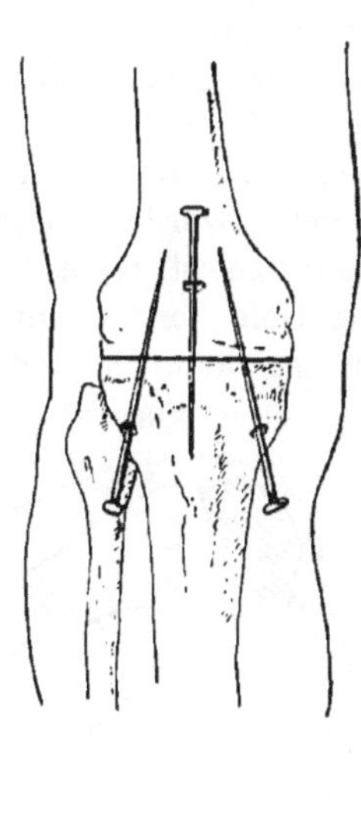

Nagelung des resecirten Kniees.

9. Zu dem Zweck kann man mit einem feinen **Knochenbohrer** (Fig. 236), an dessen Spitze sich ein Loch befindet, beide Knochenenden an mehreren entsprechenden Stellen schräg durchbohren und durch die Bohrlöcher starke Catgutfäden oder Silberdrähte ziehen, mit welchen man die Knochenflächen gegeneinander drängt.

10. Noch zweckmässiger ist es (nach E. Hahn) die Knochen an einander festzunageln, indem man nach Vereinigung der Wunden und vor Anlegung des Verbandes lange vernickelte oder versilberte **Stahlnägel** (Fig. 238) (von denen man verschiedene Grössen vorräthig haben muss) an beiden Seiten des Femur durch die Haut sticht und mit dem Hammer schräg durch beide Knochen treibt (Fig. 486).

11. Bei ungestörtem aseptischen Wundverlauf findet man, wenn in der 4. oder 5. Woche der Verband entfernt wird, die

Knochen in der Regel fest mit einander verwachsen; die Nägel, welche inzwischen locker geworden sind, lassen sich durch leichte Drehung ohne Mühe wieder herausziehen und die kleinen Stichöffnungen heilen in wenigen Tagen wieder zu.

Auf das Absägen und Aneinanderfügen der Knochenenden ist, wie schon erwähnt, besondere Sorgfalt zu verwenden, um die grossen Knochenflächen zur festen Ankylose zu bringen. Alle die S. 146 beschriebenen Arten des stufen- und keilförmigen Absägens, des Einkeilens u. s. w., sind hauptsächlich hierfür angegeben worden. Das gerade Absägen mit nachfolgender Nagelung bietet meist recht sicheren Erfolg. Sägt man aber nach Kocher die Gelenkenden mit einer schmalen Säge leicht bogenförmig ab, so kann man die Nagelung umgehen, da dann eine seitliche Verschiebung weniger zu befürchten ist. Auch Helferich sägte bei Resectionen wegen winkliger Ankylose einen bogenförmigen Keil heraus (Fig. 487).

Fig. 487.

Bogenförmiges Absägen der Knochen nach Helferich.

Sind die Sägeflächen ungleich gross geworden, so müssen ihre hinteren Kanten aneinander gepasst werden, weil eine in die Kniekehle vorspringende scharfe Knochenkante eine Usur der Poplitealgefässe verursachen könnte.

12. Zur Trockenlegung des resecirten Kniegelenkes dienen zwei kurze Drainröhren, welche auf beiden Seiten in die Wundwinkel des Bogenschnittes eingeschoben werden und eine dritte, welche vorne in die Kuppe der Bursa extensorum hineingeführt wird.

Auch sucht man durch tiefe (verlorene) Catgutnähte, welche man vor Schluss der Wunde an verschiedenen Stellen anlegt, die Hohlräume in der Tiefe der Wunde so viel als möglich zu beseitigen.

Hat man ausserdem alle durchschnittenen Gefässe, die man bei vorsichtigem und blutlosem Operiren leicht als solche erkennt, sorgfältigst unterbunden, so kann man die Drains entbehren und sich damit begnügen, die Wundwinkel klaffend zu lassen.

13. Von besonderer Wichtigkeit ist der **Verband**, welcher die Knochen in ihrer Lage sicher festhalten, die Wundhöhle allseitig gleichmässig zusammendrücken und das Eindringen von Fäulniss-

erregern sicher verhindern muss. Wenn er diese Aufgaben erfüllt, so kann man ihn bis zur völligen Heilung, 5—6 Wochen lang, liegen lassen.

14. Sehr zweckmässig ist ein Polsterverband (s. Bd. I. S. 49), welcher am besten in der Lage, welche in Bd. I. Fig. 49 abgebildet ist, folgendermassen angelegt wird.

15. Zuerst legt man auf alle die Stellen, wo sich die Weichtheile mit den Fingern tief eindrücken lassen, kleine Polster, oder Ballen von Krüllmull und darüber ein mässig grosses Polster, welches die ganze Kniegelenksgegend allseitig umschliesst.

Unterhalb des Polsters wird das Bein bis nahe an die Knöchel, oberhalb bis nahe an den Schnürgurt, welcher dicht unter der Schenkelbeuge angelegt ist, mit aseptischer Watte umgeben, und dann Polster und Watte mit einer sterilen Mullbinde fest eingewickelt.

16. Ueber diesen inneren Verband wird ein gutes desinficirtes Blumentopfgitter (Fig. 488) geschoben und gleichfalls mit Mullbinden darauf festgewickelt. Dasselbe giebt dem Verbande eine solche Festigkeit, dass man das Glied an der Hacke emporheben kann, ohne dass die Stellung der resecirten Knochen zu einander sich ändert.

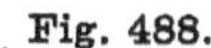

Fig. 488.

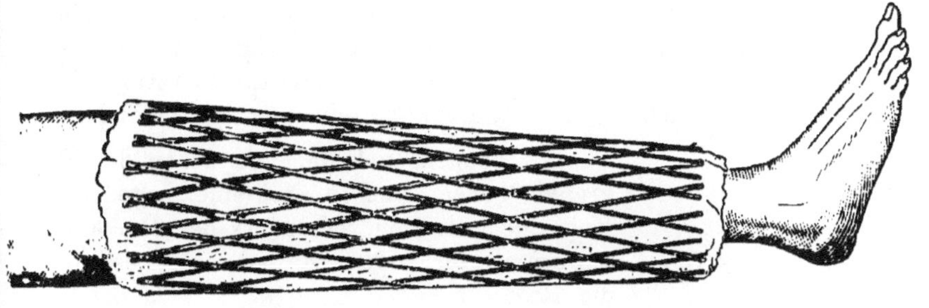

Blumentopfgitter als Schiene nach Resection des Kniegelenks.

17. Darüber legt man das grosse äussere Polster, welches den ganzen inneren Verband umschliesst und wickelt es mit angefeuchteten gestärkten Mullbinden fest.

18. Darauf lagert man das Bein sehr sorgfältig auf eine flache Beinschiene (s. Bd. I. Fig. 167, 172, 175, 234), auf welcher die Polsterung so vertheilt sein muss, dass die noch nicht eingewickelten Theile gut unterstützt sind und namentlich die

Hacke keinen Druck erleiden kann, und wickelt es mit feuchten Mullbinden darauf fest, nachdem man vorher *rasch* den Schnürgurt entfernt hat.

19. Dabei wird das Bein senkrecht in die Höhe gerichtet, um den Blutzufluss zu verlangsamen, und nachdem der Operirte in dieser Stellung ins Bett getragen ist, lässt man dieselbe noch mehrere Stunden lang beibehalten. Fast immer gelingt es, auf diese Weise dem Kranken *jeden* Blutverlust zu ersparen (vergl. S. 60).

Hat man aber nicht sorgfältig genug die durchschnittenen Gefässe unterbunden, dann kann es vorkommen, dass einige Stunden nach Senkung der Extremität das aussickernde Blut den Verband durchdringt und an der hinteren Fläche zum Vorschein kommt. (Am ersten kommt es natürlich zum Vorschein bei den durchbrochenen Drahtschienen (Bd. I. Fig. 172, 176), während es bei den Blechschienen (Bd. I. Fig. 167) erst sichtbar wird, wenn es bis an den oberen hinteren Rand der Schiene gelangt ist.)

In solchem Falle darf man nicht säumen, sofort den *äusseren* Verband zu wechseln.

Man hebt nach Durchschneidung der äussersten Binde das Bein aus der Schiene, nimmt das äussere grosse Polster ab, legt darnach ein neues grosses Polster herum und lagert das Glied wieder auf die frisch gepolsterte Schiene.

(In solchen Fällen ist der Nutzen der inneren Gitterschiene besonders ersichtlich, da dieselbe es möglich macht, den Verband zu wechseln, ohne dem Kranken Schmerzen zu verursachen und ohne die Stellung der Knochen zu einander zu verändern.)

**Fig. 489.**

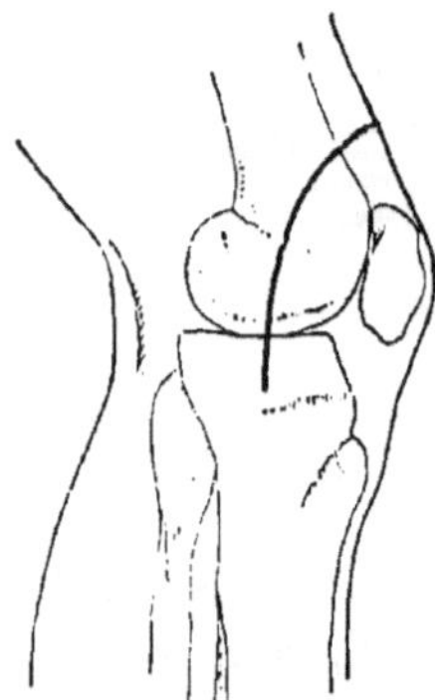
Bogenschnitt nach Hahn für Resection des Kniegelenks.

In denjenigen Fällen, wo neben der Erkrankung der Knochen auch eine ausgedehnte Kapseldegeneration, besonders der Bursa extensorum, vorhanden ist, empfiehlt es sich, die Resection

**mit dem oberen Bogenschnitt nach E. Hahn**

auszuführen.

Der Schnitt verläuft von der Innenseite der Gelenklinie bogenförmig aufwärts, durchtrennt die Sehne des M. quadriceps oberhalb der Patella und endet am Aussenrande der Gelenkspalte (Fig. 489).

Die obere Ausstülpung der Gelenkkapsel liegt nach Herunterklappen des Lappens sofort frei vor und kann bequem exstirpirt werden. Hierbei empfiehlt es sich, so sorgsam wie bei Exstirpation einer bösartigen Geschwulst vorzugehen und die Kapsel möglichst als Ganzes von ihrer Umgebung loszuschälen.

Um den sehnigen Streckapparat des Kniees zu schonen, nach dessen Durchtrennung nur selten wieder eine völlige Verwachsung eintritt, ist es besonders bei Kindern auch angebracht, das Gelenk freizulegen

**Mit Querschnitt durch die Patella nach v. Volkmann.**

1. Der Schnitt geht quer vom vorderen Umfange des einen Epicondylus mitten über die Patella zum anderen und eröffnet das Gelenk zu beiden Seiten neben der Patella, welche sogleich auf dem untergeschobenen Zeigefinger durchsägt (oder durchschnitten) wird; ihre Hälften werden mit Haken nach oben und nach unten gezogen.

2. Nach Durchschneidung der Ligamenta lateralia und cruciata wird nun das Femur abgesägt, darauf die Gelenkfläche der Tibia stark in die Wunde hinein und nach vorne gedrängt, umschnitten und resecirt.

3. Nach Beendigung der Operation werden die Knochenflächen an einander gebracht und die durchsägten Kniescheibenhälften mit Catgut vereinigt. Sie sind schon nach 14 Tagen wieder fest mit einander verwachsen. Bei ausgedehnteren Resectionen und stark infiltrirten Weichtheilen ist es zweckmässig, zu beiden Seiten des Querschnittes 2 kleine Längsschnitte anzulegen (|—| schnitt).

Einen weniger guten Einblick in das Kniegelenk giebt die subperiostale Resection

**mit seitlichem Bogenschnitt nach von Langenbeck,**

welche nur bei Verletzungen des Gelenks anwendbar ist.

1. An der Innenseite des gestreckten Gelenkes wird ein 15—18 cm langer Bogenschnitt geführt, der 5—6 cm oberhalb der Patella am inneren Rande des M. rectus femoris beginnt, mit der Convexität nach hinten über den hinteren Rand des Epicondylus internus wegläuft und an der inneren Seite der Crista tibiae, 5—6 cm unterhalb der Patella, endigt (Fig. 490).

Fig. 490.

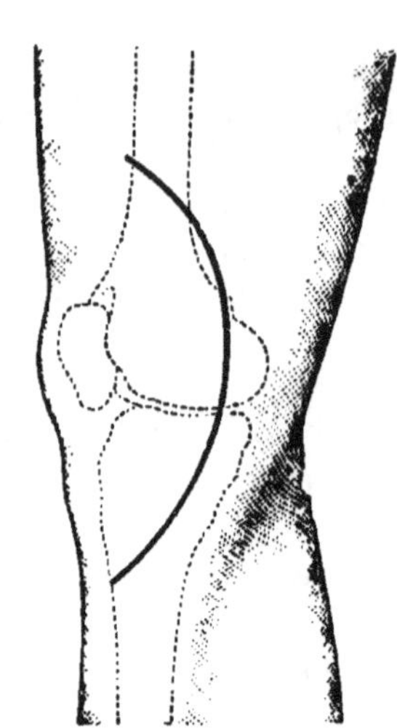

Bogenschnitt nach von Langenbeck für Resection des Kniegelenks.

Fig. 491.

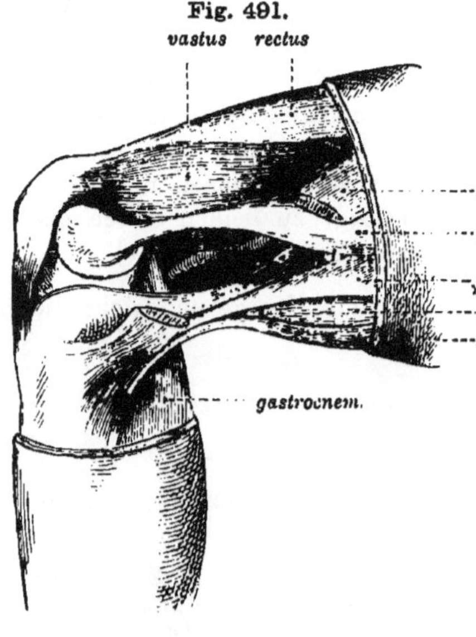


Innenseite des Kniegelenks.

Fig. 492.

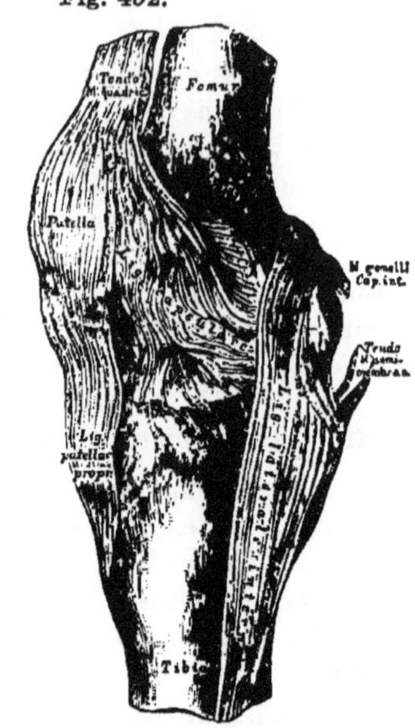


Bänder des rechten Kniegelenks (Innenseite).

Fig. 493.

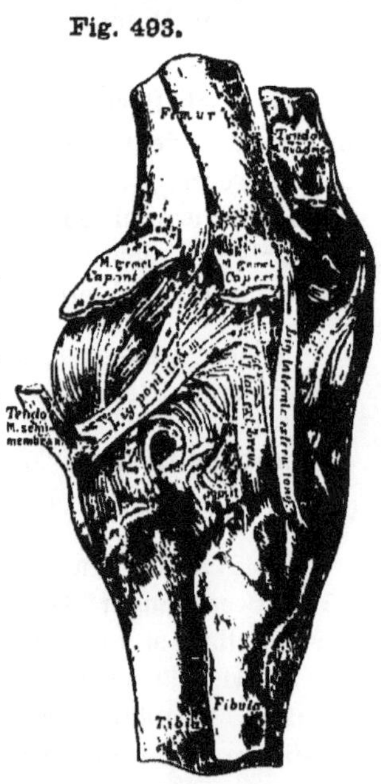


Bänder des rechten Kniegelenks (Aussenseite).

2. Im oberen Theile der Wunde liegt der vastus internus, unter welchem die Sehne des M. abductor magnus hervortritt; im unteren Theil ist die Sehne des M. sartorius sichtbar; beide Sehnen dürfen nicht verletzt werden (Fig. 491).

3. Das ligamentum laterale internum wird in der Gelenklinie durchschnitten, die innere Kapselinsertion vom vorderen Rande des Condylus internus bis unter den M. vastus internus herauf abgetrennt, ebenso das ligamentum alare internum vom vorderen Rande der Tibia bis zur Mittellinie (Fig. 492).

4. Das Knie wird gebeugt und während man es langsam wieder strecken lässt, luxirt man durch einen kräftigen Druck die Patella nach aussen.

5. Die ligamenta cruciata werden durchschnitten; um das ligam. cruciatum posticum von der Eminentia intercondyloidea tibiae abzutrennen, muss der Condylus internus tibiae nach vorne rotirt werden.

6. Das ligamentum laterale externum sammt den benachbarten Kapseltheilen wird durch einen kräftigen halbmondförmigen Schnitt, der einige Linien unterhalb der Spitze des Epicondylus externus geführt wird, abgetrennt (Fig. 493).

7. Das Gelenk klafft weit, die hintere Kapselwand wird durchschnitten, die Gelenkkörper des Femur und der Tibia werden nach einander herausgedrängt und davon so viel abgesägt, als nöthig erscheint.

8. Will man die Patella entfernen, so muss man den Rand ihrer Knorpelfläche mit dem Messer umschneiden und sie dann mit dem Schabeisen und Hebel aus ihrem Periost herauslösen, so dass letzteres mit dem lig. patellae und der Streckschne in Verbindung bleibt.

Ehe man die Wunde vereinigt, wird ein starkes Drainrohr an der abhängigsten Stelle herausgeleitet. Zweckmässig ist es, auch an der Aussenseite eine kleine Gegenöffnung zu machen, aus welcher man das andere Ende des Drainrohrs hervorragen lässt, sowie durch die obere Ausstülpung der Gelenkkapsel ein Drainrohr zu ziehen.

Aehnlich ist die Eröffnung des Kniegelenks

### mit innerem Längsschnitt nach Hueter.

1. Mit kräftigem Messer wird bei gestrecktem Knie ein Längsschnitt vom oberen Rande des inneren Condylus am vorderen

Rande des Ligamentum laterale entlang über den Kopf der Tibia hinweg bis zum Ansatz des M. sartorius geführt. Die Weichtheile werden sogleich bis auf den Knochen durchtrennt, einige Fasern des M. vastus internus im oberen Wundwinkel durchschnitten.

2. Das Lig. laterale internum wird durch einen Querschnitt getrennt und dadurch die Gelenkkapsel eröffnet.

3. Nun löst man den Kapselansatz vom vorderen Theil des Condylus internus bis zum oberen Rande der Gelenkfläche mit dem geknöpften Messer ab und hebelt den M. vastus internus vom Knochen los.

4. Nach Ablösung des lig. alare internum vom vorderen Rand der Tibia gelingt es leicht, die Patella nach aussen zu luxiren.

Im Uebrigen verfährt man, wie oben S. 295 4.—8. beschrieben ist.

In den Fällen, wo man nach alleiniger Exstirpation der Kapsel bei ziemlich gesunden Knochen die Hoffnung haben kann, dem Kranken ein bewegliches Gelenk zu erhalten **(Arthrectomie)** (s. a. S. 238), kommt es vor allem darauf an, die Sehne des Quadriceps unversehrt zu lassen. Der Querschnitt durch die Patella thut dies nur in ungenügender Weise, besser ist es, die Tuberositas tibiae mit dem Ligamentum patellae schräg von unten nach oben mit dem Meissel abzutrennen, nach oben zu klappen und schliesslich wieder mit der Tibia zu vereinigen. Fast immer tritt knöcherne Verheilung ein. Empfehlenswerth ist ferner

### die Arthrectomie des Kniegelenks nach Kocher.

1. Ein vorderer Querschnitt verläuft bogenförmig über die Gelenklinie durch Haut und Fascie. Der Lappen wird von der Patella und ihrem Ligament nach oben hin abgelöst.

2. Zu beiden Seiten der Patella wird der Rand des M. vastus externus und internus freigelegt.

3. Die Kapsel wird neben der Patella und ihrem Ligament beiderseits gespalten, ihr Ansatz am Femur sammt den Seitenbändern bis hinter und über den Condylen abgelöst und umgeschlagen.

4. Die Patella wird erst nach einer, dann nach der andern Seite luxirt. Das klaffende Gelenk kann man zum grössten Theil übersehen, nöthigenfalls müssen die Ansätze der Kreuzbänder am Femur abgetrennt werden.

5. Nun kann man nach Bedürfniss die ganze Synovialis exstirpiren oder umschriebene Herde herausschneiden; die Patella wird umgewälzt und an ihrer Rückseite von allem Erkrankten befreit, ebenso die Rückfläche der Quadricepssehne sauber geglättet. Auch die Bursa poplitea und semimembranosa lassen sich ausräumen.

6. Schliesslich vernäht man die Kapsel, wenn sie geschont werden konnte, sorgfältig, und schliesst die Hautwunde durch tiefe und oberflächliche Nähte, oder tamponirt die Wundhöhle mit Jodoformgaze, um sie erst nach 48 Stunden durch die Secundärnaht zu vereinigen.

## Die Punction des Kniegelenks

bei serösem oder blutigem Erguss (Hydrarthros und Haemarthros) macht man am oberen Rande der Patella. Hier wird an einer Seite ein mittelstarker Troicart so eingestochen, dass er quer zwischen der Patella und den Condylen zu liegen kommt. Zweckmässig ist es dabei, sich mit der linken Hand die Flüssigkeit aus der oberen Ausstülpung und der dem Einstich gegenüberliegenden Seite entgegenzudrängen, so dass die zu punktirende Stelle prall gefüllt ist. Bei dicker Haut macht man zuvor an dieser Stelle mit dem Messer einen kleinen Einschnitt, damit der Troicart leichter durchgestossen werden kann.

Nachdem die Flüssigkeit abgelaufen ist, spült man das Gelenk mit Borlösung so lange aus, bis diese klar aus der Canüle abfliesst, macht dann noch eine Einspritzung von 3 % Carbollösung (bei Hydrarthros) oder von 1 ‰ Sublimatlösung (bei eitrigem Inhalt), bedeckt die Stichöffnung mit einem Stückchen Jodoformgaze und legt einen Druckverband mit einer Knieschiene an. Zur Verstärkung des Druckes, welcher das Wiederansammeln der Flüssigkeit verhüten soll, wird darüber noch eine Kautschukbinde mässig fest umgelegt.

## Die Drainage des Kniegelenkes.

1. Um bei Pyarthros das Gelenk gründlich mit antiseptischer Flüssigkeit ausspülen zu können und dem abgesonderten Eiter freien Abfluss zu verschaffen, genügt es in leichteren Fällen, an beiden Seiten der Patella 2—3 cm lange Einschnitte zu machen und in dieselben kurze Drains einzuführen, welche im

Niveau der Haut abgeschnitten und durch eine Naht oder eine Sicherheitsnadel in ihrer Lage erhalten werden.

2. Nachdem durch diese Drains das Gelenk zuerst mit Salzwasser und dann mit 1 $^0/_{00}$ Sublimatlösung gründlich ausgespült worden, wird ein gut comprimirender antiseptischer Polsterverband angelegt, welcher alle Flüssigkeit aus dem Gelenk herausdrängt und dann das ganze Bein gut immobilisirt, wie nach der Resection.

3. Wenn darnach die Körpertemperatur wieder normal wird und die Schmerzen sich verlieren, so kann man den Verband ruhig mehrere Tage lang liegen lassen, wo nicht, so muss der Verband jeden Tag gewechselt und die antiseptische Ausspülung wiederholt werden.

4. In schwereren Fällen drainirt man auch die obere Ausstülpung der Gelenkkapsel, die Bursa extensorum, durch Einschnitte an beiden Seiten oberhalb der Patella, und wenn die Bursa bereits geborsten und der Eiter unter den M. quadriceps femoris ausgetreten ist, dann muss auch dieser Eitersack durch genügende Einschnitte an seinem oberen Ende drainirt werden.

## Resection des Hüftgelenkes.

### Mit hinterem Bogenschnitt nach Anthony White.

1. Der Patient wird auf die gesunde Seite gelegt, der Einschnitt beginnt in der Mitte zwischen spina anterior superior ossis ilium und trochanter major, wird im Bogen über die Spitze des letzteren herum und am hinteren Rande desselben etwa 5 cm abwärts geführt (Fig. 494).

2. Mit einem starken kurzen Messer werden die sehnigen Ansätze der Mm. glutaeus medius et minimus, der obturatores, des pyriformis und des quadratus femoris (Fig. 495) vom Trochanter abgetrennt und die Muskelmassen mit Wundhaken auseinander gezogen, bis die hintere obere Fläche des Schenkelhalses und der Pfanne sichtbar wird.

3. Ein kräftiger Schnitt am Rande des limbus cartilagineus entlang öffnet das Gelenk; der Schenkel wird flectirt und abducirt, mit schnalzendem Geräusch tritt der Schenkelkopf halb aus der Pfanne.

4. Mit einem schmalen Messer, welches von hinten aussen in das Acetabulum eindringt, wird das ligamentum teres gegen die

Fig. 494.

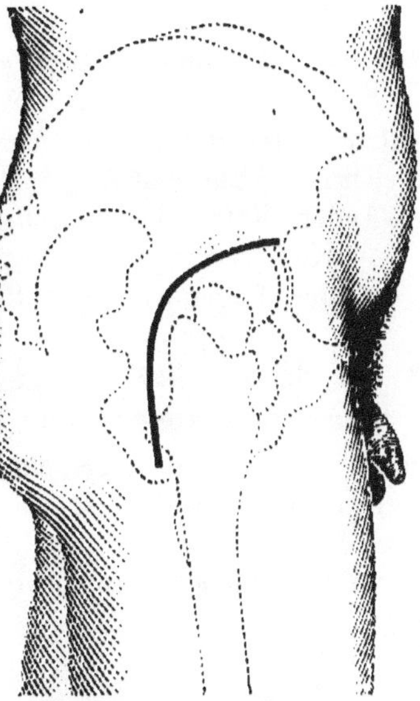

Resection des Hüftgelenks
Bogenschnitt nach A. White.

Fig. 495.

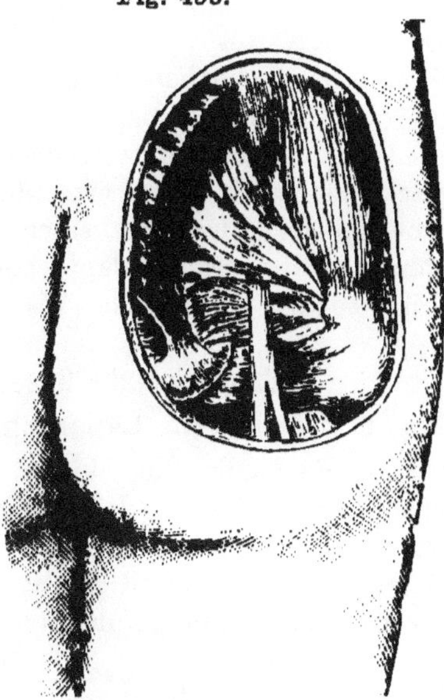

Rückseite des Hüftgelenks
Muskeln und N. ischiadicus.

Fig. 496.

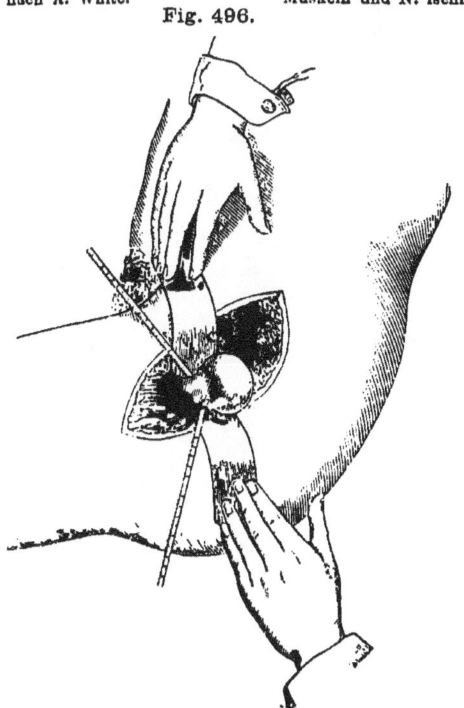

Resection des Hüftgelenkes.
Absägen des Schenkelkopfes mit der Kettensäge, Zurückhalten der Weichtheile durch einen Zinnstreifen.

Kuppe des Schenkelkopfes durchschnitten, der letztere tritt ganz aus der Pfanne heraus.

5. Mit einem Zinnstreifen, welcher hinter das collum femoris geschoben wird, lässt man die Weichtheile zurückdrängen; der Schenkelhals wird mit einer Stich- oder Kettensäge durchsägt, während der Schenkelkopf mit der Knochenzange fixirt wird (Fig. 496). (Siehe das Weitere bei der folgenden Operation.)

## Subperiostale Resection des Hüftgelenkes.

### Mit äusserem Längsschnitt nach von Langenbeck.

1. Bei halb (im Winkel von 45°) flectirtem Oberschenkel wird von der Mitte des Trochanters in der verlängerten Achse des Oberschenkels ein gerader Schnitt etwa 12 cm nach hinten oben in der Richtung gegen die spina superior posterior des Darmbeins hin geführt (Fig. 497).

Fig. 497.

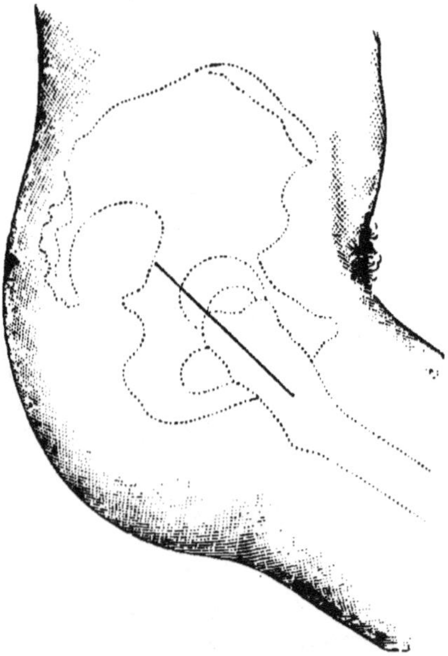

Resection des Hüftgelenks. Längsschnitt nach von Langenbeck.

2. Der Schnitt dringt zwischen die Faserbündel des M. glutaeus maximus ein und spaltet die Schenkelfascie und das Periost des Trochanters.

Fig. 498.

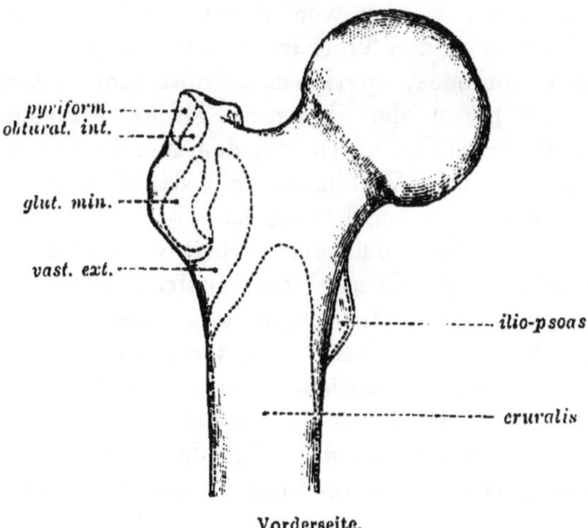


Vorderseite.

Fig. 499.

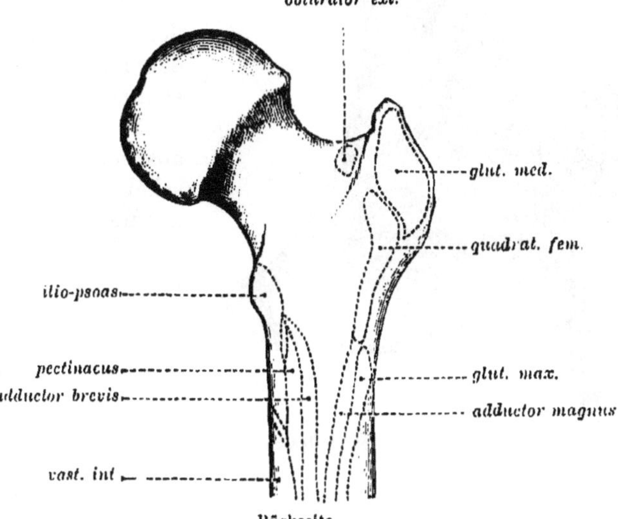


Rückseite.

Muskelansätze am oberen Ende des rechten Femur.

3. Während man die Wundränder mit Haken kräftig auseinander ziehen lässt, werden von diesem Spalt aus sämmtliche Muskeln, welche sich an den Trochanter ansetzen (an der vorderen Fläche glutaeus minimus, pyriformis, obturator internus und gemelli (Fig. 498), an der hinteren Fläche glutaeus medius und quadratus femoris (Fig. 499), mit dem Messer von demselben abgelöst, wobei man ihre Verbindung mit der Schenkelfascie und dem Periost sorgfältig zu erhalten sucht.

Man kann sich diese mühsame Arbeit wesentlich erleichtern dadurch, dass man (nach König) die Corticalis der vordern und hintern Fläche des Trochanter major mit zwei Meisselschnitten abtrennt und, ohne das Periost am unteren Rande der Schnitte mit zu trennen, die beiden Knochenblätter durch Hebelbewegungen des Meissels nach beiden Seiten hin abbricht. Darnach schlägt man das zwischen beiden stehen bleibende dreieckige Stück der Trochanterspitze quer ab, worauf der Schenkelhals frei vorliegt.

Fig. 500.

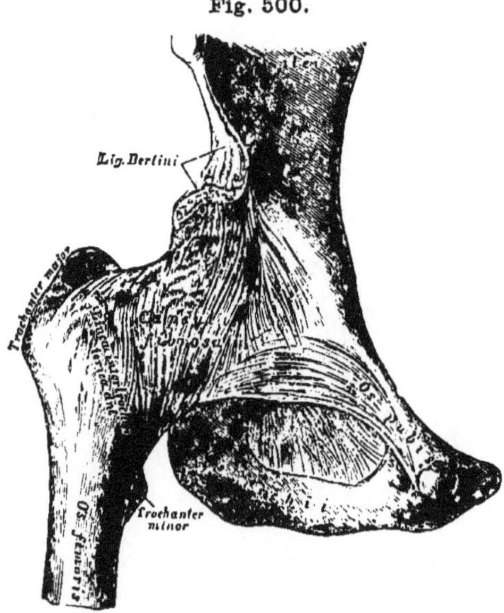

Bänder an der vorderen Seite des Hüftgelenks.

4. Mit einem starken Messer wird ein kräftiger Längsschnitt auf den Schenkelhals geführt und so oft wiederholt, bis die zähen Fasern der Gelenkkapsel und das Periost völlig gespalten sind.

5. Von diesem Spalt aus löst man, abwechselnd den Hebel und das Messer gebrauchend, das Periost in Verbindung mit der Kapsel und dem Ansatz des M. obturator externus ringsum vom Schenkelhals ab (Fig. 500).

6. Darauf spaltet man das labrum cartilagineum und trägt nach beiden Seiten ein Stück mit dem Messer ab.

7. Nun lässt man den Schenkel adduciren und nach einwärts

rotiren, der Schenkelkopf tritt mit schnalzendem Geräusch halb aus der Pfanne heraus.

8. Ein langes schmales Messer wird von hinten und aussen in die Pfanne eingeführt und trennt durch einen nach innen und vorne gegen den Schenkelkopf geführten Schnitt das gespannte ligamentum teres, worauf der ganze Schenkelkopf aus der Wunde hervortritt und wie oben beschrieben, abgesägt werden kann.

9. Ist der Schenkelhals abgeschossen, so muss der Kopf mit der Resectionszange oder einem scharfen Resectionshaken gefasst und hervorgeholt werden.

10. Ist auch der Trochanter major verletzt, so wird ein Stück desselben mit dem Schenkelhals durch schräge Führung der Säge entfernt.

11. Nach Stillung der Blutung wird ein starkes Drainrohr bis in die Pfanne hineingelegt und in der Mitte der Wunde herausgeleitet. Der übrige Theil der Wunde wird durch die Naht geschlossen. Bei Tuberculose ist es auch zweckmässig, die Wunde unter Tamponade heilen zu lassen.

### Mit hinterem Längsschnitt nach Kocher.

1. Der Schnitt zieht von der Basis der Aussenfläche des Trochanter major zum vorderen Rande der Trochanterspitze schräg aufwärts nach vorn und dann in der Richtung der Fasern des M. glutaeus maximus nach oben und hinten (Fig. 501).

2. Auf der Aussenfläche des Trochanter major (*t*) wird die Fascie des M. glutaeus maximus gespalten und das Periost sammt dem Ansatz des M. glutaeus medius frei gelegt.

3. Nach Durchtrennung der Fasern des glutaeus maximus (*Gm*) und der darunter liegenden Fettschicht gelangt man am unteren Rande des M. glutaeus medius (*gmd*), an den oberen Rand des M. pyriformis (*p*). Zieht man diesen nach unten, so tritt die Rückfläche der Kapsel an der hinteren Pfannenwand zu Tage, nach vorn hin wird am oberen Rande der Sehne des M. pyriformis der Glutaeus medius vom Knochen abgeschoben und die obere Spitze und Aussenfläche des Trochanter dadurch freipräparirt (Fig. 502).

4. Am vorderen Rande des Trochanter zieht man den Glutaeus medius und minimus nach vorne, an der Innenfläche den Pyriformis, Gemelli, Obturator externus (*o*) sammt dem Periost im Zusammenhang nach hinten ab.

5. Nachdem so die ganze Rückfläche vom Kopf, Hals und Trochanter des Femur freiliegt, ist es nicht schwer, die Synovialis vor ihrer Eröffnung, soweit sie erkrankt ist, frei zu präpariren und von ihrem Ansatz an Pfanne und Schenkelhals loszulösen.

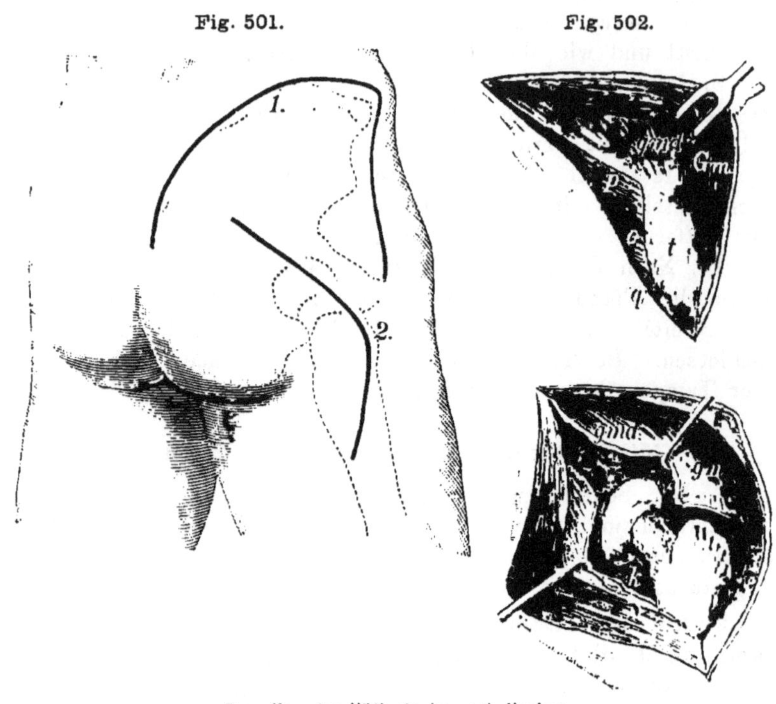


Fig. 501. Fig. 502.

**Resection des Hüftgelenks nach Kocher.**

1. Resection des Darmbeins, 2. Resection des Hüftgelenks.

6. Bei stark adducirtem Schenkel wird nach Trennung des Ligamentum teres der Kopf nach hinten luxirt, wodurch man einen vollständigen Einblick in das Gelenk und besonders in die Pfanne erhält. Alles Krankhafte kann nun gründlich entfernt werden.

7. Ist nur die Arthrectomie nöthig, so eröffnet man ohne erst die Muskelansätze vom Trochanter abzulösen sofort die Kapsel (*k*) am oberen Rande des Pyriformis und löst mit der Kapsel die Muskelansätze vom Hals und Trochanter ab.

Ist bei Verletzungen des Hüftgelenks (nach Schusswunden) der Schenkelkopf oder -hals von vorne her zertrümmert oder abgeschossen, oder hat sich an der Vorderseite des vereiterten Hüftgelenks ein Abscess gebildet, oder ist bei Entzündungen nur das Femur allein ergriffen, die Beckenpfanne aber noch gesund, so kann man am leichtesten von vorne an das Gelenk kommen, hat aber dabei nur geringe Uebersicht über das ganze Gelenk. Man legt dieses dann frei

**mit vorderem Längsschnitt nach Lücke und Schede.**

1. Der Schnitt beginnt dicht unterhalb und einen Fingerbreit nach innen von der Spina anterior superior und wird 10—12 cm gerade abwärts geführt (Fig. 503).

Fig. 503. Fig. 504.

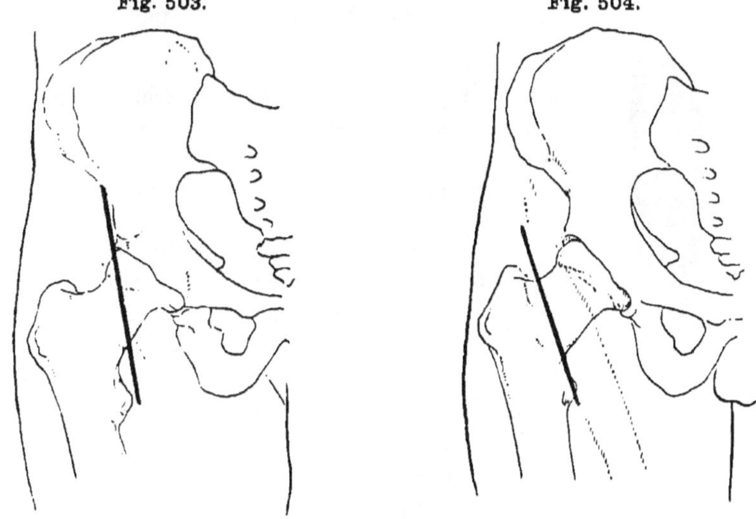

Resection des Hüftgelenks nach Lücke und Schede — nach Hueter.

2. Der innere Rand der Mm. sartorius und rectus femoris wird freigelegt und nach aussen gezogen.

3. Im lockeren Zellgewebe des Muskelinterstitiums mit dem Finger oder der Kornzange vordringend, trifft man auf den äusseren Rand des M. iliopsoas, der mit einem Haken nach innen gezogen wird.

4. Indem man das Bein etwas flectiren, abduciren und nach aussen rotiren lässt, kommt die Gelenkkapsel zum Vorschein.

5. Diese wird eröffnet und mit dem Kopfmesser nach oben und unten hin möglichst weit eingeschnitten.

Fig. 505.

Löffelelevatorium nach Löbker.

6. Der Schenkelhals wird mit dem Elevatorium isolirt und mit der auf dem Zeigefinger eingeführten Stichsäge senkrecht zu seiner Längsachse (von oben aussen nach unten innen) durchsägt.

7. Der limbus cartilagineus wird durch kurze kräftige Schnitte auf den Pfannenrand getrennt und der Gelenkkopf mit einer Zange oder einem Löffel (Löffelelevatorium nach Löbker, Fig. 505) herausgeholt, nachdem man das ligamentum teres durchschnitten hat.

## Mit vorderem Schrägschnitt nach Hueter.

Hueter hat das eben beschriebene Verfahren dahin abgeändert, dass er den Schnitt, von der Mitte zwischen spina anterior superior und trochanter, schräg nach unten innen 10—15 cm am Aussenrande des M. sartorius entlang führt (Fig. 504).

Der Schnitt dringt oben sofort bis auf den Knochen, wodurch nur die äussersten Fasern des vastus externus durchschnitten werden, läuft aber im unteren Wundwinkel seichter aus, um die arteria circumflexa femoris externa zu schonen, welche dicht unter dem Trochanter quer herüberläuft.

Bei dieser Methode ist es leichter, den verletzten Trochanter mit wegzunehmen, als bei der vorigen.

Um den Abfluss des Wundsecrets zu sichern, müssen bei diesen Methoden von der Wundhöhle aus sowohl nach hinten, durch die Mitte des M. glutaeus maximus hindurch, als nach innen hinter den Adductoren durch mit Hülfe der Kornzange Drainröhren gezogen werden.

Tiling verlegt den Längsschnitt auf den vorderen Rand des Trochanter, um die Ansätze der Glutaeen zu erhalten, meisselt von diesem Schnitt aus den Trochanter ab in Verbindung mit Periost und Muskelansätzen und lässt ihn nach hinten ziehen; dann wird die Kapsel vorne abgelöst und bei auswärts rotirtem

Schenkel der Trochanter minor abgemeisselt und der Kopf luxirt. Die abgeschlagenen Trochanteren werden nach Beendigung der Operation in ihrer früheren Stellung am Schafte befestigt; sie werden aber leicht nekrotisch, wenn es zur Eiterung kommt.

Ollier durchtrennt die Haut über dem Trochanter bogenförmig, meisselt diesen schief von aussen unten nach oben innen ab und klappt das losgelöste Stück mit der Haut und den Glutaeen zurück. Auch dadurch wird der Schenkelhals und Kopf recht gut freigelegt. Das abgesägte Stück aber wird nach Beendigung der Operation an seiner alten Stelle befestigt **(osteoplastische Ablösung des Trochanter).**

Nach Beendigung der Operation wird sofort ein Extensionsverband (s. Bd. I S. 57) angelegt, und die Contraextension durch Erhöhung des Fussendes des Bettes bewirkt.

Bei der Nachbehandlung kommt es vor allem darauf an, das Bein in Streckung und Abduction mit dem Becken zu verheilen, um die eingetretene Verkürzung durch Beckensenkung beim Gehen möglichst auszugleichen. Die Extension braucht nicht besonders stark zu sein, da sonst durch Zerrung ein unbrauchbares Schlottergelenk entstehen könnte, wogegen eine nur sehr mässige Beweglichkeit am meisten erwünscht ist und die brauchbarsten Glieder liefert. Man hat auch den abgesägten Schenkelhals in die angefrischte Pfanne fest eingestemmt und dadurch knöcherne Ankylose und bedeutende Abkürzung der Heilungszeit erreicht.

Beim Verbandwechsel wird der Kranke auf eine Beckenstütze gelagert, während der Zugverband in Wirkung bleibt, oder noch besser, der Krankenheber nach Hase-Beck angewendet, wenn er vorhanden ist.

Sobald die Wunde geheilt ist, kann man den Patienten aufstehen und mit einem aus Gips oder Kleister hergestellten Gipsverband (tutor) umhergehen lassen.

Zur

**Beseitigung der angeborenen Hüftluxation**

bildet Hoffa bei Kindern folgendermassen eine neue Pfanne:

1. Nach Eröffnung des Gelenks mittelst des Langenbeck'schen Schnittes (Fig. 497) werden alle Weichtheile subperiostal vom Trochanter major abgelöst, bis es gelingt, durch Flexion des Oberschenkels und directen Druck den Schenkelkopf in die alte Pfanne hineinzubringen (was vor der Er-

öffnung des Gelenks wegen der starken Muskelspannung nicht möglich ist).

2. Um die verkürzten Muskeln (Biceps, Semimembranosus und Semitendinosus) allmählig zu dehnen, wird der in Beugung stehende Schenkel von einem Gehülfen langsam gestreckt, was bei jungen Kindern in einigen Minuten gelingt; bei älteren Kindern (nach dem 6. Jahre) muss man die Tenotomie der Sehnen in der Kniekehle, die Durchtrennung der Fascia lata und der von der Spina ilium ant. sup. herabziehenden Muskeln zu Hülfe nehmen.

3. Nun wird mit einem (mit Bajonnetstiel versehenen) scharfen Löffel der ganze Pfannengrund sammt dem Bindegewebe und Knorpel tief ausgeräumt, wobei darauf zu achten ist, dass die Pfannenränder unversehrt bleiben.

4. Der Schenkelkopf lässt sich nun mit schnappendem Geräusch in die ausgehöhlte Pfanne bringen, und wird in dieser Stellung durch einen Gipsverband festgehalten.

Bei Erwachsenen empfiehlt es sich, nach König einen Periostknochenlappen vom Becken mit dem Meissel abzuschälen, nach unten zu klappen und ihn mit der Kapsel zu vernähen. Der Schenkel muss hierbei freilich durch vorherige Extensionsbehandlung beweglich gemacht sein.

## Die Resection des Darmbeins

wegen Caries oder Nekrose macht man am besten von einem bogenförmigen Schnitt aus, welcher auf dem Beckenrande entlang läuft (Fig. 501, 1). Die Weichtheile an der Aussenseite werden subperiostal von der Darmbeinschaufel abgehebelt und dann soviel als nöthig ist vom Knochen entfernt. Von diesem Schnitte aus kann man auch Sequester aus der Markhöhle des Darmbeins entfernen, indem man die äussere Knochenlamelle des Darmbeins an der Crista entlang einmeisselt und nach unten klappt, so dass die Markhöhle übersichtlich vorliegt (Bier). Kocher hat sogar eine ganze Beckenhälfte mit sammt dem Femurkopfe resecirt.

# Sach-Verzeichniss.

## G.



## H.



## I.

## J.



## K.



## L.



## M.

## T.

### U.



### V.

## W.



## Z.

# Namen-Verzeichniss.

## A.



## B.



## C.



## D.

## L.



## M.

www.ingramcontent.com/pod-product-compliance
Lightning Source LLC
Chambersburg PA
CBHW021501210326
41599CB00012B/1081

*9783742869197*